「先大津阿川村山砂鉄洗取之図」（東京大学工学部所蔵）より　　叩きダイス

口絵 1　江戸時代末期の冷間線引き加工による線材製造（http://gazo.dl.itc.u-tokyo.ac.jp/kozan/emaki/10/index.html（2017 年 2 月現在））（本文 4 ページ，図 1.8）

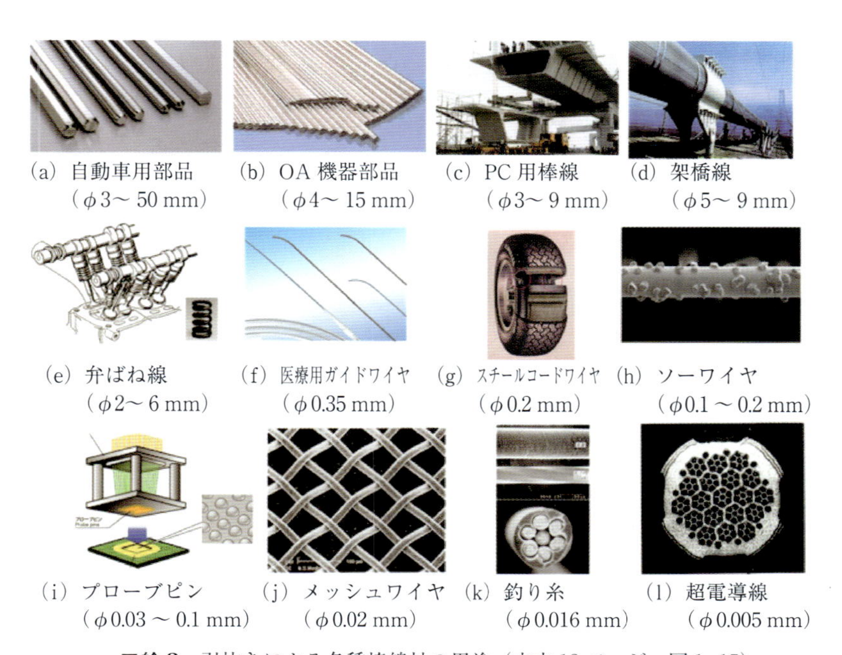

口絵 2　引抜きによる各種棒線材の用途（本文 13 ページ，図 1.15）

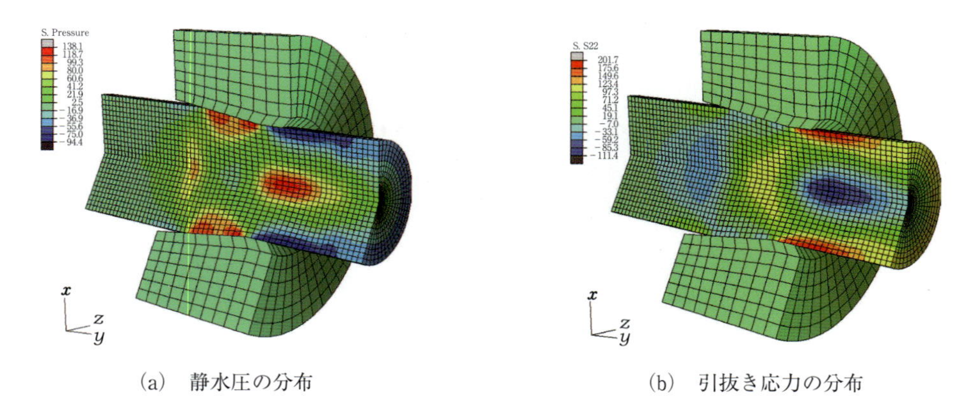

(a)　静水圧の分布　　　(b)　引抜き応力の分布

口絵 3　FEM による伸線加工の数値解析例（本文 44 ページ，図 2.22）

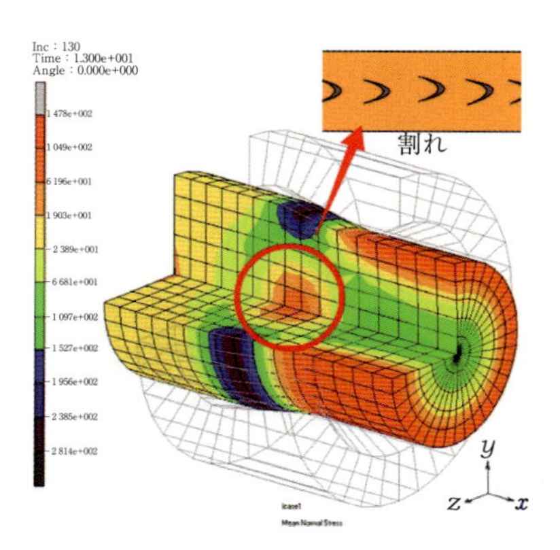

口絵 4　有限要素法により算出した引抜き中の静水圧力（平均化応力）分布（本文 94 ページ，図 3.32）

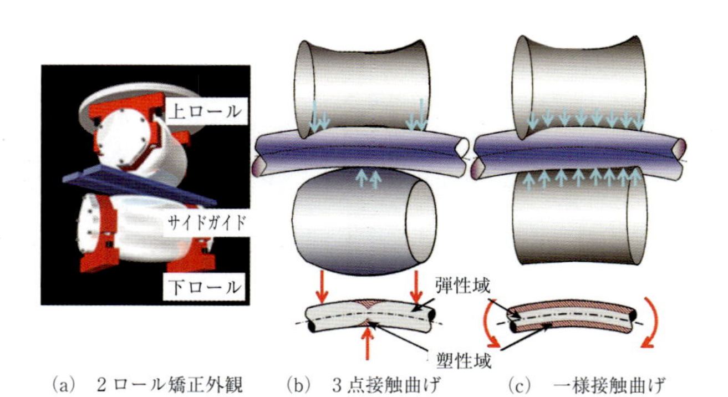

(a)　2 ロール矯正外観　　(b)　3 点接触曲げ　　(c)　一様接触曲げ

口絵 5　3 点接触と一様接触方式の比較（本文 103 ページ，図 3.43）

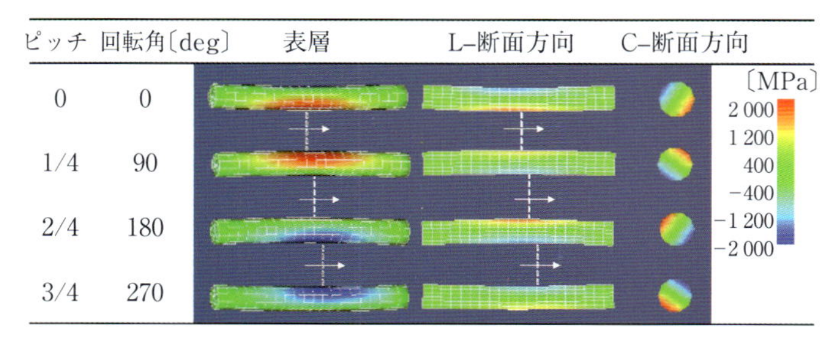

口絵 6　FEM シミュレーションによる繰返し曲げと応力分布変化（本文 103 ページ，図 3.44）

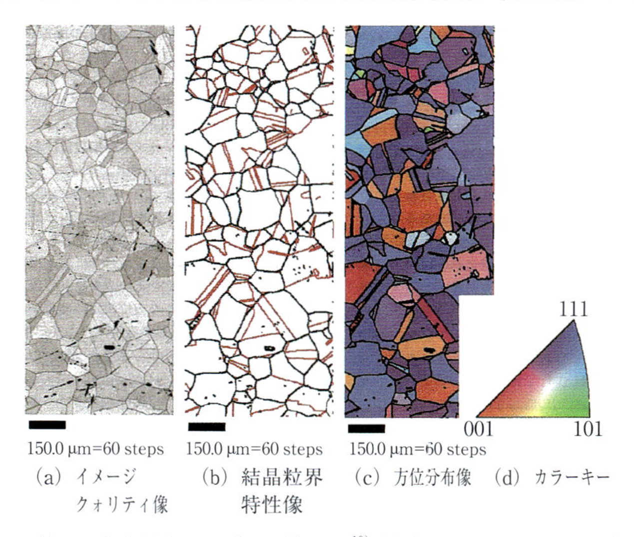

（a）イメージクォリティ像　（b）結晶粒界特性像　（c）方位分布像　（d）カラーキー

口絵 7　代表的なマッピング像の例 [19]（本文 127 ページ，図 4.14）

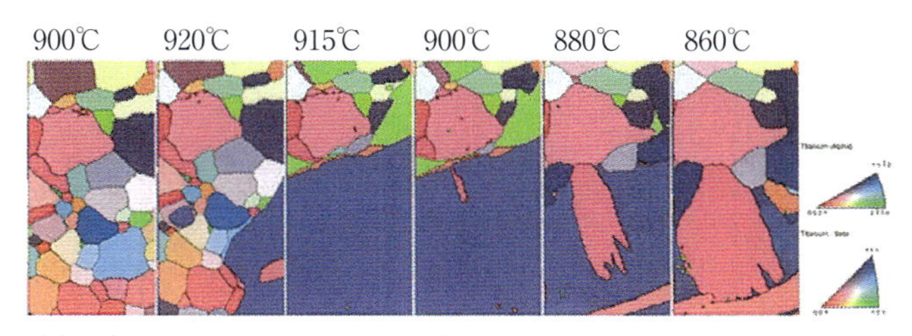

（a）　各温度における IPF map（inverse pole figure map）ND 方向

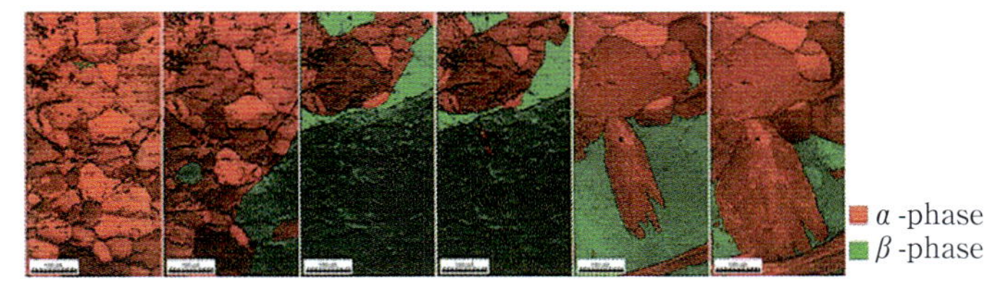

（b）　相分布マップを IQ（イメージクォリティ）map と重ねたもの

口絵 8　Ti の $\alpha-\beta$ 変態の EBSD 測定例 [20]（本文 128 ページ，図 4.15）

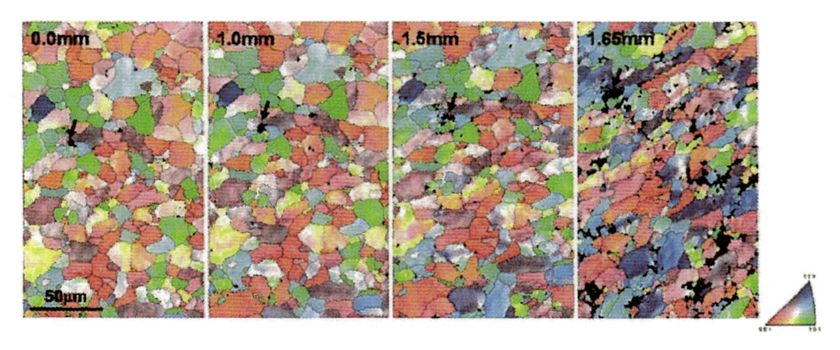

口絵 9　アルミニウム試料を引張変形させたときの IPF map の変化[20]
（本文 128 ページ，図 4.16）

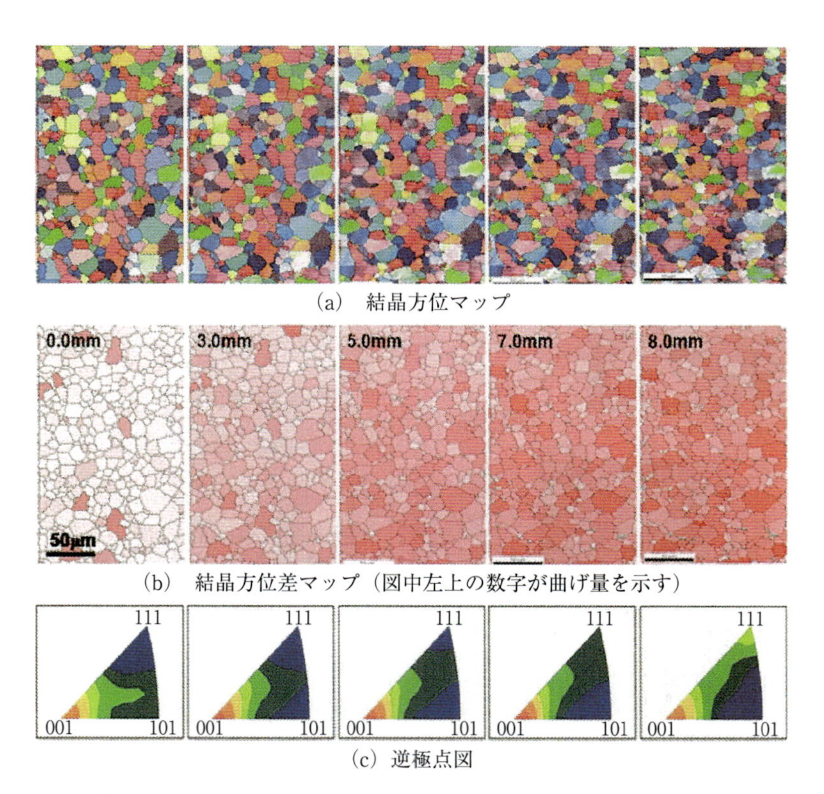

(a)　結晶方位マップ

(b)　結晶方位差マップ（図中左上の数字が曲げ量を示す）

(c)　逆極点図

口絵 10　アルミニウム試料の曲げ試験による結晶方位マップ，結晶方位差マップおよび逆極点図の変化[20]（本文 129 ページ，図 4.17）

新塑性加工技術シリーズ　6

引　　抜　　き

―― 棒線から管までのすべて ――

日本塑性加工学会 編

コロナ社

刊行のことば

ものづくりの重要な基盤である塑性加工技術は，わが国ではいまや成熟し，新たな展開への時代を迎えている．

当学会編の「塑性加工技術シリーズ」全19巻は1990年に刊行され，わが国で初めて塑性加工の全分野を網羅し体系立てられたシリーズの専門書として，好評を博してきた．しかし，塑性加工の基礎は変わらないまでも，この四半世紀の間，周辺技術の発展に伴い塑性加工技術も進歩を遂げ，内容の見直しが必要となってきた．そこで，当学会では2014年より新塑性加工技術シリーズ出版部会を立ち上げ，本学会の会員を中心とした各分野の専門家からなる専門出版部会で本シリーズの改編に取り組むことになった．改編にあたって，各巻とも基本的には旧シリーズの特長を引き継ぎ，その後の発展と最新データを盛り込む方針としている．

新シリーズが，塑性加工とその関連分野に携わる技術者・研究者に，旧シリーズにも増して有益な技術書として活用されることを念じている．

2016年4月

日本塑性加工学会　第51期会長　真　鍋　健　一
（首都大学東京教授　工博）

■「引抜き」 専門部会

部会長 齋藤 賢一（関西大学）

副部会長 吉田 一也（東海大学）

■ 執筆者

浅川 基男（早稲田大学名誉教授） 1章，2.4～2.5節，3.6節，5.2節

齋藤 賢一（関西大学） 2.1～2.3節

吉田 一也（東海大学） 3.1～3.3，3.5節，5.1，5.3～5.8節

相沢 隆（株式会社サイカワ） 3.4節

上井 清史（JFEスチール株式会社） 4章

岩本 隆（JFEスチール株式会社） 4章

増田 智一（株式会社神戸製鋼所） 6章

三村 正直（古河電気工業株式会社） 7章

奥井 達也（新日鐵住金株式会社） 8章

高杉 直樹（新日鐵住金株式会社） 8章

土屋 昭則（株式会社コベルコマテリアル銅管） 9章

久保木 孝（電気通信大学） 10.1，10.3～10.8節，11章

中野 元裕（神鋼鋼線工業株式会社） 10.2節

梶川 翔平（電気通信大学） 11章

（2017年4月現在，執筆順）

荒木 真治	田中 浩
稲数 直次	中野 耕作
今出 明海	前田 英治
上田 信一	宮田 勝夫
川上 平次郎	山本 進
清藤 雅宏	吉田 一也
佐藤 優	（五十音順）

ま え が き

引抜き加工の歴史は古く，有史以前から比較的変形しやすい金属を線に加工する方法として多くの技術が培われてきた．現在では，対象とする形状として棒・線を中心として管などにも適用される加工方法である．また，対象は，鉄鋼・非鉄の金属材料の域にとどまらず，高分子系材料やカーボン系材料，超電導材料の製造などにも適用できる普遍的な技術として発展している．棒・線材の素材（素形材）としての可能性は大きく，二次的加工を経てボルトやばねなどの機能的要素を付加させる素地ともなり得る．そもそも，線や管の特徴である長尺の材料形状は，橋梁吊ワイヤ，送電線やパイプライン，光ファイバーといった例に見られるように，物理的にものを「つなぐ」，「支える」という現代文明に欠かせない重要な役割を担っている．よって，機能性とともに，強く，壊れない，しなやかな機械的性質が求められ，技術開発もそういった基本的な性能向上を目指して行われてきたと考えられる．ただ，近年，さまざまな工業製品での技術の進化や発展の特徴として，機器の小型化と軽量化，そしてトータルエネルギー消費の減少を目指す傾向が挙げられる．棒・線材や管材の用途もいまでは細線・細管，極細線にまで広がっており，将来的にはナノワイヤ・チューブなる未来技術へとつながり得て，その加工方法としてもさらに深化が続いていくものと予想される．

本書は「引抜き」に関する理論，製造技術，材料，解析方法，機器・設備などを一堂に集めて紹介・解説している．また，棒・線材，管材の「引抜き」製造に携わる最前線の技術者，研究者の自らが，おのおのの最新の情報を基に記述している点が特徴である．旧版にあたる塑性加工技術シリーズ『引抜き加工』が出版された1990年からすでに四半世紀以上が経ち，この新版作成にあたっては，その間に得られた多くの新しい技術情報を盛り込むことにも努めた．昨今さまざまなメディアを通じて迅速に情報が得られる時代においても，「引抜き」をキーワードに「棒線から管までのすべて」を参照できる本書は，読者である技術者や学習者に，一本の筋の通った有意な視点を提供するものと考えられる．同時に，古来から脈々と引き継がれてきた「引抜き」技術の本質（変わらない技術）を見いだしていただき，将来来るべき技術ブレークスルーへと昇華していただけるものと確信している．

本書の執筆母体は，一般社団法人 日本塑性加工学会の「伸線技術分科会」である．鉄鋼，非鉄，伸線，潤滑などの各メーカーが集まり1976年に開始されたこの会は，現在（2017年）まで40年以上継続しており，定例の研究集会だけでも通算80回以上の実施を数え，その間，引抜き技術に関連する多くの技術者・研究者の交流の場としての役割を担ってきた．その運営委員会には，特に今回の執筆体制に関して多くの便宜を図っていただき，ここに厚く御礼申し上げる．また本書は，旧版のデータや記述の一部を用いており，当時の執筆者および出版部会の御尽力なしには存在し得なかった．厚く御礼申し上げる次第である．また，ご多忙中にさまざまな対応をいただいた執筆者各位に御礼申し上げるとともに，日本塑性加工学会，新塑性加工技術シリーズ出版部会および出版の労をおとりいただいたコロナ社には，原稿や編集方法へのさまざまなアドバイスをいただいたことに厚く感謝する．

2017年3月

「引抜き」専門部会長　　齋藤　賢一

目　　　次

1.　概　　　要

2.　変形機構と力学

3. 製 造 技 術

4.　引抜き材の性質と評価

5. 特殊引抜き加工

6. 鋼 線

7. 銅および銅合金線

8. 鋼管

9. 銅および銅合金管

10. その他の金属線と管

11. 新 素 材

1　概　　要

1.1　引抜きの歴史

「引抜き（drawing）」とは，棒・線・形・管材を円錐（えんすい）状のダイス孔に通して引っ張り，ダイス出口の断面形状と同一にする塑性加工法である．

一方，「伸線（wire drawing）」あるいは「線引き」は線材の引抜き加工と定義されている．

本章では，引抜きの歴史を踏まえ，引抜きの現状と展望についてまとめてみた．

1.1.1　世界の歴史

人類は紀元前 90 ～ 80 世紀頃に銅を利用し始め，前 50 世紀には銅線が作られていた．前 40 世紀には青銅合金の線，前 28 世紀にはエジプトで金を鍛伸して丸形状としていた．その後，銅製の釣り針や金のネックレスと同時に引抜きダイスも発見され，前 15 ～ 17 世紀にはアッシリア，バビロニア，フェニキアで貴金属の伸線加工がされていた形跡がある．すなわち，引抜き加工 4 ～ 5 千年の歴史の始まりである．

図 1.1 にギリシャで発見された前 12 世紀の ϕ1 mm ほどの金線を示す．ポンペイの遺跡から前 6 世紀頃の ϕ0.7 mm 青銅線 19 本でストランドとし，これらを 3 本より合わせたロープが発見されている．

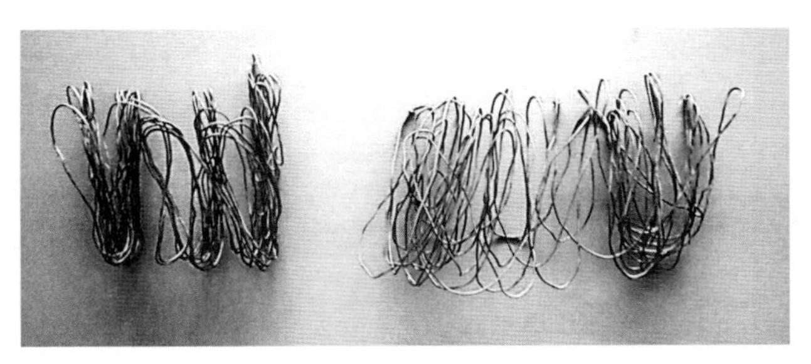

図 1.1　ギリシャで発見された ϕ 1 mm の金線
（アテネ国立考古学博物館）

図 1.2 に中国兵馬俑で発見された前 2 ～ 3 世紀頃の御者と馬車の模型を示す．手綱には金線・銀線のより線が使われている．一方，鉄線は腐食しやすく保存が難しいため，現在ではほとんどが消失し詳細は不明である．

図 1.2　中国兵馬俑の御者と馬車
（兵馬俑博物館の絵はがきより）

図 1.3 に保存状態の良い工房で発見されたイギリス 12 世紀頃の鉄線と釣り針を示す[1)～2)†]．ヨーロッパでは兵士の動きが柔軟となる鎖帷子による鎧の需要が増大し，鉄線の引抜きとその加工が盛んになった．

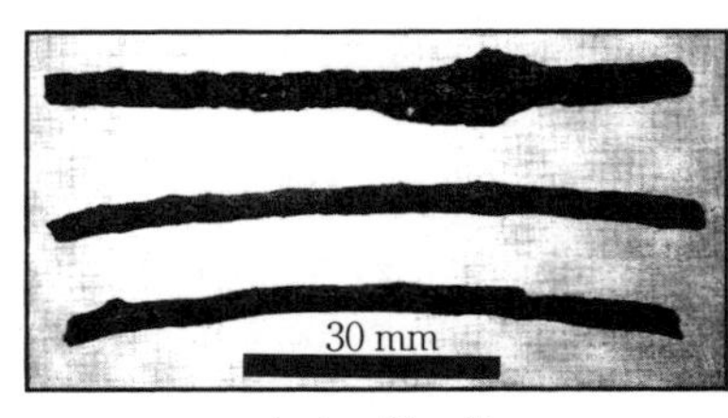

（a）　鉄　線

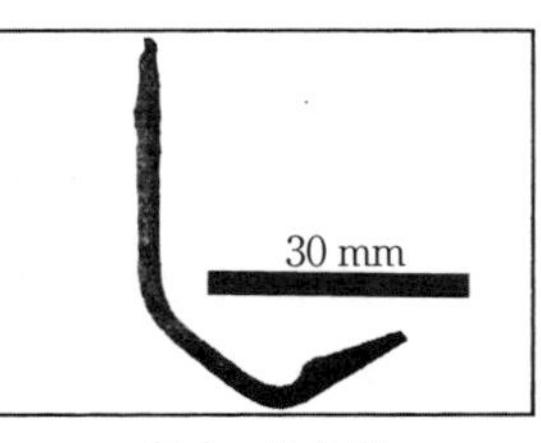

（b）　釣り針

図 1.3　鉄線と釣り針

† 肩付き数字は，章末の引用・参考文献番号を表す．

図1.4には1450年頃の鉄製の鎖帷子鎧とこれを構成するリングを示す[3),4)].

15～18世紀にヨーロッパでは**図1.5**（a）に示すブランコ式伸線が使用された．鉄の板に多数の穴を穿（うが）いた「叩（たた）きダイス（穴の周りを叩いてサイズを出す工具)」で，人が後ずさりしながら引き抜き，ブランコの反動で元に戻る引抜き法であり，18世紀頃まで使用されていた[5)]．1350年ドイツのニュルンベルグで人力から水車への転換が始まった．**図1.6**に1540年当時の水車動力による引抜きの作業を示す[2)]．1708年イギリスのバーミンガムで鋼線メーカーが設立された．James Horsfallは1854年，いわゆる「パテンティング」の熱処理法を特許申請し，画期的な高強度鋼線を世に出した．

図1.7に1866年当時のWebster & Horsfall社の伸線工場を示す．ここで最初の大西洋横断海底ケーブル用鋼線1 600トンを製造した．1883年，ニュー

（a） 兵士の鎖帷子鎧（重量9 kg）　（b） 鉄製リング（直径≒10 mm，リング数≒30 000）

図1.4 兵士の鎖帷子鎧と鉄製リング

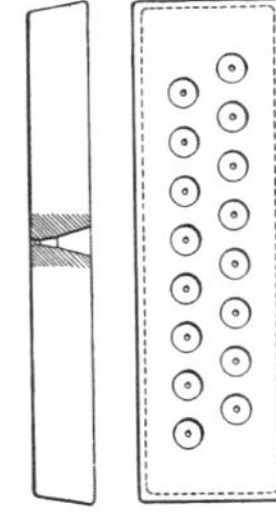

（a） ブランコ式伸線　（b） 叩きダイス

図1.5 ブランコ式伸線と叩きダイス

図1.6 水車動力による引抜き

図1.7 Webster & Horsfall社の伸線工場

ヨークにおいて，支間 486 m，ϕ 4.2 mm，1 100 MPa の Brooklyn 鋼吊橋が世界で初めて誕生した．ドイツからアメリカに移住したピアノ職人シュタインヴェーク（Steinwerg）はスタンウェイ社（Steinway & Sons）を設立し，Horsfall の特許で製造された高強度鋼線をいち早くピアノの弦に採用した（1855 年）．以後，工業物に使用される高品質な硬鋼線を「ピアノ線（music wire）」と称するようになった．1930 年代ドイツで超硬ダイスが開発され，これより少し前に General Electric（GE）社が細線用としてダイヤモンドダイスを開発，ダイス寿命が著しく延び現在の隆盛を見るようになった．

1.1.2　日 本 の 歴 史

住友家の先祖である蘇我理右衛門は 1590 年，京都で銅の製錬と加工を業とする「泉屋」を興し，線引きによる銅製品を作っていた．15 世紀から砂鉄を精錬した和鉄から縫い針や鉄線が製造され，幕末には浸炭焼入れ処理もされていた．**図 1.8**（口絵 1 参照）に江戸時代末期の引抜きによる線材製造のプロセスが「先大津阿川村山砂鉄洗取之図」に残っている．当時の引抜きは叩きダイスを使用し，樫の木の丸太に穴をあけて人力によって回転トルクを付与した．さらに，1850 年頃に関西の車屋利兵衛がカンザシの足（真鍮（しんちゅう）製）を線引きし，水に恵まれていた枚岡（ひらおか）（現 東大阪市）で洗浄したとされている．**図 1.9** に示

「先大津阿川村山砂鉄洗取之図」（東京大学工学部所蔵）より

図 1.8　江戸時代末期の冷間線引き加工による線材製造
（http://gazo.dl.itc.u-tokyo.ac.jp/kozan/emaki/10/index.html（2017 年 2 月現在））

図 1.9　明治期以降の関西枚岡地区での水車動力による引抜き（一般社団法人 日本銅センター刊「銅ものがたり」より）

すように[6]，明治期以降水車の立地に適していた枚岡地区では銅や真鍮から鉄材の伸線に移行し，大正期に水車から電動機に代わり，昭和 40 年代初めには東大阪の伸線業は 140 社に増え，全国シェア 40％を占める地位を築いていた[7]．

1907 年，官営八幡製鉄所で普通鋼線材の圧延が開始され，1908 年東京製綱が小倉でワイヤロープの操業を開始した．1917 年同社は小倉製鋼所として小形圧延工場を設立，旧住友金属小倉製鉄所の基礎を築いた．1929 年に神戸製鋼所で ϕ5.5 mm の線材が量産され始めた[3]．この頃，伸線機械は単頭式乾式伸線やドローベンチが多かった．戦後復興期の 1950 年代から量産志向の連続伸線機へ移行し始めた．昭和機械，宮崎鉄工の両者が貯線型連伸機を製造し，共栄社油脂，松浦興業により潤滑剤の研究が始まり，神戸製鋼所が生産を担当した．リン酸塩皮膜の使用によりダイス寿命の向上，伸線速度の向上も図られるようになった．品質・生産性の向上に伴い，工具は超硬ダイスに置き換わっていった．1960 年代では銅線用として伸線機＋焼なまし機＋デュアルスプーラーと一連のインラインシステムがサイカワにより本格化した．メカニカルディスケーラー，ノンストップコイラー，ダイス外周の冷却，ドラム内部の冷却（ナローギャップ式など）が普及し始めた．当時は「逆張力伸線機」[26]，「超高圧液圧伸線機」[29]，「多本同時伸線（マルチ伸線）」，「無人化伸線システム」など伸線機械が盛んに開発された[8)]．1970年代には，等温パススケジュール，直接冷却伸線，回転ダイス，圧着ローラー，振動酸洗いなど日本独自の実用的な技術・機器が普及し始め，太線用ストレート型乾式伸線機，その後の工程の細線用コーン型湿式伸線機が主流になっていった[9)～11)]．**表1.1**に日本の伸線加工技術のこれまでのあゆみを一覧にして示す．

表1.1　日本の伸線加工技術のこれまでのあゆみ

年代	～大正時代	昭和初期～10年代	20年代	30年代	40年代	50年代	現代
伸線速度〔m/min〕（ϕ2 mm炭素鋼の場合）	• 低速	• 20～40	• 150～200	• 300～400	• ～600	• ～1 000	• ～1 200
コイル単重	• ～80キロ			• 300～400キロ	• 1～2トン		
前処理および潤滑剤	• 動植物油脂 • 固形せっけん	• 酸洗い • 石灰処理	• 粉末潤滑剤（金属せっけん）の使用開始	• リン酸亜鉛皮膜などの化成処理の普及		• 潤滑剤の品質向上	
伸線設備	• 人力，水車，牛車などを動力として利用 • 冷却なし	• 単頭伸線機 • 動力源に電動機を利用 • ドラム，ダイスなどの冷却なし	• 連続伸線機の登場 • ダイス外周の冷却 • ドラムの冷却	• 貯線型伸線機の登場 • ノンストップコイラーの登場 • ドラム冷却（スプレー式，貯水式）	• ナローギャップ式キャプスタンによるドラム冷却	• 直接冷却法の導入および普及	• ストレート式伸線機の登場および普及
ダイス	• 叩きダイス，鍛鉄などを利用	• 工具鋼，ダイヤモンド（天然）の利用開始	• 超硬合金（WC-Co）の使用開始	• 超硬合金の普及 • ローラーダイスの登場		• 焼結ダイヤモンドの使用開始	
特　徴	• 非常に遅い速度での伸線	• 電動機の採用による速度の増大	• 連続伸線機，ダイス冷却，潤滑剤，超硬合金ダイスの使用により生産性の飛躍的向上	• リン酸亜鉛皮膜の適用による速度の増大	• 設備，冷却技術の向上による速度の増大	• 潤滑剤，冷却技術などの向上による速度の増大	• 伸線機の冷却能力が向上し，さらに伸線速度の増大

ここでは伸線材の技術進歩の事例として「ピアノ線」を紹介する．昭和の初めまでピアノ線はスウェーデンから輸入していた．1937年に勃発した日華事変が契機となり，航空機用弁ばね用ピアノ線の国産化への関心が高まり，神戸製鋼所や住友電工で開発が進められ1941年国産化に成功した．自動車タイヤ

の補強材にスチールコード（ϕ 0.15 ～ 0.38 mm）を開発したのは第二次世界大戦後のフランスのMichelin社である．その後1967年ブリヂストンが国産化し，1970年代には金属介在物制御技術の発展と相まって2 800 MPa（0.72%C），1980年代に3 300 MPa（0.82%C），1990年代には3 600 MPa（0.92%C），1993年には4 000 MPa（0.96%C）に達した[12)～14)]．このように日本は欧米の鋼線技術を上回る高強度化が加速した．コードワイヤの高強度のみならず明石海峡大橋のような吊橋が世界各国から注目されている．

1.1.3 伸線技術分科会の発足

旧住友金属の岡本豊彦は，① 伸線材の生産量が多いにもかかわらず，小規模な事業形態のため共同研究や学術的研鑽が苦手である，② 塑性加工はともすると高邁（こうまい）な理論から始まりやすく，この業界にはなじみにくい．しかし基礎的な勉強をしたいとの要求はある，③ 先進国としての伸線技術の近代化，後進国の追上げに対抗するために業界が技術的にまとまる必要がある，との思いを強くしていた．そこで，この分野のリーダー会社である神戸製鋼所の中村芳美に働きかけ，業界のまとめを依頼し，1976年2月に塑性加工学会の中に伸線技術分科会を立ち上げた．鉄鋼大手5社が分科会の企画・運営および会場の設定を持ち回りで担当，伸線関連企業は賛助会員方式を採用し業界のまとまりと個人の負担軽減を図るなど，他の分科会にないユニークな組織を作り上げた．発足当初は7大学および伸線メーカー，潤滑メーカー，伸線機械メーカーなど66社からスタートした[15)～16)]．同年9月に第1回伸線技術分科会の研究集会が住友金属本社で開催され，ダブルデッキ伸線，最近の細線伸線機，伸線高速化，冷却伸線，伸線技術などの話題が発表された．その後40年以上が経過し，伸線技術分科会はますます発展を重ねた．鋼線，非鉄線，棒・線・管引抜き，潤滑，ダイス，矯正，熱処理，スケール，試験・品質保証技術などが討議されるようになり，年2回の研究集会には100名前後，セミナーには200～300名近い会員が参加するようになった．

1.2 引抜き技術の展望

1.2.1 引抜きの要点

線径を細くする方法として**図 1.10** に示すように「単純引張り」と「引抜き」が考えられる．単純引張りでは引張応力 σ_x を降伏応力 σ_Y 以上に高める必要がある．一方，引抜きではダイスで引抜力を与えると圧力 p が作用する．この圧力 p のため，引抜き応力は単純引張りより少なくて済む（トレスカ（Tresca）の降伏条件 $\sigma_x = \sigma_Y + p$，ただし p は圧縮のため負の符号）．引抜き力，トルク，動力が少なくなるだけではなく，引抜き素材がダイスの形状どおりになるので寸法精度は単純引張りより格段に良くなるし，表面平滑度も向上する．この特色が古代から引抜きが連綿と継承されてきた大きな理由である．

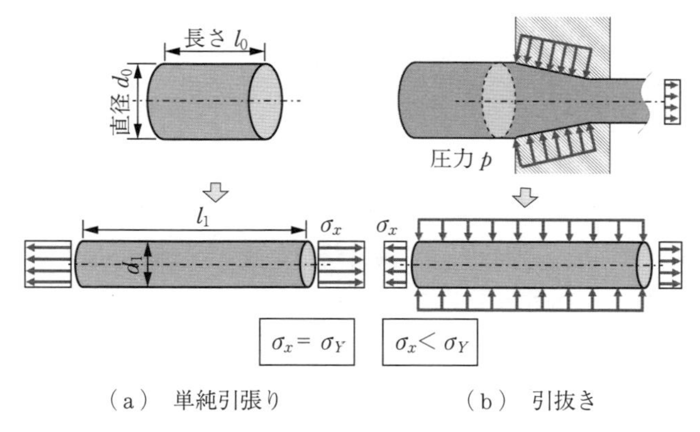

（a） 単純引張り　　（b） 引抜き

図 1.10 単純引張りと引抜きの応力状態比較

1.2.2 巧みのワザから技術・理論へ

引抜きは長い間「巧みのワザ」によるものづくりであった．近代的産業が発展するにつれ，先達の努力により理論や技術が進化し，1960 年代には基礎的かつ実用的な加工技術として多くの研究や実用化技術が花開いた．特に

Geleji[17)]は引抜きの本質を究明し，引抜き時に発生する熱量を，① 純粋変形仕事，② ダイスとの摩擦仕事，③ 内部せん断仕事の三つに分け，引抜きの力学をわかりやすく理論化した[18)]．Siebel[19)]はダイス内に熱電対を埋め込み発熱を測定，Ranger[20)]はダイスから流出する総熱量計測から，当時のアナログ計算機で内部の温度分布をシミュレーションし，**図 1.11** に示すような温度分布から一部では 300℃を超える高温となる状況を明らかにした．圧延では当時すでに Lueg−Siebel[21)]がピン・コンタクト法により圧延圧力分布を測定していた．しかし，材料と工具の相対すべりの大きい引抜きでは技術的に困難とされていた．五弓勇雄ら[22)]は**図 1.12** に示すように，SKD のダイスにピン穴 1 mm を穿(うが)ち，ピンが材料に接触する近傍で突出量に関係なく一定の値が生じる領域を発見，これを利用して初めて引抜きの圧力分布を測定した．その結果，引抜き入り側は変形抵抗のほぼ 2 倍の高圧力が加わり，ベアリング中央部でも降伏応力を満たすほどの圧力が加わる結果を得た．また，後方張力を負荷すると，入口近傍のダイス面圧 p の低下が著しいが，ベアリングには圧力変化はないデータを示した．その後 FEM でもこの現象は確認されている[23)]．西岡

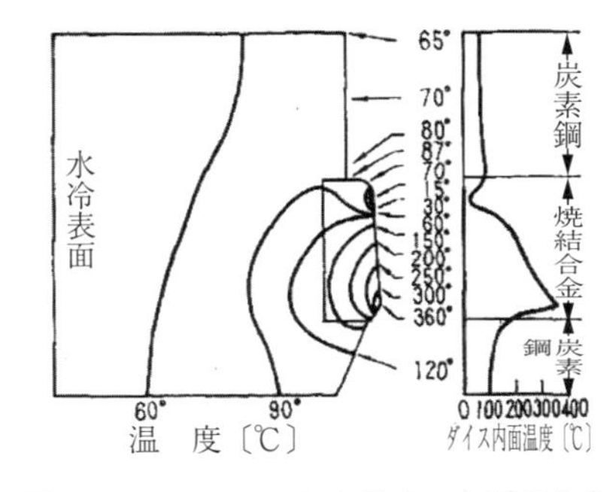

図 1.11　Ranger によるダイス内温度分布（伸線速度 430 m/min）

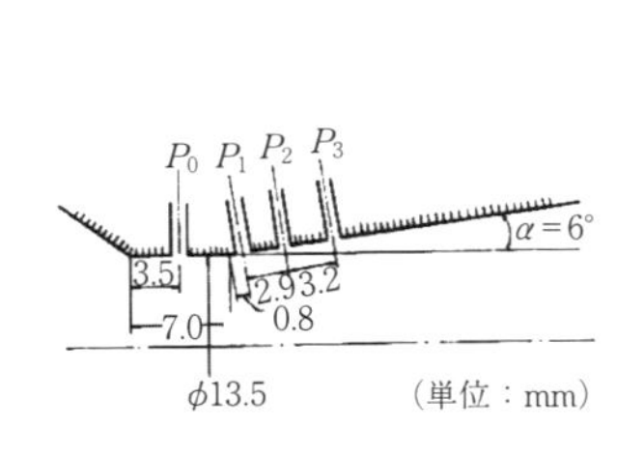

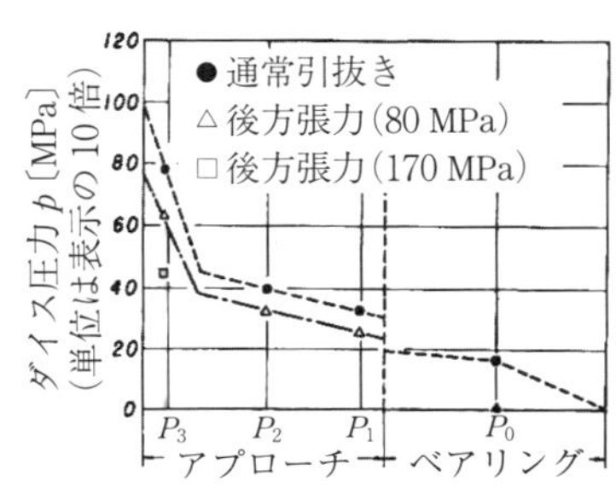

図 1.12　五弓勇雄らによるダイス内圧力分布の測定

多三郎[24]は民間企業に在籍しながらドイツの優れた文献を紹介するとともに独自の研究を展開し，現在でも役に立つ引抜きの重要なヒントや知恵を与えてくれている．塑性加工学会を立ち上げた鈴木弘[25]も「逆張力伸線」の原理と応用の研究に専念した．このように 1950 ～ 1970 年代の内外の文献は宝の山である[26)～29)]．

1.2.3　引抜き技術の現状と課題

最近，引抜きは変形負荷特性や機械設備などのプロセス技術から新製品や品質向上・高付加価値化に関心が移っている．成熟産業としては自然な動きであるが，いまだプロセス技術にも多くの課題と新しい試みがあり，さらなる研究開発が期待される．大きな技術革新は新たな設備とプロセスから誕生している．

〔1〕　引抜きの寸法精度，ダイスの材質

精密圧延材の寸法精度は± 0.1 mm であり，いまだ引抜きの寸法精度に及んでいない．これが引抜き代替の要請から将来± 0.05 mm 以内の精度が達成されると，引抜きの寸法精度も± 0.01 mm 以内に付加価値を高めないと，将来一部が圧延素材に飲み込まれる可能性もある．板圧延や板材成形ではロールや金型などの弾性変形を考慮したプロセス制御がすでに実用化されている．引抜きダイスも負荷によりアプローチ部のみならずベアリング部に至るまで弾性変形により押し広げられる．操業でも引抜き径が呼び径（ベアリング径）よりも小さくなる「細引き」現象が現れる[30]．また，**図 1.13** に示すように引抜き中，ラインを停止と同時に引抜き力が除荷されると，弾性回復したダイスにより材料がベアリング部で圧縮され寸法減少（$d_1 \rightarrow d_2$）となる現象が見られる．引抜きの加減速や一時停止は寸法変動の大きな原因となる[31]．さらに負荷時の弾性変形のみならず，引抜き温度に応じてダイス内径が変化し，材料の寸法変動をもたらす[32]．圧延のインライン圧下制御のように，ダイス形状のインライン形状制御技術の開発が望まれる．そのためにも，ダイスの材質・潤滑問題などトライボロジーの研究や，省資源から超硬合金に代わる工具材質の開発，リング摩耗などに対して自己補修能力を持ったスマートマテリアル工具の研究

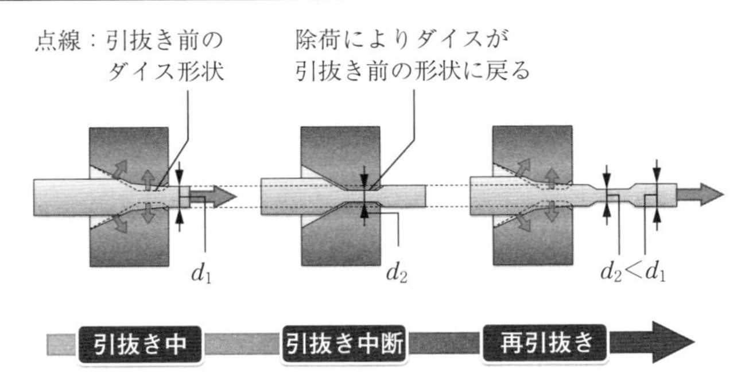

図 1.13 負荷，除荷状態のダイスの弾性変形比較

開発が望まれる．

〔2〕 **引抜きの寸法効果**

ピアノ線は**図 1.14** に示すように，ϕ5 mm では引張強さは 1 800 MPa であるが，ϕ0.2 mm では 4 000 MPa までの強化が可能である．この現象を「寸法効果」と称し引抜き分野のみならず多くの加工分野で関心を集めている[33]．太径と細径では抜熱速度，ひずみ時効などに違いが生じるが，同時に引抜きによる「表層の微細結晶化」などの金属組織に由来する寸法効果への影響も大きい．この原因は工具と材料のマクロ的な寸法比率が同じでも，材料の結晶粒径，集合組織，結晶方位とは関連せず，特異な塑性変形挙動と材料特性を示す点にある[34),35]．緻密な実験や「結晶塑性学」のシミュレーション[36]により，

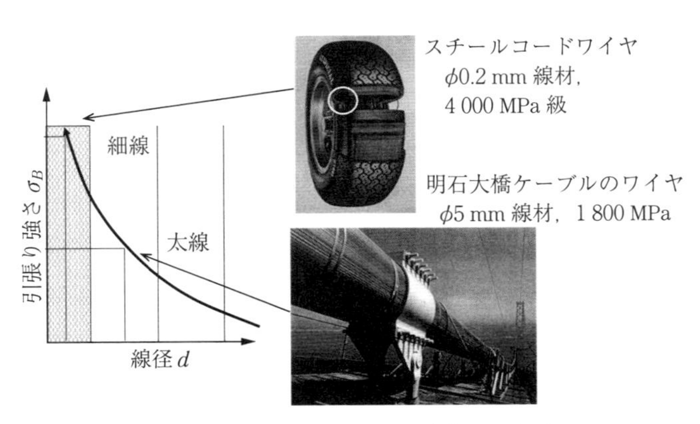

図 1.14 引抜きにおける寸法効果の事例

寸法効果の解明がさらなる延性・強度の向上に貢献できると期待される.

〔3〕 引抜きプロセス開発

アルミニウムや銅のような非鉄合金の場合, 引抜き材と同等な形状を作るプロセスが実用化されている. 例えば, アルミニウムの小径連続鋳造と3方ロール圧延による素形材生産, 溶解された銅をアップキャスト・多ストランド連続鋳造などでφ20 mm前後の棒線・管材が生産されている. 一方, 鋼は小断面ビレットの連続鋳造による棒線圧延を試行してきたが, ことごとく失敗しており, 現在では300 mm角以上の大断面ブルームから分塊圧延を経由して, 棒線材圧延で素材が生産されている. 圧延比が十分でないとセンターポロシティ, 圧延きず, 表面肌など品質上の欠陥が多く残り, 銅・アルミニウムのような革新的な小断面連続鋳造プロセスは困難である. またこの数十年, ダイレス伸線, 超音波伸線, ロールによる伸線も幾度となく試行されてきたが, 特殊な用途に使用が限定されている. ローラーダイスの超小型化が実現できれば, 引抜きでは不可能な0.3 mm以下の難加工材や潤滑の難しい特殊金属細線への適用が期待できる. 近年, 精密張力制御技術を背景に湿式ノンスリップ（独立駆動型）伸線機が開発された[37]. いままで, 湿式伸線は共通駆動でパススケジュールは一定, 張力コントロールは不可能と考えられていた. 細線引抜きのパススケジュールや張力制御が自由に設定できるため, さらなる高速伸線のみならず, 新製品・新機能発現が期待される.

〔4〕 高炭素鋼鋼線の引抜きによる高強度化

炭素繊維複合材料は実用的引張強さは2～3 GPaである. しかし, 高コスト, 耐衝撃吸収性（塑性変形しない不安）, リサイクル問題, などから使用範囲は航空宇宙や特殊品に限られている. 引抜きによる高炭素鋼鋼線は実用金属で最高強度を誇り, コスト, 量産性, 耐水素脆性, リサイクル性の面から, 今後も発展の可能性がある. さらに過共析鋼は初析セメンタイトが粒界を網目状に覆い, 冷間の伸線は不可能とされてきたが, パテンティング時の高温からの冷却速度を速めれば, 各種高強鋼線の加工用素材となる現象が明らかになった[38)～39)]. 鋼の理想強度は10.4 GPaであるが[35], 現状はまだその1/3程度であり，過共析鋼による強化機構の解明やパーライトのセメンタイト・フェライト界面のナノレベルの構造設計[40)～41)]により5～7GPa以上の高強度化は十分可能と考えられる．鋼は，競合材料が出現するたびに強度向上し得る余裕があり，将来も楽しみな分野である．

〔5〕 引抜き材の用途開発，高機能化，極細化

図1.15（口絵2参照）にサイズごとの引抜き材が志向する用途開発，高機能化，極細化を総覧した．建機・自動車構造部品用シャフト（ϕ3～50mm），OA機器用シャフト（ϕ4～15mm），架橋用高強度ワイヤ（ϕ5～9mm）など太物部品では，その寸法精度・真直度の要求が厳しく，今後の新製品もその特性は不変と考えられる．細線，極細線の分野では，例えば高炭素鋼線ϕ0.2mmのスチールコードワイヤをはじめ，シリコン太陽電池・半導体シリコンウェーハ・水晶振動子・LED用サファイヤなどの精密切断加工用高炭素

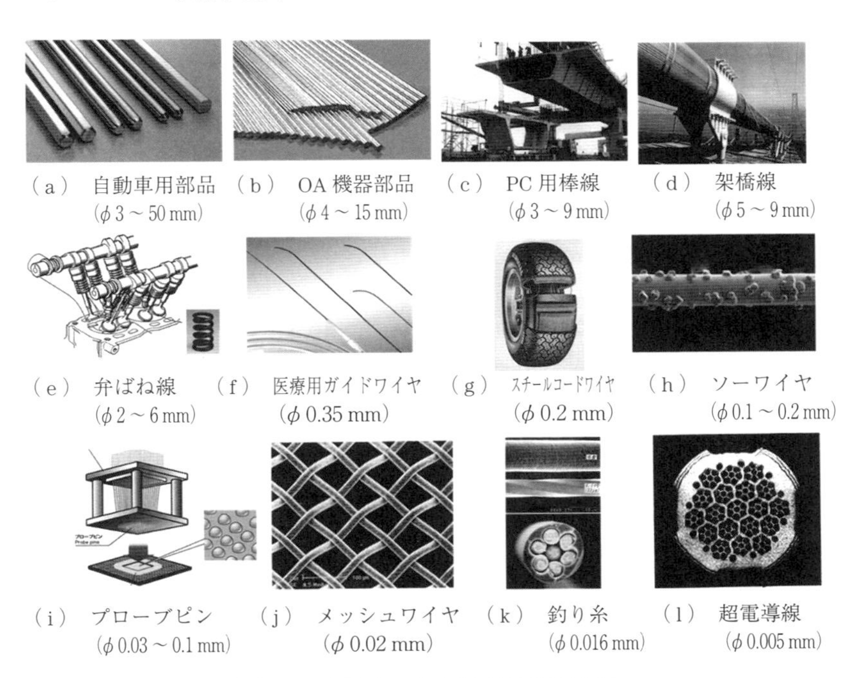

図1.15　引抜きによる各種棒線材の用途

鋼ソーワイヤ（ϕ0.1〜0.2 mm），その鋼線にダイヤモンド粉を固定塗粒した高機能ソーワイヤ，微小ばね用高炭素鋼線，細線医療用ステンレスガイドワイヤ（ϕ0.2〜0.3 mm）などは，共通に低残留応力，高真直，高強度，極細化がキーワードである．また，個々の特殊用途として生体適合金属材料を最優先した末梢血管のステント用極細素管，極細マグネシウム合金素管，印刷用メッシュワイヤ，タングステンなどの半導体用プローブピン（ϕ0.1 mm以下）および金クラッドプローブパイプ，浮きプラグを使用した外径100 µm以下の内面平滑パイプ，数十µmの金ボンディングワイヤおよび金代替細線，束ね伸線によるNb−Ti系・Nb_3Sn系の数十〜数µm金属系超電導線，10 µm以下の超極細線など，棒線・管材問わずさまざまなサイズ・品種・用途に及んでいる[42)〜46)]．

以上のように引抜き材は構造部材や機能材として，寸法公差・偏径差・真円度のみならず真直性・きず・表面平滑度が年々厳しく求められている．地味な分野であるが棒線・管の引抜き分野は，たゆまぬ技術進歩で日本のものづくりを根底で支えている．

引用・参考文献

1)　Slater, R.V.：Wire J.Int.（2006−8）, 58−61.
2)　Pops, H.：Wire J.Int.（2008−6）, 58−66.
3)　落合征雄：第68回伸線技術分科会資料，（2010年6月）.
4)　落合征雄：塑性と加工，**51**−593（2010−6），493−497.
5)　Wire Association International, INC.：Ferros Wire Vol.1, 1989.3−8.
6)　日本塑性加工学会編：引抜き加工，（1990），コロナ社.
7)　裏川康一：第12回伸線技術分科会資料，（1980年12月）.
8)　米谷春夫：塑性と加工，**14**−152（1973−9），733−742.
9)　中村芳実：塑性と加工，**33**−374（1992−3），214−221.
10)　Kawakami, H.：The Mordica Memorial Award Lecture, Steel Wire Mannufacturing, Wire association int.（1997）, 1−65.
11)　川上平次郎：塑性と加工，**39**−447（1998−4），293−296.
12)　落合征雄：線材とその製品，**51**−5（2014），6−7.

13）落合征雄：鉄鋼協会第22回棒線工学フォーラム，（2011年7月）．

14）真鍋敏之・石本和弘：塑性と加工，**55**-639（2014-4），287-291.

15）岡本豊彦：塑性と加工，**19**-211（1978-8），639-640.

16）福田隆：第75回伸線技術分科会資料，（2013年11月）．

17）Geleji, A.：Akademie-Verlag（1961），466.

18）小坂田宏造：塑性と加工，**19**-211（1978-8），655-660.

19）Siebel, E. & Kobitsch, R.：Stal u. Eisen（1943），110.

20）Ranger, A.E.：J.Iron & Steel Inst.（1957），383.

21）Lueg, W. & Treptow, K.H.：Stal u.Eisen（1956），1690.

22）五弓勇雄・岸輝男・二宮敬：日本金属学会誌，**31**（1967-1），83-89.

23）Renz, P., Steuff, W. & Kopp, R.：Wire J. Int.,（1996），64-69.

24）西岡多三郎：塑性と加工，**8**-73（1967-2），95-101.

25）鈴木弘：生産研究，**7**-6（1955），121-126.

26）Martin, M.（矢沢重彦抄訳）：塑性と加工，**3**-17（1962-6），431-437.

27）岡本豊彦：塑性と加工，**3**-17（1962-6），417-422.

28）中村寛・佐藤正敏：塑性と加工，**4**-26（1963-3），157-162.

29）松下富春：塑性と加工，**8**-32（1967-11），617-623.

30）白崎園美・窪田紘明・駒見亮介・浅川基男：塑性と加工，**49**-568（2011-5），414-418.

31）塑性加工学会編：第211回塑性加工セミナー「引抜き加工の基礎技術」，（2015年8月）．

32）Shirakawa, T., Asakawa, M., Shirasaki, S. & Ohno, Y.：ICTP 2011. Steel Research Int. 2011, special edition, 291-296.

33）黒田充紀：塑性と加工，**56**-659（2015-12），95-1013.

34）梶野智史・浅川基男：塑性と加工，**47**-549（2006-10），953-957.

35）新日本製鉄：鉄の未来が見える本，（2007），日本実業出版社.

36）齋藤賢一：第70回伸線技術分科会資料，（2011年6月）．

37）竹本康介：塑性と加工，**57**-671（2016-12），1122-1125.

38）落合征雄・西田世紀・大羽浩・川名章文：鉄と鋼，**79**-9（1993），1101-1107.

39）Ochiai, I., Nishida, S. & Tashiro, H.：Wire J. Int.,（1993-12），50-61.

40）大藤善弘・浜田尚成：鉄と鋼，**86**（2000-2），33-38.

41）高橋淳・川上和人・小坂誠・樽井敏三：第79回伸線技術分科会資料，（2015年11月）．

42）Yoshida, K.：The Mordica Memorial Award Lecture, Wire J. Int.,（2011-10），50-56.

43）　Asakawa, M.：The Mordica Memorial Award Lecture, Wire J. Int.,（2014-11）, 62-66.
44）　吉田一也：塑性と加工，**55**-639（2014-4），297-300.
45）　浅川基男：塑性と加工，**55**-639（2014-4），306-310.
46）　浅川基男：塑性と加工，**57**-668（2016-9），848-852.

2 変形機構と力学

2.1 棒・線の引抜き

2.1.1 材料の流れ

塑性加工の一分野としての引抜き加工は，被加工材を**図 2.1** に示すように円錐状のダイスに通して，ダイス出口の断面形状と同一の断面を持つ棒および線に仕上げる加工法である．タングステンやモリブデンのような難加工材は熱間で引き抜かれるが，一般には冷間引抜きが多い．丸棒および線の引抜き加工の場合，材料が受ける塑性変形の状態は，図 2.1 に示すような材料の縦断面上に引かれた網目格子のひずみ模様から知ることができる[1]．

最初，正方形の網目格子は，ダイスを通過すると引抜き方向へ伸ばされて長方形になるが，縦の格子線は線軸に対して垂直ではなく，中心部が先進した弓状を呈する．

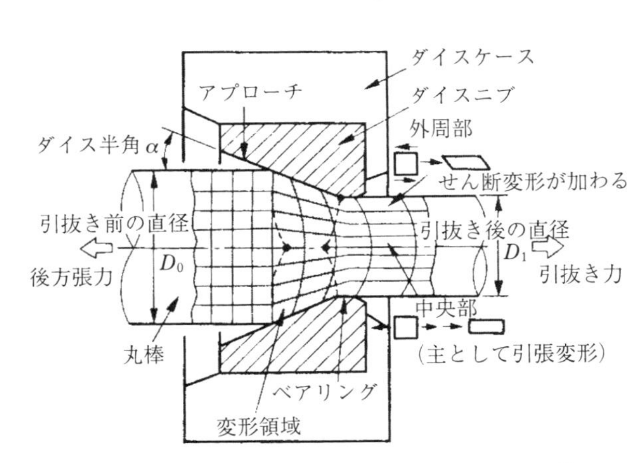

図 2.1 棒・線の引抜きによる材料の変形の様子[1]

これは材料の中心部と外周部では，変

形過程が異なることを示している．すなわち，中心部では主として引張りと圧縮応力とによって変形が行われるのに対し，外周部では上記の応力以外に，ダイス角に対応したメタルフローの方向変化と，材料とダイスとの摩擦力によって付加的せん断変形が加わる．その結果，図 2.1 に見られるような，中心部の引張方向の変形量に比べて，外周部では引張方向の変形の遅れが目立ち，ダイスを出た後でも円弧状のひずみを残す．

2.1.2 引抜き応力

〔1〕 引抜き力の測定

棒および線の引抜き力を直接測定するのに，ひずみゲージを内蔵した各種の荷重変換器（ロードセル）が用いられる．

このロードセルを取り付けた引抜き装置の一例を**図 2.2** に示す．被加工材はまず潤滑槽に入る．線材は潤滑剤を塗布された後，ダイスボックス中に固定

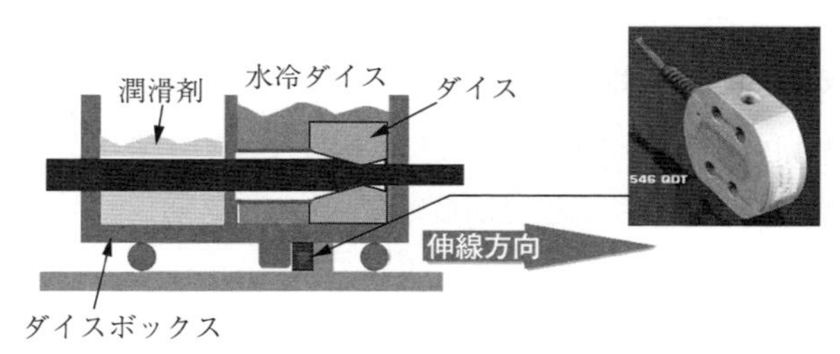

（a） ボックス外付けロードセル方式

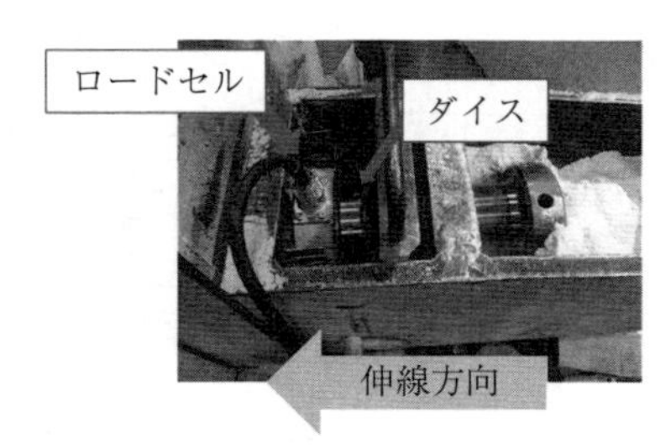

（b） ボックス内付けロードセル方式

図 2.2 ロードセルを取り付けた引抜き装置の一例

されたダイスで引き抜かれる．ダイスは水で冷却されている．引抜きの際，ダイスボックスは引抜き方向へ平行移動し，下部または内側に固定したロードセルを押すことで引抜き荷重が測定される．

〔2〕 引抜き力の算出

初等塑性理論を基にして，いままでに展開された引抜き力の算出方法を述べる[2),3)]．数式に用いる記号を以下にまとめて記す．

P_z：引抜き力，σ_z：引抜き応力，p：ダイス圧力，σ：引抜き方向の平均張力，Y：引抜き材の変形強さ，$\bar{Y}$：引抜き材の平均変形強さ，W：塑性仕事，μ：摩擦係数，b：後方張力係数，V：体積，A：面積，A_0：変形前の断面積，A_1：変形後の断面積，l：材料長さ，l_0：変形前の材料長さ，l_1：変形後の材料長さ，α：ダイス半角（ラジアン），R：断面減少率（減面率，かんわりとも呼ぶ）である．

棒線材が均一な断面減少をする場合の引抜き応力は $\sigma_z=\bar{Y}\ln(A_0/A_1)$ と計算できるが，これにはダイスとの摩擦力および付加的せん断の影響が含まれておらず，通常は以下のように考える．

図 2.3 に示すように，ダイス内で引抜き方向に対して垂直な切片を考え，z 方向の力の釣合いを考えると，つぎの式が成り立つ．

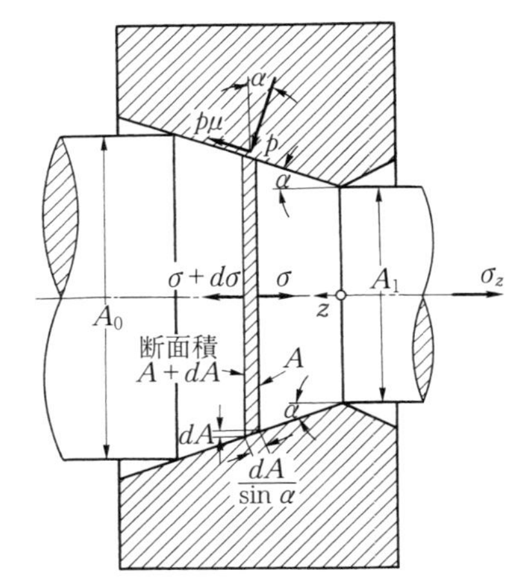

図 2.3 引抜き時の体積要素にかかる応力

$$(\sigma+d\sigma)(A+dA)-\sigma A+p\frac{dA}{\sin\alpha}\sin\alpha+p\mu\frac{dA}{\sin\alpha}\cos\alpha=0 \qquad (2.1)$$

または

$$\sigma dA+Ad\sigma+pdA+p\mu dA\cot\alpha=0 \qquad (2.2)$$

ここで，長手方向の応力 σ_z は一定値 σ であり，第一主応力 σ_1 に等しく（$\sigma_1=$

σ)，被加工材とダイスとの間の垂直応力は主応力 σ_3 に等しく（$\sigma_3 = -p$），そしてトレスカの降伏条件を用いて，$\sigma_1 - \sigma_3 = \sigma + p = Y$ とすると，式（2.2）はつぎのようになる．

$$A d\sigma + \{Y(1+\mu \cot\alpha) - \sigma\mu \cot\alpha\} dA = 0 \tag{2.3}$$

変数 σ および A を分離すると

$$\frac{d\sigma}{\sigma\mu \cot\alpha - Y(1+\mu \cot\alpha)} = \frac{dA}{A} \tag{2.4}$$

この式を積分するにあたり，境界条件として，$A = A_0$ で，$\sigma = 0$ とすると

$$\int_0^{\sigma} \frac{d\sigma}{\sigma\mu \cot\alpha - Y(1+\mu \cot\alpha)} = \int_{A_0}^{A} \frac{dA}{A} = \ln\frac{A}{A_0} \tag{2.5}$$

式（2.5）の左辺で，加工硬化が生じていないという仮定の下に，すなわち Y は一定で σ に依存しないとすると

$$\frac{1}{\mu \cot\alpha} \ln\left\{\frac{\sigma\mu \cot\alpha - Y(1+\mu \cot\alpha)}{-Y(1+\mu \cot\alpha)}\right\} = \ln\frac{A}{A_0} \tag{2.6}$$

または

$$\frac{\sigma\mu \cot\alpha - Y(1+\mu \cot\alpha)}{-Y(1+\mu \cot\alpha)} = \left(\frac{A}{A_0}\right)^{\mu \cot\alpha} \tag{2.7}$$

最終的に

$$\sigma = Y\left(1 + \frac{1}{\mu \cot\alpha}\right)\left\{1 - \left(\frac{A}{A_0}\right)^{\mu \cot\alpha}\right\} \tag{2.8}$$

この式から，$A = A_1$ と置くことによりダイス出口における必要な引抜き応力は

$$\sigma_z = Y\left(1 + \frac{1}{\mu \cot\alpha}\right)\left\{1 - \left(\frac{A_1}{A_0}\right)^{\mu \cot\alpha}\right\} \tag{2.9}$$

したがって，引抜き力は次式で与えられる．

$$P_z = A_1 Y\left(1 + \frac{1}{\mu \cot\alpha}\right)\left\{1 - \left(\frac{A_1}{A_0}\right)^{\mu \cot\alpha}\right\} \tag{2.10}$$

引抜き加工中の加工硬化を考慮する場合，一般には Y の代わりにダイス前後の材料の平均変形強さ $\bar{Y}$ が用いられる．したがって，実際の引抜き力の算出

式はつぎのようになる.

$$P_z = A_1 \bar{Y}\left(1 + \frac{1}{\mu \cot \alpha}\right)\left\{1 - \left(\frac{A_1}{A_0}\right)^{\mu \cot \alpha}\right\} \tag{2.11}$$

これはSachsの式と呼ばれている.

また, Siebel, Pomp, Eichinger, Houdremontらは, それぞれ理想変形仕事 W_N, 摩擦仕事 W_R, せん断仕事 W_S の三つの仕事から, 全仕事 $W = W_N + W_R + W_S$ を求める方法を提案している.

まず最初に**図2.4**に示すように, 二つの断面によって囲まれた単位体積が, ダイス前の断面積 A_0 からダイス後の断面積 A_1 に平行変形によって移行する場合に必要な仕事を, 引抜きに必要な理想変形仕事量 W_N と定義すると

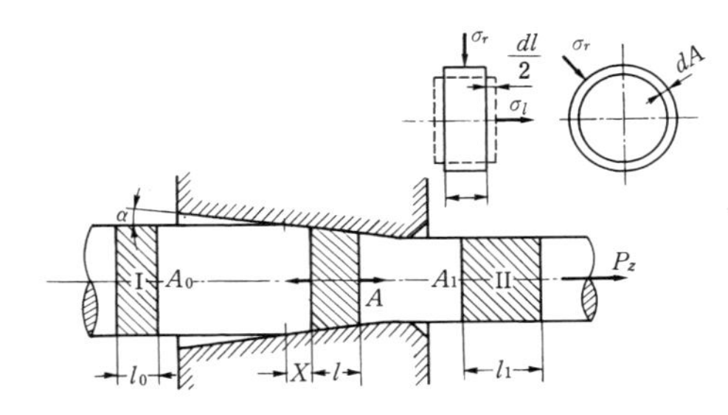

図2.4　理想引抜き仕事[1)]

$$dW_N = l \cdot dA \cdot \sigma_r + A \cdot dl \cdot \sigma_t \tag{2.12}$$

であり, 体積一定 $l \cdot dA = -A \cdot dl = V \cdot \dfrac{dA}{A}$ およびトレスカの降伏条件 $\sigma_t - \sigma_r = Y$ より

$$dW_N = -VY \cdot \frac{dA}{A} \tag{2.13}$$

となる. したがって, A_0 から A_1 まで積分すると最終的に次式が得られる.

$$W_N = -V\int_{A_0}^{A_1} Y \frac{dA}{A} = V\bar{Y} \cdot \ln \frac{A_0}{A_1} \tag{2.14}$$

つぎに摩擦仕事 W_R に関して, Siebelはつぎのように展開した.

$$dW_R = \frac{-\mu V}{\sin \alpha \cos \alpha} \cdot \frac{\bar{Y} \cdot dA}{A} \tag{2.15}$$

$$W_R = -\int_{A_0}^{A_1} \frac{\mu V}{\sin \alpha \cos \alpha} \cdot \frac{\bar{Y} \cdot dA}{A} = V \frac{\mu \bar{Y}}{\sin \alpha \cos \alpha} \cdot \ln \frac{A_0}{A_1} \tag{2.16}$$

α が小さいときは，$\sin\alpha \fallingdotseq \alpha$，$\cos\alpha \fallingdotseq 1$ より

$$W_R = W_N \frac{\mu}{\alpha} \tag{2.17}$$

となる．つぎにせん断仕事 W_S に関して，Körber と Eichinger は引抜き加工中のせん断変形について，ダイスの入口と出口でのみせん断変形が起こるとして，それに必要な仕事を次式で表した．

$$W_S = \frac{2}{3} V\bar{Y}\alpha \tag{2.18}$$

なお，せん断変形強さは $\bar{Y}/2$ とした．したがって，引抜き時の全仕事は，つぎのように求まる．

$$\begin{aligned} W = W_N + W_R + W_S &= V\bar{Y}\ln\frac{A_0}{A_1} + V\bar{Y}\frac{\mu}{\alpha}\ln\frac{A_0}{A_1} + \frac{2}{3}V\bar{Y}\alpha \\ &= V\bar{Y}\left\{\left(1+\frac{\mu}{\alpha}\right)\ln\frac{A_0}{A_1} + \frac{2}{3}\alpha\right\} \end{aligned} \tag{2.19}$$

したがって，$W/V = P_z/A_1$ の関係から引抜き力は次式で表せる．

$$P_z = A_1\bar{Y}\left\{\left(1+\frac{\mu}{\alpha}\right)\ln\frac{A_0}{A_1} + \frac{2}{3}\alpha\right\} \tag{2.20}$$

なお，Körber および Eichinger は，Sachs の式（2.11）に上記の付加的内部せん断による引抜き力の増加分を追加して次式を提案した．この追加分は，入口と出口でそれぞれ $(2/3)(\bar{Y}/\sqrt{3})\alpha$ ずつとなる．

$$P_z = A_1\bar{Y}\left[\left(1+\frac{1}{\mu\cot\alpha}\right)\left\{1-\left(\frac{A_1}{A_0}\right)^{\mu\cot\alpha}\right\} + \frac{4}{3\sqrt{3}}\alpha\right] \tag{2.21}$$

また，Davis と Dokos は引抜き加工中の加工硬化を考慮して

$$Y = Y_0 + K\ln\frac{A_0}{A_1} \tag{2.22}$$

とした．ここで Y_0 は引抜き前の変形強さで，K は加工硬化を表示する定数とする．式（2.22）を式（2.4）に代入して積分すると

$$\sigma_z = Y_0\left(1+\frac{1}{\mu\cot\alpha}\right)\left[\left\{1-\left(\frac{A_1}{A_0}\right)^{\mu\cot\alpha}\right\}\left\{1-\frac{K}{Y_0}\cdot\frac{1}{\mu\cot\alpha}\right\}+\frac{K}{Y_0}\ln\frac{A_0}{A_1}\right] \tag{2.23}$$

したがって，引抜き力は次式で表される．

$$P_z = A_1Y_0\left(1+\frac{1}{\mu\cot\alpha}\right)\left[\left\{1-\left(\frac{A_1}{A_0}\right)^{\mu\cot\alpha}\right\}\left\{1-\frac{K}{Y_0}\cdot\frac{1}{\mu\cot\alpha}\right\}+\frac{K}{Y_0}\ln\frac{A_0}{A_1}\right] \tag{2.24}$$

そのほか，Geleji も引抜き力を理想変形に要する力，ダイス面に生じる摩擦力に打ち勝つ力，せん断変形による内部摩擦に打ち勝つ力の総和として求めた（以降，$\dfrac{4}{3\sqrt{3}}\fallingdotseq 0.77$ で記す）．

$$P_z = Y_m(A_0-A_1)\left(1+\frac{\mu}{\alpha}\right)+0.77\bar{Y}\alpha A_1 \tag{2.25}$$

したがって，引抜き応力は次式から求まる．

$$\sigma_z = \frac{P_z}{A_1} = Y_m\left(\frac{A_0}{A_1}-1\right)\left(1+\frac{\mu}{\alpha}\right)+0.77\bar{Y}\cdot\alpha \tag{2.26}$$

ここで，Y_m は平均変形抵抗で，次式で与えられる．

$$Y_m = \frac{\bar{Y}(1-0.385\alpha)}{1+\dfrac{1}{2}\left(\dfrac{A_0}{A_1}-1\right)\left(1+\dfrac{\mu}{\alpha}\right)} \tag{2.27}$$

そのほか，Wistreich の式，Siebel の式，Avitzur の式などが提案されており [4]，断面減少率と引抜き応力の関係を各理論で比較すると**図 2.5** のようになる．

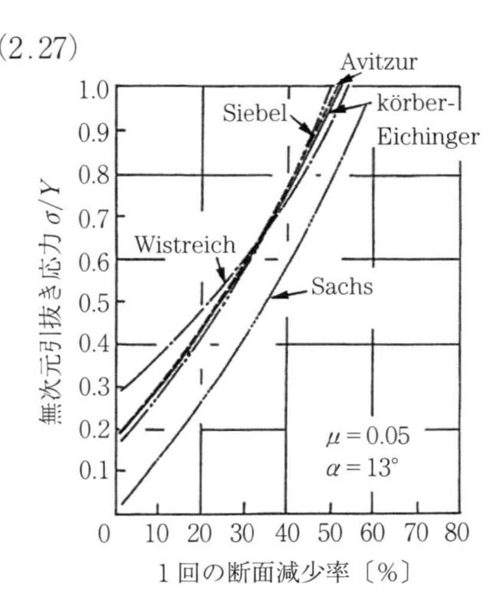

図 2.5 引抜き応力式の比較（断面減少率と引抜き応力の関係）[4]

2.1.3 ダイス面圧と逆張力

前項で種々の引抜き力の算出例を取り上げたが，いかなる計算例を用いても，引抜きに際しての断面減少率，ダイス角，摩擦係数，そしてダイス面圧がつねに関わりを持っている．本項では，ダイス面圧と後方張力の影響について述べる．

前項で求められた引抜き力の算出式で，内部せん断による余剰仕事の項を無視し，式（2.8）とトレスカの降伏条件式から，ダイス圧力は次式で与えられる．

$$p = Y\left[1-\left(1+\frac{1}{\mu\cot\alpha}\right)\left\{1-\left(\frac{A}{A_0}\right)^{\mu\cot\alpha}\right\}\right] \tag{2.28}$$

したがってダイス入口では，$p = Y$，すなわちダイス面圧が線材の変形強さまで増加することを意味する．その後 A 値が減少するにつれて漸次小さくなる．このことはダイスのリング摩耗を説明している．

Wistreich[5] はダイスの摩耗状態を調べ，**図 2.6** に示すようなダイスの断面投影図を得た．明らかにダイス入口で大きな摩耗のくぼみが観察されている．その原因として，ダイス面圧が入口で非常に高いこと，材料の流れがダイス入口と出口で屈曲することを挙げている．

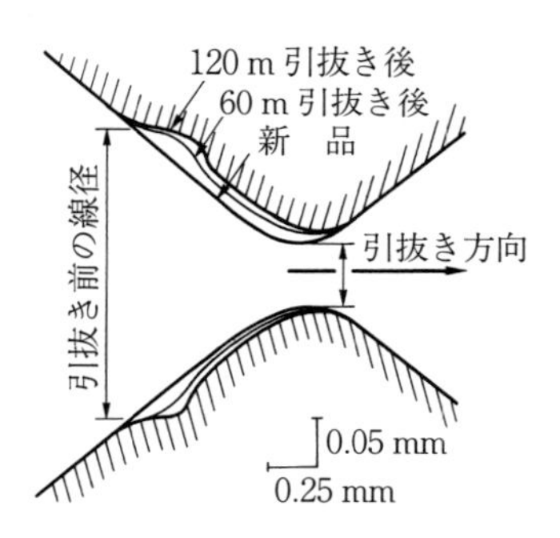

図 2.6　軟銅線の引抜きにおけるダイス穴のリンギングの生成（Wistreich[5] による）

その他線材の振動や断面変化に伴う周期的圧力変化に起因する疲労損傷，キャビテーション摩耗，被加工材表面の酸化膜などが考えられている．

材料の流れの方向変化によるダイス面圧は，Geleji によると，入口断面では

$$p_E = \frac{0.385\,\alpha A_E Y_0}{(A_0-A_E)(1+\mu/\alpha)} \tag{2.29}$$

出口断面では

$$p_B = \frac{0.385\,\alpha A_1 Y_1}{(A_B-A_1)(1+\mu/\alpha)} \tag{2.30}$$

となる．ここで，Y_0，Y_1 はそれぞれ入口，出口での変形強さである．

図 2.7（a）中の E, B は非常に小領域なので p_E, p_B は大きくなり，この部分にダイス面圧力分布の山ができる．この様子を同図（b）に示す．

ダイス入口は，材料の変形強さに相当したダイス面圧と，さらに材料の流れの方向変化に要する面圧力が加わり最大面圧部となる．したがって，被加工材が硬いほどリング摩耗の進展が早い．

Wistreich は逆張力（後方張力）をかけたとき，リング摩耗が減少したことを報告しているが，これについて以下に説明する．

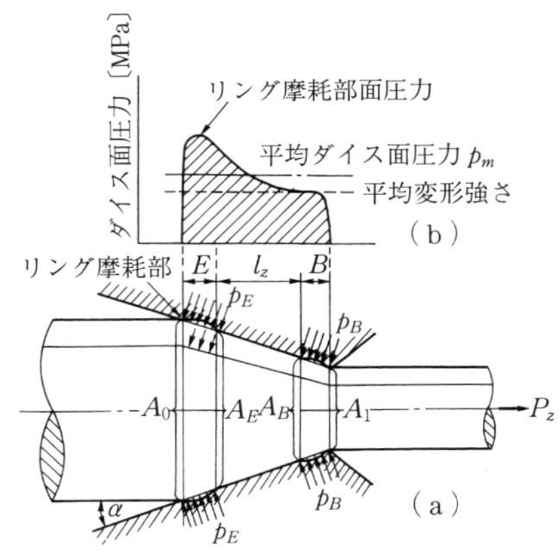

図 2.7　リング摩耗とダイス面圧力の関係

図 2.3 の力の釣合いで，ダイス内の全変形領域での全ダイス面圧と全摩擦力との和が引抜き力と釣り合っているとして，次式が得られる．

$$A_1\sigma_z + p_m(A_0 - A_1) + p_m\mu(A_0 - A_1)\cot\alpha = 0 \tag{2.31}$$

ここで p_m は平均ダイス圧力，したがって

$$p_m = \frac{P_z}{(A_0 - A_1)(1 + \mu\cot\alpha)} \tag{2.32}$$

逆張力をかけたとき，P_z を $P_{zG} - P_G = P_z - bP_G$ と置き換えるとよい．ここで P_{zG} は逆張力が加わったときの引抜き力，P_G は逆張力，したがって逆引張応力は $\sigma_G = P_G/A_0$ で与えられる．式（2.32）は

$$p_m = \frac{P_z - bP_G}{(A_0 - A_1)(1 + \mu\cot\alpha)} \tag{2.33}$$

となる．したがって逆張力がかかると，ダイス面圧は減少する．また断面減少率が大きく，ダイス角が小さくなると平均ダイス面圧は小さくなる．

また Körber および Eichinger は逆張力の影響をつぎのように検討した．被加工材に逆張力がかかった場合の引抜き力の算出は，式（2.4）を積分するに

あたって，境界条件が変わるだけである．すなわち，式（2.5）の左辺はσ_Gからσまで積分され，次式が得られる．

$$\frac{1}{\mu \cot \alpha} \ln \left\{ \frac{\sigma \mu \cot \alpha - Y(1+\mu \cot \alpha)}{\sigma_G \mu \cot \alpha - Y(1+\mu \cot \alpha)} \right\} = \ln \frac{A}{A_0} \tag{2.34}$$

逆張力が加わったときの引抜き力の関係は

$$P_{zG} = P_z + A_1 \sigma_G \left(\frac{A_1}{A_0} \right)^{\mu \cot \alpha} \tag{2.35}$$

したがって

$$P_{zG} = P_z + P_G \left(\frac{A_1}{A_0} \right) \left(\frac{A_1}{A_0} \right)^{\mu \cot \alpha} = P_z + P_G \left(\frac{A_1}{A_0} \right)^{1+\mu \cot \alpha} \tag{2.36}$$

ここで，第2項を断面減少率$R=(A_0-A_1)/A_0$で整理すると

$$P_{zG} = P_z + P_G (1-R)^{1+\mu \cot \alpha} \tag{2.37}$$

となる．この式から断面減少率の増加につれて，引抜き力に対する逆張力の影響は小さくなることがわかる．また式（2.37）より明らかに総引抜き力は増大するが，**図2.8**[6]からわかるように，ダイス内での引抜き抵抗は減少する．その結果，ダイス面圧が低下するため摩擦による損失が軽減し，ダイス寿命は伸び，良好な線材の表面性状が期待される．逆張力付加によって総引抜き力は増大しても外部摩擦仕事が減少するので，真の引抜き仕事量は低下することになる．

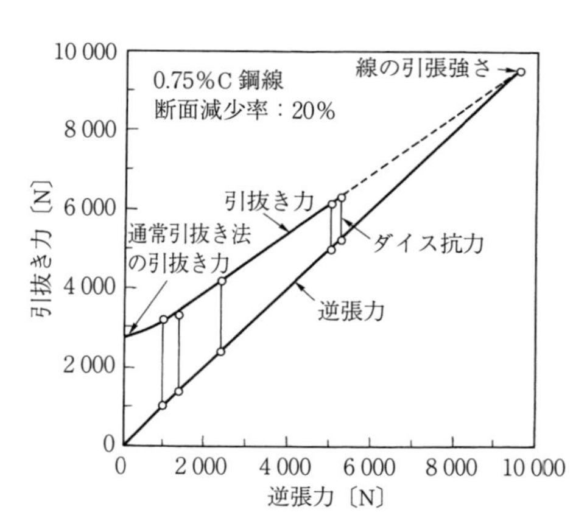

図2.8　引抜き力と逆張力とダイス抗力の関係[6]

以上，初等解析による引抜き理論を紹介してきたが，実際の引抜き加工時のダイス内の材料の流れは，2.1.1項で述べたように，内部および外周部では変形が異なり，同時に材料の加工硬化も均一ではない．したがって，式（2.24）

のような一定の加工硬化指数を用いた解では，どうしても精度が劣る．また，内部せん断による余剰仕事も正確には表せない．しかし実際の引抜き作業に対する解を得るためには十分有効である．

2.1.4　ダイス角と断面減少率

前項で述べたように，ダイス面圧，断面減少率，ダイス角との間には密接な関係がある．

Gelejiは式（2.25）から，種々の断面減少率において摩擦係数$\mu=0.05$としてダイス角と引抜き力との関係を鋼（**図2.9**（a）参照），アルミニウム（図2.9（b）参照）の各線材について求めた．これらの線図は，材料の種類を問わず同一傾向を呈する．

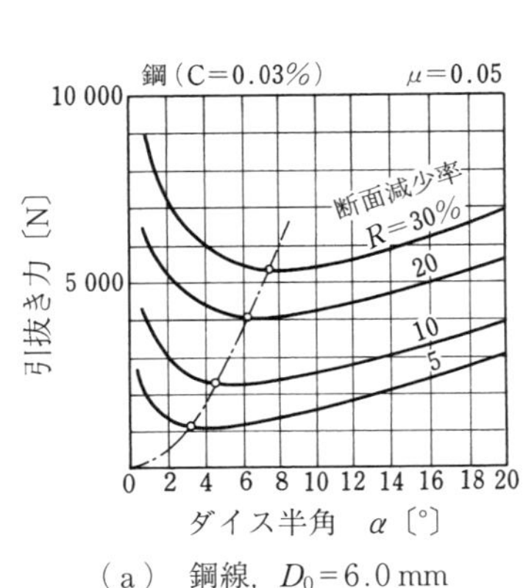

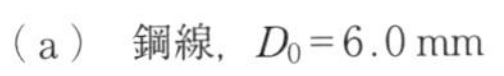
（a）　鋼線，$D_0=6.0$ mm

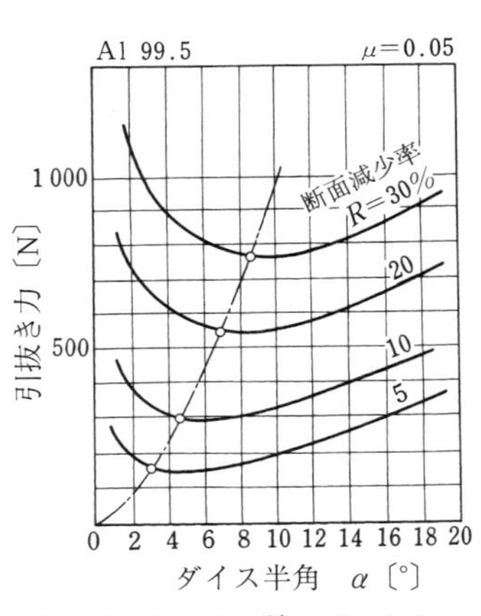

（b）　アルミニウム線，$D_0=6.0$ mm

図2.9　引抜きの際の最適ダイス角と断面減少率との関係（Geleji[2]による）

Gelejiは式（2.25）を変換して，最適なダイス半角を次式で表した．

$$\alpha=\frac{-\mu+\sqrt{\mu^2+10.5\mu\left(\dfrac{A_0+A_1}{A_0-A_1}\right)}}{2\left(\dfrac{A_0+A_1}{A_0-A_1}\right)} \tag{2.38}$$

この式で見る限り，最適ダイス角は材料の変形抵抗とは無関係であることがわかる．そのほか，Hermann は次式

$$\sin 2\alpha = \sqrt{6\mu \ln \frac{A_0}{A_1}} \tag{2.39}$$

Wistreich[7) は次式

$$\alpha \fallingdotseq 53.5\sqrt{\mu\left(\frac{A_0}{A_1}-1\right)} \tag{2.40}$$

から，それぞれ最適ダイス角を求めているが，高断面減少率側で約 3.5°，低断面減少率側で約 2°の開きがある．

つぎに式（2.32）から算出される平均ダイス圧を，種々のダイス角において断面減少率で整理すると**図 2.10** が得られる．実線の理論値に対して，斜線で示した領域が測定値であり，良い一致を示している．

この図からもわかるように，断面減少率を大きくとり，ダイス角を小さくすると，材料の平均変形強さに対するダイス面圧比（$p_m/\bar{Y}$）が低下する．その結果，リング摩耗や断線に結び付く内部欠陥などの発生を効果的に低減する．

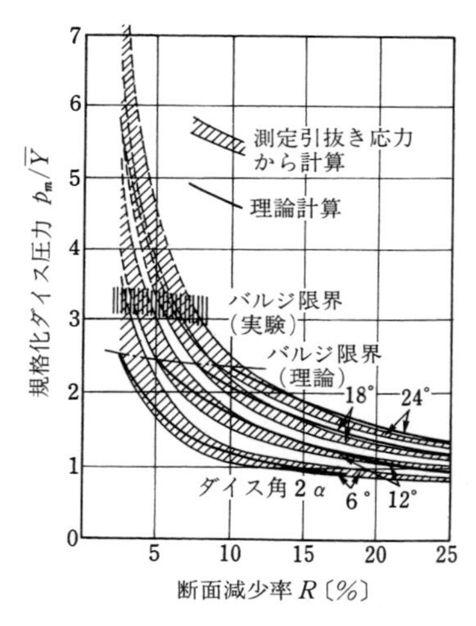

図 2.10　断面減少率およびダイス角に依存する規格化ダイス圧力，D_0＝5 〜 40 mm

2.1.5 摩擦と潤滑

引抜き加工の際の変形効率を決める重要な因子の一つとして，摩擦係数が挙げられる．引抜き時における摩擦係数に関する報告はかなり以前から見られる．

Linicus と Sachs[8) は回転ダイスを用いて引抜き力を測定し，摩擦係数 μ が約 0.04 であることを算出した．

また，Lueg と Treptow[9) は線および棒の引抜きで，潤滑剤としてなたね油，引抜き油，機械油を用いたときの平均ダイス面圧と摩擦係数との関係を，潤滑

下地剤別に分けて調べ，**図2.11** に見られるように，摩擦係数は 0.02 から 0.15 の範囲内におさまることがわかった．すべての潤滑剤に対していえることだが，摩擦係数はダイス面圧の上昇に伴い増加している．

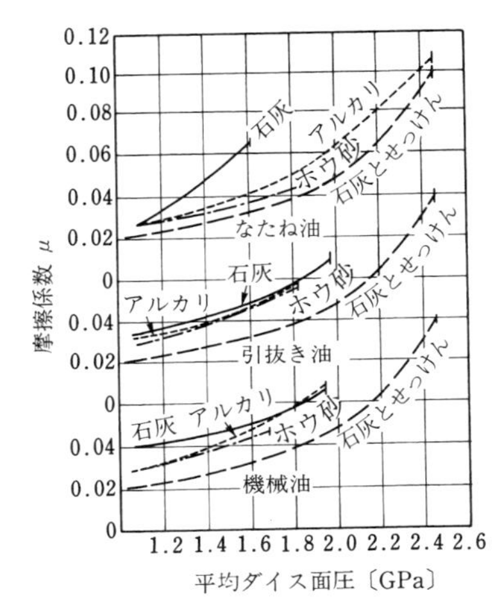

線：パテンティングした鋼線（0.53%C）
潤滑剤：なたね油，引抜き油，機械油
潤滑下地剤：上の潤滑剤に対して石灰，アルカリ，ホウ砂，石灰とせっけんを使用

図2.11 各種の潤滑剤を使ったときの平均ダイス面圧と摩擦係数の関係（Lueg と Treptow[9] による）

摩擦係数は一般に Siebel の式（2.20）から次式によって算出される．

$$\mu = \alpha\left(\frac{\dfrac{P_z}{A_1\bar{Y}} - \dfrac{2}{3}\alpha}{\ln\dfrac{A_0}{A_1}} - 1\right) \qquad (2.41)$$

銅およびアルミニウム線材を，各回の断面減少率 20％，引抜き速度 20 m/min，潤滑剤に機械油を用いて総断面減少率 99.8％まで引抜き加工を施し，引抜き力を実測して，式（2.41）より摩擦係数を求めると，**図2.12**[10] に示すような摩擦係数の分布状況がわかった．すべての値が 0.01 から 0.1 の間におさまり，平均の摩擦係数は 0.057 である．

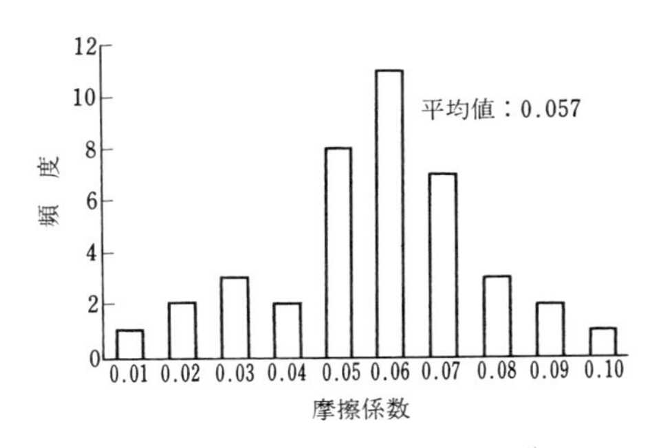

図2.12 摩擦係数の分布状況[10]

Wistreich[11] は**図2.13** に示すような分割ダイスを用いて，引抜き力とダイスを分割する力 P_q を測定した．そして，摩擦係数がダイスの長手方向にわたって一定であると仮定すると，式（2.42）の関係が得られる．

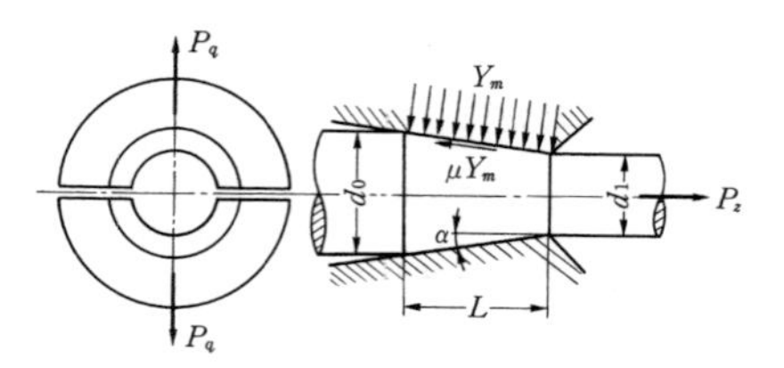

図 2.13　引抜き時に線に働く力（Maclellan と Wistreich[11] による）

$$P_z = (A_0 - A_1)(1 + \mu \cot \alpha)\ p_m \tag{2.42}$$

$$P_q = \frac{1}{\pi}(A_0 - A_1)(\cot \alpha - \mu) p_m \tag{2.43}$$

したがって，式（2.42），（2.43）より

$$\mu = \frac{1 - \pi \dfrac{P_q}{P_z} \tan \alpha}{\pi \dfrac{P_q}{P_z} + \tan \alpha} \tag{2.44}$$

この式からわかるように，摩擦係数は測定値 P_z，P_q とダイス半角 α から算出され得る．Wistreich が式を導出した過程を見てもわかるように，摩擦係数のダイス面圧に対する依存性はない．これは Lueg と Treptow の結果とは反することになるが，図 2.11 を見ると，低面圧側では面圧の変動に対して，摩擦係数はほとんど変わらず，一定とみなすこともできるのである．一方，高面圧側では，線材の表面性状が変わり，ダイス面圧のみによる依存性を論じることはできないと思われる．

2.1.6　加工材の温度変化

摩擦の問題で考慮しなければならない因子に熱の発生がある．すべての変形仕事と摩擦仕事の約 95％が加工材の昇温に関わるとされている．

この発熱は，硬鋼線の場合，時効による脆化を促進させるので，できるだけ引抜き時の温度上昇は抑制されなければならない．そのためには各回のパス後の線材温度をほぼ一定にする等温パススケジュールを採用することが望ましい.

線材温度の算出には，引抜き応力の算出式において，純粋な線ひずみおよび材料の塑性的流れの方向変化の際の全仕事と，ダイス面と線材との摩擦仕事の m（$m<1$）倍が製品の温度上昇に寄与すると仮定すると，引抜き直後の線材の平均温度は式（2.26）より次式によって求められる.

$$t_1 = t_0 + \frac{1}{J\rho c}\left\{Y_m\left(\frac{A_0}{A_1}-1\right)\left(1+\frac{m\mu}{\alpha}\right)+0.77\bar{Y}\cdot\alpha\right\} \tag{2.45}$$

ここに，t_0：ダイス入口での線材温度，t_1：ダイス出口での線材温度，J：熱の仕事当量，ρ：線材の密度，c：線材の比熱である.

式（2.45）で明らかなように，線材の変形抵抗が大きいほど，また摩擦係数が大きいほど，線材の温度は高くなる．平均変形抵抗は，パス回数が増加するに従い，漸次高くなるので，線材温度を一定に保つには，順次，断面減少率を小さくすることが必要である.

上述の計算のほかに，任意な動的可容速度場（応力分布を考慮せず，いずれの部分も体積一定の変形が保たれるような変形の場）を考えて，引抜き応力を計算する上界法がある[12)～14)].

また，従来では，すべり線場法などが用いられていた．すべり線場法は二次元解析に適した手法であるが，引抜き時の変形領域，静水圧およびダイス面圧を算出することができる．ダイス半角 α が 6°および 13°，1 パスの断面減少率 R が 10%および 15%，摩擦係数 μ が 0 および 0.13 の各条件での，板の引抜きにおける変形領域の様子と，それぞれ変形抵抗で無次元化した静水圧およびダイス面圧を算出した結果を**図 2.14** に示す[15)]．摩擦係数の大小により変形領域は異なる．また，α が大きく，R が小さい条件では材料中心部で大きな引張応力（静水圧では負）が働いていることがわかる．近年では，コンピューターの進展により，有限要素法（FEM）が多く用いられている．この FEM でも同様の結果が得られ，上記の引抜き条件では引抜き時に内部割れが生じる可能性が高くなることを示している.

FEM については 2.3 節で述べる.

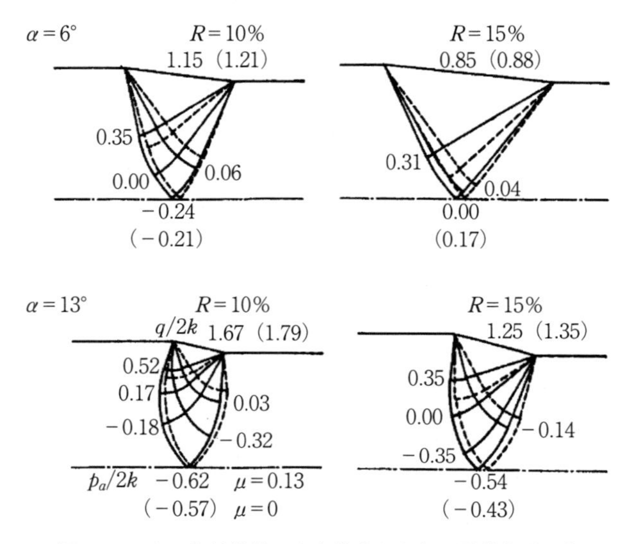

図 2.14　すべり線場法により算出した板の引抜き時の無次元静水圧とダイス面圧（実線：摩擦係数 $\mu=0.13$, 破線およびかっこ内の数値：$\mu=0$）

2.2 管の引抜き

2.2.1 引抜きの分類と理論

図 2.15 は管の引抜きを分類したものである．図（a）は空引きといい，外径を減少させることを目的とする方法で，引抜き条件によって肉厚が増減する．図（b）は心金引きといわれ，心金を支持棒によって固定し引き抜く．これは，細い管の引抜きはできないが，管の内外面をともに美しく仕上げることができる．図（c）は浮きプラグ引きといい，プラグを支持棒で固定せず，引抜き中に自動的に平衡をとり，正しい位置を保つように引き抜く方法である．これは，非常に細い管の引抜きも可能で，プラグを支える必要がないため，長い管の引抜きもできる．図（d）はマンドレル引きといわれ，外径と同時に肉厚も減少することができ，通常，小径あるいは薄肉の管の加工に使われる[16]．

図 2.16 に引抜きの原理を示す．図の心金は ac 部が傾斜しているが，この場

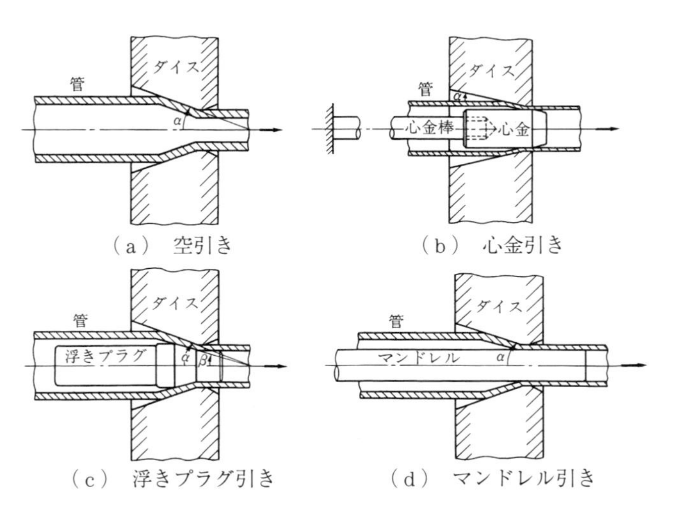

図 2.15 管の引抜きの分類

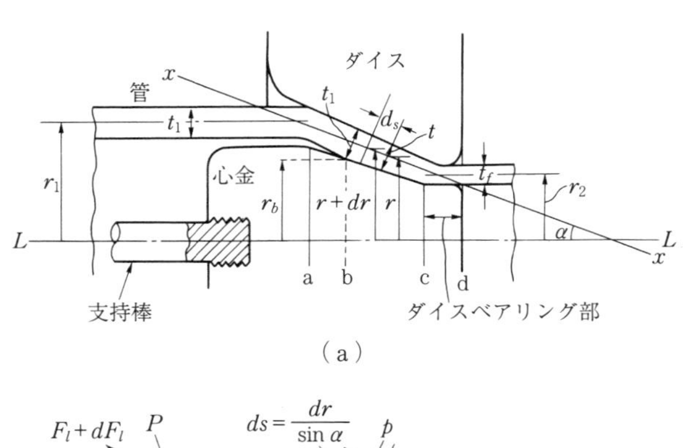

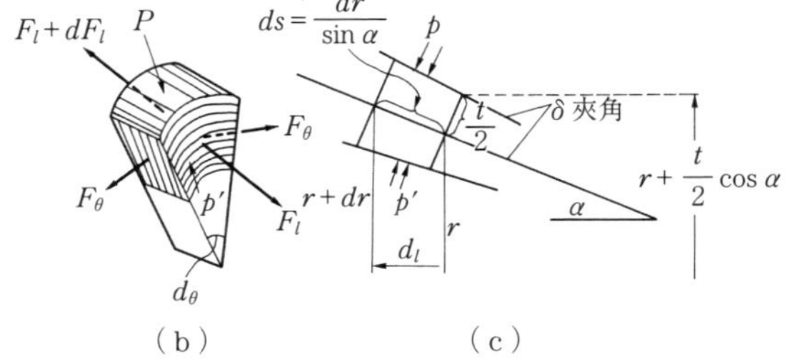

図 2.16 管の引抜き原理

合，支持棒のない場合は浮きプラグとなる．一般には，全体に傾斜のない円筒形の心金に外部からの支持棒が備わるものが多い．作業上重要な点は，つねに心金に触れない空引き部が先行することで，これにより管外径を十分に縮小させる．次段で心金により管肉を 20% 以内減少させる．

引抜き応力を図 2.16 で考える[17]．管の直径は肉厚に比してはるかに大きいと仮定する．

管の $x-x$ 方向の力の釣合い：

$$(F_l+dF_l)-F_l-2F_\theta \sin\frac{d\theta}{2}\sin\alpha + P\sin\delta+P'\sin\delta+\mu P\cos\delta+\mu P'\cos\delta=0 \tag{2.46}$$

ただし

$$\left.\begin{aligned} &F_l=r\cdot d\theta\cdot t\cdot\sigma_l,\quad dF_l=d(r\cdot t\cdot\sigma_l)d\theta,\quad F_\theta=\frac{dr}{\sin\alpha}\cdot t\cdot\sigma_\theta \\ &P=p\left(r+\frac{t}{2}\cos\alpha\right)d\theta\frac{dr}{\sin\alpha},\quad P'=p'\left(r-\frac{t}{2}\cos\alpha\right)d\theta\frac{dr}{\sin\alpha} \end{aligned}\right\} \tag{2.47}$$

ここに，σ_l：$x-x$ 方向の引抜き応力，σ_θ：F_θ の単位応力である．式 (2.46)，(2.47) から

$$d(r\cdot t\cdot\sigma_l)-dr\cdot t\cdot\sigma_\theta+dr\left\{r(p+p')+\frac{t}{2}(p-p')\cos\alpha\right\}\frac{\sin\delta+\mu\cos\delta}{\sin\alpha}=0 \tag{2.48}$$

管の肉厚方向の力の釣合い：

$$2F_\theta\cdot\sin\frac{d\theta}{2}\cdot\cos\alpha+P\cos\delta-P'\cos\delta-\mu P\sin\delta+\mu P'\sin\delta=0 \tag{2.49}$$

式 (2.47)，(2.49) から

$$t\cdot\sigma_\theta\cdot\cos\alpha+\left\{r(p-p')+\frac{t}{2}(p+p')\cos\alpha\right\}(\cos\delta-\mu\sin\delta)=0 \tag{2.50}$$

〔1〕 空引き部の引抜き応力

空引き部は図 2.16（a）の a–b 間である．$\delta=0$，$p'=0$ なので式 (2.48)，

(2.50) から p を消去すると

$$\frac{d(r\cdot\sigma_l)}{dr}-\sigma_\theta(1+\mu\cot\alpha)=0 \tag{2.51}$$

$|p|$ は $|\sigma_\theta|$ や $|\sigma_l|$ に対して無視できるので平面応力問題と考え，ミーゼスとトレスカの降伏条件式の折衷案として

$$\sigma_l-\sigma_\theta=mY=Y' \tag{2.52}$$

を用いる．ただし，Y は引張（圧縮）試験の降伏応力であり，$m=1.1$ の数値を与え得る．

式 (2.51)，(2.52) から σ_θ を除くと b 点の空引き応力 $\sigma_{l(b)}$ は

$$\sigma_{l(b)}=Y'\left(1+\frac{1}{B}\right)\left\{1-\left(\frac{r_b}{r_1}\right)^B\right\} \tag{2.53}$$

ただし，$B=\mu\cot\alpha$ である．

〔2〕 心金引きの応力

心金引きは，図 2.16（a）の b−c 間で代表される．式 (2.48)，(2.50) で $p=p'$ と考え，両式から $p+p'$ を消去すると

$$d(r\cdot t\cdot\sigma_l)-\sigma_\theta\left(dr\cdot t+2dr\cdot r\frac{\tan\delta+\mu}{\sin\alpha}\right)=0$$

$(dr/\sin\alpha)\tan\delta=dt/2$ を用いて整理すると

$$d(r\cdot t\cdot\sigma_l)-\sigma_\theta d(r\cdot t)\left\{1+\frac{\mu\cdot dt\cdot r}{dt\cdot r+dr\cdot t}\cot\delta\right\}=0 \tag{2.54}$$

あるいは

$$\frac{d(r\cdot t\cdot\sigma_l)}{d(r\cdot t)}-\sigma_\theta(1+\mu'\cot\delta)=0 \tag{2.54$'$}$$

肉厚の減少は直径に比べて小さいから $\dot{\varepsilon}_\theta$ は無視でき，平面降伏条件式を利用できる．すなわち

$$\sigma_l+p=Y''=\frac{2}{\sqrt{3}}Y=1.15Y \tag{2.55}$$

式 (2.54)，(2.55) から b−c 間の心金引き応力 $\sigma_{l(c)}$ は

$$\sigma_{l(c)} = Y''\left(1 + \frac{1}{\mu' \cot\delta}\right)\left\{1 - \left(\frac{r\,t_f}{r_1 t_1}\right)^{\mu' \cot\delta}\right\}$$

$r \fallingdotseq r_1$，$\mu' \cot\delta = B'$ とすると

$$\sigma_{l(c)} = Y''\left(1 + \frac{1}{B'}\right)\left\{1 - \left(\frac{t_f}{t_1}\right)^{B'}\right\} \tag{2.56}$$

実操業では管外径を大きく減少させるために空引き部を含むが，このときの引抜き応力は μ が小さければ式（2.53）と式（2.56）の和として差し支えない．またここでは，ダイス入口と出口の方向変換による引抜き応力の増加分は考えていない．すなわち x-x 方向の応力を与えたものである．したがって，α が大きいと実測値との間には誤差が大きくなる．

〔3〕 浮きプラグ引きの応力

引抜き応力は心金引きと同様であるが，プラグが浮くためには，ダイス孔内でつぎの釣合いが起こり得るようなベアリング部が必要である．

$$\int_{bc} p'\left(\sin\alpha_2 - \mu\cos\alpha_2\right) dA = \int_{cd} \mu p'\, dA$$

式中 α_2 はプラグの傾斜角（$\alpha - \delta$），dA は p' の作用するプラグ上の微小面積である．プラグが正常に働くためにはダイス傾斜角 α_1（$= \alpha + \delta$）は 8 ～ 13°，α_2 は 6 ～ 10°とし，$\alpha_1 - \alpha_2$ が 2 ～ 3°が普通用いられることが多い．

ドローベンチ引きに浮きプラグが用いられることがある．プラグを管中に挿入するために支持棒を利用するが，引抜きに際してこれに張力が作用しないので強度の問題が少なく，棒の代わりに管を用い，内部を潤滑液の通路とすることがある．

〔4〕 マンドレル引きの応力

引き抜かれる管のマンドレルに対する相対速度はダイス入口側ではマイナスである．そのため，管とマンドレル間に働く摩擦力の向きと，管とダイス間に働く摩擦力の向きとは逆になる．すなわち，前者の摩擦係数を μ，後者の摩擦係数を μ' として，式（2.46）の最後の 2 項の和は $\mu = \mu'$ と考えれば 0 となり，管肉に作用する引抜き応力は

$$\sigma_l = Y' \ \ln \frac{t_1}{t_f} \tag{2.53$'$}$$

もし$\mu' > \mu$ならばσ_lは上式の値よりもさらに減少し，作業者は予定よりも減面率を増加することもできる．しかし，引抜き後にマンドレル除去の工程が必要となり，また長いマンドレルの管理上の問題などで不利な点が多い．

2.2.2 空引き中の肉厚の変化

図 2.17 に管を空引きだけ行う場合の管の変形経過を示す．管はまずダイス入口近辺からある曲率半径をもってダイスに侵入する．したがって，管とダイスが最初に接触を開始する箇所の管の外径 D_0' は，引抜き前の管の外径 D_0 よりもつねに若干小さくなる．一般の心金引きでも最初は空引き部があるから同様の現象が起こる．また，このとき管の肉厚も t_0 から t_0' まで少々増加する．これに続いて管の外径はダイスの孔径 D_d までダイスの内面に沿って変化する．このとき管の肉厚はダイス入口の t_0' から出口の t_d に変化するが，この途中の肉厚の変動は後に述べるように引抜き条件によって定まり，つねに一定の傾向を示すものではない．つぎにダイス出口近辺では，ダイス入口近辺と同様にある曲率をもって管がダイスより出るので，引抜き後の管外径 D_1 はダイス孔径 D_d よりも必ず若干小さくなる．また，このとき管の肉厚 t_1 は t_d より減少する傾向があり，この減少量は引抜き条件しだいで非常に大きくなり，ダイス内の肉厚変化量より大きい場合も多い[18),19)]．したがって，空引きにおける肉厚変化の理論[20),21)]と実際との差は実用的にも無視できない．このように空引

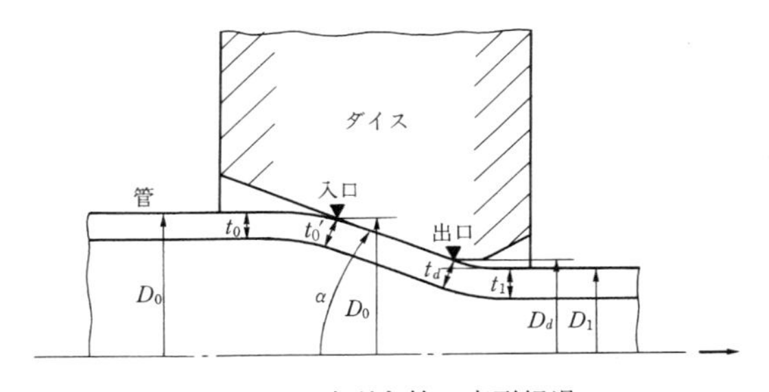

図 2.17 空引き管の変形経過

き後の肉厚を正確に算出するのは困難であるが，一般的にはつぎのように推算される[22].

ここで，計算に必要な記号を以下に記す.

B：$\mu \cot \alpha$，r：引抜き後の管の外半径，r_0：引抜き前の管の外半径，t：引抜き後の管肉の厚さ，t_0：引抜き前の管肉の厚さ，Y'：平面ひずみ降伏応力，α：ダイス半角，$\dot{\varepsilon}_l$：管軸方向ひずみ増分，$\dot{\varepsilon}_t$：管面垂直ひずみ増分，$\dot{\varepsilon}_\theta$：管周接線ひずみ増分，μ：ダイスと管の間の摩擦係数，σ_l：管軸方向応力，σ_t：管面垂直応力，σ_θ：管周接線応力，$\sigma_l{}'$：管軸方向偏差応力，$\sigma_t{}'$：管面垂直偏差応力，$\sigma_\theta{}'$：管周接線偏差応力である.

〔1〕 摩擦のない場合の空引きによる肉厚の変化

$t \ll r$，$\mu=0$，$\sigma_t \fallingdotseq 0$ で，2.2.1 項に述べたように

$$\sigma_l - \sigma_\theta = Y' \tag{2.52}$$

また

$$\sigma_l = Y' \ln \frac{r_0}{r} \qquad \text{〔式 (2.51) で } \mu=0 \text{ と置く〕} \tag{2.57}$$

$$\therefore \quad \sigma_\theta = Y' \left(\ln \frac{r_0}{r} - 1 \right) \tag{2.58}$$

レビィーミーゼス（Levy−Mises）の関係式

$$\frac{\dot{\varepsilon}_t}{\sigma_t{}'} = \frac{\dot{\varepsilon}_l}{\sigma_l{}'} = \frac{\dot{\varepsilon}_\theta}{\sigma_\theta{}'} \tag{2.59}$$

から

$$\frac{\dot{\varepsilon}_t}{\sigma_t - \dfrac{\sigma_t + \sigma_l + \sigma_\theta}{3}} = \frac{\dot{\varepsilon}_\theta}{\sigma_\theta - \dfrac{\sigma_t + \sigma_l + \sigma_\theta}{3}} \tag{2.60}$$

$$\therefore \quad \frac{\dot{\varepsilon}_t}{\dot{\varepsilon}_\theta} \equiv \frac{\dfrac{dt}{t}}{\dfrac{dr}{r}} = \frac{2 \ln (r_0/r) - 1}{2 - \ln (r_0/r)} \tag{2.61}$$

式（2.61）から任意の r に対する dt/t がわかる．式（2.61）を r_0 から r まで積分すると

$$\ln\frac{t}{t_0}=2\ln\frac{r_0}{r}+3\ln\left\{1-\frac{\ln(r_0/r)}{2}\right\} \tag{2.62}$$

あるいは

$$\frac{t}{t_0}=\left(\frac{r_0}{r}\right)^2\left\{1-\frac{\ln(r_0/r)}{2}\right\}^3 \tag{2.63}$$

〔2〕 摩擦を考慮した場合の空引きによる肉厚の変化

r_0 から r までの引抜き応力は式（2.53）を参考にして

$$\frac{\sigma_l}{Y'}=\left(1+\frac{1}{B}\right)\left\{1-\left(\frac{r}{r_0}\right)^B\right\} \tag{2.53}''$$

式（2.52）と式（2.53）″から

$$\frac{\sigma_\theta}{Y'}=\left(1+\frac{1}{B}\right)\left\{1-\left(\frac{r}{r_0}\right)^B\right\}-1 \tag{2.64}$$

式（2.61）と同様な計算から

$$\frac{dt}{t}=\frac{2(1+1/B)[\{1-(r/r_0)^B\}-1]}{2-(1+1/B)\{1-(r/r_0)^B\}}\cdot\frac{dr}{r} \tag{2.65}$$

r_0 から r まで積分すれば

$$\ln\frac{t}{t_0}=\frac{3}{B-1}\ln\left[\frac{2(r/r_0)^B}{2-(1+1/B)\{1-(r/r_0)^B\}}\right]-2\ln\frac{r}{r_0} \tag{2.66}$$

あるいは

$$\frac{t}{t_0}=\frac{\left[\dfrac{2(r/r_0)^B}{2-(1+1/B)\{1-(r/r_0)^B\}}\right]^{\frac{3}{B-1}}}{(r/r_0)^2} \tag{2.67}$$

表 2.1 に式（2.63）と式（2.67）を用いて算出した計算値を示す．

表 2.1　薄肉管の外径減少率と t/t_0

$1-r/r_0$〔%〕	$\mu=0$	$\mu \cot\alpha=0.4$	$\mu \cot\alpha=0.6$
10	1.05	1.05	10.5
20	1.10	1.09	1.09
30	1.13	1.11	1.08
40	1.15	1.10	1.06
50	1.11	1.02	0.96
60	1.00	0.83	—
70	0.70	0.49	—

図 2.18 は表 2.1 を図示したものである．$\mu \neq 0$ の場合には μ が増加するとカーブの最大点の位置が左に寄り，肉厚の増加が抑制される．

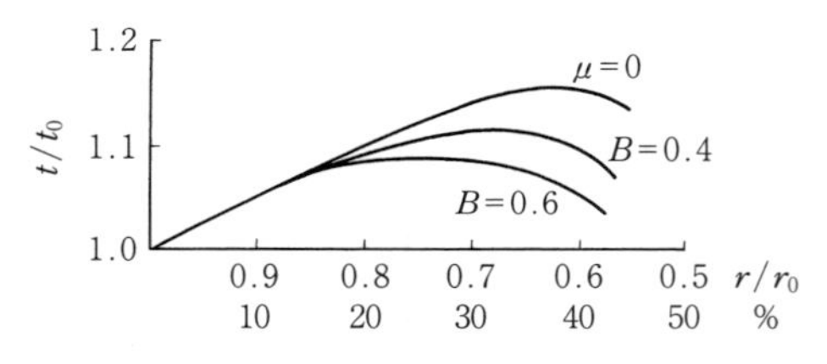

図 2.18　薄肉管のコニカルダイスによる引抜きでの肉厚変化

ダイス角と空引き後の肉厚の関係式 (2.66) は，特に α が大きいときには正確な値が得られない．α によるダイス入口と出口の管の方向変換が考慮されていないためである．ダイス角が大きいとダイス入口より前方で行われる管肉の曲げ作用による t の増加が大きく，ダイス出口からの曲げ戻しと引抜き張力による t の減少が著しい．これらの付加的応力の計算が困難なことと同様に，このために生ずる t の増減の計算も困難である．

図 2.19 は，アルミニウム合金管（A 6063）を，外径 ϕ 20.0 mm，肉厚 2.0 mm から外径 ϕ 15.0 mm に空引きするときに生じた変形域の肉厚の変化を，管軸に沿ってダイス前後にわたって測定したものである[19]．ダイス半角 α の大小にかかわらず t の増加が最初に起こり，後に減少が起こっている．α

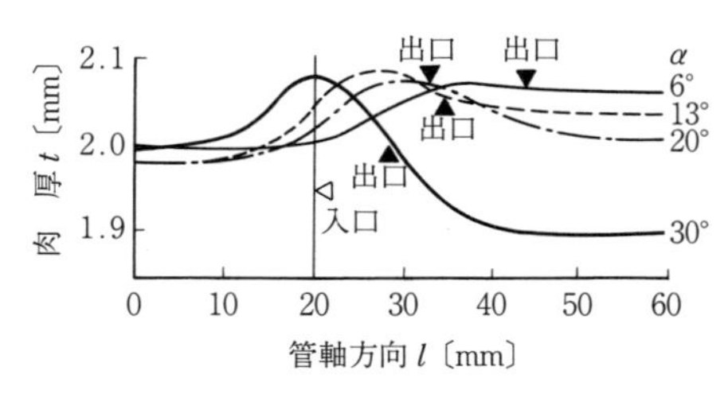

図 2.19　空引き管の変形域中での肉厚変化

が大きいと引抜き後に引抜き前よりも t が減少する様子がわかる.

また一方, t_0/D_0 が増加するならば, 薄肉管から中実棒へと近付くことになるため, 空引きによりこの場合でも t が減少することは容易に理解できる.

2.2.3 管引きによる引抜き力の予測

管引き力は理論式からもわかるようにダイス角, 断面減少率, 摩擦係数および材料の降伏応力などの影響を受けることがわかる.

引抜き力の実測には現在, 抵抗線ひずみ計などの張力計が主として用いられている.

図 2.20 は, リン脱酸硬銅管を空引きしたときの引抜き力を, 実測値と理論値で比較したものである[23]. 図中斜線の部分は式 (2.53) で算出したものであり, μ を 0.1 ～ 0.06 に変化させてある. ダイス半角 α が小さい場合には実測値と理論値は比較的よく一致している. しかし α が大きいと 2.2.1 項に述べたように一致しない. これは付加的仕事が α とともに増大するのに対し, この関数が未知で式 (2.53) 中に考慮されていないためである. また, 心金引きではさらに計算による引抜き力の予測は困難になる. むしろ, μ, α, 断面減少率などに対する簡単な実験式を特定材料に対して用意する方が実際的であろう.

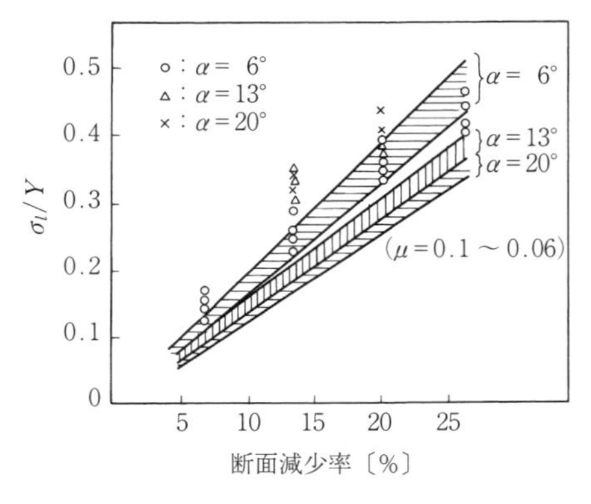

図 2.20　空引きにおける引抜き力（実測値と理論値の比較）

2.2.4 偏 肉 の 矯 正[19),23),24)]

一般に肉厚が均一でない場合に, 空引きを行うことにより肉厚が増加するときの増加の割合は薄肉部ほど多い. 逆に肉厚の減少が起こる場合には, 厚肉部ほどその減少の割合が多いと考えられる．したがって，空引きにより平均肉厚が増加するときでも減少するときでも偏肉の矯正が行われる．

図 2.21 は素管の肉厚比 $\bar{t}_0/D_0$ が 0.12 と 0.18 のリン脱酸銅管を空引き（ϕ 12.0 → 10.0 mm，α = 13°）したときの肉厚ばらつきの変化である．引抜きにつれて肉厚が増加する場合も減少する場合も偏肉は矯正されている．

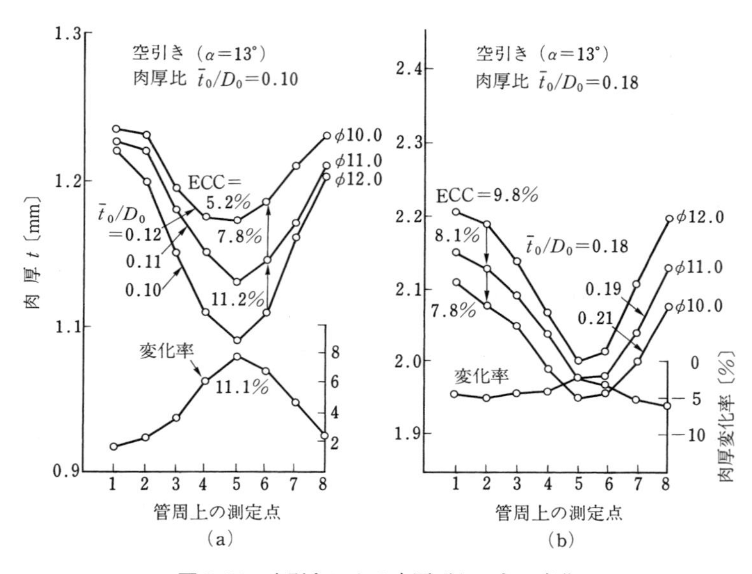

図 2.21　空引きによる肉厚ばらつきの変化

心金引きや浮きプラグ引きなどは，2.2.1 項で述べたように，空引きと心金引き（肉厚のみを引き落とすこと）が複合された作業である．心金引き部では肉厚は円周にわたって同率に引き落とされるので偏肉矯正度に大きな変化はなく，空引き部で偏肉が矯正される割合が多いと考えられる．工場では固定心金引きの直前に空引きダイスを置き，同時に両者を通すことも行われる．この状態では空引きダイスはガイドリングとしての効果も大きく，偏肉除去に貢献することが大きいものと思われる．

いずれの場合にも，ダイス引きで偏肉の矯正を図るための作業上重要なことは，ガイドなどを使用して軸合せ（外径を基準とした管中心とダイス孔軸ならびに引抜き方向を一致させること）を正確に行うことである．もし軸合せが不完全であると，偏肉のない管も引抜きにつれて逆に偏肉が増大する結果になる[19),23)]．

2.3 数 値 解 析

本節では，近年盛んになってきた，計算機（コンピューター）を使った，伸線加工の解析方法と利用例について概説する．

2.3.1 有限要素法を用いた解析

有限要素法（finite element method，FEM）による構造解析では，材料を節点で囲まれた各小領域（要素）に分割し，力学の式を適用する．例えば，弾性体であれば，フックの法則（応力＝ヤング率×ひずみ）に基づいた要素剛性方程式を各要素について立てて全体剛性方程式として重ね合わせられる．材料が外部と接するところでの条件（境界条件）を加えることで，全体剛性方程式はいっせいに数値的に解くことができる．塑性加工の FEM の場合，弾性体から一歩進んで，剛塑性体や弾塑性体のモデルが使われることが多い．また，塑性挙動に関しては速度型もしくは増分型の式を適用して，細かいステップで暫時変形状態を更新してシミュレートする．ダイスとの接触摩擦には，例えばペナルティ法などの数値アルゴリズムを用いて摩擦係数などを設定することも可能である．伸線加工においては，線材の軸対称な幾何形状を想定できるため，軸対称二次元モデルなどがよく用いられる．また，プリポスト処理も含んだ汎用的な FEM ソフトウェアが用いられることが多くなっている．さらに詳しい理論・解析方法については，他書[25)]などを参照されたい．

図 2.22（口絵 3 参照）は，アルミニウム（Al）線材がコニカルダイスによって伸線される状況を軸対称二次元を仮定した FEM で解析した例で三次元的に示してある．ダイス半角 7°，引抜き側の速度を一定として，ダイスとの摩擦係数を 0.05 に設定して行っている．既存の純 Al の弾性・塑性特性（実験値）

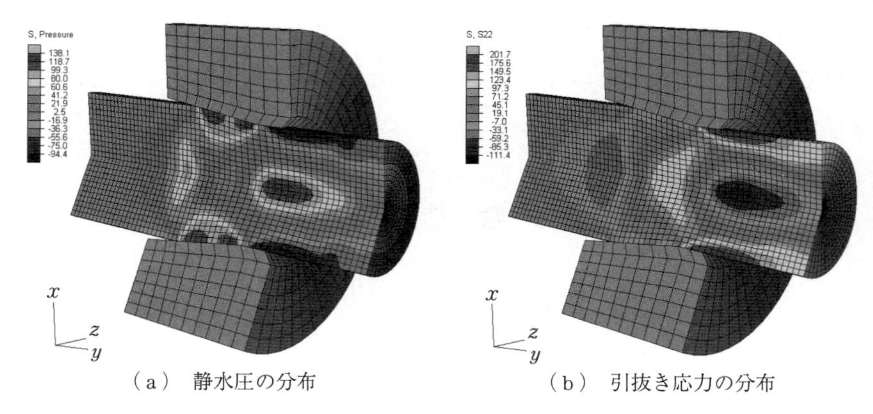

（a）静水圧の分布　　（b）引抜き応力の分布

図 2.22　FEM による伸線加工の数値解析例

を用いて Al 線の材料モデルを組み込んでおり，一方，ダイス側は剛体の扱いとしている．図 2.22（a）に示す静水圧の分布では，線材中央に負値，すなわち引張りが生じていることがわかる．また，図 2.22（b）に示す引抜き応力などの各種応力の局所的な値および分布を綿密に見積もることもできる．このように，ダイスの形状や伸線速度の違いにより，線材に生じる応力やひずみの状態が FEM 解析によって明確に予測され得る．

2.3.2　異物を含む線材の解析

引抜き中の断線原因の一つに線材中の偏析，介在物，異物がある．異物を含む線材の引抜きにおいて，異物が断線に与える影響を有限要素法により解析した事例を**図 2.23** に示す[36]．引抜き中の異物は素地（マトリックス）との界面ではがれが生じ，引抜きが進むにつれはがれが成長し，最後には断線が生じることを明らかにした．異物の大きさ $2h$ が線材直径 D_0 に対し 60％以上では断線の頻度が高くなることを示唆した．

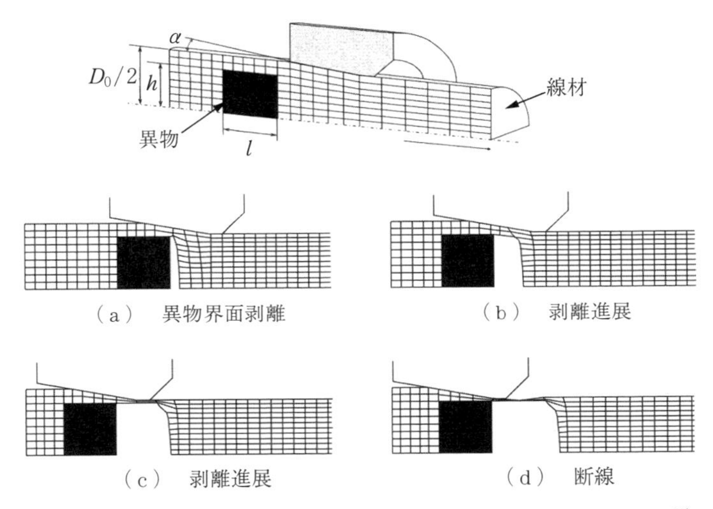

図 2.23 異物が断線に与える影響を有限要素法により解析した事例[26]

2.3.3 その他の解析手法の紹介

上記の従来の剛塑性・弾塑性 FEM に加えて，さらに結晶組織の不均一性やすべり系を考慮できる結晶塑性 FEM[27] による伸線加工の解析も試みられている．また，さらに材料のミクロな現象を扱う解析手法として，フェーズフィールド法による相変態機構の解析[28] や，分子動力学（MD）法による転位挙動や原子の拡散および破壊現象の解析[29] なども多く行われるようになってきており，ミクロの精度を有する伸線を発展させる際に重要な知見が得られると予想される．中でも，分子動力学法では材料を構成する原子の運動方程式を直接時系列で解くことで材料の微視的な変形挙動を再現できる．例えば，**図 2.24** に示すようにナノメートルサイズの伸線加工モデルを用いて，bcc 単結晶を〈100〉，〈110〉，〈111〉の 3 方位で引き抜くときの結晶回転や相変態，および転位の解析が行われている．このような結晶構造や格子欠陥の変化の解析，原子スケールでのひずみや応力の解析などが可能になっている[30]．

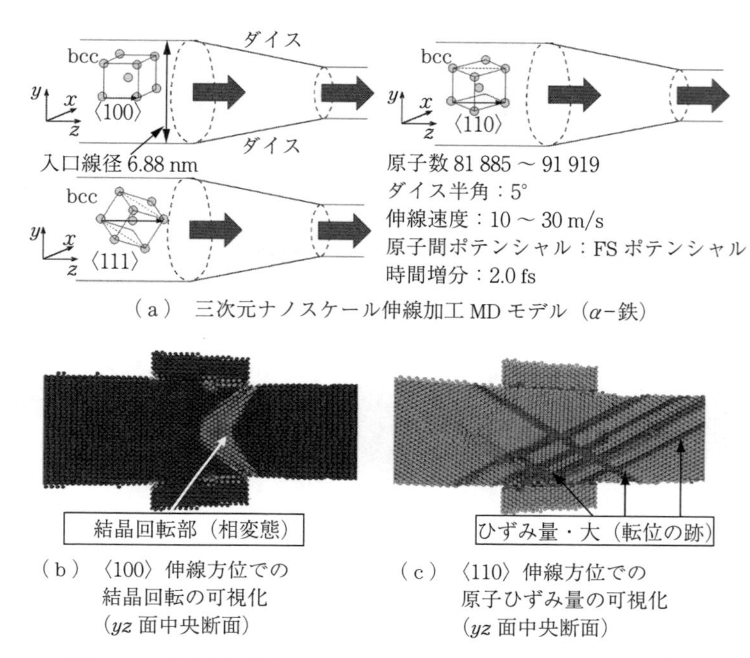

（a）三次元ナノスケール伸線加工 MD モデル（α-鉄）

（b）〈100〉伸線方位での結晶回転の可視化（yz 面中央断面）

（c）〈110〉伸線方位での原子ひずみ量の可視化（yz 面中央断面）

図 2.24　分子動力学法による伸線加工のナノスケールでの変形解析

2.4 引き細り

近年，冷間鍛造の精密化に伴い，その素材となる引抜き棒線材の寸法精度向上が求められている．しかし，現状ではダイス孔径を一定に設計しても，引抜き条件が変化すると，ダイスのベアリング径（呼び径）よりも細くなる「引き細り」や太くなる「引き太り」が生じる．ここでは寸法変動が生じる原因と対策について概説する．

2.4.1 引き細りとアンダーシュート

管の引抜きでは，「アンダーシュート」，すなわちアプローチに沿って流れた素材流動が行き過ぎて，境界付近でベアリングから離れて管の直径が細くなる現象がある[31]．棒線ではアプローチ角度が大きい場合や後方張力が過大に作用した場合に発生しやすい．**図 2.25** に示すようにダイス内で変形中の線径変化を非接触型レーザー測定した結果，アプローチ部とベアリング部の境界付近で大きく材料がダイスから離れ，40 μm のアンダーシュート，その後の 5 μm の弾性回復による線径膨張が確認された．**図 2.26** に FEM シミュレーションにより観察されたダイス形状と材料形状の模式図を示す．（A）は引抜き前の

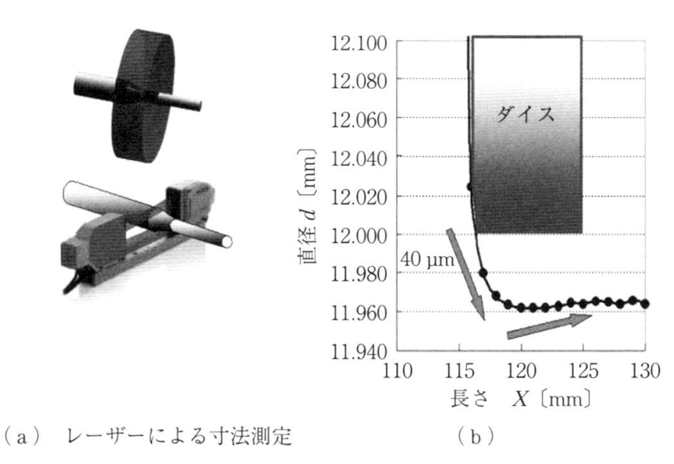

（a） レーザーによる寸法測定　　　（b）

図 2.25　ダイス内で変形中の線径変化（0.1%C，線径 ϕ 13.2 mm，断面減少率 R 10%，ダイス半角 α 13°）

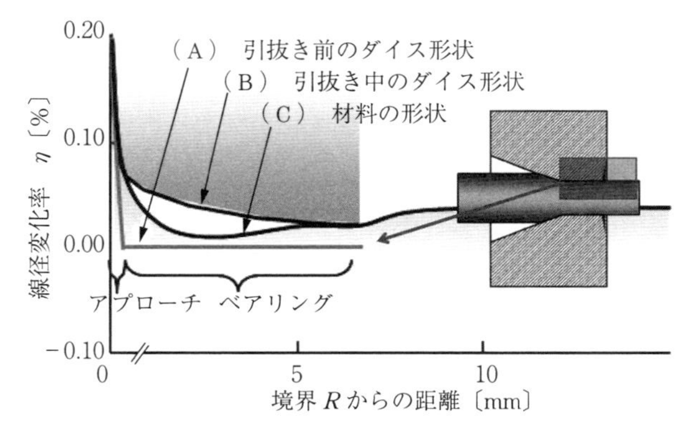

図 2.26　FEM シミュレーションによるダイス，材料の変形模式図

ダイス形状，（B）は引抜き中のダイス形状，（C）は材料の形状のそれぞれの輪郭である．引抜き中のダイスはアプローチ部に作用するダイス面圧により，ベアリング部入り口付近が拡大するように弾性変形する（（B）参照）．このとき引抜き中の材料はダイスベアリング部から離れる現象が確認され，この現象を「アンダーシュート」と称している[32]．その後，材料の径は回復し条件によってはダイス終端部でダイスと再接触する．引抜き力除荷時には弾性回復する．単純と見られていた引抜きはこのようにダイス内で複雑な径変化をしている[33]．

引き太りは弾性回復量が大きい場合に生じ，材質，熱処理条件，残留応力により変動する．

2.4.2 2枚ダイスによる引き細り現象

寸法精度の向上およびダイス摩耗の分散化を目的としてダイスを2枚直列に配置する「2枚ダイス伸線」が用いられることがある．ここでは総断面減少率を20%一定とし，2パス目の断面減少率配分を変えると同時に2パス目のアプローチ半角を$\alpha_2=4\sim13$ deg に変化させた．ただし，1パス目のダイスのアプローチ半角α_1を7°に固定した．その線径測定結果を**図2.27**に示す．2パス目の断面減少率が5～15%付近で1パスによる後方張力の影響を受け引き細りが生じやすい．

一方で，アプローチ半角α_2を小さくすると，線径変化が軽減される．これは，1パス目の残留応力や後方張力が径変化に与える影響を低角度のα_2が抑制する効果のためと考えられる[32]．このように2枚ダイス使用にあたっては両者の断面減少率配分，アプローチ角度を適切に設定しないとむしろ寸法変動を大きくしてしまうので注意が必要である．

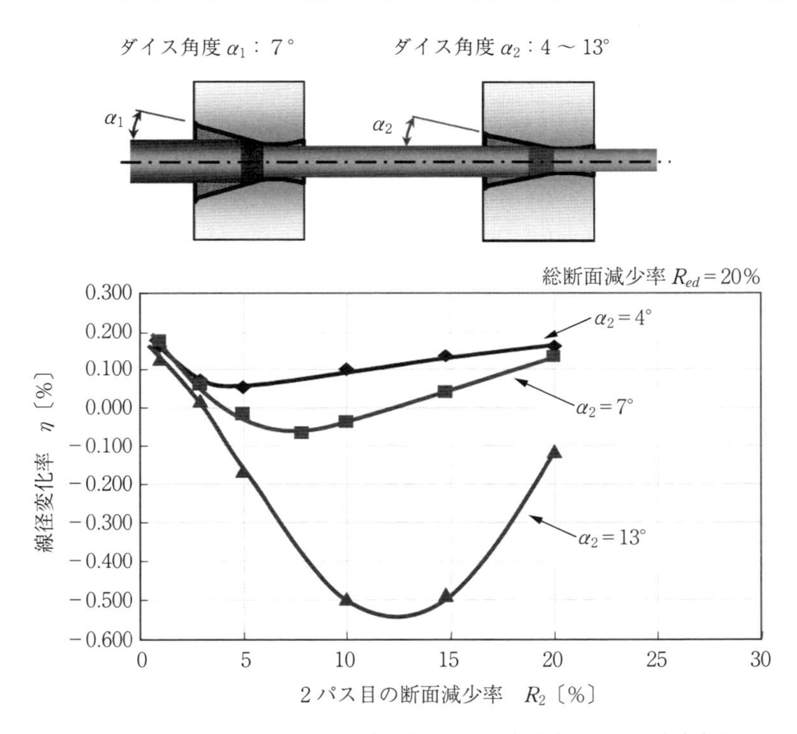

図 2.27　2枚ダイスの2パス目減面率とダイス角度変化による寸法変化

2.5　引抜きの残留応力

2.5.1　残留応力の測定方法

マクロの破壊的残留応力測定法[34]にスリット法および Heyn–Bauer 法がある．スリット法による残留応力の測定を**図 2.28** に示す[35]．棒材の長さ方向に切込みを入れると，残留応力が開放されスリットの開き幅 δ が変化，これにより図中に示すように表層の長手方向残留応力 σ_l を計算できる．E は弾性係数，ν はポアソン比，d は棒材の直径，Δh はスリット幅（極力小さく），δ は変形後のスリット幅，l はスリット長さで d の4倍以上が望ましい（すべて mm 単位）を示す[40]．内部の残留応力を測定する方法に**図 2.29** に示す Heyn–Bauer

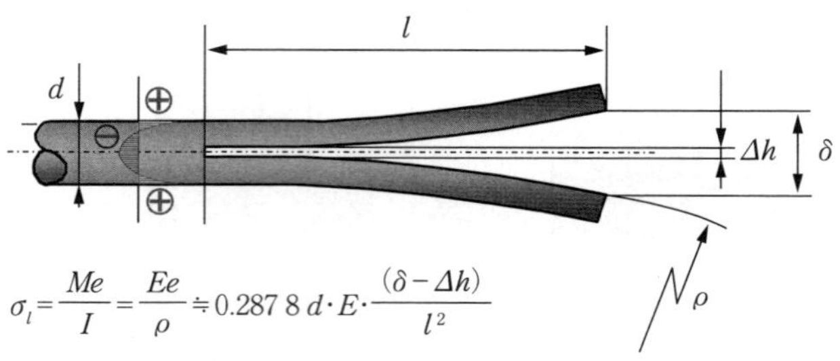

$$\sigma_l = \frac{Me}{I} = \frac{Ee}{\rho} \fallingdotseq 0.2878\, d \cdot E \cdot \frac{(\delta - \Delta h)}{l^2}$$

e はスリット切断後の半円断面の重心から表面までの距離

図 2.28　スリット法による残留応力の測定

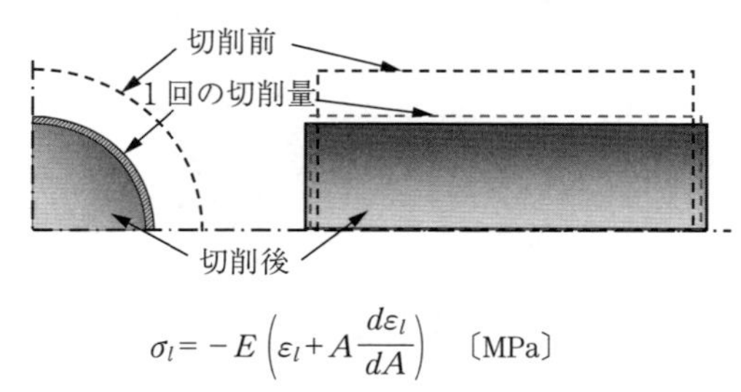

$$\sigma_l = -E\left(\varepsilon_l + A\frac{d\varepsilon_l}{dA}\right) \quad \text{〔MPa〕}$$

図 2.29　Heyn–Bauer 法による残留応力測定

法がある[36]．棒材の円周表層部をわずかに除去，その際の棒材の長さ変化からひずみ $d\varepsilon_l$ を測定し残留応力を算出し，これを繰り返し内部まで測定する．図中に弾性係数 E，断面積 A，除去した断面積 dA，残留応力開放による蓄積ひずみ ε_l，表層除去によるひずみ $d\varepsilon_l$ から σ_l を算出する計算式を示す．

2.5.2　残留応力の測定結果

図 2.30 にはスリット法による引抜き後の棒材の開き δ の変化を示す．ダイス半角 α を小さくするほど δ の幅が狭くなり，表層部の引張残留応力が減少する傾向が観察される．**図 2.31** には Heyn–Bauer 法による α が 5°の角度型ダイス（A 型）を用いた際の引抜き材の表層から中心までの残留応力分布を示す．ここでは，旋盤で片側表層を 0.1 mm 程度除去しつつ，この測定を繰り返した．表層部の残留応力を求めた後，その分布形状が放物線であると仮定，線材全断面の残留応力を積分した値が 0 となるように中心部の残留応力分布を推

定した．A 型では表層に大きな引張残留応力が観察される．一方，C 型ダイスすなわち Circle（円弧型）でその半径 r＝50 mm と大きくすると表層の残留応力は低下するが，表層からやや深い位置で引張残留応力が最大となる特異な分布を呈する．そこで α＝5° および r＝50 mm で接続した両者の組合せ型ダイスでは，表層の引張残留応力が低減するだけでなく，最表面では 100 MPa の圧縮残留応力に転じる．残留応力は引抜き中の棒材表層部と中心部のひずみ差によって生じるため[37),38)]，均一にひずみが加わる条件では残留応力は小さくなり，α が大，r が小の場合，ひずみが表層部に集中して不均一にひずみが加わるため，残留応力が大きくなる．

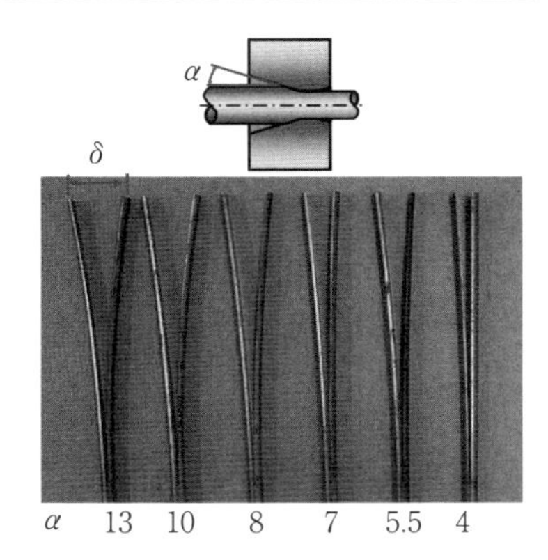

図 2.30　スリット法による引抜き後の棒材の開き δ の変化（線径 ϕ 11 mm，0.2%C，断面減少率 R＝17%）

ダイスのベアリング長さが大きいと表層の引張残留応力が小さくなるとの研究報告もある[39),40)]．

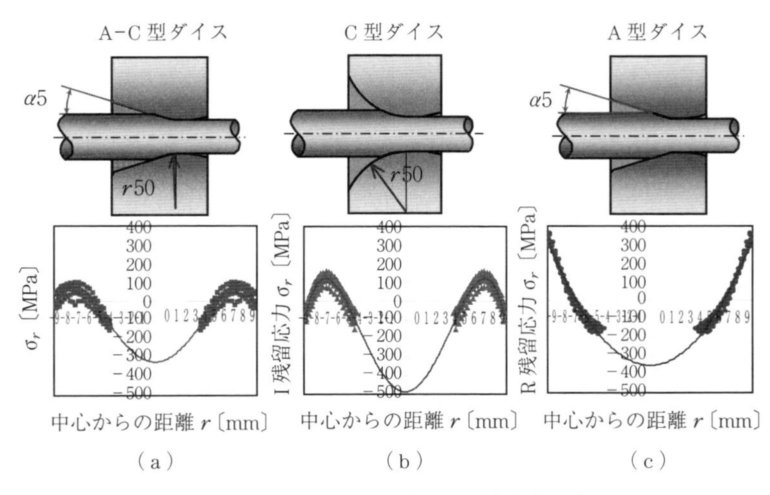

図 2.31　表層から中心までの残留応力分布

以上は破壊的残留応力測定法であるが，X線や中性子線などを利用した非破壊的測定法も用いられている[41)]．

引用・参考文献

1) 日本塑性加工学会編：塑性加工用語辞典，(1998)，18–21，コロナ社.
2) Geleji, A., 五弓勇雄訳：金属塑性加工の計算（下），(1965)，4，コロナ社.
3) ドイツ鉄鋼協会編，五弓勇雄監訳：塑性加工の基礎，(1972)，368，コロナ社.
4) 日本塑性加工学会編，最新塑性加工要覧，(1986)，181，日本塑性加工学会.
5) Wistreich, J. G.：Stahl Eisen, **70** (1950), 1178–1179.
6) 鈴木弘：線引機械，(1954)，誠文堂新光社.
7) Wistreich, J. G.：Stahl Eisen, **76** (1956), 1706–1709.
8) Linicus, W. & Sachs, G.：Z. Metallkunde, **23** (1931), 205–210.
9) Lueg, W. & Treptow, K.-H.：Stahl Eisen, **72** (1952), 399–416；**76** (1956), 1107–1116.
10) 山本久・稲数直次：塑性と加工，**12**–127 (1971)，589–595.
11) Wistreich, J. G.：Wire Ind., **22** (1955), 421–519.
12) Avitzur, B.；Metal Forming Processes and Analysis, (1968), 155, McGraw–Hill.
13) 青木勇・小島之夫・小森和武・吉田一也：塑性力学の基礎，(1996)，97，産業図書.
14) 木内学・岸英敏・石川政和：塑性と加工，**24**–266 (1983)，290–296.
15) 吉田一也：引抜きにおけるカッピング欠陥に関する研究，東海大学博士論文，(1982)，14.
16) 鈴木弘：塑性加工，(1976)，77，裳華房.
17) 田中浩：非鉄金属の塑性加工，(1970)，111，日刊工業新聞社.
18) 岡本豊彦：住友金属，**6**–2 (1954)，85–102.
19) 田中浩・佐藤優・吉田一也：塑性と加工，**18**–202 (1977)，901–908.
20) Hill, R.：The Mathematical Theory of Plasticity, (1950), 269, Oxford Press.
21) Sachs, G. & Baldwin, W. M. Jr.：Trans. ASME, **68** (1946), 655–662.
22) Johnson, W. & Mellor, P. B.：Engineering Plasticity, (1973), 286, Van Nostrand Reinhold.
23) 田中浩・佐藤優・吉田一也：東海大（工）紀要，**17**–1 (1977)，203–215.
24) 田中浩・佐藤優：日本金属学会誌，**46**–5 (1982)，564–569.

25)　日本塑性加工学会編：塑性加工入門，(2007)，163，コロナ社.
26)　Yoshida, K.；Wire J. Int., **33**-3 (2000), 102-107.
27)　倉前宏行・仲町英治：塑性と加工，**55**-640，(2014)，416-420.
28)　高木知弘・山中晃徳：フェーズフィールド法，(2012)，養賢堂.
29)　齋藤賢一・鮫島洋平・岡田拓也・大良修平：平成25年度塑性加工春季講演会講演論文集，(2013)，189-190.
30)　齋藤賢一：平成23年度塑性加工春季講演会講演論文集，(2011)，159-160.
31)　奥井達也・黒田浩一・秋山雅義：塑性と加工，**47**-542 (2006)，34-39.
32)　白崎園美・窪田紘明・駒見亮介・浅川基男：塑性と加工，**49**-568 (2011-5)，414-418.
33)　塑性加工学会編：第211回塑性加工セミナー「引抜き加工の基礎技術」，(2015年8月).
34)　川田雄一：塑性と加工，**3**-13 (1962-2)，65-72.
35)　山田凱朗：第20回伸線技術分科会資料，(1989-11).
36)　Buhler, H. & Schulz, E. H.：Stahl und Eisen, **70** (1950), 1147.
37)　米谷茂・今井克哉：日本金属学会誌，**54**-3 (1990)，336-345.
38)　訓谷法仁・浅川基男：塑性と加工，**38**-433 (1997)，147-152.
39)　梶野智史・畠山知浩・田村容子・大澤優樹・宍戸俊介・佐々木渉・濱本義郎・美崎悟・浅川基男：塑性と加工，**54**-634 (2013-11)，998-1002.
40)　塑性加工学会編：第211回塑性加工セミナー「引抜き加工の基礎技術」，(2015年8月).
41)　Atienza, J. M.：Wire J. Int., (2008-3), 70-75.

3 製造技術

3.1 引抜き加工工程

鉄鋼および非鉄金属の線・棒・管材は，熱間圧延や熱間押出しなどにより製造される熱間加工材を素材として冷間引抜き加工により仕上げられることが多い．引抜き加工は，熱間圧延や熱間押出しなどの熱間加工仕上げでは得られない高い寸法精度，表面性状，機械的性質などを得るために行われる．工業的な冷間引抜き加工には，孔ダイスが最も多く利用されている．一般的に線材の引抜きは伸線と呼ばれ，直径の大きい棒・管材の引抜きは抽伸とも呼ばれる．

鋼線と非鉄線の代表的な引抜き作業工程[1]を**図3.1**に示す．鋼線の工程では軟化や機械的性質を調整するため熱処理を施すが，線材表面には酸化膜（ス

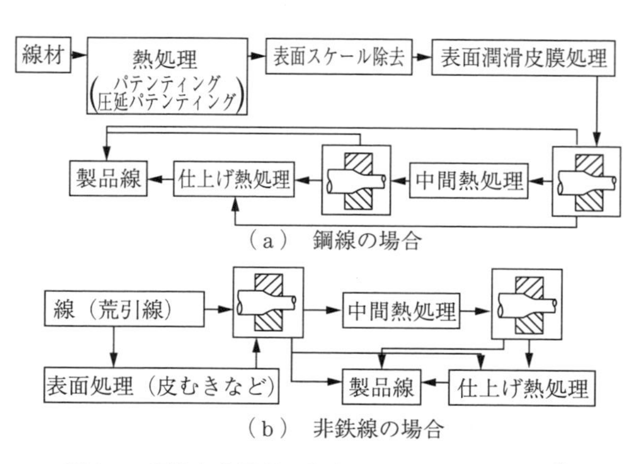

図3.1 鋼線と非鉄線の代表的な引抜き作業工程[1]

ケール）が生成する．まず線材表面の酸化膜除去（脱スケール）を行い，その後引抜き性を向上させるため潤滑皮膜処理を行う．被加工材と孔ダイスの間の潤滑を良好にするための潤滑剤が用いられる．引抜きに際してはまず，ダイスに材料を通す作業が必要である．そのために，スウェージング加工や溝圧延により材料の先端部分を細くする口付け（先付けともいう）作業を行う．その後ダイスに通した材料をチャックでつかんで引き抜く．1パスの作業のみで製品になることは少なく，通常は繰り返し引抜きを行って製品となる．必要に応じて中間熱処理や仕上げ熱処理を行う．鋼線以外の引抜き加工は，図3.1（b）のように加工工程，処理方法・条件が多少異なる．

高品質の製品でかつ低加工コストを考慮した最適引抜き工程の決定が大切となる．連続引抜き工程の引抜き直系列（あるいは落とし率）のことをパススケジュールという．

引抜き加工の能率向上は，ダイス材料，潤滑剤，引抜き機械，前処理方法あるいは溶接技術などの進歩・発達に負うところが大きい．さらに被加工材の大束化，品質向上なども能率向上に寄与している．

本章では引抜き加工工程の概要を述べる．

3.1.1 熱　処　理

被加工材に良好な引抜き加工性を付与したり，引抜き後の製品に所定の特性を付与するため，引抜き加工の前後あるいは引抜き加工工程の途中で，必要に応じて種々の熱処理が施される．これらの代表的な熱処理として焼なまし，パテンティング，オイルテンパー，ブルーイングがある．

〔1〕 焼 な ま し

材料を適当な温度に加熱し，その温度に保持した後，徐冷する操作を焼なましと呼んでいるが，これには目的，方法により多くの種類がある．一般的には完全焼なまし，低温焼なまし，球状化焼なましが多く使われている．

（a） 完全焼なまし　引抜き加工，機械加工などを容易にするための軟化処理であり，熱処理条件として鋼材の場合には亜共析鋼では変態点 A_{c3}，過

共析鋼では変態点 A_{c1} 以上の温度に加熱，均熱し徐冷する．完全焼なましは主として棒鋼に適用される．

（**b**）　**低温焼なまし**　　熱間圧延のままでは硬さが高く，そのままでは次工程の引抜きが困難な場合に行われる熱処理で，比較的簡単にある程度の軟化状態が得られるので，冷間加工，引抜き加工の前処理として行われる．また，引抜き加工で硬化した材料を軟化し，引き続き行う加工を容易にするための中間焼なましにもこの処理が用いられる．

鋼材の場合には，特殊鋼の線・棒・管材の引抜き前の軟化焼なましあるいは中間焼なまし，また，低炭素鋼線の中間焼なましに適用される．熱処理条件としては A_{c1} 以下の温度に加熱，均熱し徐冷する．

アルミニウムとその合金も引抜き加工とともに硬化してくるため，さらに引抜きを行うために中間焼なましを行う．焼なまし温度は一般的に 350 ～ 400℃で１～２時間保持し冷却する．銅および銅合金も同様の目的で中間焼なましが行われる．

（**c**）　**球状化焼なまし**　　鋼線の鋼中炭化物を球状化し，最も軟らかく冷間加工性に優れた状態にする処理で，特に冷間圧造などの強加工を容易にするために行われる．

〔**2**〕　**パテンティング**

中・高炭素鋼線材および線特有の熱処理にパテンティングがある．この熱処理は，これらの熱間圧延線材あるいは伸線などの中間工程の鋼線の組織を微細かつ均一な層状パーライト組織にして，伸線限界を高めるとともに，さらに伸線加工との組合せにより優れた機械的性質を得るためのものである．これらの線材，鋼線を直線状（ストランド）で加熱炉内を通し，A_{c3} 以上の温度，すなわち通常 850 ～ 1 000℃に連続的に加熱した後，A_{c1} 以下の適当な温度（500 ～ 600℃）に保持した溶融鉛または溶融塩中に急冷して，適当な時間保持し，その後常温まで冷却して行われる．加熱後の冷却媒体として空気やジルコン砂の流動層が用いられることもある．これらの冷却媒体の種類により鉛パテンティング，ソルトパテンティング，空気パテンティング，流動層パテンティングと呼ばれる．**図 3.2** に鉛パテンティング設備の概略を示す．最近では環境を考慮するため鉛パテンティング処理は少なくなっており，他のパテンティング処理が施されている．

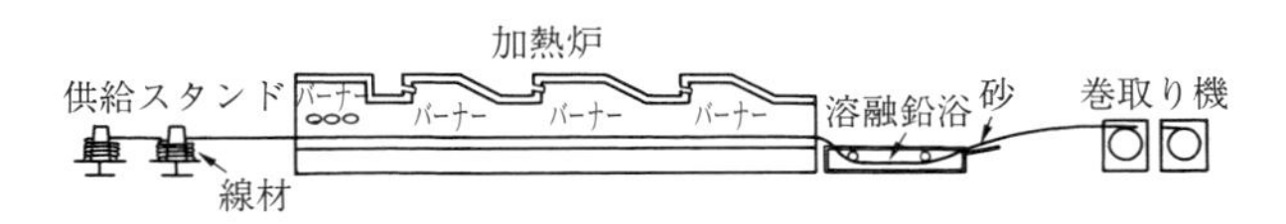

図 3.2 鉛パテンティング設備の概略

以上述べたのは線材もしくは鋼線を再加熱する方式であるが，線材の圧延工程において，熱間圧延され冷却される過程でその冷却速度を制御する直接パテンティング法（圧延パテンティング法とも呼ばれる）も開発実用化されている．現在実用化されている直接パテンティングの方式としては，冷却媒体から分類して衝風冷却方式，沸騰水冷却方式，溶融塩冷却方式などがある．

〔3〕 オイルテンパー

オイルテンパーは oil quenching and tempering を略したもので，炭素鋼線材や低合金鋼線材を所定の寸法に伸線した後，実施される一種の焼入れ・焼戻し処理である．本処理により適当な強度を持った焼戻しマルテンサイト組織の鋼線が得られる．**図 3.3** に一般的なオイルテンパー設備の概略を示す．

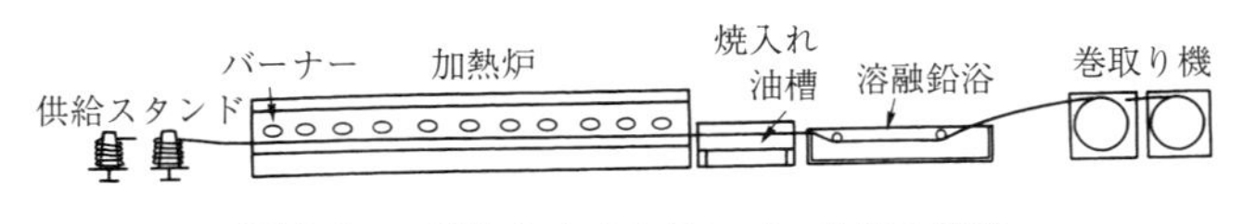

図 3.3 一般的なオイルテンパー設備の概略

〔4〕 ブルーイング

伸線のままの鋼線は引張強さの割に弾性限度が低いが，300℃前後の温度に加熱することによって，ひずみ時効によりこれを上昇させることができる．この処理を青色の酸化色が付く処理なのでブルーイングと呼んでいる．

3.1.2　脱スケール，皮膜処理

鉄鋼の線・棒・管材の熱間加工素材や引抜き加工途中で行われる中間熱処理を施した素材の表面には酸化皮膜（スケール）が付着している．このスケールは，硬くて加工に有害なので，引抜き前にこれを完全に除去しておかなければならない．脱スケール後，引抜きを容易にするために潤滑剤のキャリヤーとして潤滑皮膜（lubricant carrier）を付ける作業が行われる．また，極細線に伸線する場合などでは銅および銅合金においても同様の目的で脱スケールが行われる．

〔1〕 脱スケール法

脱スケール法は化学的方法と機械的方法に大別され，それぞれ**図 3.4** に示すような方法がある．

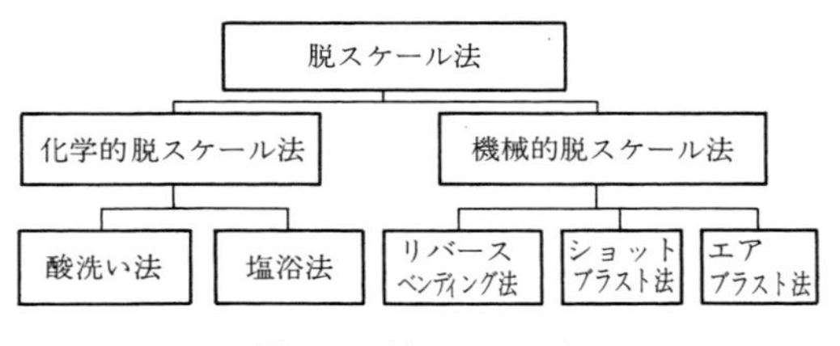

図 3.4　脱スケール法

従来から一般には，化学的方法である酸洗い法が使われているが，公害防止のため廃酸およびスラッジ処理などの設備の配置が必要となるので，その必要のない機械的除去方法が普及してきた．

（a） 化学的脱スケール法　　酸洗い法はスケールが酸によって溶解，剥離しやすい性質を利用した方法であり，酸として通常，硫酸か塩酸が用いられる．鉄鋼の酸洗いでは，硫酸の場合，濃度 10 ～ 20%，温度 60 ～ 80℃，塩酸の場合，濃度 5 ～ 20%，温度は常温の条件が広く用いられている．

ステンレス鋼の酸洗いには，王水や硝フッ酸が使われている．銅および銅合金の酸洗いには，濃度 5 ～ 10%の硫酸がおもに用いられている．

酸洗い装置には，一般的に線材に用いられるバッチ式（**図 3.5** 参照）と，熱処理とインラインで連続して酸洗いするストランド式がある．棒材，管材の

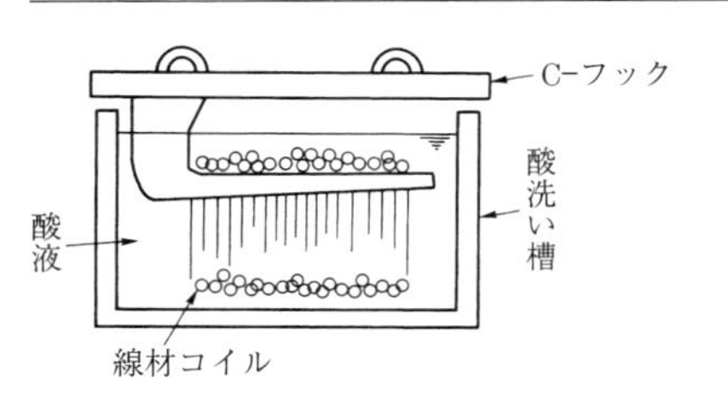

図 3.5 バッチ式線材酸洗い装置

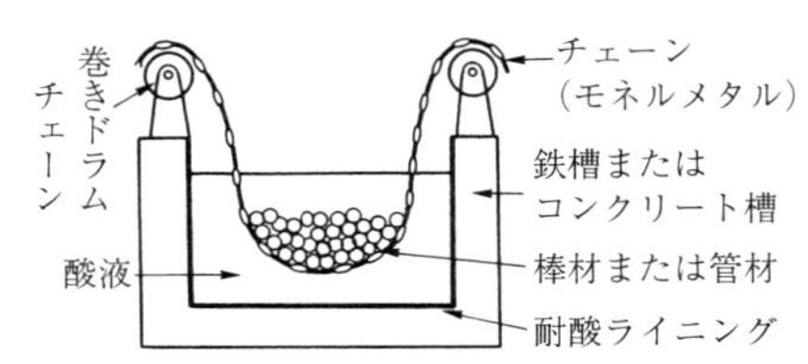

図 3.6 バッチ式による棒材と管材の酸洗い装置

場合は**図 3.6** に示すバッチ式が一般に採用されている．酸洗いにより完全にスケールを除去した後，線の表面に残留する酸液を除去し，異物が残らないように水洗いが行われる．

化学的脱スケール法には，ほかにめっき工程にインラインで用いられる電解酸洗い法やステンレスに適用される溶融塩浴法などもある．

（b） 機械的脱スケール法　機械的脱スケール法（メカニカルデスケーリング）として，鉄鋼の線材および棒鋼用に各種の方式のデスケーラーが実用化されている．

最も一般的に使用されているのはリバースベンディング法である．これは熱間圧延線材のスケールのもろさを利用し，線材を曲げて表面スケールを剥離させる方法である．このほかに，硬い小さな鋼球を被加工物の表面に高速で衝突させてスケールを剥離させるショットブラスト法，ケイ砂，アランダムなどの投射材をノズルで圧縮空気により加速し，被加工物に高速で衝突させてスケールを除去するエアブラスト法がある．これらのブラスト法は，細径材では投射効率が低下するので，おもに引抜き磨き棒鋼用などの太径材の脱スケールに適用されている．

〔2〕 皮 膜 処 理

引抜き加工で用いられる潤滑剤のダイスへの導入を補助するキャリヤーとして，また強固な潤滑皮膜の形成のために，脱スケール後の材料表面に皮膜処理が行われる．皮膜の種類としては，**表 3.1** に示すように，石灰皮膜，ホウ砂（ボラックス）皮膜，リン酸塩皮膜などがある．

表 3.1　潤滑皮膜処理の分類

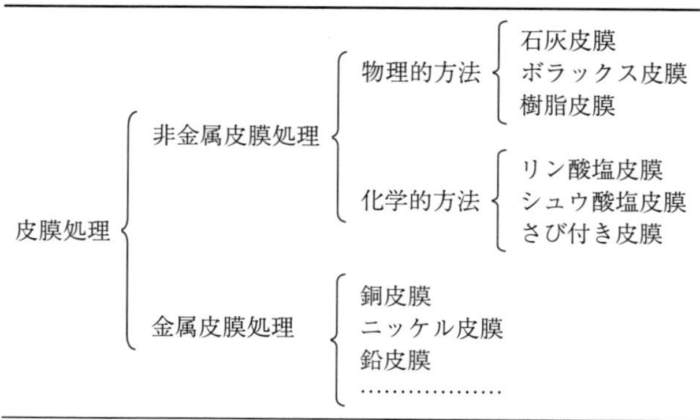

皮膜処理	非金属皮膜処理	物理的方法	石灰皮膜
			ボラックス皮膜
			樹脂皮膜
		化学的方法	リン酸塩皮膜
			シュウ酸塩皮膜
			さび付き皮膜
	金属皮膜処理	銅皮膜	
		ニッケル皮膜	
		鉛皮膜	
		………………	

石灰皮膜処理は昔から行われている皮膜処理の一つであり，用途に応じて現在でもよく使われている．石灰皮膜処理は酸洗い–水洗い後の中和処理の役割も果たし，廉価で処理も容易であるが，皮膜が剥離しやすく潤滑効果が比較的小さいことから，高炭素鋼や高速の伸線には適さない．

ボラックス皮膜は，石灰皮膜に比べて剥離しにくくかつ潤滑効果が大きい．また乾燥時間が短く，付着量の調整も容易なので，機械的脱スケール直後のインライン皮膜処理に適用される例が多い．

リン酸塩皮膜は，素地との化学反応により皮膜を形成するので皮膜が剥離しにくく，引抜き時の高圧，高温にも耐え，ダイス摩耗を少なくする利点があるため，高炭素鋼線の伸線用に一般的に使われている．しかしながら，伸線後めっきされる材料には不向きであり，コストもやや高い．

ステンレス鋼ではシュウ酸塩皮膜や樹脂皮膜などが用いられている．

3.1.3 潤　滑　剤

潤滑剤の役割は，引抜き加工するときにダイスとの摩擦を小さくし，ダイスの摩耗を抑え，被加工材の焼付きおよび表面きずを防ぐことである．一般に，潤滑剤を選択する場合には，被加工材の種類，引抜き条件，引抜き後の表面性状などを考慮する必要がある．

潤滑剤はその性状からつぎのように分類される.

〔1〕 乾式潤滑剤（粉末状）

基本成分は金属せっけん，および石灰，タルクなどの無機物で，必要に応じて耐焼付き性向上のために硫黄，二硫化モリブデンなどの極圧あるいは層状固体添加剤が配合される．この潤滑剤は鋼線の伸線作業では最も多く使われている．

〔2〕 湿式潤滑剤（液状）

動植物油，鉱物油に添加剤を加えたもので，これらを水に分散，乳化，可溶させるために乳化油（界面活性剤）が配合される．湿式潤滑剤は仕上げ表面の光沢が必要なものや細線の伸線に用いられる．

〔3〕 油性潤滑剤（グリース状）

鉱物油，動植物油をベースに極圧添加剤，油性向上剤などが添加されている．潤滑性は乾式潤滑より劣るが，湿式潤滑より優れている．金属光沢のある表面に仕上げる場合に多く使用されている．

3.1.4 引抜き条件

〔1〕 引抜きダイス（孔ダイス）

ダイスは材質的には鋼ダイス，超硬ダイス（焼結合金ダイス），ダイヤモンドダイスに分類される．現在では鋼ダイスはほとんど使われておらず，超硬ダイスが広く使用されている．超硬ダイスの主成分はWC（85～93%）で，残りは結合剤としてのCoである．ダイヤモンドダイスは鋼線ではϕ0.3 mm以下，銅・アルミニウム線ではϕ8 mm以下の中線，細線，極細線の伸線に使われることが多い．

〔2〕 断面減少率

引抜き加工の度合いを示すものとして断面減少率（かんわりとも呼ばれる）がある．断面減少率は引抜き前の素材断面積と引抜き後の断面積との差を素材断面積との比で表す．1回当りの断面減少率は鋼線の場合は一般に10～35%，アルミニウムおよびその合金の場合では20～50%（軟質合金）あるいは15

～35%（硬質合金）程度である．総断面減少率を大きくとるときは，材料が加工硬化を起こして引抜きが困難になるので，必要に応じて中間で熱処理，脱スケールおよび皮膜処理工程を入れて引抜きを繰り返す（3.2節参照）．

〔3〕 引 抜 き 機 械

引抜き機械はその形状によって分類される（3.4.1項参照）．巻取りブロックにより引き抜く機械を伸線機といい，直線的に移動するキャリヤーにより引き抜く機械を抽伸機（ドローベンチ）という．

間欠抽伸機は，直径が大きく，定尺物の棒・管材の引抜きに使用される．また，連続抽伸機（コンバインドマシン）は，コイル状の素材から引抜き磨き棒鋼を製造するために用いられる．

単頭伸線機は，ダイス1個に巻取りブロック1個を備え，1回だけ引き抜いてコイル状に巻き取る伸線機である．またブロックを2段にし，ダイス2個を備え，2回引き抜いて巻き取るダブルデッキ伸線機もある．おもに太径材への適用が多いが，1回の引抜きで使用目的に合う材料などに使われている．

多頭連続伸線機は，ダイスと巻取りブロックの組合せを複数個取り付けた機械で，仕上げダイス側になるほど巻取りブロックの速度が大きくなるように設計されている．この伸線機はスリップ式とノンスリップ式に分類される．スリップ式は通常，湿式潤滑剤が用いられ，鉄線，硬鋼線のめっき後の伸線や銅，アルミニウム線などの細線の伸線に適用される．ノンスリップ式は通常，乾式潤滑伸線に使われており，線を巻き取る方式により貯線式，ストレートライン式に分かれる．

伸線機は被加工材の種類，寸法，総断面減少率，潤滑方法などに応じて適切な方式の機種を選定する必要がある．

3.1.5　線材と線材との接合

線材または線の伸線加工において，先行コイルの後端とつぎのコイルの先端をあらかじめ，あるいは伸線中に接合しておくことにより，コイルの大きさに関係なく連続的な伸線が可能となり，作業効率を上げることができる．

この接合には，一般に線の電気抵抗による発熱（ジュール熱）を利用したアップセットバット溶接法，あるいはフラッシュバット溶接法が使用されている．**図 3.7** に示すように，いずれの方法も基本的には線の端部を対向させ把持電極でつかみ，接合部に向かって圧力を加えながら通電発熱させ，端部どうしを融合させる方法である[2)]．フラッシュバット溶接の場合は，最初端面間で断続的に火花（フラッシュ）を発生させ，接合部に生成した酸化物などを火花と一緒に接合部の外へ除去するようにしているため，アップセットバット溶接法より接合部の信頼性が高い．

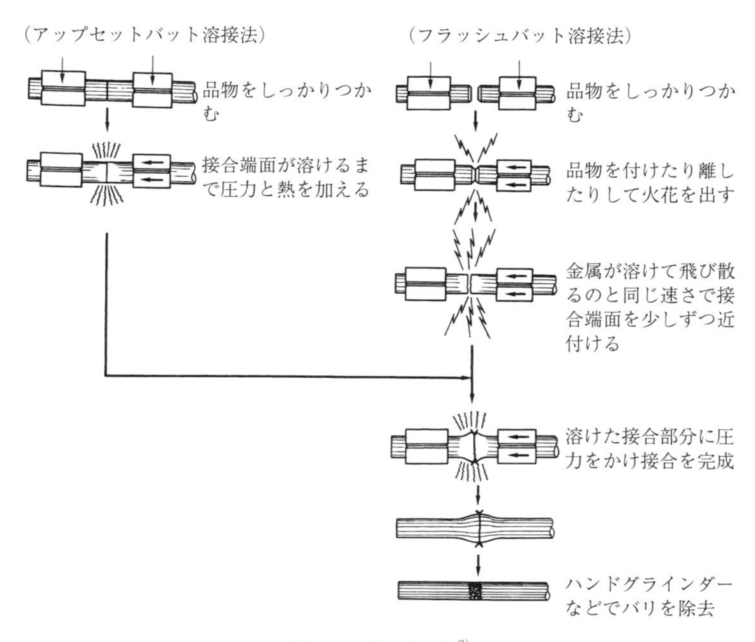

図 3.7 線の接合[2)]

溶接部は，バリをハンドグラインダーなどで除去し，表面を滑らかに仕上げる．また，中・高炭素鋼など溶接後の空冷で過冷組織が発生しやすい鋼種では，接合部の焼なましを行うのが普通である．

3.2　断面減少率の設定

引抜き加工は，線や棒材を孔ダイスに1回以上通して素材の断面積を小さくする工程である．その加工率（断面減少率）は，引抜きした後の製品の用途や要求特性によってそれぞれ異なるものであり，引抜き加工工程の中では最も基本となる条件である．

通常，引抜き加工において，断面減少率の設定の良否が，引抜き加工工程の製品の品質や生産性に影響することが多い．特に高炭素鋼線を多頭伸線機で連続伸線する場合，不適切なパススケジュールでは，伸線時の鋼線温度が高くなりすぎて，ひずみ時効による脆化が生じ，製品の靭性値が著しく低くなったり，時には伸線中に断線が発生することがある．

また，寸法精度の高い製品を得る場合，引抜き時の断面減少率によって線径がダイス孔径と異なる引き太り，あるいは引き細りの現象が発生するので，適正な断面減少率の設定が重要になる．

3.2.1　断 面 減 少 率

断面減少率は，引抜き前と後の線の断面積の差と，引抜き前の断面積との比を百分率で表したものである．断面減少率には2種類あり，1パスごとの断面減少率 R と，複数回の引抜きを行った場合の総断面減少率 R_t がある．R と R_t は次式で計算される．

$$R=\frac{A_0-A_1}{A_0}\times 100 \quad [\%] \tag{3.1}$$

$$R_t=\frac{A_0-A_n}{A_0}\times 100 \quad [\%] \tag{3.2}$$

ここに，A_0：引抜き前の素材の断面積，A_1：1パス後の引抜き材の断面積，A_n：最終引抜き後の材料の断面積である．

複数回の引抜きを行う場合には，総断面減少率と各回の断面減少率を適切に設定することが重要である．1パス当りの断面減少率は材料の種類，要求品質などにより異なるが，最大で40％くらい，一般的には10～30％が採用される．総断面減少率は連続伸線の場合70～90％くらいが採用され，品種によっては99％以上に及ぶ場合もある．

総断面減少率が大きくなり，ある限界を超えると，引抜き材は機械的性質の劣化や表面品質の不良などより，断線，ダイス焼付きなどが発生し引抜きの続行が不可能になるので，それ以前の健全な伸線状態の段階で仕上げられるように，総断面減少率を設定する．

さらに細径を得る場合は，熱処理，脱スケール，皮膜処理を再度施して引抜きを繰り返す．

3.2.2 伸線パススケジュールの設計

素材を細径まで加工する連続伸線のパススケジュールには，つぎの種類がある．

① 均等パススケジュール

② テーパードパススケジュール

- 等動力パススケジュール
- 等温パススケジュール

〔1〕 均等パススケジュール

総断面減少率，均等単断面減少率，およびパス回数との関係は次式で表される．

$$R=\left\{1-\left(1-\frac{R_t}{100}\right)^{1/n}\right\}\times 100 \tag{3.3}$$

ここに，R_t：総断面減少率〔%〕，R：均等単断面減少率〔%〕，n：パス回数〔回〕である．

均等パススケジュールは，従来から広く採用されている．多段式のコーン型連続伸線機のキャプスタン径も，ほとんどが均等パススケジュールに従って設計されている．

〔2〕 **テーパードパススケジュール**

（a） **等動力パススケジュール**　この方法は，各伸線ブロックの引抜き動力がほぼ同一になるように設定するもので，引抜きの開始側の断面減少率が大きく，細径の仕上げ側になるに従って断面減少率が小さくなる．伸線温度も均等パススケジュールの場合ほど上昇せず，高炭素鋼では，伸線した鋼線の機械的性質の脆化現象も抑えられることなどから，広く使用されるようになっている．

（b） **等温パススケジュール**　このパススケジュールは，各ダイスでの伸線時の線温度を全ダイスとも同一にすることにより伸線温度の最高温度を低く抑え，特に高炭素鋼の伸線中のひずみ時効による脆化を防止し，靭性の優れた鋼線を得ようとするものである．

3.3 ダ　イ　ス

ダイスは引抜き加工で最も重要な工具であり，伸線メーカーを中心に広く使用されている．その材質と形状の進歩は種々の引抜き製品の製造を可能にし，さらに引抜きの高速化とコストダウンに寄与してきた．本節では，工業的見地により，引抜き加工に適したダイスの材料・形状・使用方法および修理技術について紹介する．

3.3.1 ダ イ ス 材 料

線材を連続的に引抜き加工するとき，ダイスは高い圧力と摩擦を受けるため，ダイスに用いられる材料は強度の高い，耐摩耗性に優れたものを選択する必要がある．現在，引抜き工具に用いられている材料は，超硬合金を中心に，ダイス鋼，天然ダイヤモンド，焼結ダイヤモンドがある．さらに，コーティングを施した超硬合金，セラミックス，人工合成ダイヤモンドなどが開発され，実用化が進んでいるが，今後も材料の進歩とそのダイスの低価格化が期待される．各材料の特性を**表 3.2**[3),4)] に示す．以下材料の特性について述べる．

表 3.2 ダイヤモンド（天然および焼結），超硬合金，コーティング材料の物理的および機械的性質の比較

	天然ダイヤモンド	焼結ダイヤモンド	超硬合金	コーティング材料		
				TiN	TiC	Al_2O_3
ヌープ硬さ〔GPa〕	80〜120	65〜80	14〜18	20	32	25
比重	3.5	3.8	14.6〜15.1	5.4	4.9	4
導電性	絶縁体	導電体	導電体	導電体	導電体	絶縁体
熱伝導率(室温)〔W/(m·K)〕	2 200	100〜110	40〜100	21	34	42
熱膨張係数〔$\times 10^{-6}$/K〕	0.9〜1.18	3.0〜3.6	5.0〜6.0	9.2	7.6	8.5
ヤング率〔GPa〕	1 190	940	500〜640	〜300	450〜500	400〜500
圧縮強さ〔MPa〕	2 000〜8 800	4 200〜7 000	5 000〜6 000	—	—	—
抗折力〔MPa〕	3 000 程度	1 000〜2 700	2 700〜3 800	—	—	—

〔1〕 超硬合金ダイス

超硬合金は，伸線用ダイスとして 1923 年にドイツ人 K. Schröter によって発明されて以来，切削工具や鉱山工具材料として用途が拡大されてきた．近年，材質開発が進み，その際立った物理的・機械的特性から，熱間塑性加工や耐衝撃性を要求される構造部品の分野にも進出してきた．超硬合金の材料としての特徴は，弾性率，圧縮強度がきわめて高いこと，また耐摩耗性，耐腐食性，耐焼付き性に優れていることなどが挙げられるが，その反面，鋼と比較して脆性材料としての弱点もある．

ダイス用超硬合金は主として WC-Co 系で，その組成と特性を**表 3.3** に示す．さらに Co 含有量と WC 粒度による特性を**図 3.8** に示す．WC 粒度は微細なほど硬度が高く，超微細（0.1 〜 0.4 μm）なものも開発実用化されている．ダイス設計時でのその材料の選択は，1 mm 以下の細い線材用には耐摩耗性を重

表 3.3 伸線ダイス用超硬合金の組成と特性（CIS 019 より）

	公称硬さ *HRA*	特性傾向		参考 旧 JIS B4053 との対応
		耐摩耗性	靭性	
VM-20	92 以上 93 未満	高い	低い	
VM-30	91 以上 92 未満	↕	↕	(V10)
VM-40	89 以上 91 未満			(V20)
VM-50	87 以上 89 未満	低い	高い	(V30)

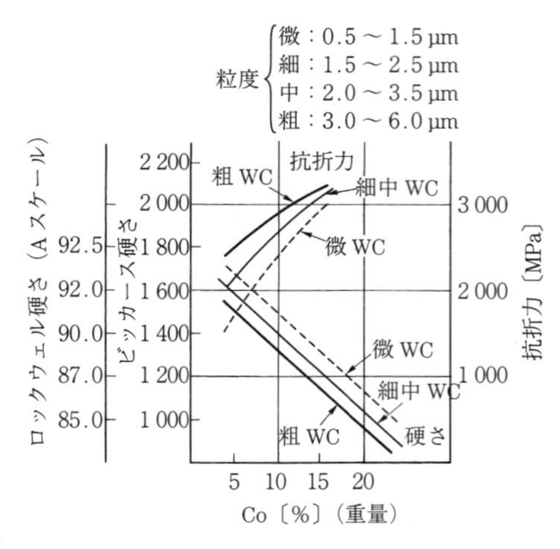

図 3.8　Co 含有量と WC 粒子による特性図

視して WC 粒度が超微細な VM−20 または VM−30 種を適用し太い線材にはダイス割れ防止を配慮し VM−40 から VM−50 種を選ぶのがよい．超硬合金ダイスの形状，寸法は旧 JIS（JIS B 4111）に規定され，その後 CIS（超硬工具協会規格）に引き継がれた（**表 3.4** の CIS 038 参照）．

〔2〕 コーティングダイス

今日，表面処理技術も大幅に進展し，その技術が引抜き工具に適用されている．超硬合金の表面に TiC，TiN，Al_2O_3 などのセラミックスをコーティングして，さらに耐摩耗性と耐焼付き性の改善をねらったダイスが採用されている．

伸線ダイスの摩耗は，摩擦による機械的な摩耗（アブレシブ摩耗），伸線材が凝着し，これにより超硬合金が脱落することによる摩耗（凝着摩耗），化学反応による摩耗（拡散摩耗），酸化による摩耗（酸化摩耗）の四つに大別される．TiC は最も硬く，耐アブレシブ摩耗に効果がある．TiN は化学的に安定であるため拡散摩耗が生じにくく，さらに Al_2O_3 は耐酸化性，化学的安定性に最も優れている．超硬合金に TiN−TiC−Al_2O_3 の 3 層コーティングした断面を**図 3.9** に示す．

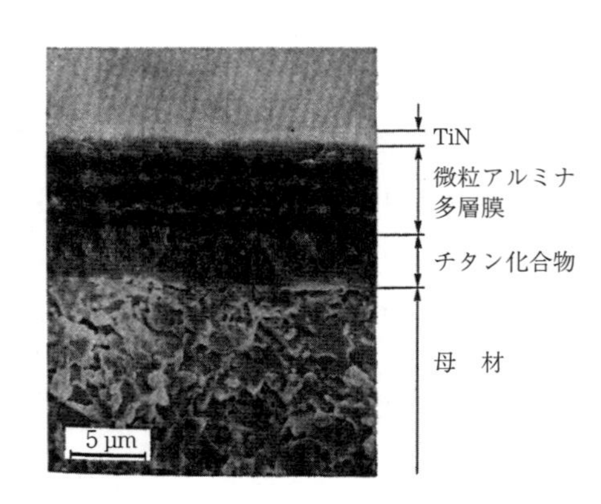

図 3.9　チタンコーティングの断面構造

〔3〕 ダイヤモンドダイス

ダイヤモンドは現存する物質中で最も硬度が高く，耐摩耗性に優れており，

表 3.4 超硬合金ダイスの寸法と使用範囲 CIS 038（旧 JIS B 4111）

呼び番号		チップ		ケース		チップの穴径の範囲			
						軟質材料用		硬質材料用	
軟質材料用	硬質材料用	外径 a	高さ b	外径 A	高さ B	推奨範囲	使用可能範囲	推奨範囲	使用可能範囲
W1	W101	6	4	24	7	0.2 以上 0.7 以下	0.2 以上 1.5 以下	0.2 以上 0.7 以下	0.2 以上 1.5 以下
W2	W102	9	6	24	12	1 を超え 1.8 以下	0.5 以上 2.5 以下	1 を超え 1.5 以下	0.5 以上 2 以下
W3	W103	12	8	30	15	2 を超え 3 以下	1 以上 4 以下	2 を超え 2.5 以下	1 以上 3.5 以下
W4	W104	15	10	42	20	3 を超え 5 以下	2 以上 6 以下	3 を超え 4 以下	2 以上 5 以下
W5	W105	20	14	55	24	5 を超え 7 以下	3 以上 8 以下	4 を超え 6 以下	3 以上 7 以下
W6	W106	25	18	60	28	7 を超え 9 以下	4 以上 10 以下	6 を超え 8 以下	4 以上 9 以下
W7	W107	30	22	70	35	9 を超え 12 以下	6 以上 14 以下	8 を超え 10 以下	6 以上 12 以下
W8	W108	35	25	85	40	12 を超え 15 以下	8 以上 18 以下	10 を超え 13 以下	8 以上 15 以下
W9	W109	40	27	100	45	15 を超え 18 以下	10 以上 22 以下	13 を超え 16 以下	10 以上 18 以下
W10	W110	50	30	125	50	18 を超え 24 以下	12 以上 28 以下	16 を超え 20 以下	12 以上 22 以下
W11	W111	60	35	145	60	24 を超え 30 以下	18 以上 34 以下	20 を超え 26 以下	18 以上 30 以下
W12	W112	70	40	175	70	30 を超え 36 以下	24 以上 42 以下	26 を超え 32 以下	24 以上 36 以下
W13	W113	80	45	195	80	36 を超え 44 以下	28 以上 50 以下	32 を超え 38 以下	28 以上 42 以下
W14	W114	90	50	215	90	44 を超え 52 以下	34 以上 58 以下	38 を超え 46 以下	34 以上 48 以下
W15	W115	100	50	230	90	52 を超え 62 以下	40 以上 68 以下	46 を超え 54 以下	40 以上 56 以下

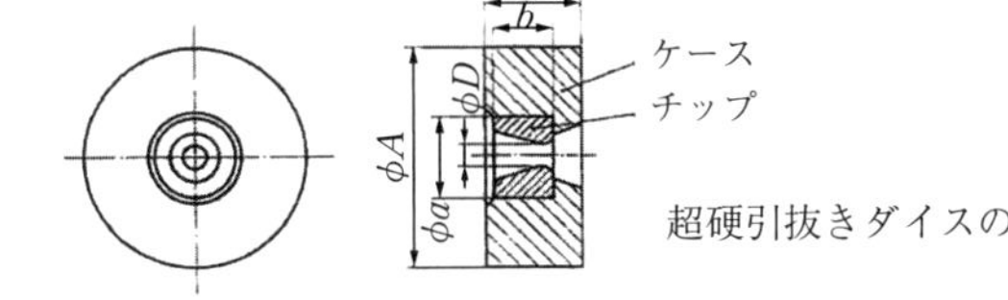

超硬引抜きダイスの形状

19 世紀初め頃から天然のものが伸線ダイスに用いられてきた．特に，寸法精度の厳しい細線用，あるいは光沢を要求される細線の仕上げ用ダイスに使用されている．天然ものの特徴は，単結晶で結晶の方向性があり，へき開面（111）に沿って割れやすいこと，原石の大きさによって孔径が決まるために細径に限られること，および高価なことである．また，ダイヤモンドの結晶面の違いによって摩耗のしやすさが異なることに注意する必要がある．各結晶面の摩擦のしやすさを**図 3.10** に示し[5]，図中の矢印の長さが大きいほど摩耗しやすいことを示している．長時間線材を引抜きするとダイス孔の断面形状は，偏摩耗して真円にはならない．**図 3.11** には，偏摩耗したダイヤモンドダイスの孔形写真を示す．

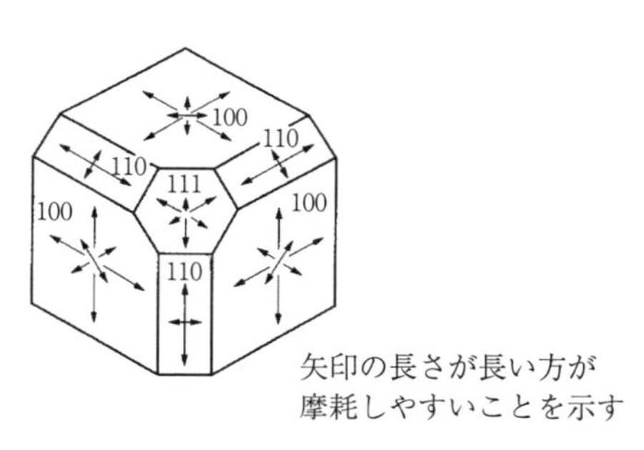

図 3.10　ダイヤモンド結晶面における摩耗特性

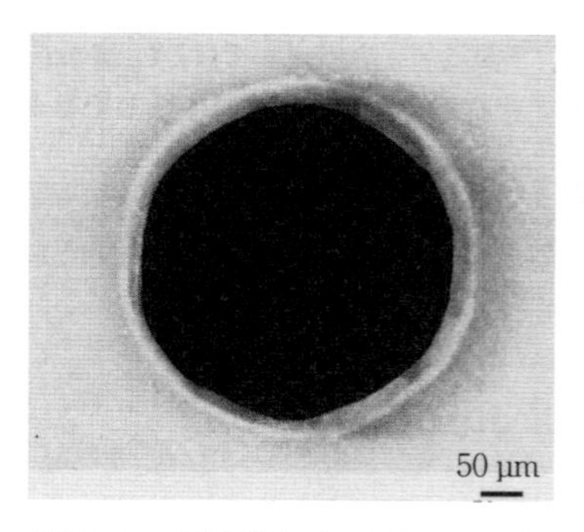

図 3.11　偏摩耗したダイヤモンドダイスの孔形写真（ϕ 0.105 mm）

1975 年にアメリカの General Electric 社から，合成ダイヤモンドの微結晶を高温高圧下で結合剤 Co を用いて焼結した多結晶焼結ダイヤモンドが発表[6]され，これが伸線ダイスに用いられてきた．焼結ダイヤモンドは大型ニブまで比較的安価に作れるため，太径ダイスにまで適用範囲が広がっている．

天然と焼結ダイヤモンドの特徴比較を**表 3.5**[7]に示す．焼結ものは優れた点が多く[8),9]，さらに粒度の微細化などによって，より耐摩耗性の向上が期待できる．ダイヤモンドダイスの構造は，**図 3.12** に示すとおり，小さなダイヤモンドが高いダイス面圧力に耐え，ダイスとしての強度を持たせるよう焼結マウ

表 3.5 天然ダイヤモンドと焼結ダイヤモンドの特徴比較

項 目	天然ダイヤモンド	焼結ダイヤモンド
結晶およびその方向性	単結晶体，方向性あり	ダイヤモンド微粉の多結晶焼結，したがって方向性はランダム
耐摩耗性	耐摩耗性は高いが，結晶方向によって摩耗は不均一	結晶の方向がないゆえ摩耗は均一
耐摩耗性（耐割れ性）	へき開面（111）に沿って割れやすい，微小クラックは成長しやすい	比較的割れにくく，耐衝撃性あり，微小クラックは成長しにくい
ダイス用としての強度	原石を焼結金属でマウント支持する	素材自体で超硬合金で包囲し補強している

ントにより補強されている．

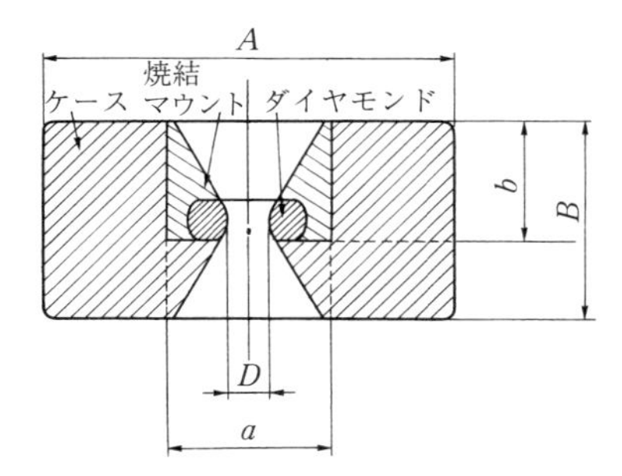

A：ケースの直径，B：ケースの高さ，D：孔径，a：焼結マウントの直径，b：焼結マウントの高さ

図 3.12 ダイヤモンドダイスの構造

3.3.2 ダイス材料の選択

引抜き加工はダイス材料を選択することから始まる．

ダイス材料の選択には，ダイス価格，ダイス寿命，ダイス取換え時間を含めた人件費，加工速度，線材の品質，材料歩留りなどを総合的に考慮しなければならない．**表 3.6** にはアメリカの GE 社が調査した各種線材における焼結ダイヤモンドダイスの摩耗性能を天然ダイヤモンドや超硬合金ダイスと比較したデータを示す[9]．ダイヤモンドは超硬合金に比べ摩耗特性が著しく優れていることがわかる．非鉄線の引抜きでは焼結ダイヤモンドダイスの摩耗特性は良好であり，超硬合金ダイスに比べ数百倍の性能を発揮する．その理由により，銅線の引抜きでは直径 8 mm の荒引き線からダイヤモンドダイスを使用し，引き落とされることが多くなっている．

表 3.6 焼結ダイヤモンドダイスの摩耗特性[9]

線 種	線 径〔mm〕	性能比較
アルミニウム	0.64 ~ 2.60	天然ダイヤモンドの 3 倍
銅	1.84 ~ 4.60	超硬合金の 200 倍
銅	0.40 ~ 2.05	天然ダイヤモンドの 10 倍
スズめっき鋼	0.50 ~ 1.45	天然ダイヤモンドの 8 倍
ニッケル 200	0.33 ~ 1.45	天然ダイヤモンドの 10 倍
アルミニウム（15056）	3.05 ~ 4.96	超硬合金の 150 倍
タングステン	0.18 ~ 0.62	天然ダイヤモンドの 4 倍
モリブデン	0.38 ~ 1.02	超硬合金の 70 倍
モリブデン	0.18 ~ 1.02	天然ダイヤモンドの 5 倍
黄銅めっき鋼線（タイヤコード）	0.17 ~ 0.96	天然ダイヤモンドの 4 倍
黄銅めっき鋼線（タイヤコード）	0.17 ~ 0.96	超硬合金の 20 倍
亜鉛めっき高炭素鋼線	0.17 ~ 1.05	超硬合金の 36 倍
ステンレス鋼（304, 316）	0.41 ~ 1.60	天然ダイヤモンドの 6 倍
ステンレス鋼（302）	0.38 ~ 0.71	天然ダイヤモンドの 3 倍
ステンレス鋼（302）	1.10 ~ 1.60	超硬合金の 10 倍
ニッケルクロム鉄合金（60–15–25）	0.23 ~ 0.91	天然ダイヤモンドの 5 倍
低炭素鋼線	1.55 ~ 2.20	超硬合金の 40 倍

〔1〕 製品品質確保のための選択

ダイス選択は製品品質に重大な影響を及ぼす．すなわち，ダイス強度を上げることによって，ダイス破損による製品表面のきずが減少する．耐摩耗性を上げることによって，寸法精度が向上する．摩擦係数が小さいほど，引抜き力は小さく，潤滑性も良好で，製品表面の品質が向上する．摩擦係数は，天然ダイヤモンド，焼結ダイヤモンド，コーティング，超硬合金の順で大きくなる．

〔2〕 ダイス寿命とコスト

ダイス寿命は摩耗と破損に大別される．摩耗によって線径不良，表面不良および線くせ不良が起こり，さらに摩耗が激しい場合やダイスに衝撃力がかかる場合はダイスが破損する．ダイス寿命はダイスコストのみならず，人件費，歩留り，伸線機稼働率にも大きく影響する．

3.3.3　ダイスの形状・寸法

ダイスの形状は伸線速度，ダイス寿命および製品品質にも重大な影響を及ぼすため，引抜き材の性質，断面減少率，潤滑などの引抜き条件に適した形状に設計される．ダイスの形状とその名称を**図 3.13** に示す．

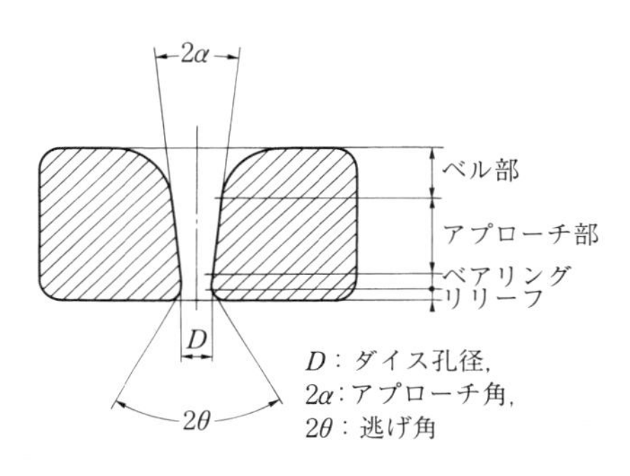

図 3.13　ダイスの形状とその名称

〔1〕 ダ　イ　ス　角

アプローチ部は線材を変形させる部分と，線材とダイス内面に潤滑剤を供給する部分から成り，十分な長さが必要である．ダイス角（アプローチ角）は，断面減少率と引抜き力の関係から，引抜き力を最小にする角度を最適ダイス角[10] として広く採用されてきた．

引抜き時の仕事は，断面を減少させる変形仕事，摩擦仕事およびせん段変形の際に受ける余剰仕事の総和となる[11]．断面減少率が一定とすると，α を変化させても変形仕事は一定である．しかし，α を小さくすると棒線材とダイスとの接触面積が増えて摩擦仕事が増加する．また，α が過大だと材料のせん段変形に伴う余剰仕事が大きくなる．このような関係から引抜き力が最小値を示す最適ダイス半角 α_0 が存在する．

〔2〕 ベアリング部

ベアリング部は線径を決定する部分であり，長すぎると摩耗抵抗が増え，焼付きが生じやすい．短すぎたり，正常な円筒形でない場合は，線くせの変動や偏径差の原因となる．ダイス各部の標準形状と寸法の一例を**表 3.7**[3] に示す．

表 3.7　ダイス各部の標準形状（20%断面減少率の場合）と寸法の一例

名称＼線種	硬質線（ピアノ線，硬鋼線）	軟質線（軟鋼線，純鉄）	ブラスめっき線
ベル部	60 ～ 70°で丸味を付ける		
アプローチ角	10°～ 14°	10°～ 16°	10°～ 14°
ベアリング長さ	孔径 5 mm 以下では 0.5D，5 mm 以上では 0.3 ～ 0.1D		
バックリリーフ部	角度は 60°～ 70°，リリーフ長さは H/20		

〔注〕 D：ダイス孔径，H：ニブ高さ

3.3.4 ダイス面圧

ダイスは引抜き中に高い圧力を受け，ダイヤモンドダイスといえども摩耗が生ずるため，ダイス面圧を把握する必要がある．最近では有限要素法 FEM を利用し，**図 3.14** のように，より正確なダイス面圧分布が算出できるようになった．ダイス面圧分布とリング摩耗の一例[9)] を**図 3.15** に示す．注意すべき

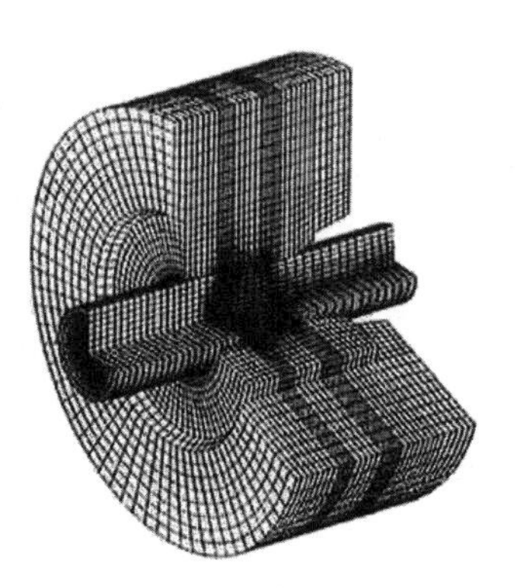

図 3.14　ダイス面圧分布を算出することができる有限要素法

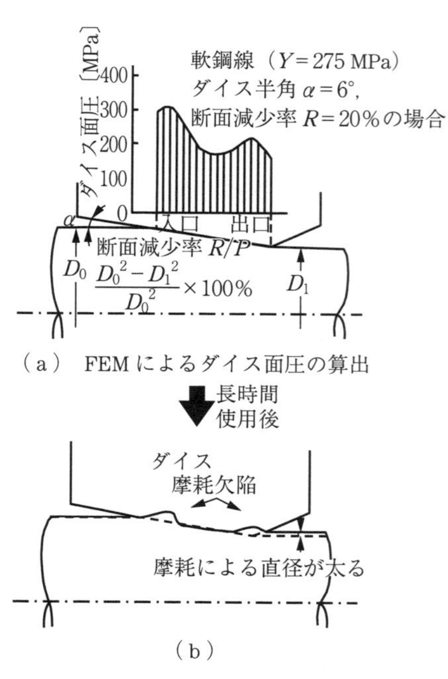

図 3.15　ダイスの面圧分布とリング摩耗[9)]

点はダイスの入り口部と出口部で面圧が非常に高くなることである．そのことよりダイス入り口部ではよく知られたリング磨耗（ダイスリング欠陥）が生じやすくなる[10)]．この欠陥の防止策として，できる限り小さいダイス半角を持つダイスの使用，良好な潤滑剤の選択，後方張力を付与しながら引き抜く方法などが挙げられる．

3.3.5　ダイスの正しい使用

ダイスを正しく使用することは，ダイス寿命，伸線速度および引抜き材品質の面から大切であり，使用上の注意点を以下列挙する．

① ダイスの材料・寸法・形状を選ぶ．

② ダイスを正しい位置に振動しないように固定する．

③ ダイスを十分に冷却する．

④ ダイスベル部に潤滑剤を十分に供給する．

3.3.6　ダイスの製造・修理

ダイスは再研磨することで数回～20 回程度使用することから，修理技術のよしあしが引抜きに大きな影響を及ぼす．しかし，修理技術は顕著な進歩が見られず，伸線メーカーのノウハウに依存している．

〔1〕 超硬合金ダイス

超硬合金ニブは粉末合金法によって作られ，下孔付きニブとして供給される．このニブはケースにマウントされるが，これには圧入式と焼ばめ式がある．焼ばめは強度は高いがコストも高いため，小型ダイスでは圧入式が普及している．

（a） アプローチせん孔　まずアプローチ部を荒削りする．アプローチ角にセットされた鋼針に衝撃力を与えて研磨する方法が一般的で，衝撃力を与える手段としては超音波と機械式がある．研磨材として粒度の大きいダイヤモンドパウダーを用いる．

（b） アプローチ研磨　荒削りされた後，せん孔機を用いてダイヤモンド粒度を小さなものに変えて仕上げ研磨する．さらに竹べらを用いて仕上げ研磨を行えば光沢が出る．

（**c**）**サイジング**　アプローチ研磨した後，サイジング機やワイヤ仕上げ機を用いて適当なベアリング長さを作り孔径を決定する．

〔**2**〕**ダイヤモンドダイス**

原石をまずマウントし，レーザー加工機などで下孔をあけ，つぎに超音波加工機で荒削りと仕上げ研磨を行う．超音波加工は，研削能力は優れているが加工精度面で問題があるため，十分な管理が必要である．最後にワイヤ加工機でベアリングを作る．

〔**3**〕**検　　　査**

ダイス製造時とダイス修理後に，孔径，形状および内面検査を行う．孔径はゲージ法，線引き法およびレーザー測定法が用いられている．形状は投影法または面粗さトレーサーによって測定するが，投影法は樹脂で型をとって測定するために時間がかかり，面粗さトレーサーは細径の孔は測定できないなどの問題がある．最近では光学技術を利用し，自動的にダイスの形状，寸法を 1 μm オーダーで精密に測定する機器（**図 3.16** 参照）が開発されている．

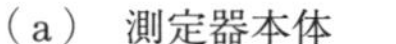

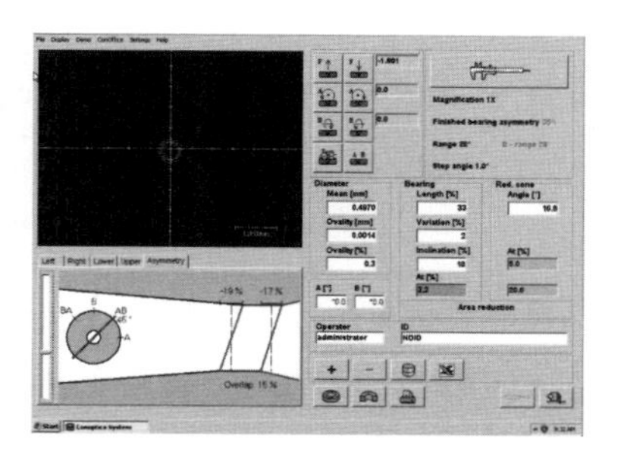

（a）測定器本体　　　（b）測定されたダイスプロファイル

図 3.16　引抜きダイスの形状測定器

3.4 引 抜 き 機 械

3.4.1 引抜き機械とその分類

線材・棒材・管材をダイスに通して引き抜き，断面を縮小して，目的とする寸法形状ならびに機械的性質を持った線・棒・管などを製作する機械を総称して引抜き機械という．引抜き力をブロックにより与え，コイル材を生産する機械を伸線機と呼び，おもに直線状に引き抜き，バー材を生産する機械を抽伸機と呼び，**表3.8**のように分類することができる．

表3.8 引抜き機械の分類

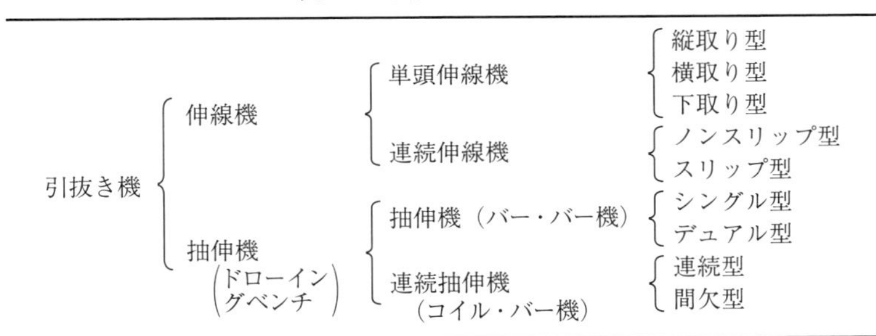

3.4.2 伸　　線　　機

〔1〕 単 頭 伸 線 機

一般には1ダイスの伸線機であるが，ブロックを2～3段にし，それぞれにダイスを設け，2～3ダイスの伸線を1個のブロックで行うものもある．単頭伸線機の性能の一例を**表3.9**に示す．

表 3.9　単頭伸線機の性能の一例（素線抗張力 350 ～ 800 MPa）

型　式	縦取り型		横取り型		下取り型	
仕上げ線取出し方法	巻付け式	落下式	巻付け式	落下式	1 頭式	多頭式
供給線径〔mm〕	18 ～ 7.0	22 ～ 12	50 ～ 20	30 ～ 1.2	32 ～ 16	4.5 ～ 2.2
仕上がり線径〔mm〕	16 ～ 6.0	20 ～ 10	48 ～ 18	20 ～ 1.0	30 ～ 14	4.0 ～ 2.0
仕上がり速度〔m/min〕	40, 80, 120	25 ～ 60	25 ～ 50	20, 50, 100	30 ～ 80	20 ～ 150
ブロック径〔mm〕	800	900	1 000	1 000	1 000	600
最大引抜き力〔kN〕	70	120	380	110	150	3.8
モーター〔kW〕	55	55	200	110	90	11

（a） **縦 取 り 型**　　細線から最大径 20 mm 程度の広範囲の仕上げ線に使用している．巻付け式は巻付け線を上方に取り出す方式で，ブロックへ線を巻き付ける力で線を押し上げるため，貯線量が限られて大重量のコイル取りはできない．落下式は引抜き力に必要な巻付け数の線をブロック上に残して取り出し，再びコイリングして落下させるもので，コイル径が自由に選べ大重量のコイル取りに適する．

（b） **横 取 り 型**　　伸線機最大の引抜き力を持ち，特に巻付け式は最大仕上がり線径 50 mm にも及ぶ伸線に使用している．線径により巻付け量が限られ，大重量のものはブロックを逆転して線を緩め落下して取り出す．太径用には製品コイルの加圧結束装置を連結するものもある．落下式は，必要な巻付け線をブロック上に残し，方向を変換して落下させるもので，あまり太い線には使用できない．

（c） **下 取 り 型**　　巻付けブロックを下向きにして，伸線に必要な巻付け数の線をガイドローラーで支えて巻き取りながら下方の線受枠に直接落下させる伸線機である（**図 3.17** 参照）．

図 3.17　下取り型単頭伸線機

〔2〕 連 続 伸 線 機

（a） ノンスリップ型連続伸線機　巻付け線とブロック間にスリップを見込まない伸線機で，ダイスとモーターを備えた伸線ブロックを1単位として必要数並べたものと，共通ベッドに必要数のダイスとブロックを並べ，各個にモーターを備えたものがある．各ブロックの周速度は，伸線スケジュールやダイス摩耗に対応する変速が必要で，モーターや機械による無段変速が行われている．最近小容量のものは，モーターの電圧，周波数を制御するインバーターを使用するものが多い．

ブロック速度のバランスをとる方法により，貯線式とストレート式に分かれる．連続伸線機の性能の一例を**表3.10**と**表3.11**に示す．

表3.10　軟鋼線用（素線抗張力 350 ～ 500 MPa）貯線式連続伸線機の性能の一例

供給線径〔mm〕	5.5	5.5	5.5	5.5	2.8～2.0
仕上がり線径〔mm〕	4.2～2.3	3.4～1.7	2.4～1.3	1.2～0.6	1.5～0.6
仕上がり線速〔m/min〕	200～500	400～900	450～1 000	400～900	400～900
ブロック径〔mm〕	610	610	610	710，655，300	300
ダイス数〔個〕	5	7	9	15	9
モーター〔kW〕	37×2＋30	37×3＋30	37×4＋30	19×2＋11×5	11×5
仕上がり線取出し方法	コイラー	コイラー	コイラー	コイラー	コイラー

表3.11　硬鋼線用（素線抗張力 1 000～1 300 MPa）連続伸線機の性能の一例

型　式	ストレート式			貯 線 式		
供給線径〔mm〕	12.5～6.5	5.5～2.3	0.6～0.2	9.0～5.5	5.5	3.0～2.4
仕上げ線径〔mm〕	5.3～2.6	2.0～1.0	0.3～0.08	4.5～2.0	3.8～1.6	1.3～0.9
仕上げ線速〔m/min〕	150～760	180～500	1 000	190～560	280～650	800～1 100
ブロック径〔mm〕	915，760	460，550	150	760，685	610	300
ダイス数〔個〕	7	9	10	8	9	7
電動機〔kW〕	75 × 7	15 × 9 7.5 × 1	5.5 × 10 5.5 × 1	37 × 8	37 × 5	19 × 7
仕上がり線取出し方法	上取り，ボビン	下取り，ボビン	ボビン	上取り	コイラー	ボビン

1） 貯線式　**図3.18**に示すように，ブロックに線を蓄えてダイス間の速度調整源とするもので，一般の貯線式は線速のアンバランスにより発生する線の張力で，ブロックと差動回転する繰出しローラーにより，ブロック上の貯線量を増減して速度差を吸収する．隣接ブロックが調和した線速で運転している間は，繰出しローラーが静止しているが，線速がアンバランスになると回転し，貯線量を増減して速度差を吸収する．操出しローラーの回転方向および回転数を演算して貯線量を一定に保持する装置も開発されている．

図3.18　貯線式連続伸線機（ボビン取り）

2） ストレート式　ブロック間の線の張力を利用してダイス間の速度を調整することでダイス断面減少率を任意に設定できる．ブロック上の巻付け量は，運転中に増減できず巻付け量も少ないが，おもに太線の連続伸線に使用されていた（**図3.19**参照）．ブロック速度のバランスをとる方法には，ブロッ

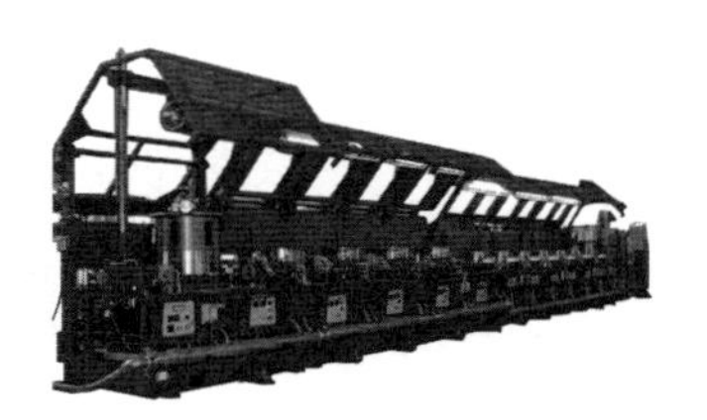

図3.19　ストレート式連続伸線機

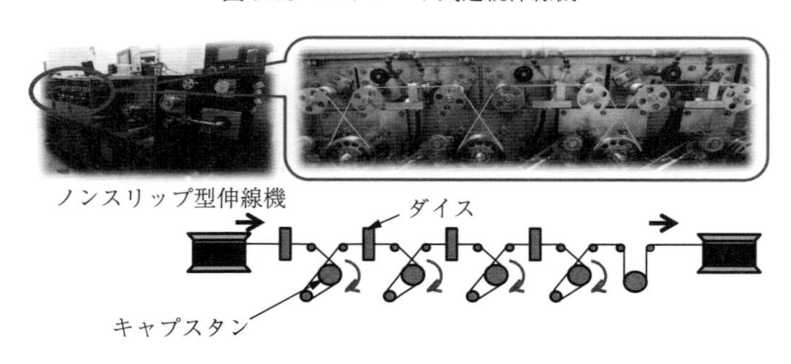

図3.20　細線用ストレート式連続伸線機

ク間の線張力を一定の範囲内に保つように電動機の特性を利用するものと，ブロック間のダンサーローラーの移動によるものがあり，いずれの方法も線張力を任意に設定可能であり，逆張力伸線法としての利点がある．

近年では，高精度な制御技術を駆使して細線用湿式伸線機も開発されている（**図 3.20** 参照）．

（**b**） **スリップ型連続伸線機**　必要数のダイスとキャプスタン（ブロック）を備え，1 台のモーターであらかじめ定めた線材の断面減少率に従った周速でキャプスタンを回転させ，ダイスを通した線を 1 ～数回巻き付けながら順次細くして仕上げ線とする．伸線ではダイス孔径の誤差や，摩耗を見込んで，キャプスタンの周速を線速より多少速くする（スリップさせる）ために，線とキャプスタンの間の発熱が大きい．そのため，ダイスの保護と潤滑を兼ねて湿式潤滑液に浸漬するか，シャワーで噴射して冷却するので，一般に湿式伸線機といわれる．スリップ型伸線機は，太線用に使用するタンデム式と，細線用に使用するコーン式がある．その性能の一例を**表 3.12** に示す．

表 3.12　スリップ型連続伸線機の性能の一例

（a）　軟・硬鋼線

型　式	タンデム式	コーン式	コーン式	コーン式
線の材質	軟鋼線	軟鋼線	亜鉛めっき硬鋼線	ブロンズめっき硬鋼線
供給線径〔mm〕	5.5	2.6～2.0	1.5～0.8	1.35～0.7
仕上がり線径〔mm〕	3.7～1.8	0.87～0.46	0.4～0.2	0.3～0.15
ダイス数〔個〕	7	16	15	21
仕上がり線速〔m/min〕	290～600	600, 800	400, 600, 800	1 000, 1 200

（b）　銅　線

型　式	タンデム式	コーン式	コーン式	コーン式	コーン式
供給線径〔mm〕	8.0～9.5	3.5～1.6	1.2～0.6	0.12～0.05	0.04～0.015
仕上がり線径〔mm〕	3.5～1.6	1.4～0.18	0.32～0.1	0.05～0.025	0.025～0.01
ダイス数〔個〕	9～13	17～24	22	20	12
最高線速〔m/min〕	2 000	2 500	3 000	1 500	1 000

1） タンデムキャプスタン式　タンデムキャプスタン式の一例を**図 3.21**に示す．ダイスを備えた同一径のキャプスタンを，あらかじめ決めた断面減少率に従って順次増速した周速で必要数並べ，供給線を機械本体内の湿式伸線液で伸線した後，機側の潤滑液のかからないブロックに巻き取る．伸線キャプスタンが大きくとれることから，主として銅・アルミニウム・銅合金の太物線用として用いられている．

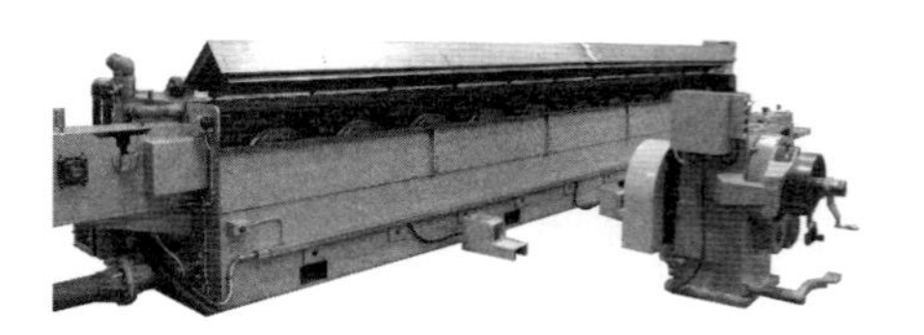

図 3.21　タンデムキャプスタン式湿式連続伸線機

近年は硬鋼線・ステンレス線の細線，極細線で良好な表面状態を要求する線にもタンデムキャプスタン式伸線機が使用され始めている．銅線においては，多くの線を同時に伸線するマルチ伸線機（**図 3.22** 参照）もあり，線本数が 20 本以上を超える伸線機も使用されている．また，伸線工程以降の次工程である焼なまし装置，めっき装置，エナメル焼付け装置等とのインライン化も進んでいる．

図 3.22　14 本引きマルチ湿式連続伸線機（連続焼なまし機付き）

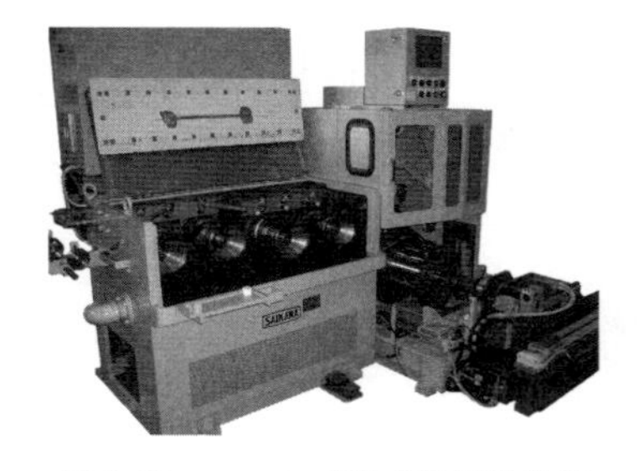

図 3.23　コーン式湿式連続伸線機

2） コーン式　多段キャプスタンの各段の直径を線材の伸線断面減少率に見合った大きさとし，2 個一組のキャプスタン間で片方を引抜きキャプスタンとし片方を案内用としたもの（**図 3.23** 参照）と，両方のキャプスタンを引抜きに使用したものがある．ダイス数が多く一組のキャプスタンでは賄いきれないものは二組以上とする.

〔3〕 付 属 機 械

（a） **素材供給装置**　供給方法により**表 3.13** のように分類することができる.

表 3.13 素材の供給装置

型　式	略　図	適用線径〔mm〕	供給速度〔m/min〕	駆　動
舞輪式		max ϕ 55	max 100	あり，なし
ハンガー式		ϕ 15 ～ ϕ 55	max 80	あり，なし
フリッパー式		max ϕ 8	max 150	なし
上取り式		max ϕ 8	max 200	あり，なし
ボビン式		max ϕ 6	高速	あり，なし
ダンサー式		ϕ 3 ～ ϕ 0.03	高速	あり
フライヤー式		ϕ 3 ～ ϕ 0.03	max 200	なし

舞輪式やハンガー式は主として太い素材に使用するが，素材をねじらずに供給しなければならない細線にも舞輪式が使用される．この方法は供給材が回転しているから，機械稼働中に素材間の接続ができない．連続運転して稼働率の向上を図るには，素材コイル間の接続可能なコイル静止形のフリッパー式や上

図 3.24　駆動式供給装置（ダンサー制御方式）

取り式を使用する．近年，酸を使用しないメカニカルデスケーラーや皮膜装置を，素材供給装置と機械の間に設置することが多い．**図 3.24** に示すように，ダンサー制御ができる駆動式供給装置も開発されている．

（b）　**製品仕上げ巻取り機**　伸線速度の上昇に従って，取出し頻度が高くなり，仕上げ機が生産能力を支配する状況である．巻取り機は仕上げ形状，線速，線径により選定するが，伸線しながら取り出すものと，停止して取り出すものがある．取出し形状は，キャリヤー取り，バック取り，結束取り，ボビン取りなどに分かれ，下記の**表 3.14** のように分類される．

表 3.14　巻取り機の分類

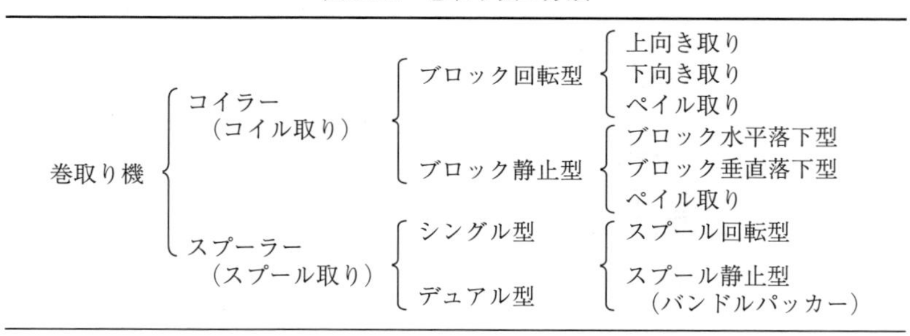

巻取り機	コイラー（コイル取り）	ブロック回転型	上向き取り
			下向き取り
			ペイル取り
		ブロック静止型	ブロック水平落下型
			ブロック垂直落下型
			ペイル取り
	スプーラー（スプール取り）	シングル型	スプール回転型
		デュアル型	スプール静止型（バンドルパッカー）

仕上げ巻取り機には下記のような条件が要求される．

① 線が順序よく並んで次工程の使用時において，もつれ等のトラブルが発生しない．

② 積線率（体積に占める線の割合）が高い．

③ 荷姿がきれいで荷崩れが発生しない．

1）　**コイラー式**　回転型は，回転したブロックに仕上がり線を巻き付ける力で線を上に押し上げブロックに巻き取る方式と，線を押し下げ集積枠に落下させる方式があり，太線に使用されている．静止型は固定したブロックに仕上げ線を巻き付け，その巻付け力により，ブロック上の巻付け線を押出し集積枠上に落下させる方法で，線の走行がなく，別名デッドブロックと呼ばれる．

横型と縦型があり，あまり太い線には使用できないが，貯線量が大きく，取出し時間が長くとれ，無人運転ができるので連続伸線機に接続して広く使用されている．

線はブロック中心を通り，固定しているブロックに巻き付ける．線速はこの際発生する巻付け装置などの遠心力により線速が制限される．線は1巻きごとに1回ねじられるので，ねじれを殺し線径精度を高めるためダイスを設け，ダイスとブロックは水冷しているが，厳しい条件の仕上げ線にはなお不十分といわれる．仕上げ製品は計尺取り，計量取りができ，重量10 kN以上の大束取り，小重量の小束取り，パック取りなどに適する．

2）ボビン式 異形線や特殊な線を除き，おもに細線に使用されスプーラーと呼ばれる．ボビン取りは，コイラー式や他の方法では不可能な細線の取出しには欠かせない巻取り機である．巻付け線の速度，張力を一定に保つため，巻太りに対応して回転数を変化させ，かつ横移動（トラバース）させながらボビン幅一杯に巻き取る装置である．伸線速度に追随する制御は，張力制御と，速度制御法がある．

伸線機の運転中にボビンを交換する方策には，ボビン1個のシングル型では，取替えの間貯線し，ボビン2個のデュアル型では満巻ボビンから空ボビンへ自動で線を移動させる方法がある．この仕上げ機は自動化が進み，ボビンの供給，巻付け・交換の全工程を無人で運転するものが製作されている（**図3.25**参照）．ボビン取りの重量はボビンの大きさにより決まるが，取出し重量は少量から20 kNにも及び，非鉄線では巻取り速度が3 000 m/minに達するものがある．

図3.25 自動交換装置付きボビン巻取り機

3.4.3 抽　伸　機

バー材を製造する抽伸機は，直径が大きく断面形状が丸・六角・四角・平，その他の異形，ならびにパイプ用として使用する．機械は引抜きダイスを装備するダイス部と，直線状に引き抜くキャリッジとその駆動部および素材供給，製品取出し装置で構成されている．

〔1〕 バー・バー抽伸機

通称ドローベンチと呼ばれ，ダイスを通した先端をつかんで，引抜き完了までの距離を直線状に引き抜く機械で，引抜き力は一般にチェーンにより与えるが，油圧・水圧のシリンダーや，ごくまれにはワイヤロープが使われている．素材は1本ごとにダイスを通すため，先端の口付け作業が必要で，スエージャー，ロール圧延，バイト切削や直接ダイスに押し込むプッシュポインターなどがある．プッシュポインターは，多本の口付けが同時に行えるが，25％以上の断面減少率のものや，15 mm 径以下のものは座屈を起こして使用できない．

図 3.26　1本引きパイプ用抽伸機

パイプの引抜き法には外径のみを細くする空引き法のほかに，外径と同時に肉厚を決める玉引き法や心金引き法があり，パイプ引抜き機はこれらの工具を内径に挿入する装置が付属している．**図 3.26** は，1本引きパイプ用抽伸機の一例を示す．

（a） 機械の種類　引抜き力を与える手段によりシングル式とデュアル式に分かれ，そのうち1個のダイスで1本のバーを引き抜く機械を単引きといい，数個のダイスで数本のバーを同時に引き抜くものを多本引きと呼び，一般に奇数本用である．

シングル式はキャリッジの下部で引抜き方向に回転するエンドレスチェーンに，キャリッジのフックを連結して引き抜き，引抜き完了後別モーターで復帰させる．デュアル式はキャリッジの両側に2本のエンドレスチェーンを平行に連結し，そのチェーンの正転・逆転でキャリッジを往復運動させる．多本引きは，バーの寸法公差の管理が困難なため3本引きが普通で，パイプ材の中間引きなどには5～11本引きのものがある．

（b） 機械の性能　機械の長さは，12 m のバーが引き抜けるものが標準であるが，銅管や黄銅管の中間引抜き機では 50 m に及ぶものもある．引抜きの最大径と最大引抜き力は，棒では ϕ 150 mm，2.5 MN，銅管では ϕ 400 mm，4 MN のものがあり，大容量の引抜き機として最適であるが，機械効率上バー径 25 mm で 30 m/min，50 mm で 20 m/min が一般の抽伸速度である．

この機械には，例えばパイプ供給装置の上下式や回転式のように，供給速度を上げ省力化を図ったものや，自動的にプッシュポインターでダイスに押し込み，キャリッジで引き抜き，搬送し，口付け部を切断し，必要に応じて要求長さに分割し，矯正する一連の作業を連結したものがある．

〔2〕 連 続 抽 伸 機

バー イン コイル（BIC）と称するコイル状の素材からバーを製造する連続抽伸機は，連続して引き抜いた製品を切断して希望長さのバーを製造する機械で，素材を 1 本ずつ先付けして引き抜くドローベンチに比べ，工程のロス，先付けのロス，端尺のロスが排除され，高い生産能力を持っている．

パイプのコイル素材は非鉄管に加え，近年パイプ イン コイル（PIC）といわれるコイル状の鋼管が製造され，連続抽伸機の適用が図られている．

（a） 機械の種類　この機種には，休まずに引抜きして必要長さに切断していく連続型のものと，引抜き材を切断するたびに機械を止める間欠型がある．さらに引抜き方法で分類すると，連続型はカム機構によりまっすぐに引き抜くキャリッジ式と，キャタピラーに挟んで引き抜くキャタピラー式と，ブロックに巻き付けて引き抜くキャプスタン式があり，短尺用としては間欠型のクランク式がある．

一般に数多く使用されているキャリッジ式は，2 個のカムとそれに従動する 2 個のキャリッジで，引抜き材を交互に手繰り出す方法である．

キャタピラー式は，引抜き力を回転運動で与えるため高速に適するが，キャタピラーの材質と引抜き材に与えるきずや曲がりのため，大きい引抜き力が得られず，現在では引抜き力 5 kN，引抜き速度 150 m/min が限度である．

キャプスタン式も，引抜きは回転運動で高速に適し，引抜き力も大きくとれる反面，巻付け線の変形と，その矯正能力の限界から，最大径 15 mm 程度で真直度と真円度に関してキャリッジ式に及ばない．

（b） **キャリッジ式連続抽伸機**　別名コンバインドマシンと呼ばれ，素材供給，予備矯正，引抜き，原動，本矯正，切断，直線研磨，製品取出しの 8 部で編成されている．キャリッジ式連続抽伸機の一例を**図 3.27** に示す．

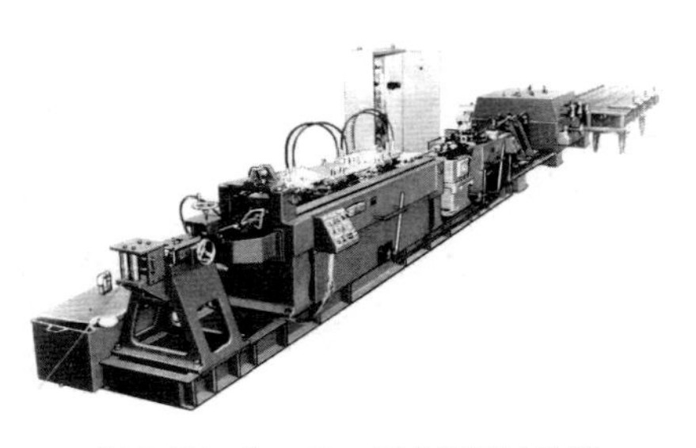

図 3.27　キャリッジ式連続抽伸機

製造可能な最大径で機種を分類し，小径から順に 0 型，Ⅰ型～Ⅴ型と呼ぶ．**表 3.15** は高速連続抽伸機の基本性能を示す．

表 3.15　高速連続抽伸機の基本性能

型　式	0 型	Ⅰ型	Ⅱ型	Ⅲ型	Ⅳ型	Ⅴ型
仕上げ製品 ○〔mm〕	3.5～9.0	6.0～15	1.0～25	13～32	18～42	22～50
仕上げ製品 ⬡〔mm〕	3.5～8.0	6.0～13	10～22	13～28	18～38	22～45
仕上げ製品 □〔mm〕	3.5～7.0	6.0～12	10～19	13～24	18～32	22～38
切断長さ〔m〕	2.0～4.0	2.0～4.0	2.5～6.0	3.0～6.0	3.5～6.0	3.5～6.0
最高速度〔m/min〕	100	100	100	100	60	50
最大引抜き力〔kN〕	25	50	100	150	300	500
主電動機〔kW〕	37	90	185	300	300	450

各部の機能分担は下記のとおりである．

1） **入線部**　供給装置には，コイル先端の引出し用のベンダーや先付け装置などが組み込まれ，省力化が図られている．

2） **引抜き部**　引抜き材にきずをつけないように，工具（ジョー）で挟んで直線状に引抜きを行う．この部分は，製品精度に関係するとともに過酷な往復運動に耐えるため，高精度の機械加工が要求される．

3） **原動部**　引抜き，本矯正，切断の各部を一括してラインシャフトで駆動する．直流モーターの特性を利用し，緩起動，急停止を行うとともに，引抜き力の大きい太径材では低速に，引抜き力の小さい細径材は高速で運転し，モーター容量を有効に使用している．

4）本矯正部　縦方向，横方向のロール矯正で，普通，7個編成で構成され，引抜き後のバーをさらに矯正する装置である．丸材の矯正は不十分で後続の直線研磨機にゆだね，主として異形材用に使用する

5）切断部　引抜き速度に同調して走行するシヤーで切断する．バーの長さは先端到達距離または引抜き長さの計測により行う．長さ精度をさらに向上させるために，引抜き線の長さと速度を直接，計尺輪で測定し，切断テーブルを追随させて，油圧で切断するものがある．

6）直線研磨部（丸線専用）　切断した丸材のバーは，二対の研磨ディスクでスパイラル状に磨かれながら，ノズルで矯正して（**図3.28**参照），製品受台に放出される．この部分に，2ロール矯正機と呼ばれる一対の凹凸ロール間で強力に矯正する機械が接続されたものがある．

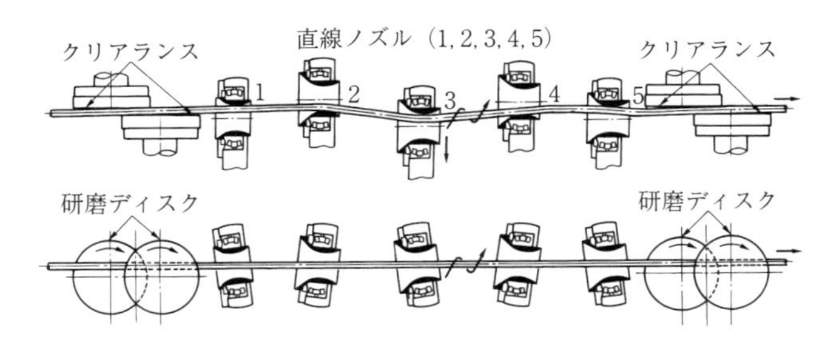

図3.28　5ノズル直線研磨機構図

3.4.4 棒 材 加 工 機

抽伸機とは別に棒材の仕上げ機には，製品品質を向上させ，厳しい寸法精度と美しい表面磨きを得るために，心なし旋削機（ピーリング）や，心なし研削機（センターレスグラインダー）が使用されている．

〔1〕 ピーリング機

別名バーターニングマシンともいわれ，カッターヘッドを回転させ，定尺丸

棒を無心で皮削りする機械で，加工精度が高く，さらに矯正・研削加工すると，下記のような特徴を持った磨き棒鋼が得られる．

① 素材圧延時の硬化層，脱炭層や表面の欠陥が取り除かれる．

② 引抜き加工時に起こるような内部張力や組織の変化がない．

③ 引抜きでは困難な比較的太いものや高抗張力の材料の製品ができる．

〔2〕 センターレスグラインダー機

高速度で回転する研磨砥石を素材に押し付け，小さな砥粒で素材表面を削り取るので，美しい仕上げ面と精密な寸法形状となる．さらに，磨き装置を取り付けると鏡面仕上げの製品が得られる．

3.5 引抜き材の欠陥

この欠陥には表面のきず・割れやさび，異物の付着・混入，内部割れ，不適切な形状・寸法，機械的特性の不良などがある．これらの欠陥があると，製品仕様から外れたり，外観性状が悪いなどの理由により製品とはならない．

それらの発生原因として，① 引抜き素材の欠陥（鋳造および熱間圧延時に生じたもの），② デスケーリングなどの前処理不良，③ 引抜き条件が不適切，④ 巻取り，運搬などのハンドリング不良，⑤ 製品の保管状態によるものなどがある．

3.5.1 素　材　欠　陥

代表的な鋼材における素材欠陥の種類，形態，生成原因を**表 3.16**[11] に示す．また非鉄金属材料についても，一部異なる点もあるがほとんど同様である．

表 3.16 代表的な鋼材における素材欠陥の種類，形態，生成原因

No.	名称（英名）	形態および特徴	備　考	外　観
1	パイプ (pipe)	鋼材内部にパイプが残ったものおよびこれにより鋼材に生じたきず	（1） 造塊時のパイプ発生による（一次・二次収縮孔の残り） （2） 切捨て不足により鋼塊のパイプあるいは塑性変形によって生じた中心割れなどの残り （3） 酸化物，スラグの存在	
2	へげ (scab)	表面がはげかけた葉状，ラップ状のきず	（1） 造塊時に発生するスプラッシュ （2） 素材のラップきず，肌荒れ （3） 加熱，圧延中のすりきず	
3	横割れ (transversal crack)	圧延方向に直角または斜めに出た横割れ状のきず	（1） 材料の成分不良，脱酸不良による延性低下 （2） 加熱，冷却不適正 （3） 加工方法の不適正	
4	うろこ（焼けすぎ）(burnt)	表面が比較的細かくひび割れ状，またはうろこ状になったもの	（1） 素材の加熱 （2） 成分不良，脱酸不良	
5	かききず (scratch)	圧延方向に引っかかれたり，削られてできたくぼみ状のきず	（1） 仕上げ圧延後誘導装置，移送装置，巻取り装置などによる引っかききず	
6	折れ込み (overlap)	圧延方向に沿って折れ重なったきず	（1） ロール調整不良 （2） 孔型不良 （3） ガイド調整不良	
7	スケールきず (scale)	表面にスケールが圧着またはかみ込んだもの	（1） スケールの付着 （2） ディスケーリング装置の不良	
8	虫くい (rolled in material)	削れくずなどの異物が圧着されてできたきず，一部は脱落してへこみ状になっている	（1） 削れくずのかみ込み （2） 異物のかみ込み	異物
9	かみだし(耳) (over-filled)	圧延方向に連続的にかみだしたもの	（1） 圧下率の不適正 （2） 仕上げ誘導装置の調整不良	

表 3.16　(つづき)

No.	名称(英名)	形態および特徴	備　考	外　観
10	すりきず (slip mark)	表面が局部的にこすられて生じた引っかき状のくぼみきず，金属光沢を有すことが多い	(1) 圧延後の冷却以降の工程で発生 (2) 結束条件の不適 (3) ハンドリング不良	
11	さび (rust)	赤くさびたもの	(1) 保管の不適	

(出典：日本鉄鋼協会：改訂・条鋼マニュアル「棒鋼・線材編」(1971) より)

3.5.2　引抜き加工による欠陥

この欠陥を大別すれば，表面と内部に生ずる割れ（きず）と不適切な形状・寸法である．前者の欠陥は，引抜きを繰り返すごとに成長し，最後には断線するのが一般的である．実操業では，全長にわたって微小なきずまで検出することを目標とし，目視検査，磁気探傷試験，渦流探傷試験，浸透探傷試験，超音波探傷試験などが行われている[12)]（4.3.4 項参照）．最近では高速引抜きでも，上記試験が自動的に行われたり，欠陥部分があればマーキングされたり取り除かれたりするシステムも開発されている[13)]（4.4.2 項参照）[14),15)]．

引抜き棒線材の欠陥の多くは，表面きずと表面性状に関わるものである．素線にある表面きずは引抜きを繰り返すごとに成長する．**図 3.29** は銅線の繰返

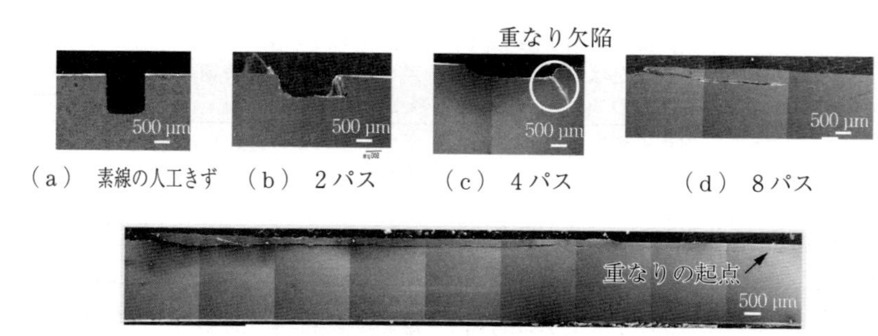

(a) 素線の人工きず　(b) 2パス　(c) 4パス　(d) 8パス

(e) 15パス

図 3.29　人工表面きずを持つ銅線材の繰返し引抜きにおける表面きずの変形挙動[16)]

し引抜きにおける表面きずの変形挙動を示している．有限要素シミュレーションにより，引抜きにおいてU形，V形表面きずの変形挙動を推測する研究がある．その結果の一例を**図3.30**に示す．表面きずの形状によって，表面きずは引抜きにより回復，消滅するものもあるが，多くのきずは，きずの底部は盛り上がり回復傾向にあるものの，図中に示すような重なり欠陥が残存することに注意しなければならない．そのため，荒引線（素線）の段階で皮むき作業や機械的にきず取りを施すことが表面きずの発生抑制に有効である．

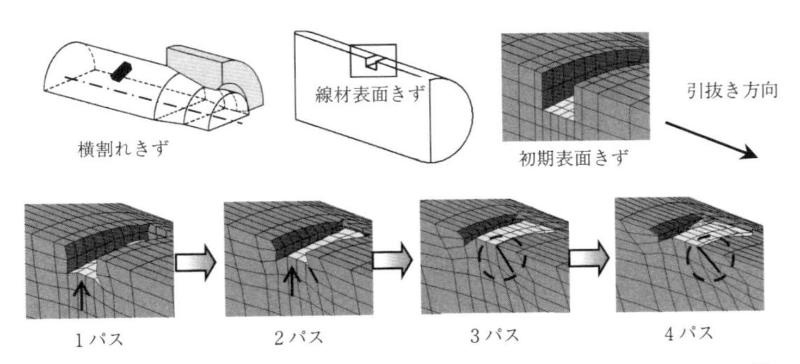

図3.30 繰返し引抜きにおける表面きずの成長・回復の有限要素解析[17)]

代表的な引抜き欠陥の種類とその発生原因を以下に示す．

〔1〕 カッピー欠陥

この欠陥は，**図3.31**に示すように，材料内部で起きるV字形の割れのことで，古くからよく知られている．カッピー欠陥・破断のほかカッピング，シェブロンクラック（chevron crack），セントラルバースト（central burst）など

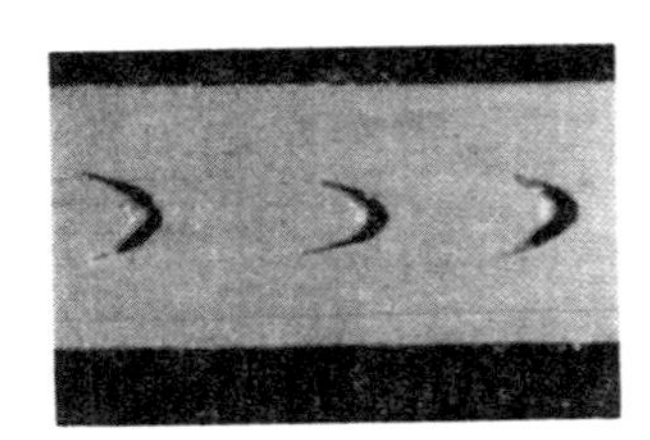

（a） 成長途中

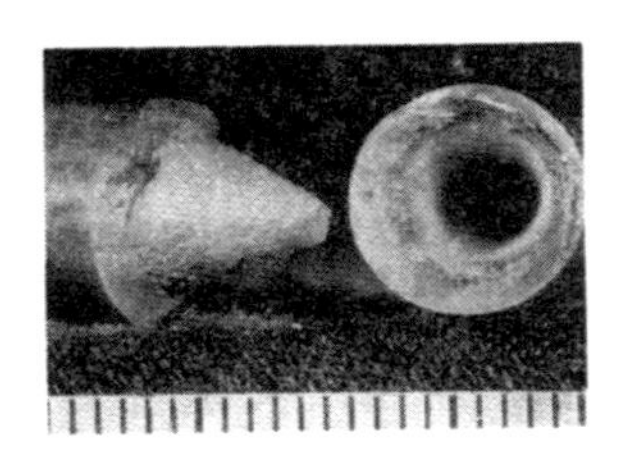

（b） 断線状態

図3.31 カッピー欠陥

と呼ばれることもある．その原因は加工要因と材料要因に大別される[18]．前者については，上界法[19]，すべり線場法[20),21]や有限要素法[22),23]によりよく解明されている．

カッピー欠陥の起点は線材中心で，欠陥の割れ形状はカップ形状となっている．また，この欠陥は同一ピッチで複数の割れが発生することが多い．引抜き中のダイス内の線材中心部の材料は引張試験を受けているような状態である．引抜き中に線材中心部の大きな引張応力が働き割れを生じさせ，その後引張応力が緩和される現象が起きる．この繰返しにより同一ピッチで複数の割れとなる．

図 3.32（口絵 4 参照）には有限要素法により算出した引抜き中の静水応力（平均応力）の分布を示している．線材中心部では最も大きな引張応力が働いていることがわかる．この引張応力と加工により受けたひずみにより，線材中心で破壊が生じることになる．この割れは引抜きを繰り返すごとにせん断変形と先進変形も加わり，カップ状に成長していく．また，その他の欠陥発生の要因として線材中心にある鋳造時にできた巣やもろい偏析，介在物などが挙げられる．

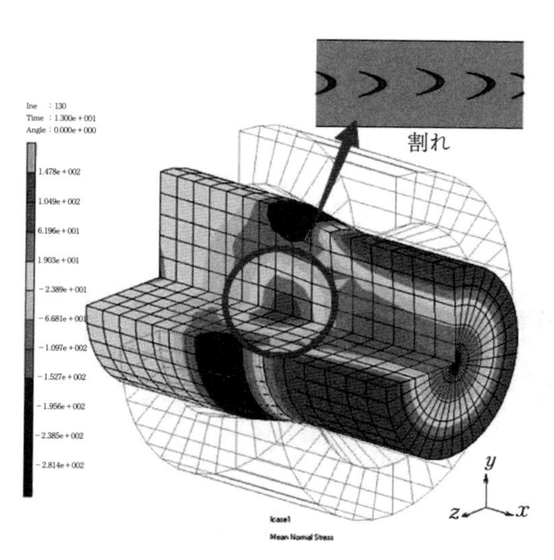

図 3.32　有限要素法により算出した引抜き中の静水圧力（平均化応力）分布

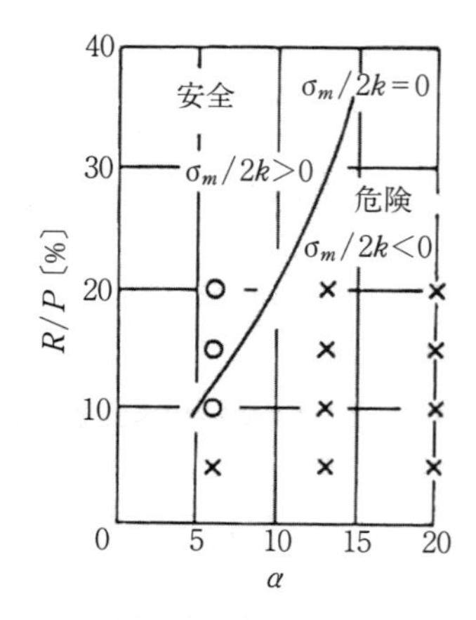

図 3.33　有限要素法により算出したカッピング欠陥を防止できる引抜き加工条件と銅線の引抜き実験における欠陥発生結果[24]

このカッピング欠陥防止には，特にダイス半角αを小さくすることが肝要である．また，1パスの断面減少率は可能な限り大きくすべきである．ダイス半角を小さく，断面減少率を大きくすることで引抜き中に線材中心に発生する引張りの静水応力を小さくすることができ，欠陥発生を抑制することができる．**図 3.33** には，有限要素法により算出したカッピング欠陥を防止できる引抜き加工条件と銅線の引抜き実験における欠陥発生結果を示している．ダイス半角が6度以下で1パスの断面減少率が15%以上であれば欠陥発生は皆無となることがわかる．しかし，適正なダイス角度を持つダイスを購入しても，操業を繰り返すとダイスにリング摩耗が生じる場合があるので注意しなければならない．ダイスの形状管理は，引抜き線材の表面性状や欠陥発生の面から大切である．

表 3.17 は，カッピー欠陥発生に対しての加工要因，鋼線とタフピッチ銅線

表 3.17 カッピー欠陥発生に影響を及ぼす要因

（a） 加工要因

要　因	発生傾向との関係	影響度
ダイス角度 （ダイス曲率半径）	角度大→発生しやすい （半径小→）	大
1パスの断面減少率	小→	大
潤滑状態	不良→	中
後方張力	大→	中

（b） 鋼線の材料要因

要　因	発生傾向との関係	影響度
炭素偏析（中心偏析）	偏析大→発生しやすい	大
粗パーライト（組織）	粗パーライト量大→	大
介在物	介在物サイズ大→	大
延性	延性小→	大
表面脱炭	脱炭程度大→	中
めっき（素材より軟）	めっき厚さ大→	中

（c） タフピッチ銅の材料要因

要　因	発生傾向との関係	影響度
炭素含有量	量が大→発生しやすい	大
Cu_2O サイズ	サイズ大→	大
延性	延性小→	中

における材料の要因とその影響度を示す[24].

〔2〕 **チェックマーク**（check mark）

この欠陥は，**図 3.34**[25] に示すＶ字形の表面きずである．発生原因は，線表面近くにあるもろい介在物や過剰な酸化物などによると判断されている．

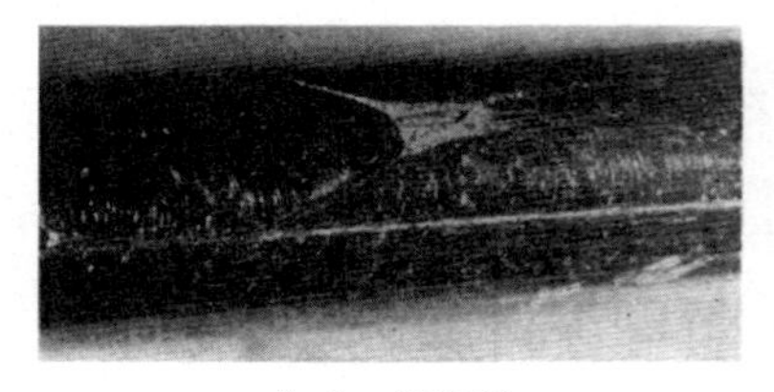

（a） 線表面

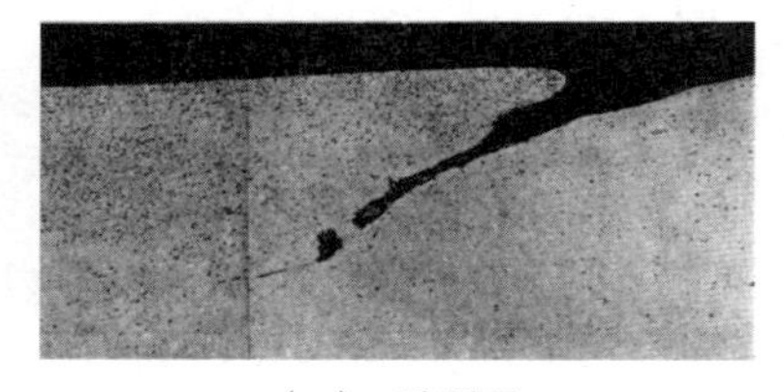

（b） 破断面

図 3.34 チェックマーク（タフピッチ銅）[25]

〔3〕 **横　割　れ**

脆性材料の引抜き時によく現れる割れ（**図 3.35** 参照）である．特に高炭素鋼では，加工中の線温度が高くなるため，ひずみ時効が進行し線が脆化しやすくなるので注意を要する．

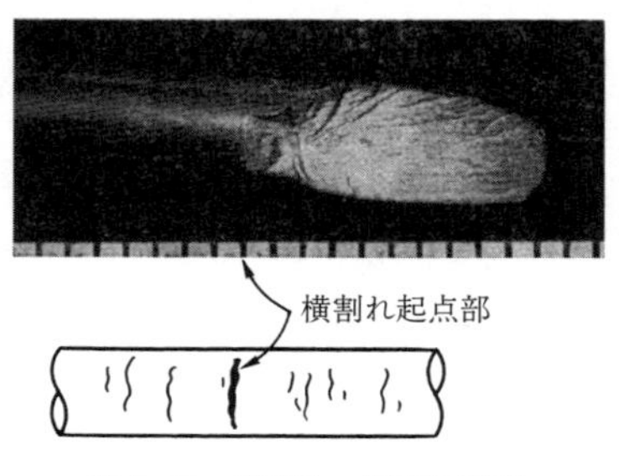

図 3.35 横割れ（高炭素鋼）

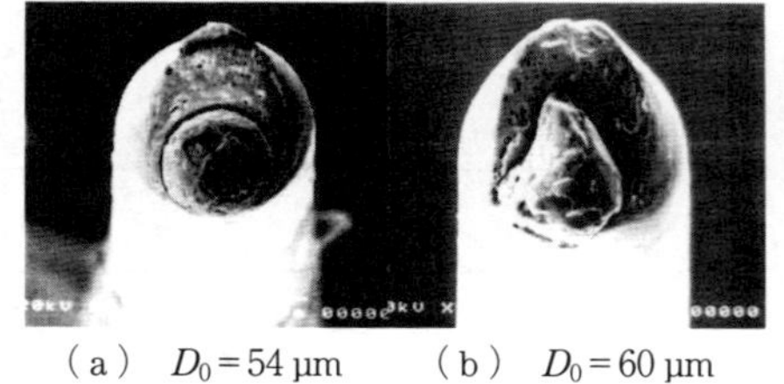

（a） $D_0 = 54\ \mu m$　（b） $D_0 = 60\ \mu m$

図 3.36 異物混入による断線[26]

〔4〕 **異　物　混　入**

鋳造，熱間圧延や引抜き工程時に，異物（非金属介在物，酸化物など）が材料内に入ることがある．この異物はほとんどが硬くてもろく，加工には有害で割れや断線（**図 3.36**[26] 参照）を引き起こす．特に極細線製造の際には，格段の配慮が必要である．

〔5〕 **打ちきず，すりきず**

引抜き前に材料が硬い物に接触してできたきずが，引抜き中に成長したり断線を引き起こす欠陥である．加工中であっても，ダイスが焼き付いたり巻取り装置不良のときには引抜き方向に長いすりきずができる．

3.5.3 形 状 不 良

直径などの寸法は，全長にわたって保証する努力が払われている．寸法許容差および真円度などの許容差は，それぞれの品種，寸法により基準が異なっている．製品によっては，曲がり，波，ねじれ，切口断面形状や表面粗さなども問題となる．断面が角や異形であれば，角度の丸みなど，また管であれば偏肉などもチェック項目に加えられる．

3.6 棒 線 の 矯 正

3.6.1 矯正の種類と基本

図 3.37 に板，棒，線，管および形材の矯正法を示す．板の矯正に関する研究・実用化技術は多く発表されている[27)～29), 32)]．棒線の矯正も 2 ロール矯正，ローラーレベラー，引張（温間）矯正などが比較的多く使われているにもかかわらず，公表資料は少ない[30)～32)]．**図 3.38** には曲がり・真直度の評価方法を示す．図（a）の板の場合急峻度で評価されるが，図（b）の太径棒線の場合は 2 点で支持された材料を回転させ，その振れ回り量 δ を測る回転真直度，図（c）の細線の場合は平面板に静かに置き，その弦の高さを h として評価される．平面の摩擦力の影響を受けやすい極細線の場合は，壁に吊るし両端の開き量で「曲がり」（図（d）参照），振れ（図（e）参照）で「ねじれ」を評価する．素線コイル形状はリング径 D_0 およびピッチ P で評価することがある．

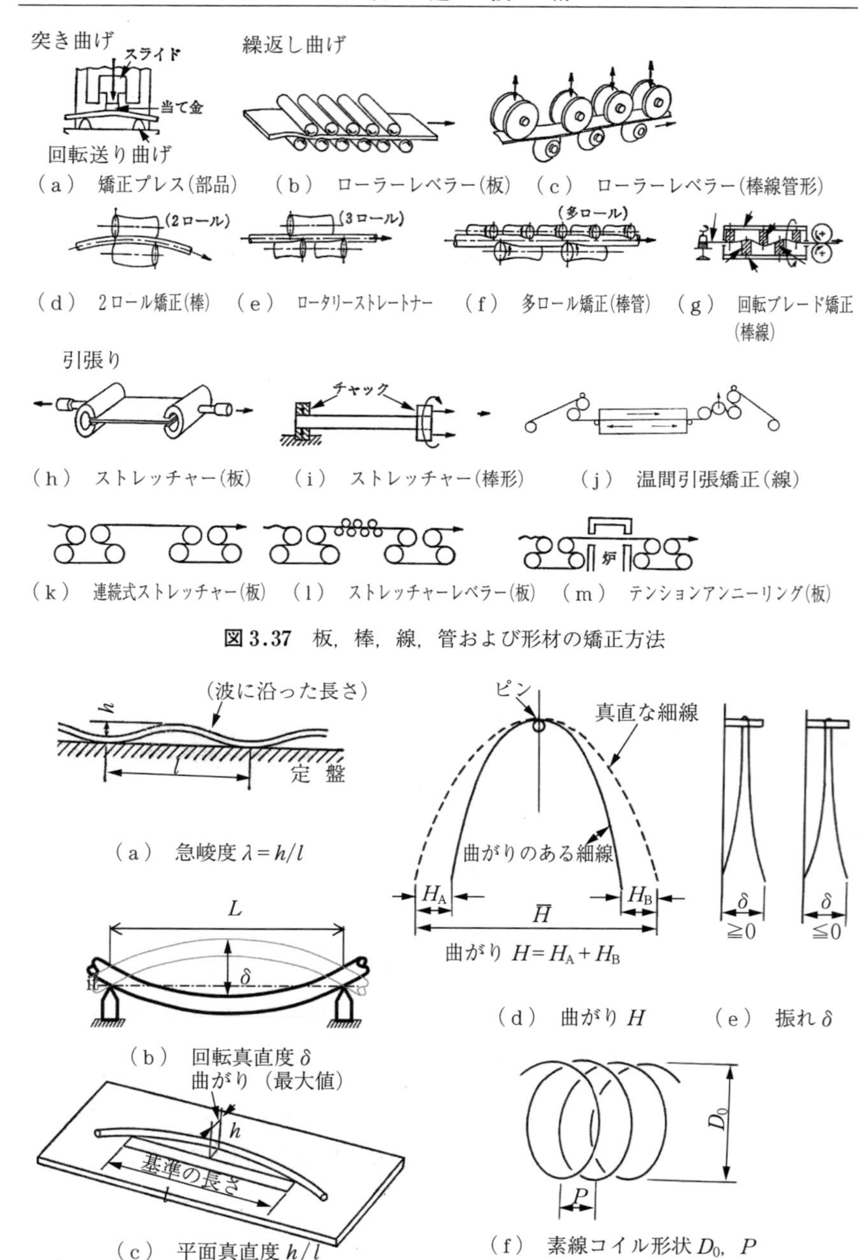

図 3.37 板，棒，線，管および形材の矯正方法

図 3.38 曲がり・真直度の評価方法

単軸応力負荷の場合 $\sigma = \sigma_Y$ で降伏するが，多軸負荷の場合，以下のミーゼス（Mises）の式

$$\bar{\sigma} = \sqrt{\frac{1}{2}\{(\sigma_x - \sigma_y)^2 + (\sigma_y - \sigma_z)^2 + (\sigma_z - \sigma_x)^2 + 6({\tau_{xy}}^2 + {\tau_{yz}}^2 + {\tau_{zx}}^2)\}} \quad (3.4)$$

の相当応力 $\bar{\sigma}$ が単軸降伏応力 σ_Y を超えれば塑性変形する．したがって，矯正に要する応力は垂直応力 σ_x，σ_y，σ_z（引張り，曲げ）でも，せん断応力 τ_{xy}，τ_{yz}，τ_{zx}（ねじり）でも，またそれらが複合された応力でもよい．すなわち矯正には引張矯正，曲げ矯正，せん断矯正，あるいはこれらの組合せなどさまざまな方法を活用してもよい．

3.6.2 棒線矯正に必要な材料の特性

矯正加工では素材の性状が等方均質であれば目標の真直を達成しやすい．しかし素材には，① 長手方向，円周方向の機械的性質の変動やばらつき（降伏応力，硬さ，組織など），② 断面形状の変動（線径寸法精度，偏径差など），③ 素材のコイル形状不良（曲げとねじりが混合した三次元形状）などの不具合が生じやすい．

図 3.39 に観察されるように，圧延材の降伏応力の変動と矯正後の真直度に強い相関がある．**図 3.40** の縦軸にモーメント M，横軸に曲率半径 ρ の逆比である曲率 κ（$=1/\rho$）を示す．ある部分の素材が「高めの降伏応力」に変動すると，「一定の降伏応力」から逸脱した M–κ ループを描くので曲率ゼロの達成がきわめて困難となる．実際には降伏応力が変化するたびに曲げ矯正強さを調整せざるを得ず，たいへんわずらわしい矯正作業とな

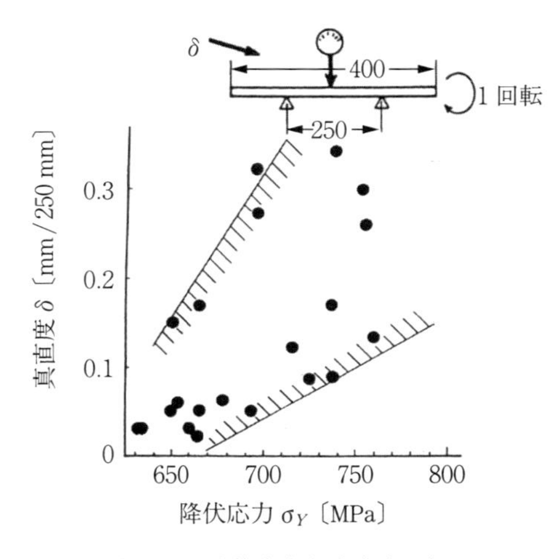

図 3.39 降伏応力と真直度の相関

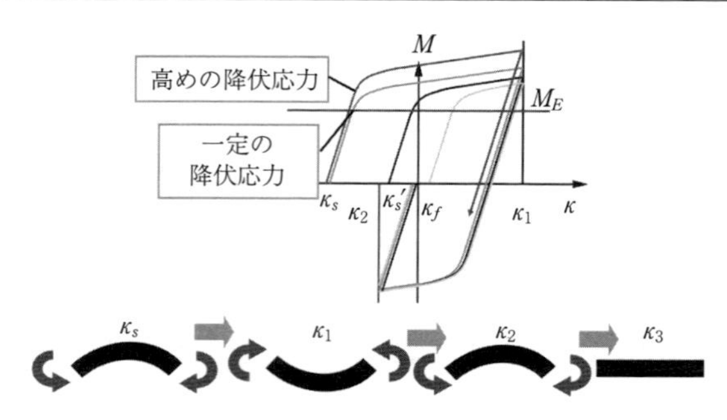

図 3.40　降伏応力の変動と真直度

る．圧延素材の曲率にばらつきがあっても降伏応力が一定であれば矯正により曲率をゼロに収斂しやすい．圧延素材の長手および半径方向に降伏応力，加工硬化指数，バウシンガー効果など材料特性の均質化が必須である．矯正は「材料の等方均質」を前提にした塑性加工法であるから至極当然といえよう．偏径差がある棒線材は矯正中に「斜めの曲げ」が生じ，意図した方向に曲率を与えられなかったり，パスラインから外れ真直を得にくい場合がある．コイル形状もきわめて重要である．**図 3.41** に示すように一次元曲がり材や二次元曲がり材は矯正可能であるが，曲げとねじりを伴った三次元形状の素材は基本的に高い真直を得ることが困難となる．

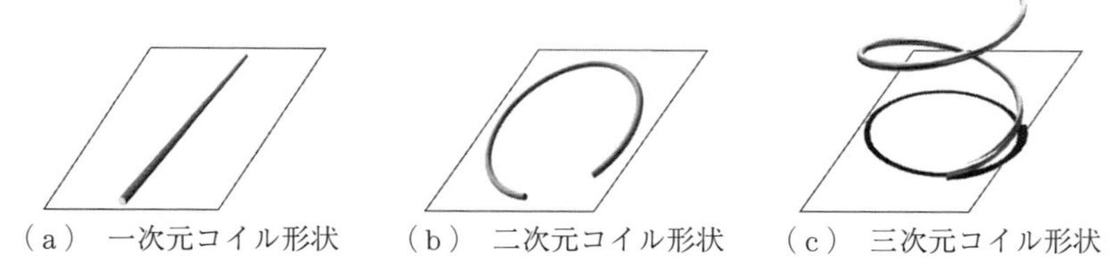

図 3.41　矯正用素材のコイル形状

3.6.3　2 ロール矯正

〔1〕 2 ロール矯正の基本と実際

2 ロール矯正は簡便かつ高真直が得られるため圧延黒皮材の一次矯正から磨

き棒鋼のような精密矯正まで多くの分野で使われている．棒線や管では素材断面が円形状のため長手方向だけでなく周方向にも一様な矯正が必要となる．1960年代に主としてドイツで2ロール矯正の詳細な研究が行われてきた[33]．**図3.42**に2ロール矯正の基本原理とロールプロフィールを示す．これは直鼓型直円筒と双曲面型円筒の2ロールを対向させ，長手方向に繰返し曲げを与え，素材をガイドに誘導させながら周方向にも回転しながら矯正する方法である．各ロールの軸線は素材の進行方向とそれぞれが反対に斜交し，その角度と両ロール間の距離で素材に与える曲率が変化するとともに角度が大きくなると送り速度が増加する．図3.42（d）に示すように，素材は左の入側から出側に進行しながら曲げられ，弾性変形から塑性変形を受け中央部で最大の曲げモーメントと塑性変形を受けた後，繰返し逓減曲げにより真直化される．入側のロール半分は導入部であり矯正効果はなく，中央部から出側に至る塑性領域の曲げは数回転程度に過ぎず，大部分は弾性状態で繰返し曲げとなっている．矯正効果を高めるためロールの幅を長くするか，**図3.43**（口絵5参照）に示すように3点接触から一様接触曲げのようにロールプロフィール（ロール形状）を変え，材料とロールを一様に接触させ塑性領域を長く確保するなど矯正効果が高まるような工夫が続けられている[34]．

2ロール矯正の効果を確認するためには多鋼種，多サイズ，さまざまなロールプロフィール，ロール交差角を変化させる必要があり，実操業ではたいへんな工数と時間を必要とする．FEMシミュレーションはこの工数を削減する手段として活用され始めている[34)～36)]．**図3.44**（口絵6参照）に2ロール矯正の応力分布変化を示す．90°回転するたびに材料表層および断面の軸方向応力分布が引張りから圧縮応力に変化する状況が再現されている．**図3.45**に示すように塑性率ξ（$\xi=2\eta/d$，直径：d，片側塑性域：η）を現状の30％から50～70％に付与するとより高い真直度が得られる状況が観察される．現状では有効な繰返し曲げがわずか2～3回にすぎないが，これを**図3.46**に示すように1.5～2倍（n/n_o，n_o：現状の曲げ回数）に回数を増やすと格段に真直度が向上する[35]．このほか，最近でも理論やシミュレーションが発表されつつ

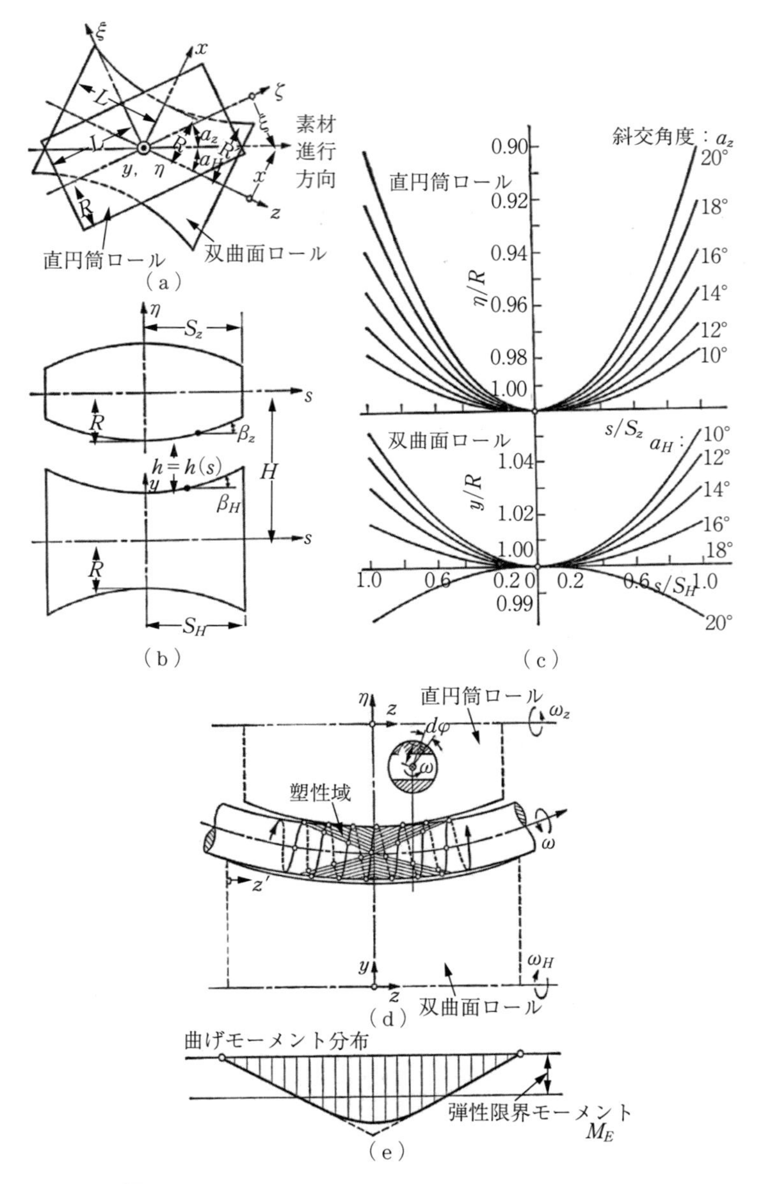

図 3.42　2ロール矯正の基本原理とロールプロフィール

ある．2ロール矯正においては，① 可能な限り大きな塑性率を与え，② 逓減の傾きは緩やかにして塑性領域を増やすと真直が向上するといえる．

上ロール
サイドガイド
下ロール
弾性域
塑性域

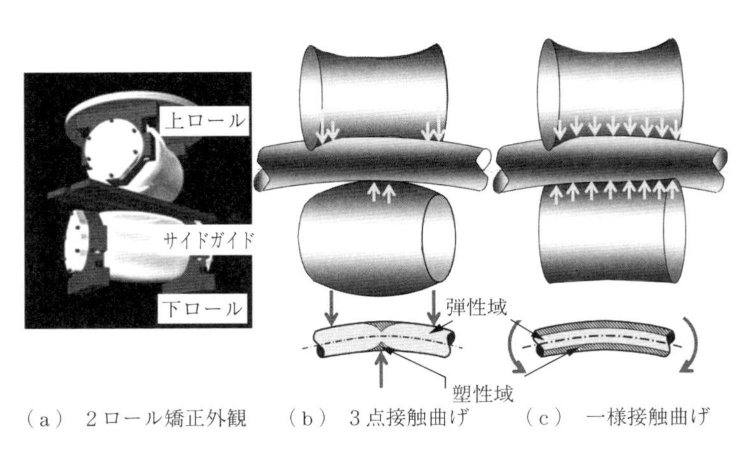

（a） 2ロール矯正外観　（b） 3点接触曲げ　（c） 一様接触曲げ

図 3.43 3点接触と一様接触方式の比較

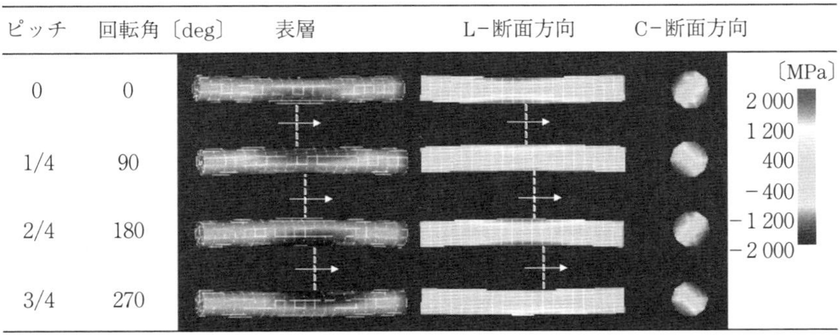

ピッチ
回転角〔deg〕
表層
L−断面方向
C−断面方向
0　0
1/4　90
2/4　180
3/4　270
〔MPa〕
2 000
1 200
400
−400
−1 200
−2 000

図 3.44 FEM シミュレーションによる繰返し曲げと応力分布変化

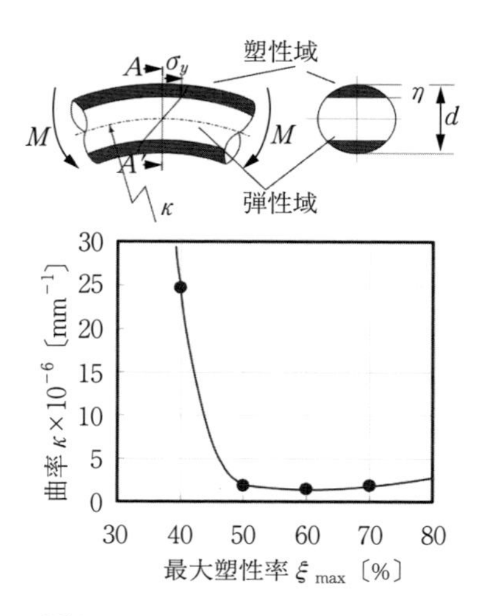

図 3.45 FEM シミュレーションによる最適塑性率

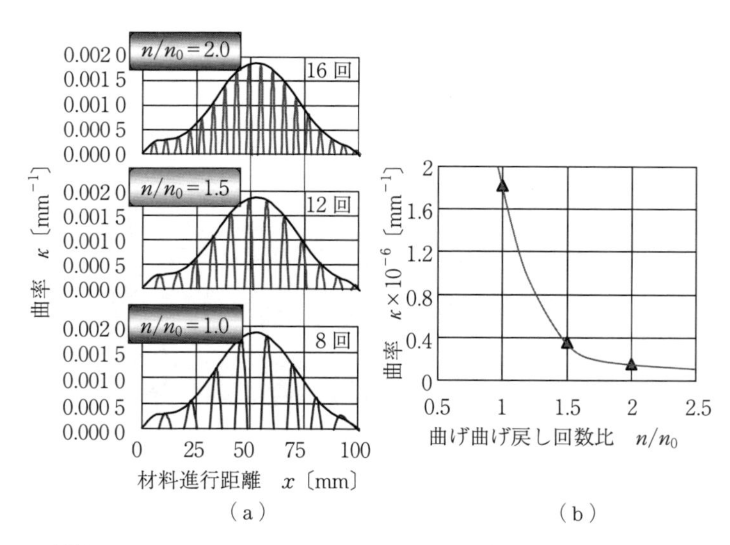

図 3.46 FEM シミュレーションによる繰返し曲げと真直度の関係

〔2〕 矯 正 太 り

引抜き材を矯正すると矯正後の寸法が太る傾向にある．**図3.47**（a）に線径9.95 mmの磨き棒鋼用引抜き材の2ロール矯正中における軸方向ひずみ測定結果を示す[35]．ロールと接触しないように矯正材の一部を切削してからストレインゲージを添付し，軸方向ひずみを測定した．図中①は表側のひずみ，②は裏側のひずみ，③は（表側－裏側）/2の信号成分で，ロール形状によって与えられている純粋に曲げのみのひずみ分布が現れる．④は（表側＋裏側）/2の信号成分で曲げを除いた軸方向のみのひずみ分布を示す．これによれば2ロール矯正中は軸圧縮ひずみ量が－0.55％生じる．これは太りに換算して

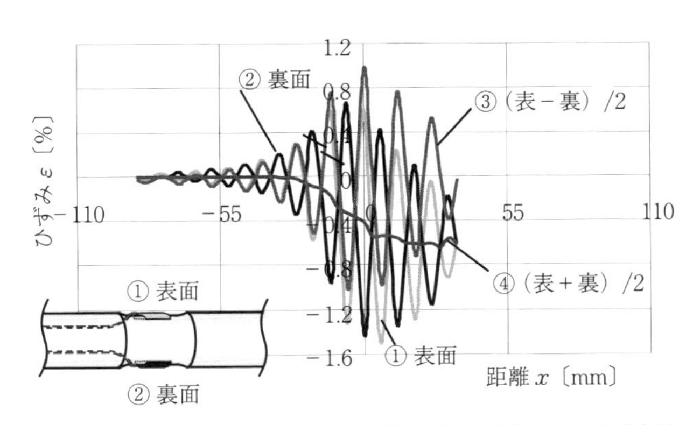

（a） 引抜き材

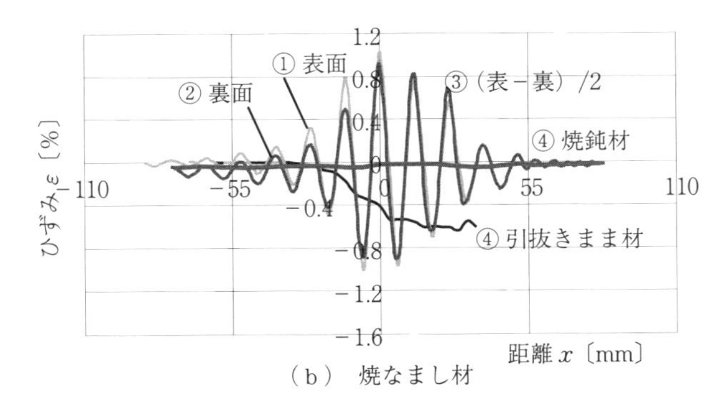

（b） 焼なまし材

図3.47 引抜き材と焼なまし材の軸方向ひずみ測定結果

0.27%に相当する．実測値は ϕ 9.95 mm から 9.97 mm，0.24%の太りを示し，ほぼひずみ測定値と一致している．このように引抜き材を矯正すると矯正太りが顕著になる．図 3.47（b）は引抜き後 550℃に焼なましした磨き棒鋼材の 2 ロール矯正中の軸方向ひずみ測定結果を示す．図中 ④ に引抜きまま材と比較して示す．焼なまし材は軸方向ひずみがほぼゼロとなっており，矯正太りが生じていない．図 3.43 に示したように従来の 3 点接触曲げ矯正では両端のみ寸法が太る現象があり，歩留りの低下の要因となっていた．一方，上下ロールが材料と一様に接触するように曲げモーメントを付与すると材料の頭端と尾端も胴部と同じように一様な曲げを受けるため，3 点接触曲げ特有の端部太りが少なくなると報告されている[31]．2 ロール矯正で矯正材に圧延のような過大な押込み量を与えると，材料表面が異常に硬化し切断時の割れや品質不良の原因になるので避けなければならない．2 ロール矯正では中心のパスラインに棒材を正確に誘導することが前提である．しかし，通常の凹・凸ロールでは不安定となり，サイドガイド（図 3.43（a）参照）で棒材をしっかりと支えなければならず，ガイドの摩耗や矯正材にきずを誘発しがちである．また，矯正前の素材の曲がりが大きいと矯正中の回転により棒材の振れ回りが激しくなり，パスラインを外れ矯正不良が生じやすくなる．このため送り速度を低下せざるを得ない．これを解消するためには入側の材料の振れ回りを押さえる工夫が必要である．

〔3〕 多ロール式矯正の原理と構成

図 3.48 に示す多ロール式は 2 ロール矯正機の改善から生まれた．斜交角が大きくとれるので高速で処理可能であるが，矯直精度は 2 ロール矯正よりは劣り，両端の曲がりは除くことができない．

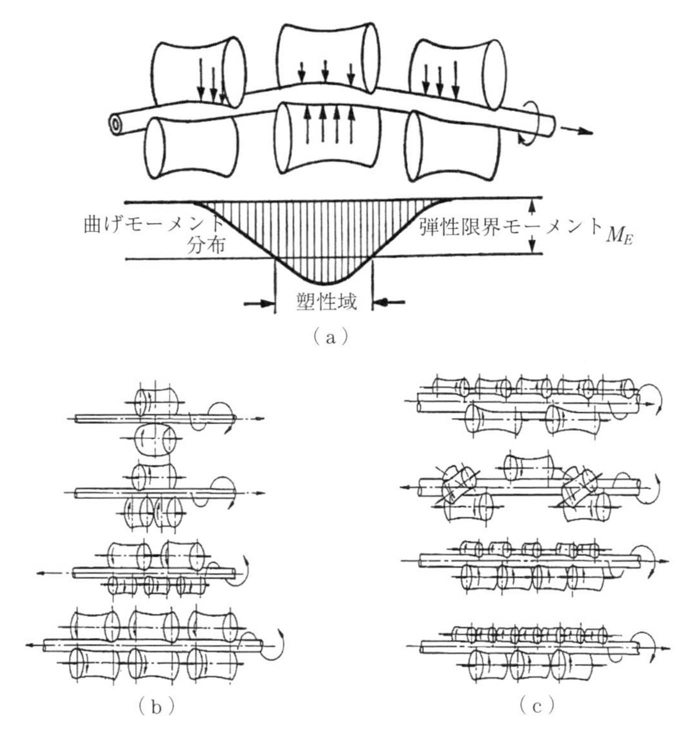

図 3.48　多ロール式矯正の原理と構成

3.6.4　ローラーレベラー矯正

ローラーレベラーは最も基本的な棒線矯正法である．棒線は無駆動ロールが多いが，薄板，厚板，形鋼は駆動ロール方式が主流である．**図 3.49**（a）に示すように下側ローラーは固定で上側ローラーの押込み量 h で矯正材の負荷を変える．ここでの押込み量 h のゼロ点は鋼線が真直の際にロールが接触する $h=0$ mm と定義する．図（b）に示すロール負荷の直下で材料が弾塑性変形する．その結果，ロール負荷により曲げモーメントの強さが変化し（図（c）参照），曲率変化が折れ線状に推移し（図（d）参照），真直度ゼロと残留応力低減を指向している．

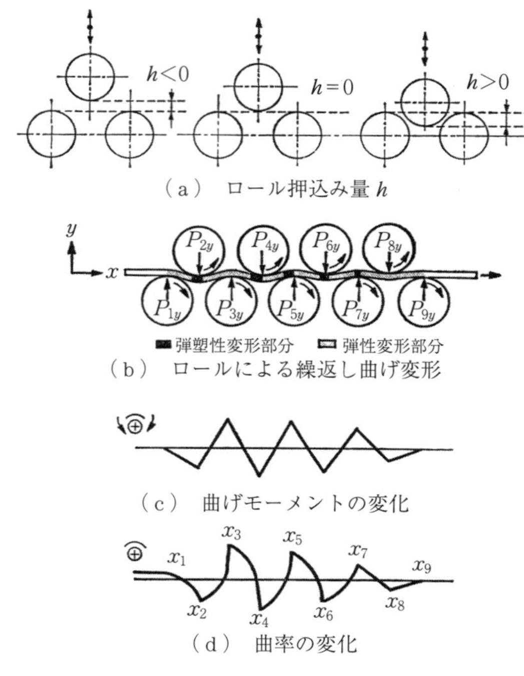

図 3.49　ローラーレベラーの基本

ローラーレベラー矯正は機械構造がシンプル・安価・容易な操作性のため，太径から細径線材まで広く用いられている（**図 3.50** 参照）．特にローラーレベラーは操作性を優先して片持ち支持構造となっており，剛性を配慮した矯正機設計が不可欠である．

（a） 太径用ローラーレベラー

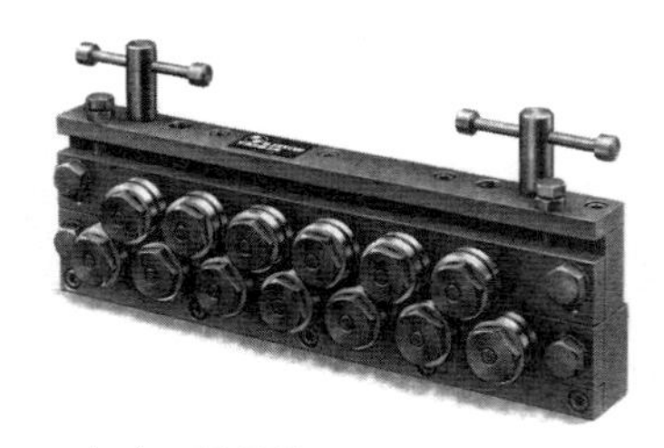

（b） 細径用ローラーレベラー

図 3.50　ローラーレベラーの外観

当初は圧延直棒材を素材として二次加工メーカーや最終ユーザーが使用していた．しかし高度成長期に運搬や能率・歩留りの観点から棒材をコイル化し，ユーザーでコイル材を引き出し，引抜き・切断・矯正し直棒とするようになった．すなわち，bar to bar から coil to bar への移行である．これにより画期的に生産性が向上し，自動車や電気・電子機器の部品として広く普及するようになった．しかし，コイル材に移行してから矯正ライン中で線材が自転する不具合が生じるようになった．これは従来の bar to bar では見られなかった現象である．このことは線の自転を前提としていないローラーレベラー矯正，特に精密矯正では大きな問題となっている．

図 3.51 に 0.45%C の ϕ6 mm 鋼線を，押込み量 h_2＝2.0 mm に固定し，最終調整ロール h_4 を変化させたときの矯正後の真直度測定結果を示す．コイル形状が線状の一次元材（1D），平面上曲がりの二次元材（2D）を矯正した場合では，押込み量 h_4 を調整すれば矯正後真直度 κ はほぼゼロとなり，理想的な真直材を得ることができた．しかし，曲がりとともにねじれのある三次元材（3D）は矯正しても真直を得ることはできず，図中に示すように一定領域の

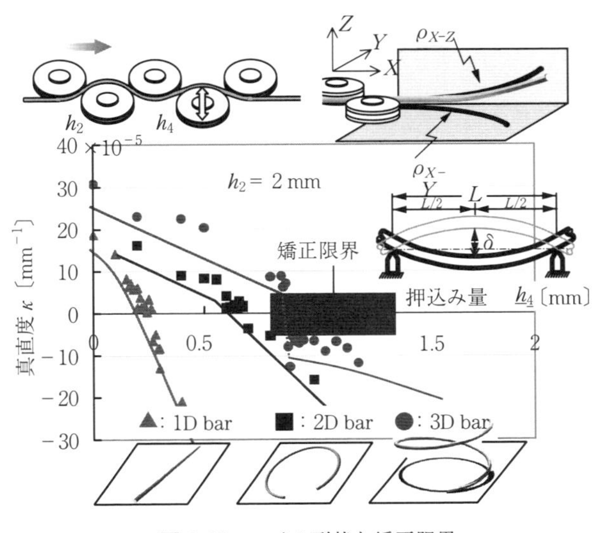

図 3.51 コイル形状と矯正限界

「矯正限界」の存在が確認されている．素材のコイル形状の直径を一定としピッチをさまざまに作り分けた試験材で構成ライン中の自転を観察した．三次元材のピッチ大な材料ほど走行中の材料自転角は大きく，ピッチが負になれば自転も負を示す．すなわち，矯正限界が現れるのは矯正ライン中の自転が関与している[37),38)]．最も大切な点は，矯正に使用するコイル形状の径 D_0 を大きく，揺れ δ を小さく保つことである．

3.6.5 引 張 矯 正

引張矯正は図3.37（i）に示すように，棒材を1本ずつチャックして引張りを与え材料を塑性変形させて矯正する方法である（図（j）参照）．コイル線材の場合は連続的に加熱炉で温間にし，入・出側のブライドルロールなどで引っ張り，コイル状あるいは直棒化する．チタン合金線，ばね鋼，リン青銅[39)〜41)]，金線などでの研究および実用化事例がある．

圧延された ϕ6.6 mmのコイル状のチタン合金線材 Ti-6Al-4V を連続式温間引張矯正した事例を**図3.52**に示す．線材はピンチローラーを介してペイオフリールから巻き戻され，千鳥状に配置された垂直・水平型のローラー矯正機

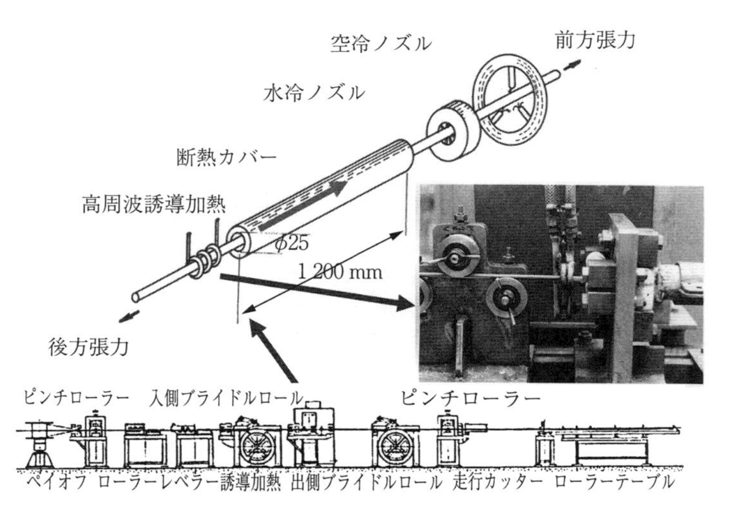

図3.52　チタン合金線材の連続式温間引張矯正

（レベラー）で粗矯正され，入側ブライドロールに巻き付け後，高周波誘導加熱装置により線材を急速加熱させ保温・水冷・空冷後に出側ブライドロールにより引張力を付与する．チタン合金は温度依存性が大きく常温に比べ700℃では耐力が1/4以下に減少し，温間引張矯正が有効に発揮できるケースである．張力を大きくすると材料が絞られ寸法が縮小するため（ダイレス伸線の原理）温間矯正では寸法変動の少ない2～3%の張力が限度である．**図3.53**に示すように変態の850℃付近の加熱を除けば，650～750℃の付近で安定した真直度が得られている．なお，コイルを巻き戻し直棒化する際に発生する線自転を拘束すると，真直度が悪化するので線材を送るピンチローラー圧力は最小限にとどめる必要がある[30]．

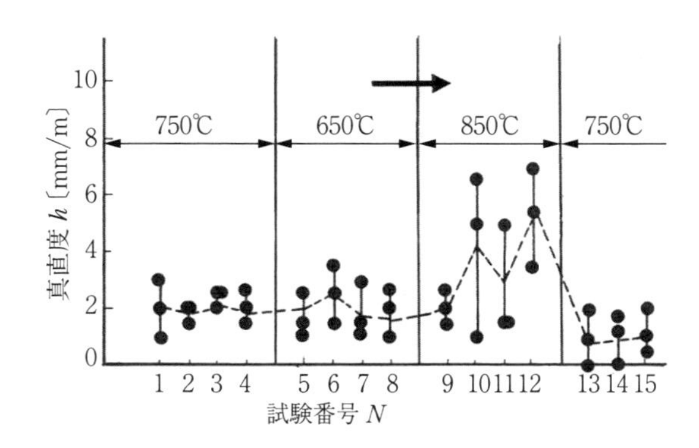

図3.53　チタン合金線の最適矯正温度条件

つぎに，高強度リン青銅線（引張応力1 500 MPa，線径0.089 mm）を用い，**図3.54**に示すように素線の線形状を6種類用意し，線径形状と真直度との関係を検討した[42]．No.1は曲がりやねじれが最も大きい素線，No.6は曲がりもねじれの少ない真直に近い素線である．250～300℃でコイル形状の良好なNo.6の素線が目標値を満たす高真直な線材を得ることができている．しかし，コイル形状の不良なNo.1～5では加熱温度300℃に上げても目標値から大きく外れる結果となった．温間矯正の真直度も矯正前の素線の形状に大きく依存することが観察された．一般的に微小ひずみ領域の n 値が小さいと，真直が

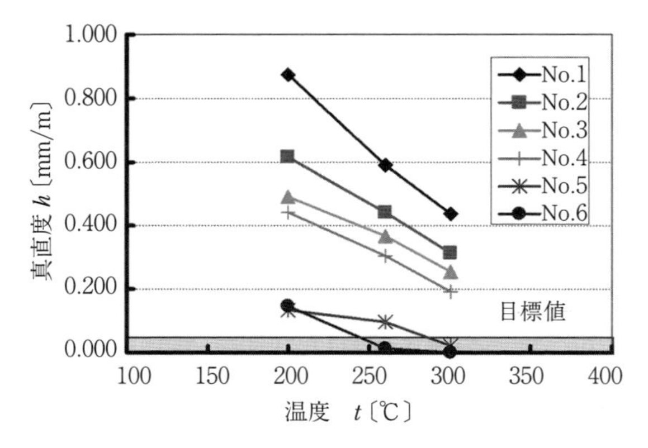

図 3.54　コイル形状ごとの矯正効果

達成されやすくなる．温度を上げて n 値を小さくすることは高真直化のための重要な要件であり，温間時においても n 値の大きな線材の高真直は難しい．

3.6.6　回転ブレード矯正

回転矯正機はスピナーノズル矯正機（**図 3.55**）と称する太径サイズ（図（a）参照）から回転ブレード矯正と称する数十 μm までの極細線（図（b）参照）まで，線径に応じて押込み工具形状を変え，幅広く使われている．

（a）　太径用スピナーノズル矯正機

（b）　細線用回転ブレード矯正

図 3.55　棒線用回転矯正機の外観

回転矯正は長手方向だけでなく周方向の矯正も可能である．図3.55（b）に示すように，ブレードのコマを押し込んで線材に曲率を最初大きく，徐々に小さくする逓減矯正となるよう設定するのが基本である．二つの回転ブレードは相互に逆方向に回転させ，矯正中の線材のねじれを軽減している．線材は出側のピンチロールで送り出される．**図3.56**（a）に示すようにステンレス線（ϕ 0.35 mm，降伏応力 1 500 MPa）を使用して回転ブレード矯正（コマ間隔：$L=5$ mm，後方張力：破断応力の3％程度，各ブレードの回転数 $r=$ 2 000 rpm，送り速度 $v=600$ mm/min）で繰返し曲げ矯正試験をした真直性の結果を示す．押し込むコマは偶数番目とし，逓減曲率法で矯正した．その結果ほぼ真直度の高い効果が得られたが，線材を多本数並べて観察すると，隣り合う線材の間に隙間（小うねり）が確認された．

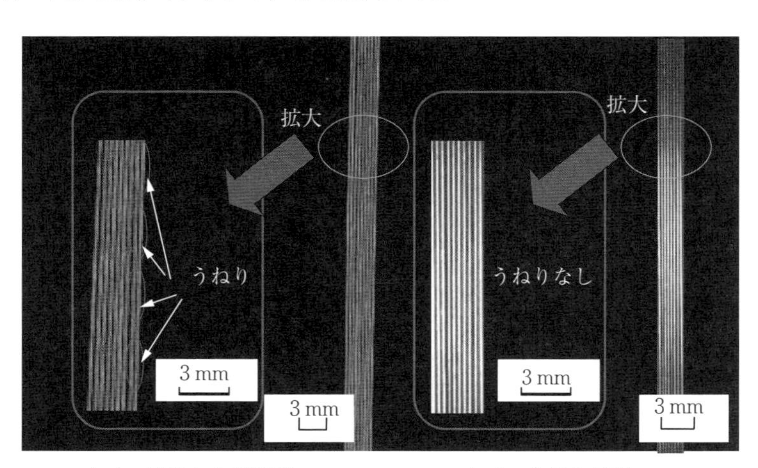

（a） 繰返し曲げ矯正　　（b） ねじり矯正

図3.56 繰返し曲げとねじり矯正の真直度比較

米谷らは**図3.57**に示すように ϕ 1 mm の洋銀線で回転ブレード矯正中の線回転が多いほど，送りピッチが細かいほど真直性は向上するとした[43]．そこで，従来の繰返し曲げによる逓減曲率法から第2ブレードの中央のブレードのみを調整し，曲げのみならずねじりを線材に誘発する「ねじり矯正法」を試みた．図3.56（b）に示すようにねじり矯正では曲率はほぼゼロに収斂し，う

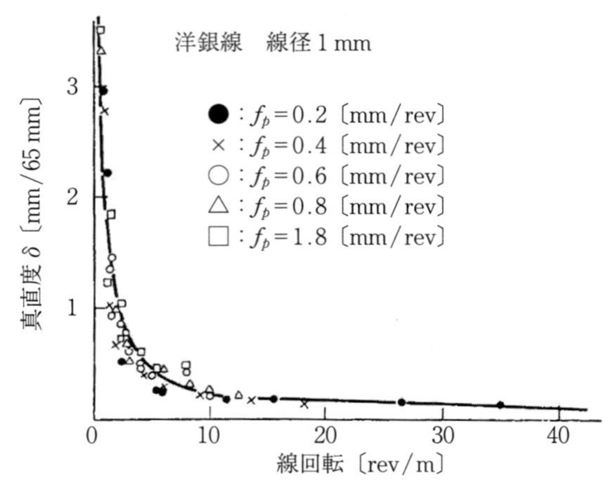

図 3.57　矯正中の線回転と真直度

ねりのない高い真直性が得られている．押込み量によって「曲げ変形」あるいは「ねじり変形」のいずれかが選択される．押込み量が小さい場合，変形エネルギーの小さい「曲げ変形」，反対に押込み量が大きいと変形エネルギーの小さい「ねじり変形」となる．さらに，回転型ブレード矯正と温間引張矯正を組み合わせて矯正すると，高い真直の素材が温間矯正されるので，より大きな効果が得られる[44)～47)]．

薄板・厚板・形鋼の矯正加工は鉄鋼会社内の重要な技術であり，研究・技術者が現場と一体になって取り組んでおり，年々技術向上が図られている．しかし，棒・線・管は二次加工メーカーが主体で，研究者が少ない上に現場の情報が素材メーカーの技術者や研究者に生の形で届きにくい．それが技術の進歩を足踏みさせている一因ともなっている．両者がより交流して問題点の共有，その解決に注力することが大切である．

引用・参考文献

1）村川正夫・中村和彦・青木勇・吉田一也：塑性加工の基礎，(2005)，69，産業図書.
2）木原博：新しい溶接工学，(1970)，43，オーム社.
3）荒川次郎：塑性と加工，**21**–228（1980），228.
4）中野稔ほか：住友電気，130（1987），137.
5）吉田一也：ニューダイヤモンド，**13**–4（1997），11.
6）Spanitz, J. F.：Wire J. Int., **9**–6（1976), 69.
7）荒川次郎：第 11 回伸線技術分科会資料，(1980).
8）Lawrence, P.：Wire J. Int., **10**–5（1977), 65.
9）吉田一也：ニューダイヤモンド，**13**–4（1997），14.
10）吉田一也：第 211 回塑性加工技術セミナーテキスト，(2015)，1–11，日本塑性加工学会.
11）日本鉄鋼協会標準化委員会：棒鋼及び線材の形状及び外観きず用語の定義（ISIJ TR 003)，(1987)，3，日本鉄鋼協会.
12）例えば，井原将・小玉裕明：塑性と加工，**19**–211（1978），686–691.
13）川口康信：第 115 回塑性加工シンポジウムテキスト，(1988)，11.
14）富樫潤一ほか：古河電工時報，**66**（1979），27.
15）鷲頭優生ほか：大日日本電線時報，**67**（1981），25.
16）篠原哲夫・吉田一也：平成 15 年度塑性加工春季講演会講演論文集，(2003)，99.
17）篠原哲夫・吉田一也：鉄と鋼，**90**–12（2004），1010.
18）例えば，田中浩ほか：日本金属学会誌，**43**（1979），618.
19）Avitzur, B.：Trans, ASME, Ser B, **90**（1968), 79.
20）Coffin, L. F., et al.：Trans. ASM, **60**（1967), 672.
21）Mohadein, M.：Ann. CIRP, **25**（1976), 169.
22）Chen, C. C., et al.：Ann. CIRP., **27**（1978), 151.
23）田中浩・吉田一也：塑性と加工，**24**–270（1988），737–743.
24）吉田一也：東海大学博士論文，(1982)，49.
25）池田毅ほか：第 27 回伸線技術分科会資料，(1988)，3.
26）Yoshida, K.：Wire J. Int., **33**–3（2000), 102–107.
27）日比野文雄：塑性と加工，**9**–2（1961），359–366.

28）曽田長一郎：塑性と加工，**5**-41（1964），345-357.
29）日比野文雄：塑性と加工，**35**-400（1994），537.
30）塑性加工学会編：塑性加工技術セミナー・棒線材の矯正加工，（2015）.
31）浅川基男：塑性と加工，**41**-468（2000），69-73.
32）日本鉄鋼協会創形創質工学部会編：矯正技術の現状と新しい潮流，（2009-10）.
33）Pawelski, O.（翻訳）：塑性と加工，**5**-41（1964），445-456.
34）錦古里洋介・浅川基男・鈴木得功・柳橋卓・浜孝之：塑性と加工，**42**-491（2000），62-66.
35）柳橋卓・浜孝之・小野田雄介・浅川基男：塑性と加工，**46**-537（2005），50-54.
36）Kuboki, T., Huang, H., Murata, M., Yamaguchi., Y. & Kuroda, K.：Steel Research Int., 81（2010）, 584-587.
37）須藤忠三・浅川基男：塑性と加工，**31**-352（1990），658-663.
38）濱田亮太・浅川基男・入沢辰之介・相澤重之・永平めぐみ・甘利昌彦：鉄と鋼，**95**（2009-11），780-787.
39）西畑三樹男：塑性と加工，**14**-145（1973），130-135.
40）山下勉・吉田一也：塑性と加工，**47**-548（2006），51-55.
41）山下勉：東海大学博士論文，（2006），38-64.
42）占部元彦・浅川基男・梶野智史・吉田将大：鉄と鋼，**95**（2009），794-800.
43）米谷茂・金子瑞雄・小早川誠市・矢入美登国：塑性と加工，**5**-41（1964），403-416.
44）大方一三・中田秀一・竹之下伸次・平野一雄：ばね論文集，**26**（1981），27-34.
45）浅川基男：塑性と加工，**55**-639（2013），306-310.
46）鶴見一樹・浅川基男・加藤夏輝・占部元彦・吉田将大・作本興太・萱野登美夫：塑性と加工，**55**-640（2014），435-439.
47）鶴見一樹・浅川基男：塑性と加工，**55**-647（2014），1122-1123.

4 引抜き材の性質と評価

4.1 金属組織学的考察

金属材料の塑性加工に関して，基礎的には個々の結晶粒の変形過程が問題になるが，工業的には金属材料を種々の方位を持った結晶粒の集合体とみなし，塑性加工に伴い材料全体として特定の結晶配向が起こり，いわゆる集合組織の問題として扱われる．本節では，金属材料の引抜き加工によって形成される繊維集合組織（以後，繊維組織と称する）の形成機構と加工性との関連を概説する．

4.1.1 繊維組織の形成

金属材料を引抜き加工すると，引抜き方向にある特定な結晶が配列し，いわゆる繊維組織を形成することが知られている．この繊維組織の結晶配向の様子を模式図的に示すと**図 4.1** のようになる．〈100〉繊維軸から成る線材は，図 4.1（a），（b）に示すように，線材横断面上に{100}結晶面が平行に現出し，〈111〉繊維軸の場合は図 4.1（c），（d）のように{111}結晶面が現出するこ

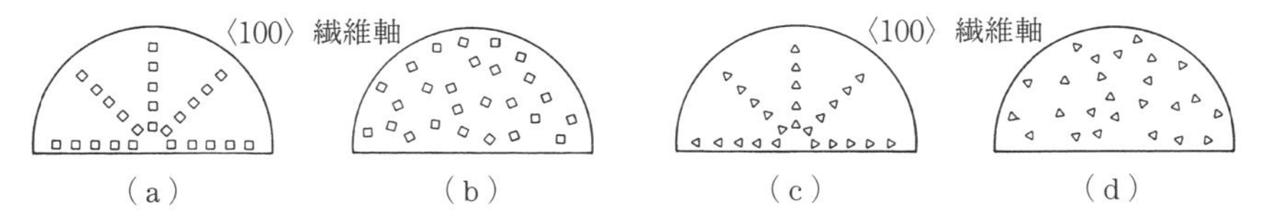

図 4.1 〈100〉，〈111〉繊維組織の模式図

とになる．ここで注意しなければならないことは，図 4.1（a），（c）は線材半径方向に対しても特定の結晶面を持つということである．したがって，これらの優先方位は，図 4.1（a）が{001}⟨100⟩で，図 4.1（c）が{112}⟨111⟩と表示される．一方，図 4.1（b），（d）は，いずれも半径方向に特定な結晶面は認められず，それぞれ $\{h_1k_1l_1\}\langle 100\rangle$ と $\{h_2k_2l_2\}\langle 111\rangle$ のように繊維軸成分のみが表示される．上述の半径方向に特定面を持つか否かは，線材の加工性や機械的性質と密接な関係があり，それについては漸時後述する．

〔1〕 面心立方晶金属

加工材がアルミニウムや銅のような面心立方晶金属およびその合金の場合，繊維組織成分は⟨111⟩+⟨100⟩の二重繊維組織か，いずれか一方の単一繊維組織を呈する．この 2 成分の体積割合は，金属の種類や合金成分量によって異なる．**図 4.2**[1)]は，総断面減少率約 72%，82%，93%まで引抜き加工したアルミニウム線材の繊維組織の形成過程を示す{111}極点図である．極点図の中心は線材半径方向に垂直な圧縮面を表し，DD は引抜き方向に相当する．総断面減少率 72%では，優先方位として $(112)[11\bar{1}]$，$(112)[\bar{1}\bar{1}1]$ および (110)[001] 近傍方位が認められ，明らかに⟨111⟩+⟨100⟩の二重繊維組織を呈している．

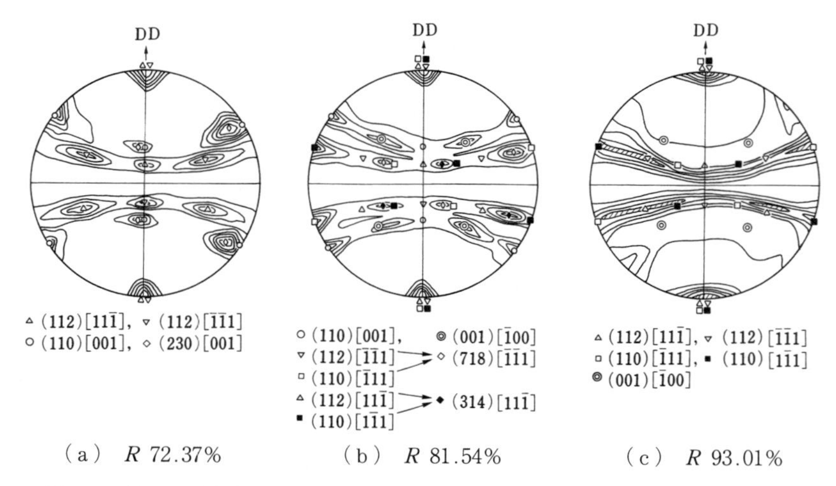

（a） R 72.37%　　（b） R 81.54%　　（c） R 93.01%

図 4.2　総断面減少率約 72%，82%，93%まで引抜き加工したアルミニウム線材の繊維組織の形成過程を示す{111}極点図[1)]

しかし，93％まで加工が進むと，主成分の〈111〉繊維軸成分は，{112}〈111〉方位から{110}〈111〉に至るまで引抜き軸の周りに回転したように結晶面は広がり，半径方向を特定できる結晶面は存在しなくなる．さらに〈100〉繊維軸成分も減衰し，ほぼ〈111〉単一の繊維組織が形成されている．

Brown[2)]は繊維軸の形成に積層欠陥エネルギーが関係していることを提唱した．2本の部分転位の間に存在する積層が局所的に乱れた場所を積層欠陥といい，積層欠陥は面欠陥の一種で，面積に比例する積層欠陥エネルギーを持っている．

アルミニウムのような積層欠陥エネルギーの大きな金属では，交差すべりが起こりやすく，〈111〉方位へ容易に回転することができ，銀のような積層欠陥エネルギーの小さな金属では，交差すべりが起こらず，〈100〉繊維軸を形成することが考えられる．

積層欠陥エネルギーと〈100〉繊維軸の形成との関係をEnglishら[3)]はアルミニウム，金，ニッケル，銅，銀の単体金属と，パーマロイ，銅合金，コバルト合金の強加工材（総断面減少率：98.5～99.8％）について調べ，**図4.3**にまとめている．図4.3の特徴的なところは，銀線材の〈100〉繊維軸成分の割合が最高値（90％）を示し，この点を境に積層欠陥エネルギーの減少に伴って，〈100〉繊維軸成分が急激に低下していることである．このことは，交差すべりの難易度だけでは説明されず，Ahlbornら[4)]の提唱した双晶変形が関連してくる．すなわち，銀や合金系材料では〈111〉繊維軸成分の双晶変形が起こりやすく，〈111〉→〈511〉→〈100〉の一連の繊維軸の変遷が起こる．しかし，積層欠陥エネルギーが極端に小さい材料では，変形双晶の核が発生しても大きく伝播するに至らず，〈100〉繊維軸成分の形成を見ることがない[5)]．

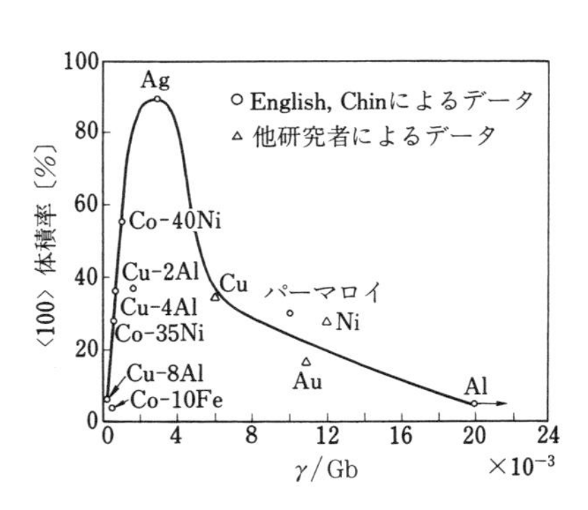

図4.3　各種fcc金属および合金の積層欠陥エネルギーと〈100〉繊維組織形成との関係[3)]

なお，通常のすべり系によるせん断変形は，Dillamore ら[6]が提唱した二軸応力系の圧延理論を，上城[7]が引抜き変形の解析に発展させ提示した．これによると，引抜きの際の応力状態を，ワイヤ軸に平行な引張応力 $-\sigma$ と，それに垂直な圧縮応力 σ が作用する多軸応力系と考え，この応力下で分解せん断応力の最も大きな三つ以上のすべり系が同時に働くと仮定した．

したがって，圧縮応力 σ とそれに垂直な引張応力 $-\sigma$ が作用した場合の分解せん断応力 τ は次式で与えられる．

$$\tau = \sigma(\cos\phi_1 \cos\lambda_1 - \cos\phi_2 \cos\lambda_2) \tag{4.1}$$

ここで，ϕ_1 と λ_1 は圧縮応力軸とすべり面法線およびすべり方向のなす角度であり，ϕ_2 と λ_2 は引張応力軸とすべり面法線およびすべり方向のなす角度である．したがって，式（4.1）から τ/σ 値を算出し，この値の大きいすべり系から順次活動することになる．その結果，結晶回転が起こり，優先方位が形成される．

〔2〕　体心立方晶金属

鉄系の繊維組織は，〈110〉繊維軸から成ることを Ettisch ら[8]はかなり以前に確認している．さらに，ケイ素およびバナジウムを添加した合金鉄[9]，また，タングステン，モリブデンおよび β–黄銅に関しても，〈110〉繊維軸成分から成ることが知られている[8]．

Leber[10]はタングステンおよびモリブデン線の研究で，線材半径方向に垂直な圧縮面として{100}面，引抜き方向に平行なワイヤ軸として〈110〉軸から成る，いわゆる円筒状集合組織の形成を提唱している．その後，Rieck ら[11]は，タングステン線材の円筒状集合組織を調べ，{110}〈110〉成分の存在を確認している．

最近の鋼系線材については，小川と金築[12]によって，低炭素鋼（0.08%C）および高炭素鋼線材（0.78%C）の外周部および中間層での繊維組織の形成が調べられている．**図 4.4**（a），（b）は低炭素鋼線材の外周部および中間層での{110}極点図である．外周部には{001}〈110〉から{111}〈110〉方位に至る〈110〉繊維軸成分が形成され，中間層では優先方位{110}(110)を持った円筒

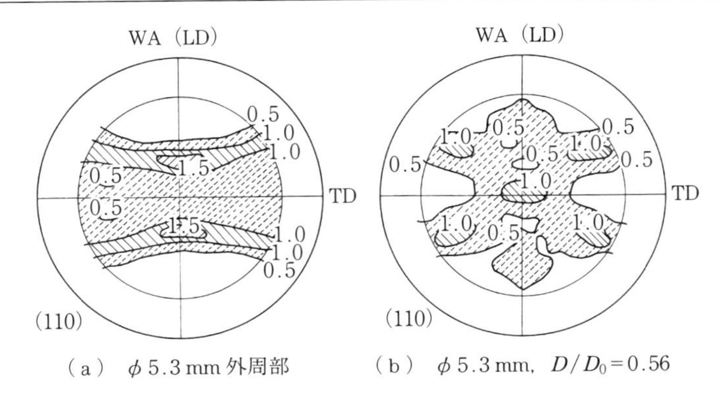

（a）ϕ5.3 mm 外周部　（b）ϕ5.3 mm，$D/D_0=0.56$

図 4.4　低炭素鋼線材の外周部（a）および中間層（b）の{110}極点図[12)]

状集合組織が認められる．また副方位としては，{110}〈001〉成分を圧縮軸周りに約 20°回転させたような方位成分も認められる．**図 4.5**（a），（b）は高炭素鋼線材（ピアノ線）の外周部および中間層での{110}極点図である．外周部では主方位として{112}〈110〉方位が認められ，そのほかに{001}〈110〉から{111}〈110〉方位に至る方位成分が見られる．中間層では優先方位{110}(110)から成る円筒状集合組織が認められる．

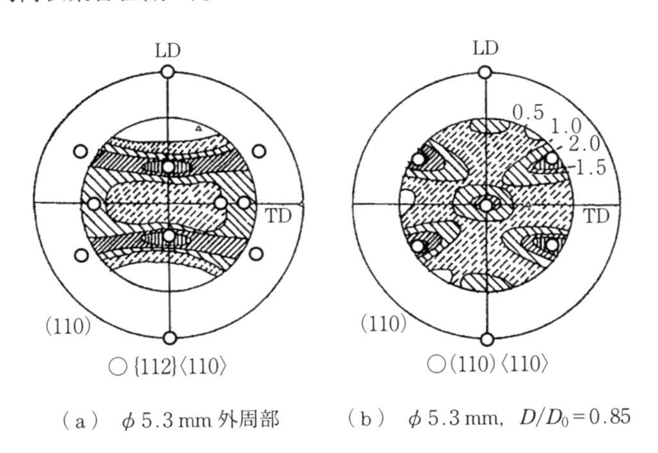

（a）ϕ5.3 mm 外周部　（b）ϕ5.3 mm，$D/D_0=0.85$

図 4.5　直径 12 mm から 5.3 mm まで引抜き加工された高炭素鋼線材（ピアノ線）の外周部（a）および中間層（b）の{110}極点図[12)]

〔3〕 稠密六方晶金属

初期の研究ではマグネシウム線材に関して，底面上に存在するすべての方向がワイヤ軸に平行になると考えられていた[13]が，その後の研究[14]で底面上に特定な方位を持つことがわかってきた．すなわち，低温加工では［$10\bar{1}0$］軸の形成がなされ，450℃の加工では［$11\bar{2}0$］軸への移動が認められた．

チタンは〈$10\bar{1}0$〉繊維組織を形成し，700℃以上の焼なましで〈$11\bar{2}0$〉繊維組織が生じることがわかった[15]．**図 4.6**[16]は，各回断面減少率20％にて総断面減少率約49％，74％，79％，87％，91％まで引抜き加工した工業用純チタン（JIS 2種）丸棒の（$11\bar{2}0$）極点図である．図4.6（a）は加工率49％の場合で，ND面に集積度が大きく，優先方位として（$11\bar{2}0$）［$\bar{1}110$］成分が認められる．さらに加工が進み74％になると，図4.6（b）のようにND面に平行に存在した（$11\bar{2}0$）面は左右約30°ほど傾き，（$11\bar{2}2$）［$\bar{1}100$］および（$\bar{1}\bar{1}22$）［$\bar{1}100$］が形成されている．最終加工率91％の場合，図4.6（e）に見られる

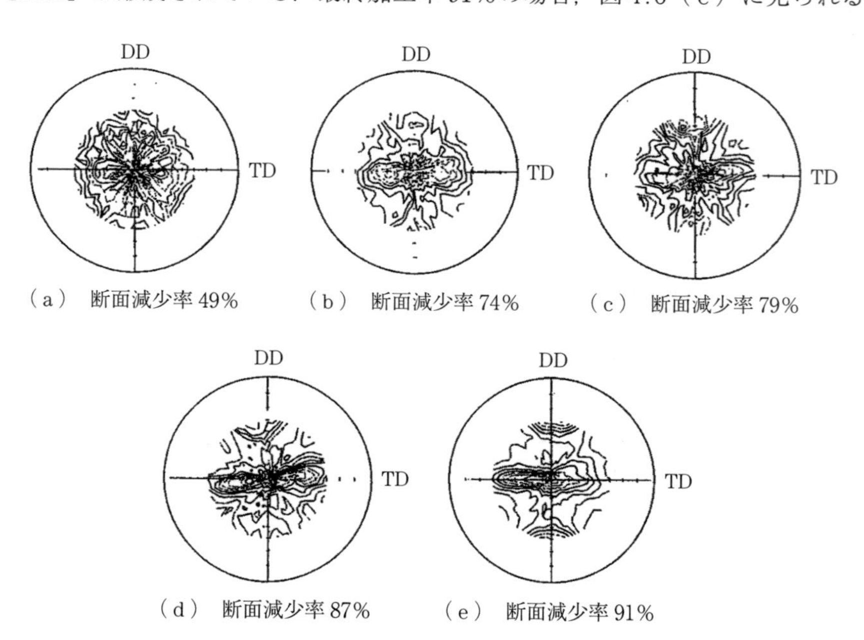

（a） 断面減少率 49％　（b） 断面減少率 74％　（c） 断面減少率 79％
（d） 断面減少率 87％　（e） 断面減少率 91％

図 4.6　工業用純チタン（JIS 2種）丸棒の{$11\bar{2}0$}極点図[16]

ように優先方位（11$\bar{2}$0）[$\bar{1}$100] のDD軸周りの回転が大きく，しかもシャープになっている．これはND面指数が特定できないほどで，いわゆるランダム方位になりつつある過程を意味する．

4.1.2　加工性と繊維組織

アルミニウム線材に例をとって，二軸および三軸応力系による繊維組織の形成過程を，実際に即して検討してみる．ワイヤ軸の方位変化を考察するにあたり，〈100〉方位と〈111〉方位間のすべり回転を解析する．

図4.7に示すように，極点図の横方向すなわちワイヤ軸方向と半径方向に垂直な方向（外周部の場合は円周方向となる）を [$\bar{1}$10] とし，[110]-[$\bar{1}$10] 軸周りに回転を考えることにする．

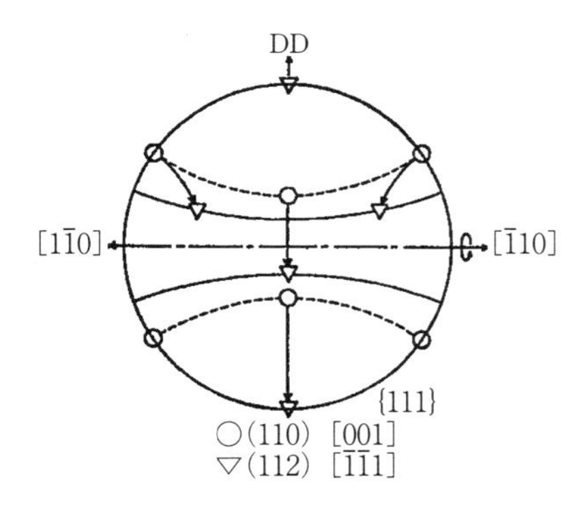

図4.7　〈111〉，〈100〉繊維軸成分の [$\bar{1}$10] 軸周りの回転表示

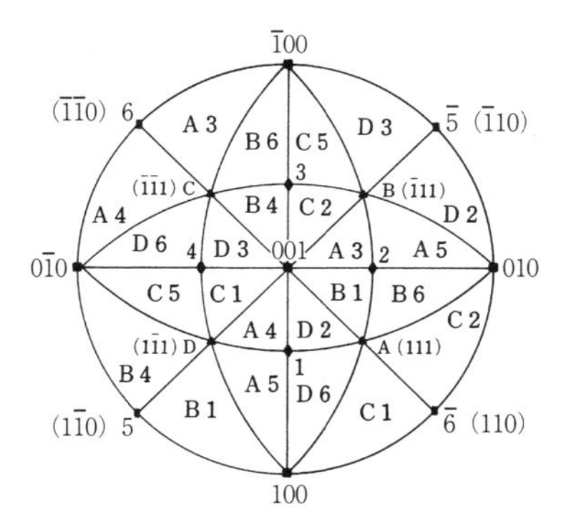

図4.8　fcc金属の{111}〈110〉すべり系を表示した（001）標準ステレオ投影図

アルミニウム線材の素線はおおむね焼なまされた状態で存在するので，組織はほぼ等軸粒から成る．焼なまし集合組織は（110）[001] を主方位とする再結晶組織が認められる．したがって，引抜き加工開始点での優先方位を（110）[001] と定め，線材の内部と外周部に分けて繊維組織の形成過程を追跡してみる．以下，考察に用いるfcc金属の{111}〈110〉すべり系を表示した（001）標準ステレオ投影図を**図4.8**に示す．

〔1〕 内　　　部

ダイスを通過する際に線材中心部に作用する応力は，**図 4.9** に示すように，引抜き方向の引張応力 $-\sigma$ と半径方向の圧縮応力 σ の二軸応力系とみなされる．したがって，この場合の分解せん断応力 τ は式（4.1）で与えられる．

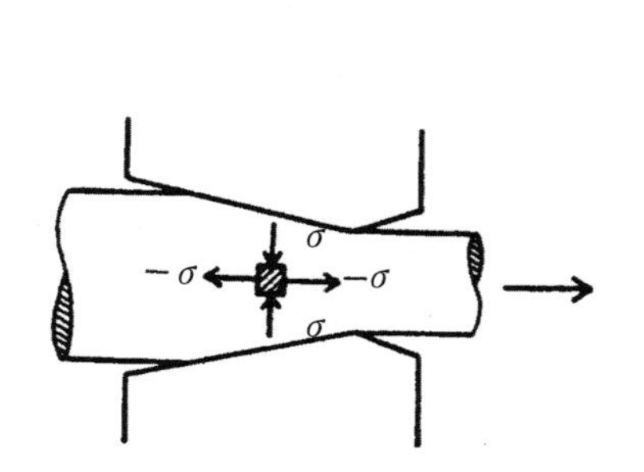

図 4.9　線材中心部の引抜き変形時の応力状態

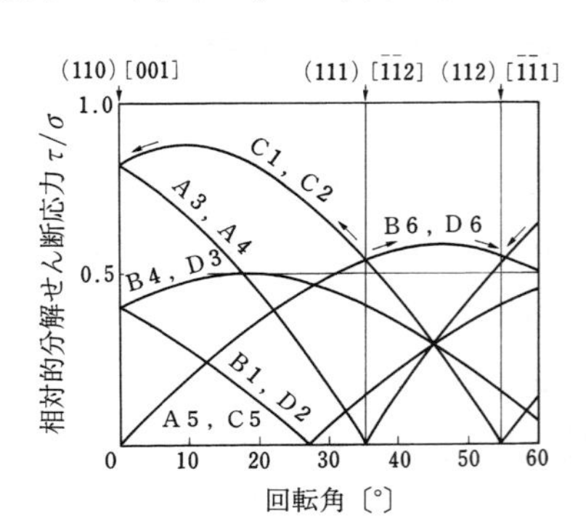

図 4.10　二軸応力下での (110)[001] から (112)[1̄1̄1] 方位に至る各すべり系の相対的分解せん断応力の変動

図 4.8 に示された 12 個のすべり系に対して，(110)[001] と (112)[1̄1̄1] 間の各方位での相対的分解せん断応力 τ/σ の値を式（4.1）から算出し，その変動をまとめると，**図 4.10** が得られる．この図から活動すべり系を考察すると，まず素線の優先方位 (110)[001] と (111)[1̄1̄2] 方位間では C1，C2 のすべり系が最も活動的である．これらのすべり系の活動でワイヤ軸は図 4.8 の [001]−[1̄1̄1] 線上を [001] に向かって回転し，同時に半径方向は [110] へ回転する．したがって，図 4.10 に矢印で示したように，(110)[001] と (111)[1̄1̄2] 間の方位は (110)[001] へ向かうことになる．(110)[001] 方位は四つのすべり系 C1，C2，A3，A4 が等価に働いているので安定である．

つぎに，(111)[1̄1̄2] と (112)[1̄1̄1] 方位間では B6，D6 のすべり系が最大となる．したがって，ワイヤ軸は図 4.8 の [001]−[1̄1̄1] 線上を活動すべり方向 6 に向かって回転する．ワイヤ軸が [1̄1̄1] に達すると，B6，D6，A3，A4 のすべり系が等価に働くので，(112)[1̄1̄1] 方位は安定である．なお，(112)

[$\bar{1}\bar{1}$1] 方位は四つのすべり系 C1, C2, B6, D6 が等価に働いているが，わずかでも応力軸の揺動があると，矢印のように (110)[001] または (112)[$\bar{1}\bar{1}$1] 方位へ回転を起こす．このことから，安定方位は (112)[$\bar{1}\bar{1}$1] および (110)[001] であるが，ワイヤ軸周りの回転の容易さを考慮すると，〈111〉および〈100〉繊維軸成分の安定性は理解される．

〔2〕 **外　周　部**

三軸応力下での引抜き変形時の応力状態を**図 4.11** に示すが，この応力状態が線材外周部に適用されるものとして検討を加える．

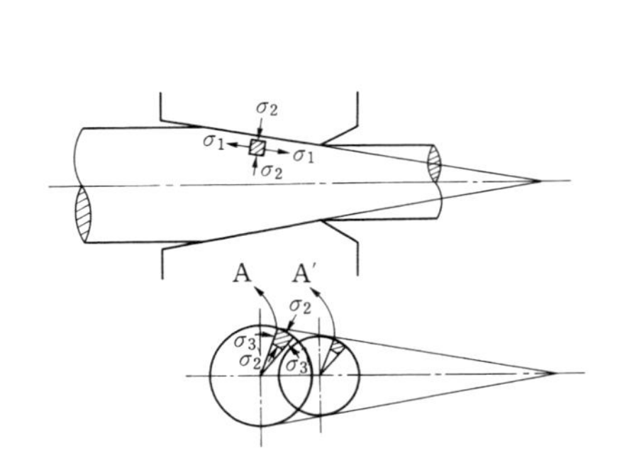

図 4.11　三軸応力下の引抜き変形時の応力状態

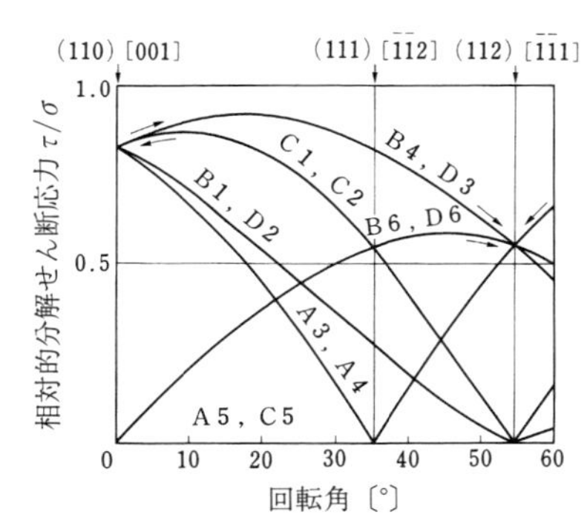

図 4.12　三軸応力下での (110)[001] から (112)[$\bar{1}\bar{1}$1] 方位に至る各すべり系の相対的分解せん断応力の変動

三軸応力下でひずみの条件を

$$\varepsilon_1+\varepsilon_2+\varepsilon_3=0,\quad \varepsilon_2=\varepsilon_3=-\frac{\varepsilon_1}{2}$$

とすると，分解せん断応力 τ は次式で与えられる[17]．

$$\tau=2\sigma\cos\lambda_1\cos\phi_1 \tag{4.2}$$

この式から各すべり系の τ/σ 値を求めて，(110)[001] と (112)[$\bar{1}\bar{1}$1] 間の方位変化に対する変動を表したのが**図 4.12** である．

この場合，二軸応力系と異なり，(110)[001] と (112)[$\bar{1}\bar{1}$1] 間の全域にわたって B4, D3 のすべり系が最も活動的である．したがって，回転角 20°付近までは第二のすべり系 C1，C2 との競合が起こるが，強加工されることによってこのピークを超えると最終安定な (112)[$\bar{1}\bar{1}$1] 方位に到達し，〈111〉単一繊維組織が形成される．

上述したように，引抜き加工を内部では二軸応力状態，外周部では三軸応力状態と仮定することによって，加工性と繊維組織の形成過程を理解することができる．

4.1.3　最近の結晶方位解析

従来，金属材料の集合組織測定は，上述してきたようにX線極点図法により実施されてきた．極点図法は材料のマクロ集合組織を知る上では優れた測定であるが，材料のミクロ組織に対応した測定を行うことはできない．近年，微

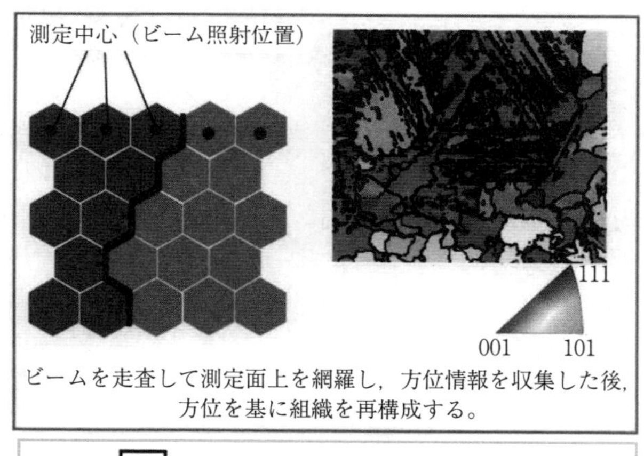

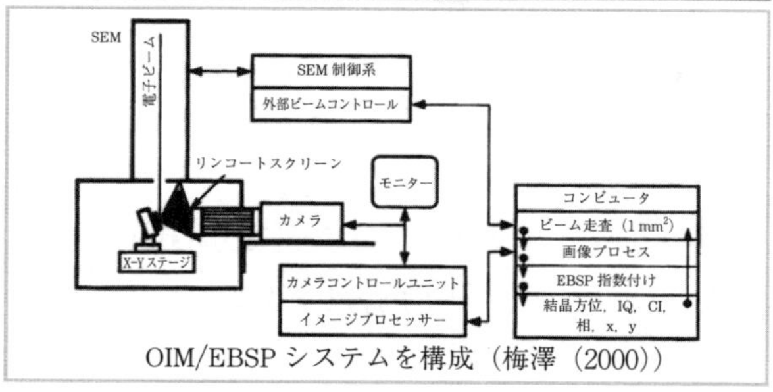

図 4.13　方位マッピングの概念と EBSD システムの構成 [18)]

小領域の方位測定が可能な後方散乱電子回折法（electron backscatter diffraction pattern，以後 EBSD と称する）が，材料研究の分野に急速に広まりつつある[18)~20)]．

EBSD 法は**図 4.13** に示した概念図[18)]のように走査型電子顕微鏡（scanning electron microscope，以後 SEM と称する）の中で傾斜した試料に電子線を連続的に移動しながら照射し，発生したチャネリングパターンを取り込み，その照射点の結晶方位の測定を行うものである．**図 4.14**（口絵 7 参照）に代表的なマッピング像の例[19)]を示すが，結晶粒の認識や粒界特性および方位分布データなどが構築されている．さらに，EBSD 法と in situ 試験装置を組み合わせ，SEM 中で材料組織の動的変化を直接観察する技法も提案[20)]されている．**図 4.15**（口絵 8 参照）に SEM 中で試料を加熱し変態していく過程を測定した例を，**図 4.16**（口絵 9 参照）に引張変形の測定例および**図 4.17**（口絵 10 参照）に曲げ変形の測定例を示す．このように，EBSD 法は材料の組織解析手法として，今後さまざまな分野での利用が期待される．

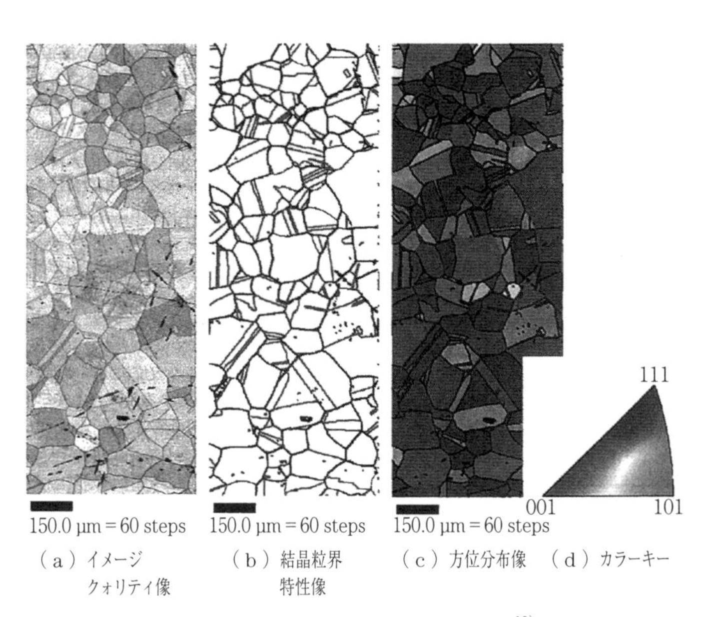

図 4.14　代表的なマッピング像の例[19)]

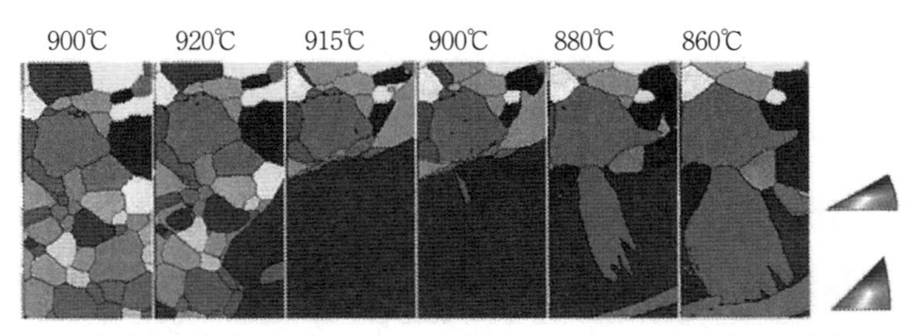

（a） 各温度における IPF map（inverse pole figure map）ND 方向

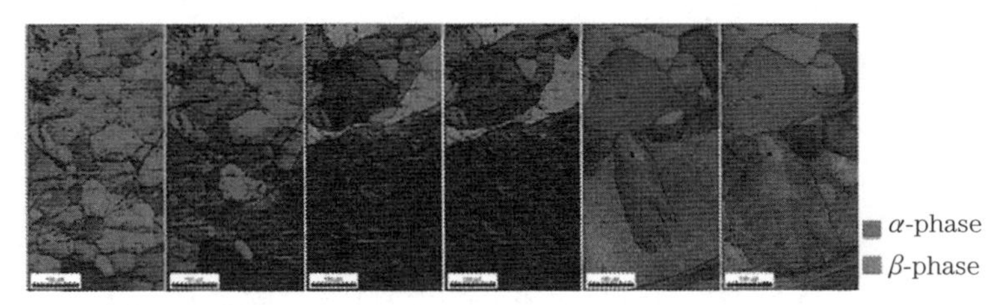

（b） 相分布マップを IQ（イメージクォリティ）map と重ねたもの

図 4.15　Ti の α–β 変態の EBSD 測定例[20]

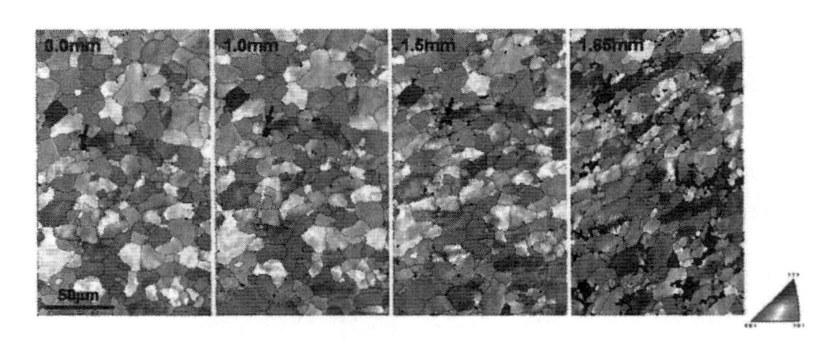

図 4.16　アルミニウム試料を引張変形させたときの IPF map の変化[20]

電解薄膜法や集束イオンビーム（FIB）法を用い試料を薄片化したサンプルの，透過型電子顕微鏡（transmission electron microscope，以後 TEM と称する）を用いた観察も，近年広く活用されている．ナノからマイクロオーダーの実空間観察に加えて，電子線回折パターン解析ソフト　TOCA（tools for orientation determination and crystallographic analysis）を用いた方位解析も近年活用されている．

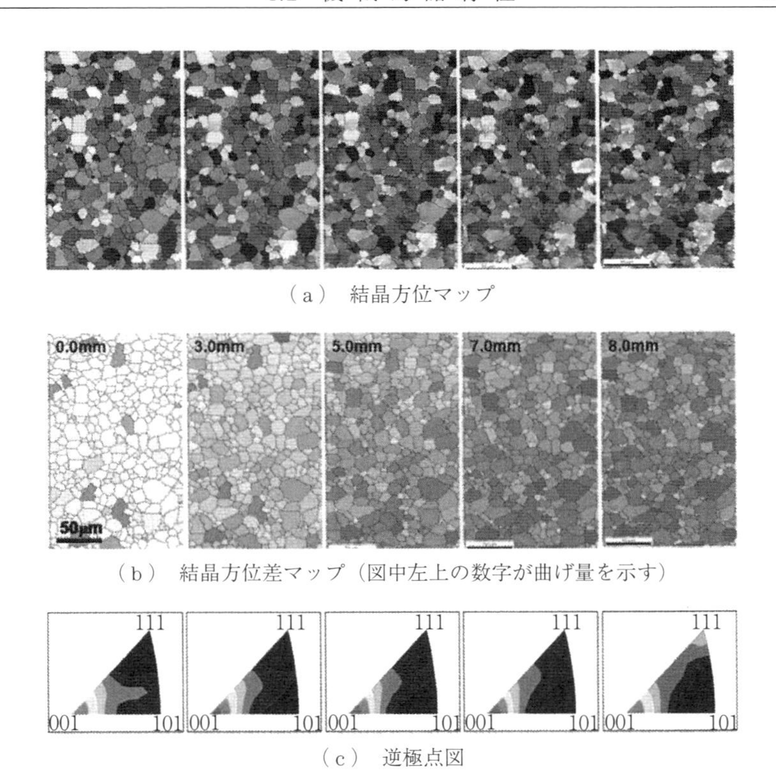

（a） 結晶方位マップ

（b） 結晶方位差マップ（図中左上の数字が曲げ量を示す）

（c） 逆極点図

図 4.17 アルミニウム試料の曲げ試験による結晶方位マップ，結晶方位差マップおよび逆極点図の変化 [20]

4.2 機械的諸特性

線材の強度は引抜き加工に伴って変化するが，機械的性質はそのときの線材の加工率によって大略決定される．また，線材の機械的諸性質を総断面減少率の関数としてその変動を調べることは，線材強度はもとより，その線材の靭性など，その後の加工性を知る上で非常に重要なことである．

4.2.1 加工率と材料強度

引抜き加工率に伴う降伏強さと硬さの変動を調べると相関関係のあることがわかる．**図 4.18**[21]は高純度銅の加工率（総断面減少率）に対する降伏応力の変化を示す．この図は高断面減少率側のみを拡大したものである．降伏応力は，加工率約 95％まではほぼ直線的に増加しているが，その後急激に増加して，ほぼ一定値におさまっている．アルミニウム線材で同様に高加工率側の降伏応力線図を作成すると，**図 4.19**[22]が得られる．銅線の場合と比べ，降伏応力が急激に上昇する加工率は異なるが，同じ様相を呈することがわかる．

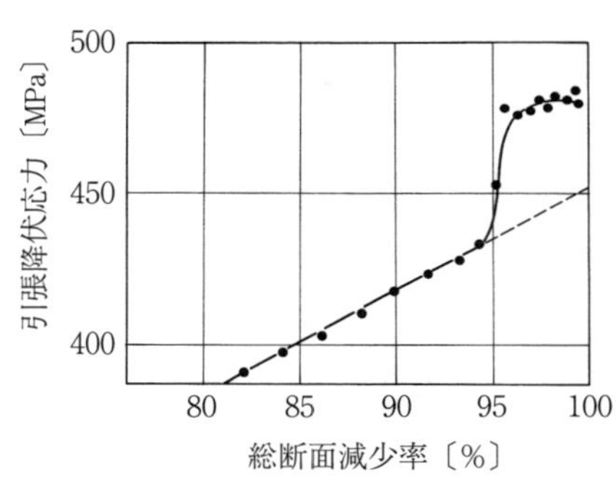

図 4.18　銅伸線材の総断面減少率に対する降伏応力の変化[21]

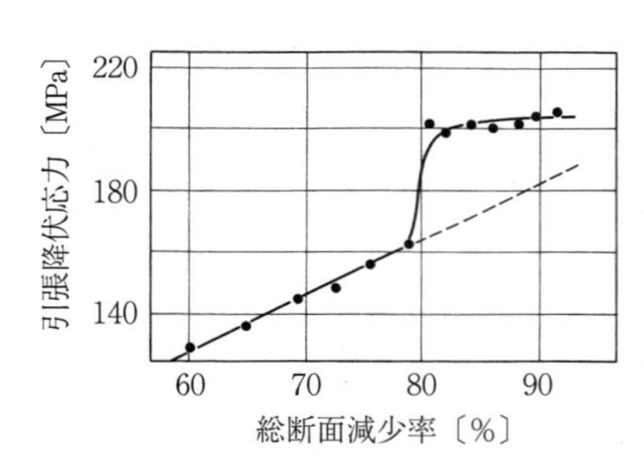

図 4.19　アルミニウム線材の総断面減少率に対する降伏応力の変化[22]

図 4.20[23]はオーステナイト系ステンレス鋼線の場合であるが，やはり高加工で強い上昇傾向が認められる．なお，中炭素鋼線（0.65％C）の場合も同様の傾向が認められる[24]．

上述の現象は，高断面減少率における現象であり，高い降伏強さを示してはいるが，同時に脆化が進行していることを察知しなければならない．総断面減少率の増加による急激な降伏強さの増大は，同時に著しい脆化を伴うものであり，優先方位の崩壊との関係，あるいはセメンタイトの分解などと関連付けられると考えられる．

つぎに，材料の硬さ分布は引張強さと相関関係が強いので相互に比較してみる．**図 4.21**[21]に銅線材の断面減少率に対する硬さの変動を示す．加工率 95％

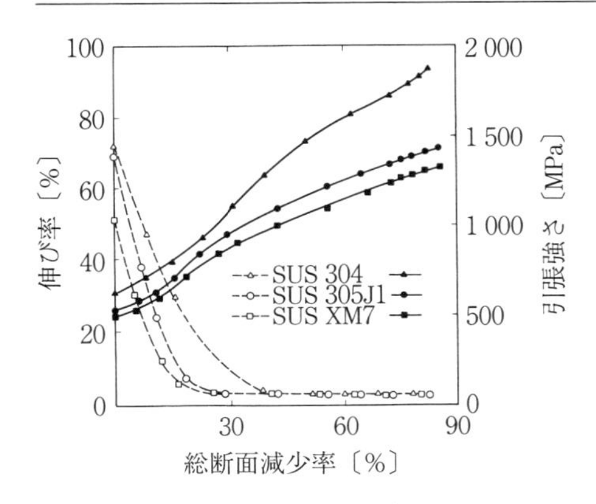

図 4.20 オーステナイト系ステンレス鋼線の引張強さと伸び率との関係[23]

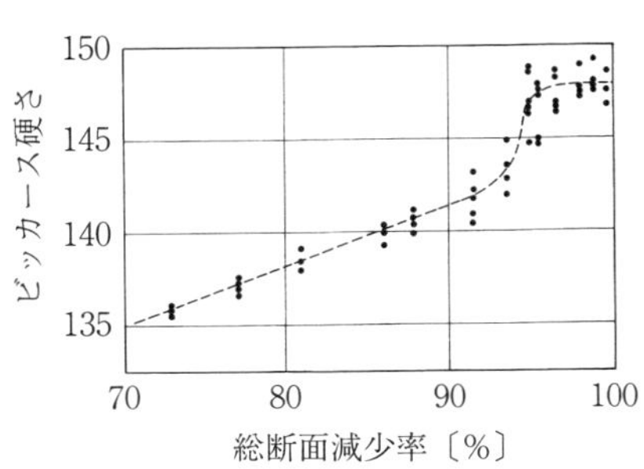

図 4.21 銅線材の硬さと総断面減少率との関係[21]

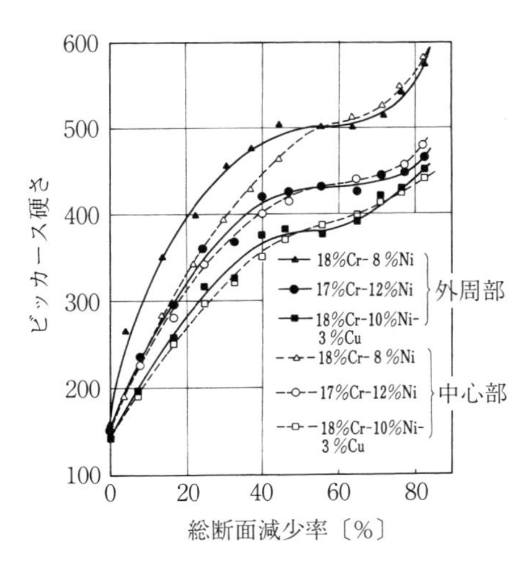

図 4.22 オーステナイト系ステンレス鋼線の硬さ変動と総断面減少率との関係[25]

付近まで硬さは加工の進行とともに直線的に増加している．95%を超えると測定値の大きなばらつきはあるが，図 4.18 で見られるような急激な増加が認められる．この変動パターンは降伏強さの変動と酷似している．アルミニウム線材の場合もまったく同様である．

図 4.22[25]は，オーステナイト系ステンレス鋼線の硬さ変動と総断面減少率との関係を示す．加工率 70%付近から硬さの上昇傾向がはっきりしている．

このように，引張強さと相関関係のある硬さの変動傾向から判断しても，材料によって多少加工率は異なるが，高い断面減少率に至って大きなばらつきを伴う硬さ値の上昇は明らかに脆化が促進され，材料強度の立場から引抜き加工の限界を示唆している．

4.2.2　加工限界と材料特性

4.2.1 項で引抜き加工率と機械的性質との関係を調べたが，これらはすべて静的な特性を検討してきたわけである．したがって，材料強度の陰に隠れて脆化現象を見落としがちである．線材の強度を正しく評価するには，その線材の加工限と材料特性を知らなければならない．その方法として，線材固有の評価方法である捻回値の要素を含んだねじり疲労試験が有効である．ねじり疲労特性は総括的な材料特性を反映している．

ねじり疲労試験に供される線材は，総加工率に対する引抜き応力の変動線図が基準になる．低加工側では加工率の増加に伴って引抜き応力は単調増加するが，高加工域のある点を過ぎると急激に増大し，値のばらつきが見られる．したがって，この高加工域の中に加工限が存在すると考えられる．そこで，高加工材のねじり疲労強度を調べてみる．

図 4.23 は銅線材のねじり疲労線図である．この線図の特徴的なことは，疲労寿命，疲労限ともにある加工率で最大値を示すことである．すなわち加工率の増大に伴って疲労寿命，疲労限ともに増加の傾向があるが，加工率約 95% を境にして減少傾向が見られる．先述の図 4.18 において，銅線材の降伏強さは加工率約 95% を超えると急激に増加したが，この強度上昇は，むしろ疲労強度を低下させることを示している．このような材料特性は，アルミニウム線材にも認められる．**図 4.24** はアルミニウム線材のねじり疲労線図である．す

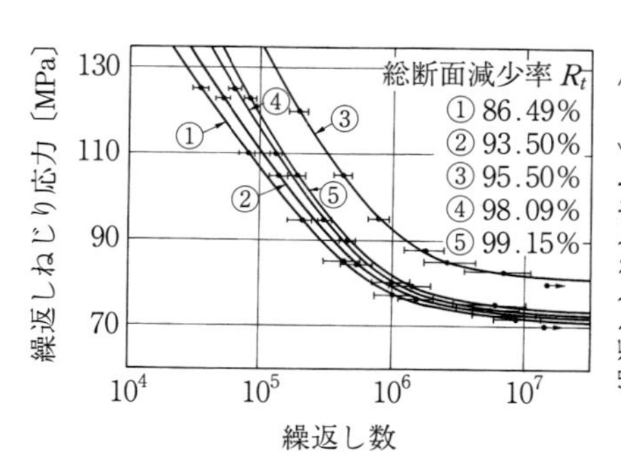

図 4.23　銅線材のねじり疲労線図

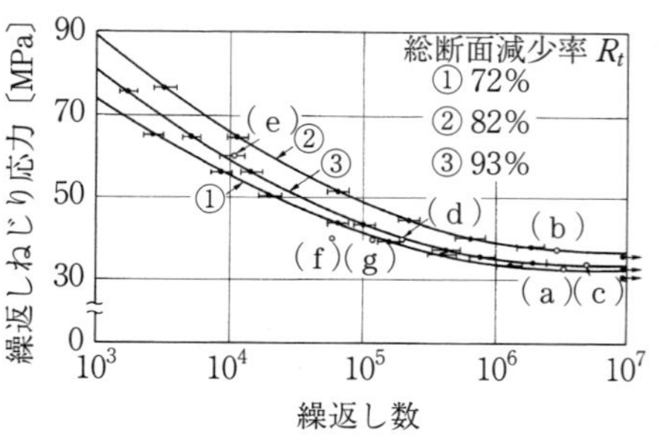

図 4.24　アルミニウム線材のねじり疲労線図

なわち引抜き加工が進むに従って，疲労寿命および疲労限は総断面減少率 82% 試料で最大値を示し，その後は逆に低下している.

これら疲労特性と 4.2.1 項で求めた機械的性質の変動を対比させてみる．銅線材の場合，総断面減少率 95.5%線材が最大の疲労限を示すが，この線材の静的特性は図 4.18 および図 4.21 より，それぞれ降伏応力および硬さが急激に上昇する点を指している．さらに加工率を上げて 98 ～ 99%の線材を選定したとすると，疲労強度は図 4.23 で示されるように減少することになる.

アルミニウム線材の場合も対比させてみる．図 4.24 で示されるように，最大の疲労強度を呈した総断面減少率 82%の線材は，図 4.19 で見られた降伏応力が急激に上昇する点に符合する．このようにアルミニウムにおいても，さらに強加工された線材では，静的強度が上昇しても疲労強度は逆に減少することになる.

上述したように，線材の機械的性質が高いレベルで維持されていても，総括的な材料強度の面では脆化が徐々に進行し，靭性が低下し始めた時点で加工限を超えていることになる.

このような材料特性を決定付ける因子は繊維組織の形成過程にある．したがって，4.1 節で述べた繊維組織の形成と 4.2 節の機械的諸特性を照合して，線材強度と繊維組織との関係をまとめてみる.

表 4.1 は銅線材の引抜き加工に伴う機械的諸性質と繊維組織の変動を対応させたものである．総断面減少率約 95%で最も安定な優先方位 {110}⟨111⟩, {112}⟨111⟩ が形成され，機械的性質が最大値を示し，疲労限が最も高い値を呈していることがわかる．断面減少率が 95%を超えると圧縮面に特定の方位を持たない繊維組織が形成される．ワイヤ軸は ⟨111⟩ と ⟨100⟩ の二重構造であるが，加工率のさらなる上昇に伴って ⟨111⟩ 繊維軸成分が強くなる.

また，**表 4.2** はアルミニウム線材の機械的諸性質と繊維組織の変動を対応させたものである．総断面減少率約 82%で最終安定方位 {112}⟨111⟩, {110}⟨111⟩ から成る繊維組織が形成され，機械的諸性質も最大値を示し，かつ疲労限が最も高い値を示している.

表 4.1　銅線材の機械的性質と繊維組織の対応

総断面減少率〔%〕	～86	～91	～96	～99
優先方位	{112}⟨111⟩ (001)[100] 〜 (011)[100]	{112}⟨111⟩ {111}⟨112⟩ (001)[100] 〜 (021)[100]	{112}⟨111⟩ {110}⟨111⟩ (001)[100] 〜 (011)[100]	$\{h_2 k_2 l_2\}\langle 111\rangle$ $\{h_1 k_1 l_1\}\langle 111\rangle$
引抜き応力	急増	最大値	最大値	最大値 （ばらつきを伴う）
硬さ値	単調増加	漸次増加	最大値	最大値 （ばらつきを伴う）
引張降伏応力	単調増加	漸次増加	最大値	最大値 （ばらつきを伴う）
疲労強度	増加	増加	最大値	減少

表 4.2　アルミニウム線材の機械的性質と繊維組織の変動との対応

総断面減少率〔%〕	～72	～82	～93
優先方位	{112}⟨111⟩ (110)[001] ↓ (230)[001]	{112}⟨111⟩ + {110}⟨111⟩ (718)$[\bar{1}\bar{1}1]$	$\{hkl\}\langle 111\rangle$
引抜き応力	単調増加	急増→最大値	最大値 （ばらつきを伴う）
硬さ値	急増	最大値	最大値 （ばらつきを伴う）
引張降伏応力	急増	最大値	最大値 （ばらつきを伴う）
疲労強度	増加	最大値	減少

表 4.1 および表 4.2 からわかるように，安定な擾先方位が形成された時点で，最大の機械的性質が保証され，疲労限の観点からしても，この時点が線材の加工限を示唆している．

4.3　線材および線の試験方法

線材および線などの金属材料に対して行われる試験として，静的・動的強度などを調査する機械試験，鋼の組織や地きずなどの品質を調べる鋼質試験，腐食試験，素材や製品を破壊せずに品質などを調べる非破壊試験，および電磁気試験などが挙げられる．ここでは，JIS G 0202 鉄鋼用語（試験）に収録されている試験のうち，おもな試験方法について抜粋し解説する．

4.3.1 機械試験

強さ，靭性，延性，硬さなどを調べる試験で，引張試験，曲げ試験，ねじり試験，硬さ試験，疲れ試験，クリープ試験，リラクセーション試験などがある．

〔1〕 引張試験

引張試験機を用い，試験片または製品を徐々に引っ張り，降伏点，耐力，引張強さ，降伏点伸び，破断伸び，絞り，弾性係数などを測定する試験である．この試験に用いられる試験片についてはJIS Z 2201 に，試験方法についてはJIS Z 2241 に規定されている．試験が比較的簡易に行えることから，線材や線の品質管理に用いられることが多い．通常は室温において試験される場合が多いが，特殊な温度環境での材料特性を評価するため高温引張試験や低温引張試験も実施される．

〔2〕 曲げ試験

材料の変形能を調べるための試験であり，通常，試験片を規定の内側半径で規定の角度になるまで曲げ，湾曲部の外側の裂けきず，その他の欠陥の有無を調べる．3 点曲げや 4 点曲げなど，複数箇所を同時に曲げる試験も行われる．JIS Z 2204 に曲げ試験片について，JIS Z 2248 に曲げ試験方法について規定されている．また，鋼線においては，特定半径の円弧を有した一対のつかみに固定し，他端をたわまない程度に緊張しながら円弧に沿って 90°ずつ順逆方向に交互に繰返し曲げ，破断までの繰返し曲げ回数を調べる繰返し曲げ試験や，鋼線を規定の径の心金に規定の回数だけ密接して巻き付け，破断やきずなどの発生状況を調べる巻付け試験（JIS G 0202 鉄鋼用語（試験）の番号 2331）が実施される．

〔3〕 ねじり試験

試験片の両端を規定されたつかみ間隔で固くつかみ，たわまない程度に緊張しながらその一方を回転して破断し，その際のねじり回数，破断面の状況，ねじり状況などを調べるための試験である．また，規定回数ねじった後，破断するまで逆方向にねじり，その際のねじりの状況および破面の状況を調べる逆ねじり試験もある．ねじり試験によって得られるねじり回数は，引張試験によって得られる伸び，絞りと同様に，材料の靭延性を評価するための指標となっている．

〔4〕 衝 撃 試 験

材料の衝撃値を調べるため，試験片に衝撃荷重を加えて破断し，要したエネルギーの大小，破面の様相，変形挙動，亀裂の進展挙動などを評価するための試験である．衝撃荷重を加える方法によって，衝撃引張り，衝撃圧縮，衝撃曲げ，衝撃ねじりなどの試験方法がある．また，用いる試験機の種類によって，シャルピー衝撃試験，アイゾット衝撃試験などに区分される．JIS Z 2202 に衝撃試験片について，JIS Z 2242 に衝撃試験方法について規定されている．

〔5〕 硬 さ 試 験

硬さ試験機を用い，試験片または製品の表面に一定の荷重で一定形状の硬質の圧子を押し込むか，または一定の高さからハンマーを落下させるなどの方法で硬さを測定する．前者の試験方法を押込み硬さ試験といい，ブリネル硬さ試験（JIS Z 2243），ビッカース硬さ試験（JIS Z 2244），ロックウェル硬さ試験（JIS Z 2245）などがこれに相当する．後者の試験方法を反発硬さ試験といい，ショア硬さ試験（JIS Z 2246）がこれにあたる．引張強さと硬さには一義的な関係があることから，引張試験で材料の引張強さが調べられない場合には，硬さを測定し，引張強さを推定することがある．焼入れ・焼戻し材の場合，ビッカース硬さ（HV）と引張強さ（TS）との比 HV/TS は約 3 であり，冷間伸線された硬引線の場合は加工度により変化するが，2 ～ 2.8 程度の値をとる[26]．

線材の表層部を斜めに拡大して 10 µm 以下の深さ位置を硬さ測定する斜め測定法（コード法[27]）が存在する．また近年，µm もしくはそれ以下の微小部の硬度を測定する目的で，押込み荷重を µN のオーダーで制御し，その際の試料への圧子の侵入深さを nm の分解能で測定するナノインデンテーション法[28]も用いられている．

〔6〕 疲 れ 試 験

試験片に繰返し応力または変動応力を加えて，疲れ寿命や疲れ限度などを求めるための試験である．応力の種類に応じて，ねじり疲れ試験，軸荷重疲れ試験，回転曲げ疲れ試験，平面曲げ疲れ試験などに分類される．線材および線の疲れ試験では，試験片加工したサンプルを用いる小野式回転曲げ疲労試験機および線のまま試験ができる中村式回転曲げ疲労試験機が用いられている．また，ばね用鋼線[29]の場合は，コイルばねに成形した後，繰返し圧縮を行うばね疲れ試験が用いられている．星形疲労試験機は，ばねに平均応力を与え偏心カムにより応力振幅を与える方式で，定たわみ型といわれるばね用疲労試験機である．偏心カムの周辺に試験片を放射状（星型）に配置し，さらにこれを多段に配置することで，同時に 32 本のばねを評価可能である．

疲れ限度を決定するための繰返し数として，従来 1×10^7 回が選択されてきたが，引張強さが 1 200 MPa 以上の高強度鋼では，非金属介在物等を起点とした内部破壊を生じ，疲れ限が消滅するため，1×10^8 回，1×10^9 回といったギガサイクル疲れ試験あるいは超高サイクル疲れ試験が近年注目されるようになり，試験期間短縮のため繰返し速度が 20 kHz という通常よりも 200 倍以上速い速度で疲れ試験を行うことができる超音波疲れ試験も実施されるようになってきた[30]．疲れ限の決定についても，S–N 曲線から決定する方法から，プロビット法，ステアケース法といった統計学的手法[31]が用いられるようになってきた．なお，JIS では，JIS Z 2273 に疲れ試験方法通則，JIS Z 2274，JIS Z 2275 にそれぞれ回転曲げおよび平面曲げ疲れ試験方法について規定されている．

摩耗を伴う使用環境などにおいて，通常よりも疲れ寿命が大幅に低下するフレッティング疲労が近年注目されてきている．

〔7〕 クリープ試験

試験片を一定の温度に保存し，これに一定の荷重を加えて，時間とともに変化するひずみを測定するための試験である．応力の種類によって引張クリープ試験，圧縮クリープ試験などに分類される．JIS では，JIS Z 2271 に引張クリープ試験方法，JIS Z 2272 に引張クリープ破断試験方法について規定されている.

〔8〕 リラクセーション試験

試験片を一定の温度に保存し，これにすみやかに荷重を加えて規定の初荷重（応力）または全ひずみに達した後，全ひずみ一定の条件の下で，荷重（応力）の時間的低下を測定する試験である．試験方法は JIS Z 2276 に規定されている.

〔9〕 そ の 他 の 試 験

鋼管を評価するための試験として，鋼管の水圧試験，へん平試験，曲げ試験，押広げ試験，展開試験，縦圧試験，圧壊試験などがある．また，ワイヤロープおよびワイヤロープを構成する素線の機械的性質を評価するため，ワイヤロープの破断試験，径の測定，ワイヤロープ素線の破断試験，ねじり試験，巻解試験，亜鉛付着量試験（JIS H 0401），径の測定などがある．スチールタイヤコードの評価をする試験として，コード径，素線径，よりピッチ，切断荷重および切断時全伸び，単位質量，めっき組成およびめっき量，フレア，残留トーション，真直性の測定方法が JIS G 3510 に規定されている.

4.3.2 鋼 質 試 験

鋼のマクロおよびミクロ組織，結晶粒度，化学成分，偏析，非金属介在物，地きずなどの品質を調べる試験であり，組織試験，粒度試験，非金属介在物の顕微鏡試験，地きずの肉眼試験，焼入れ性試験，火花試験などがある.

〔1〕 組 織 試 験

鋼の組織試験として，オーステナイト結晶粒度試験（JIS G 0551），非金属介在物の顕微フェライト結晶粒度試験（JIS G 0552），非金属介在物の顕微鏡試験（JIS G 0555），ミクロ組織試験，マクロ組織試験（JIS G 0553），S.U.M.P. 試験（Suzuki's Universal Microstructure Printing Method），地きずの肉眼試験（JIS G 0556），サルファプリント試験（JIS G 0560）などがある．近年，鋼の非金属介在物評価においては，JIS 法，ASTM 法などに加えて，極値統計法を活用した最大介在物径の予測 [32] が提案されている．また，これらの顕微鏡試験方法に加えて，鋼を溶解あるいは電解などの手法で除去し，残留物として残った非金属介在物や析出物を有機系フィルターによって吸引ろ過回収し，非金属介在物の大きさ，組成および個数などを測定する評価法[33),34)]などが提案されている．また，超音波疲労試験を利用した介在物検査手法[35)]なども提案されている．

〔2〕 硬化層および脱炭層深さ試験

鋼の試験項目としては，浸炭硬化層深さ測定試験（JIS G 0557），炎焼入れおよび高周波焼入れ硬化層深さ測定試験（JIS G 0559），窒化硬化層深さ測定試験，焼入れ試験（JIS G 0560），脱炭層深さ測定試験（JIS G 0558）などがある．鋼の焼入れ性を測定する試験方法としては，JIS に規定されているジョミニー式一端焼入れ方法（JIS G 0561）のほかに，シェファード P−F 試験方法，SAC 焼入れ性試験方法などがある．

〔3〕 X 線 回 折 法

X 線回折法[36)]では，ブラッグ条件を満足する結晶からの回折現象を利用して，次式に示す関係から，回折面間隔 d に対応した角度 θ を測定する．λ は特性 X 線の波長である．

$$\lambda = 2d \sin \theta \tag{4.3}$$

通常 X 線の侵入深さは浅く，表面下 10 μm の情報しか得られないため，平面応力状態が仮定できる場合が多い．そこで，格子面法線と試料表面法線のなす角 ψ と回折角 θ の相関を用いて，応力 σ_x は式（4.4）で求められる．

$$\sigma_x = -\frac{E_{hkl}}{2(1+v_{hkl})}\frac{\pi}{180}\cot \theta_0 \frac{\partial(2\theta)}{\partial(\sin^2\psi)} \tag{4.4}$$

ここで，θ_0 は無ひずみ状態での回折角であり，E_{hkl} および v_{hkl} は，それぞれ所定の hkl 回折における X 線縦弾性係数とポアソン比である．つまり，異なる ψ に対応する 2θ を測定すれば，$2\theta - \sin 2\psi$ 線図の傾きから応力 σ_x が求められる．ここで，回折角 θ の余角を η とする．

また，残留オーステナイト（γ）とマルテンサイト（α）の回折 X 線強度を測定し，理論的に計算した R_α'，R_γ の値を与えることにより残留オーステナイトの体積比を求めることが可能である．

〔4〕 その他の試験

鋼中の各化学成分の分析方法は JIS G 1211 ～ 1238，1253 に規定されており，これに基づいて分析が行われる．

鋼塊，鋼片，鋼材およびその他の鋼製品をグラインダーを使用して研削し，発生する火花の特徴を観察することによって，鋼種の推定または異材の識別を行う，鋼の火花試験（JIS G 0566）がある．また，旋盤などで切削加工するときの削れやすさを調べる鋼の被削性試験がある．

内部摩擦の測定により，材料中の欠陥挙動を評価することも行われる．

4.3.3 腐 食 試 験

液体や気体中での腐食の起こりやすさおよび防食処理の効果を調べる試験で，溶解試験，電気化学試験，高温酸化試験，高温腐食試験，耐候性試験などがある．

〔1〕 耐 候 性 試 験

屋外または屋内の大気中に試験片を暴露し，日光，風雨，大気汚染などによる腐食状況を調べる大気暴露試験，5％塩化ナトリウム水溶液を 35℃に保って噴霧させた試験装置内へ試験片を静置して，さび，ふくれなどの発生状況を調べる塩水噴霧試験（JIS Z 2371）などがある．

促進腐食試験として複合サイクル試験（JIS H 8502 や，JASO 609，同 610）を実施するケースも増えている．前述の中性塩水噴霧試験は，噴霧溶液を試験片に絶え間なく付着される試験方法であるが，複合サイクル試験は一定時間塩水を噴霧した後，乾燥および湿潤工程に移行し，塩水の噴霧を連続では行わない試験方法である．このほかに，耐候性加速試験として，AASS 試験（acetic acid salt spray test），CASS 試験（copper accelerated acetic acid salt spray test），コロードコート試験，促進耐候性試験，亜硫酸ガス試験などがある．

耐候性試験などを通じて鋼中に侵入した水素量を評価する方法として，昇温脱離法などが用いられる．また水素に起因する脆化を評価する方法として，SSRT 試験（slow strain rate test），CSRT 試験（conventional strain rate test），などがある．

〔2〕 **ステンレス鋼試験**

モリブデン含有オーステナイト系ステンレスの全面腐食試験として用いられる5%硫酸腐食試験，オーステナイト系ステンレス鋼に対する粒界腐食試験の良否を判別するための試験として，10%シュウ酸エッチ試験がある．オーステナイト系ステンレス鋼の粒界腐食試験としては，硫酸・硫酸第二鉄腐食試験，65%硝酸腐食硝酸，硝酸・フッ化水素酸腐食試験，硫酸・硫酸銅腐食試験がある．オーステナイト系ステンレス鋼の応力腐食割れ試験として42%塩化マグネシウム腐食試験，ステンレス鋼の孔食試験として，塩化第二鉄腐食試験がある．また，ステンレス鋼の電気化学的な孔食試験，腐食試験，粒界腐食試験として，孔食電位測定，アノード分極曲線測定，電気化学的再活性率測定などが実施される．

〔3〕 **表面処理鋼材関係**

めっき，塗装，酸化皮膜などの皮膜厚さを測定する試験として，膜厚試験，金属素地にめっきされた付着量を測定する付着量試験がある．付着量試験としては，めっきの種類によって，電解剥離法，蛍光X線法，塩化アンチモン法，EDTA法，電解ヨウ素法，β線法などが用いられる．このほかに，めっきの均一性，性状，ピンホールの有無を調べる試験として硫酸銅試験，アルカリ試験，有孔度試験がある．また，JIS Z 2281に，金属材料の高温連続酸化試験方法が規定されている．

4.3.4 非破壊試験

素材や製品を破壊せずに，品質またはきず，埋設物などの有無およびその存在位置，大きさ，形状，分布状態などを調べる試験で，超音波探傷試験，磁粉探傷試験，浸透探傷試験，渦電流探傷試験，放射線透過試験などがある．**表4.3**に，代表的な非破壊試験方法の比較を示す．

表 4.3　代表的な各種非破壊試験方法の比較[37]

	超音波探傷試験	磁粉探傷試験	浸透探傷試験	渦電流探傷試験
探傷方法の略図	〈垂直法〉 垂直探触子 〈斜角法〉 斜角探触子	磁粉 漏れ磁束	現像皮膜 きずの指示模様 きず	磁気飽和コイル 試験コイル
きず検出の原理（物理現象）	超音波パルスの反射	磁気吸引作用	浸透作用（毛管現象）	電磁誘導作用
対象とする材質	金属，非金属材料	金属（磁性材料）	金属，非金属材料	金属（導電材料）
対象とするきず	表面，内部	表層部	表面（開口きず）	表層部

〔1〕 **超音波探傷試験**

超音波を試験体中に伝えたときに，試験体が示す音響的性質を利用して，試験体の内部欠陥や材質などを調べる非破壊試験方法で，探傷方法として底面エコー方式，パルス反射法，透過法，水浸法，一探触子法，垂直法，斜角法，表面波法，板波法などがある．ブルーム，ビレットなどの鉄鋼半製品，また線材および線の内部欠陥探傷法として広く用いられ，品質管理に利用されている．

近年では，複数個の超音波振動子配列した探触子（アレイ探触子）を用いて，適切な時間遅れで各振動子を励振させ，受信した超音波信号をディジタル

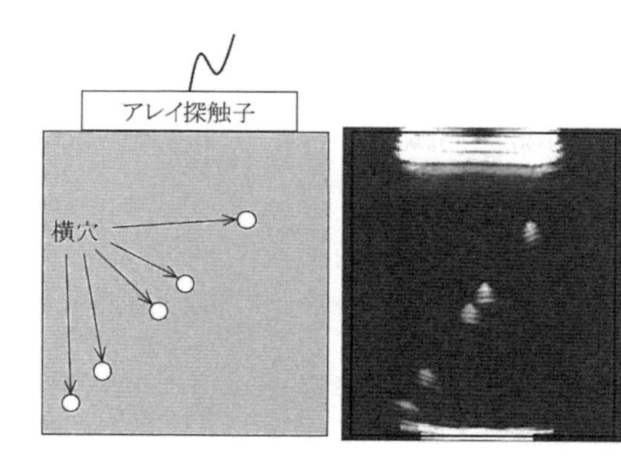

図 4.25　フェイズドアレイ探傷画像の例[33]

処理することにより，**図4.25**[38]に示すように，欠陥の画像化が可能なフェイズドアレイ探傷法の現場適用も拡大しつつある．

〔2〕 磁粉探傷試験

鉄鋼材料などの強磁性体を磁化し，欠陥部に生じた磁極による磁粉の付着を利用して欠陥を検出する非破壊試験方法で，乾式法，湿式法，連続法，残留法，軸通電法，直角通電法，プロッド法，電流貫通法，コイル法，極間法，磁束貫通法などがある．ビレットや線材の表面欠陥探傷法として広く用いられ，品質管理に利用されている．

〔3〕 浸透探傷試験

試験体表面に閉口しているきずに浸透液を浸透させた後，拡大した像の指示模様としてきずを観察する非破壊試験方法で，染色浸透探傷試験と蛍光浸透探傷試験とがある．

〔4〕 渦電流探傷試験

コイルを用いて導体に，時間的に変化する磁界を与え，導体に生じた渦電流が，欠陥によって変化するのを検出する非破壊試験方法で，自己比較方式，標準比較方式がある．熱間圧延ライン，伸線ラインなどのインラインに設置され，品質管理に利用されている．

4.3.5 電磁気試験

近年，電子部品材料として，いろいろな磁気特性を持った材料が利用されるようになった．例えば，超電導磁気浮上式高速鉄道や核融合装置などは，きわめて強い磁界を利用するため，構造物には非磁性材料が必要とされる．これらの電気的磁気的特性を調べる試験として，磁化特性試験，鉄損試験，層間抵抗試験がある．振動試料型磁力計（vibration sample magnetometer，VSM）やB–Hトレーサーなどを用いて，試料の磁化力と磁束密度との関係を調べる試験が磁化特性試験で，試料を磁化したときの試料中に消費される電力損を測定するのが鉄損試験である．また，層間抵抗試験は鋼の層間絶縁抵抗を測定する試験である．

4.4　線材の品質保証

引抜きに使用される素材は表面や内部の欠陥を極力少なくするため，溶製から圧延あるいは押出しまでの全工程にわたり製造管理がなされ，また製造工程の最終段階において検査を行い品質保証されるのが一般的である．

棒鋼や鋼管はこの最終検査において比較的容易に全数検査が行えるが，線材では全長にわたり検査を行うことが困難であるため，特に厳しい品質を要求される場合には，伸線や熱処理などを行う製線工程において特別な方法で品質保証を行っている．本節では製線工程で行う線材の各種品質保証方法について述べる．

4.4.1　非破壊試験器による品質保証

現在，広く使用されている非破壊試験の方法として，磁気探傷法，渦電流探傷法および超音波探傷法がある．線材用の非破壊試験機器としては，表面欠陥については主として渦電流探傷器が，また内部欠陥の検出には超音波探傷器が伸線ラインに組み込まれて使われている．

渦電流探傷法には，**図 4.26** で示すように，検出コイルの中を被検材である線材を通過させて探傷を行う貫通コイル方式と，線材の周囲にコイルセンサーを回転させて探傷を行うプローブ回転方式の 2 通りの方法がある．前者はへげきずや横割れなどの比較的短い表面欠陥の検出に効果的であり，後者は線状きずや縦割れなどの比較的長い表面欠陥の検出に効果的である．

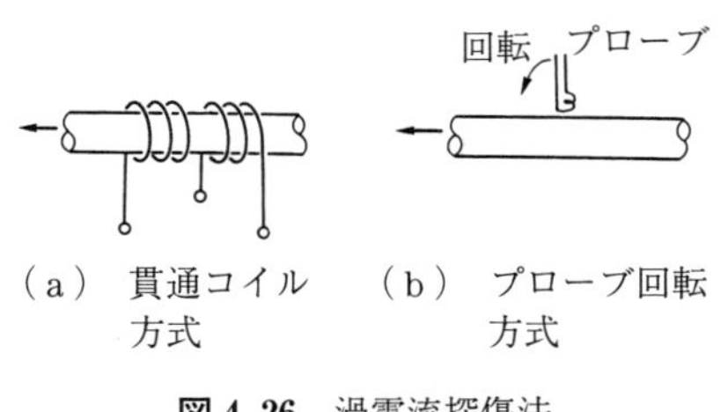

図 4.26　渦電流探傷法

線材の超音波探傷法には，通常，垂直探傷法と斜角探傷法が使われるが，それぞれ単独で使われる場合と両法を併用する場合とがある．**図 4.27**[39] で示す

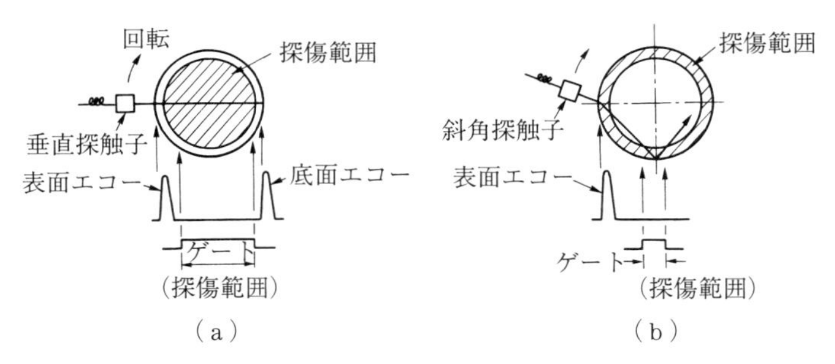

図 4.27　超音波探傷法[39)]

ように，中央部の欠陥検出には垂直探傷法が適しており，表面近傍の欠陥検出には斜角探傷法が適している．また全断面にわたり探傷が必要な場合には両法を併用した探傷器が使用されている．伸線ラインでは，通常，探触子を線材周囲に高速で回転させて探傷する回転プローブ型超音波探傷器も使われている．

4.4.2　自動探傷・欠陥除去装置による表面品質の保証

図 4.28[40)]は，冷間鍛造用鋼線に適用されている「全長表面品質保証」システムの模式図を示す．Ⓐの製造工程は，渦電流探傷法や磁粉探傷法を利用した部品探傷機で鍛造後の部品を探傷するものであるが，鍛造部品の形状が複雑

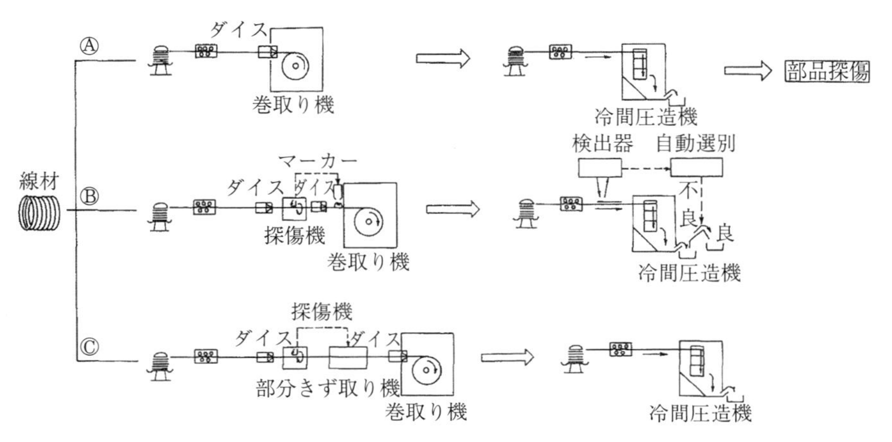

図 4.28　冷間鍛造用鋼線における全長表面品質保証システム[35)]

な場合には探傷が困難になるため，近年広く適用されている方法としては，Ⓑに示す伸線工程に渦電流探傷器（回転プローブ型）とマーカーを設置し，探傷・マーキングを行い，つぎの冷間鍛造工程において鋼線上のマークを検出し，鍛造後にマーク部に該当する部品を自動排除するシステムである．

さらに，高い表面品質を得る目的で，Ⓒに示す伸線工程における，きず見・きず取り方式を採用したシステムがある．このシステムは，回転プローブ型渦電流探傷器で検知した表面きずを切削法および研削法などで部分的に除去することで，素材の歩留り損失を低減することができ，また伸線を中断させる必要がないため，生産性の低下が少ないという利点がある．しかし，きず取り時の線材の逃げおよび振れにより，細径の線材への適用が難しい面もある．

引用・参考文献

1）稲数直次・山本久：日本金属学会誌，**37**-11（1973），1224-1229.
2）Brown, N.：Trans. Met. Soc. AIME, **221**-2（1969）, 236-238.
3）English, A.T. & Chin, G.Y.：Acta Met., **13**-9（1965）, 1013-1016.
4）Ahlborn, H. & Wassermann, G.：Z. Metallkde, **54**（1963）, 1-6.
5）Venables, J.：J. Phys. Chem. Solids, **25**-7（1964）, 685-690.
6）Dillamore, I.L. & Roberts, W.T.：Acta Met., **12**-3（1964）, 281-293.
7）上城太一：日本金属学会誌，**31**-3（1967），243-247.
8）Ettisch, M., Polanyi, M. & Weissenberg, U.K.：Z. Phys., **7**-1（1921）, 181-184.
9）Barrett, C.S. & Levenson, L.H.：Trans. AIME, **135**（1939）, 327-352.
10）Leber, S.：Trans.ASM, **53**（1961）, 697-713.
11）Rieck, G.D. & Koster, A.S.：Trans. Met. Soc. AIME, **233**（1965）, 770-772.
12）小川陸郎・金築裕：Tetsu-to-Hagane，**66**，S1110，S1111（1980）.
13）Schmid, E. & Wassermann, G.：Naturwissenschaften, **17**-18～19（1929）, 312-314.
14）Morell, L.G. & Hanawalt, J.D.：J. Appl. Phys., **3**-4（1932）, 161-168.
15）五弓勇雄・鈴木壽・堀内良：日本金属学会誌，**18**（1954），201-204.
16）稲数直次：第306回鋼線鋼索技術懇談会資料，（2002）.
17）稲数直次：金属引抜，近代編集社（1985），157.

18）　梅澤修：軽金属，**50**–2（2000），86–93.

19）　鈴木清一：まてりあ，**40**–7（2001），612–616.

20）　鈴木清一：顕微鏡，**45**–3（2010），166–172.

21）　山本久・稲数直次：伸銅技術研究会誌，**13**（1974），133–141.

22）　稲数直次：軽金属，**37**–5（1987），381–393.

23）　稲数直次・山本久：日本金属学会誌，**48**–2（1984），151–157.

24）　Sazonova, A.A., et al.：Steel in USSR, **11**–8（1981）, 466–468.

25）　Inakazu, N. & Yamamoto, H.：Proceeding, Sixth Inter. Conf. Textures, Materials, ISIJ,（1981）, 873.

26）　西岡多三郎：Engineering，**50**（1963），335.

27）　Robert, H. Gassner：Metal Progress,（1978）, 59–63.

28）　大村孝仁：表面技術，**51**–3（2000），255.

29）　例えば，ばね材料データベース委員会：ばね論文集，No.55，（2010），63.

30）　古谷佳之：Tetsu-to-Hagane，**95**–5（2009），426–433.

31）　例えば，統計学的試験法，日本機械学会基準（JSME S002）.

32）　村上敬宜・鳥山寿之：Tetsu-to-Hagane，**79**–12（1993），1380–1385.

33）　奈良井弘・阿部力・古村恭三郎：CAMP–ISIJ，**4**（1991），1178.

34）　千野淳・石橋耀一：まてりあ，**35**（1996），424–426.

35）　古谷佳之・松岡三郎・阿部孝行：Tetsu-to-Hagane，**88**（2002），643–650.

36）　王昀・大城戸忍・波東久光・菊地敏一・千葉篤志：日立評論，**95**–06–07（2013），51.

37）　杉浩司：特殊鋼，**60**–3（2011），2–6.

38）　片岡克仁：特殊鋼，**64**–5（2015），15–18.

39）　松原紀之：塑性と加工，**28**–320（1987），904–911.

40）　今村徹：特殊鋼，**60**–3（2011），40–41.

5 特殊引抜き加工

5.1 強制潤滑引抜き

ダイスと引抜き材の間に高圧（数千～数万 MPa）の潤滑剤を送り込み，引抜き加工時の潤滑を改善しようとする引抜き方法を強制潤滑引抜きといい（**図 5.1** 参照），湿式強制潤滑[1]と乾式強制潤滑[2]がある．

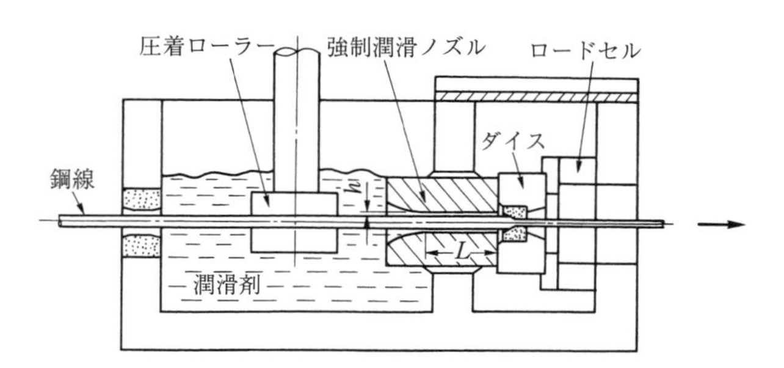

図 5.1　強制潤滑引抜き[3]

強制潤滑引抜きでは，ダイス加工面が流体潤滑状態になるためダイス寿命が大幅に延長される．反面，引抜き材の潤滑皮膜が厚くなるため，表面は光沢のない，なし地状になり[3]，製品の表面品質が厳しいものには適用できない．また高圧の潤滑剤がノズルとダイスの間から逃げないような工夫や作業性の良い装置の開発が課題である．なお，乾式潤滑剤を線に付着させてダイス加工面に供給する補助装置として圧着ローラー[4]があり，メカニカルデスケーラーとのインライン伸線や潤滑状態が不良の場合には広く使用されている．

5.2 ローラーダイス伸線およびロール伸線

5.2.1 孔ダイス伸線とロールによる伸線の比較

孔ダイス伸線では，一般的に線材中心部は理想変形に近いが，外周部に近付くほど付加的せん断変形が大きくなる．付加的せん断変形はダイス角の増加とともに増大する．孔ダイスの代わりにロールで伸線すると，せん断変形による余剰なエネルギーが減少し，加工中の変形発熱が抑えられる．その結果，材料のひずみ時効が軽減され，孔ダイス伸線よりも材料の延性の向上と降伏応力・引張強さの減少をもたらす．**図 5.2** に孔ダイス伸線とロールによる伸線の比較図を示す[5)〜7)]．

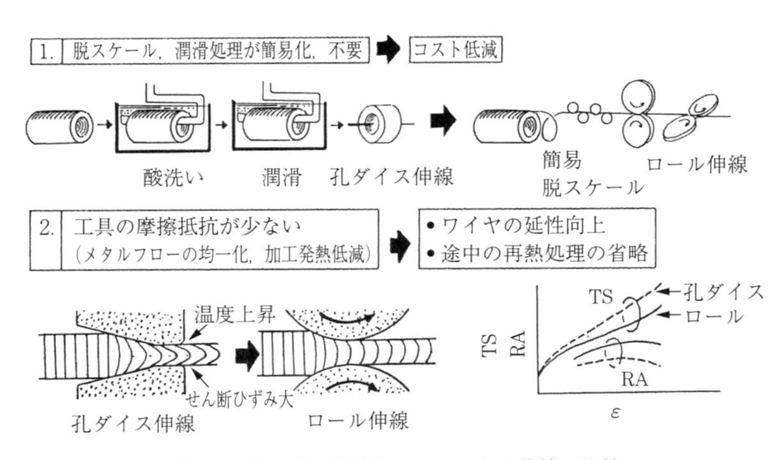

図 5.2 孔ダイス伸線とロールによる伸線の比較

5.2.2 ローラーダイス伸線法

ロールによる伸線には2通りがあり，「ローラーダイス伸線法」はロール非駆動，「ロール伸線法」はロール駆動方式と定義する．従来から**図 5.3** に示すように異径線を4方ロールで引き抜くタークスヘッドが使用されていたが，丸線を製造する方法として五弓式ローラーダイス法などが開発された[8)]．これは

図 5.3　タークスヘッドの外観

2方ローラーを90度交差させ近接・組合せ1セットとし，材料を転がり摩擦方式で引抜き加工する延伸法である．さらに，**図 5.4** に示すように国内・海外を含めてカセット状にコンパクト化したローラーダイスが普及しており，難加工材，複雑な異径線，スキンパス引抜き加工，無潤滑引抜き加工，管減径加工等多くの分野で活用されている[9]．

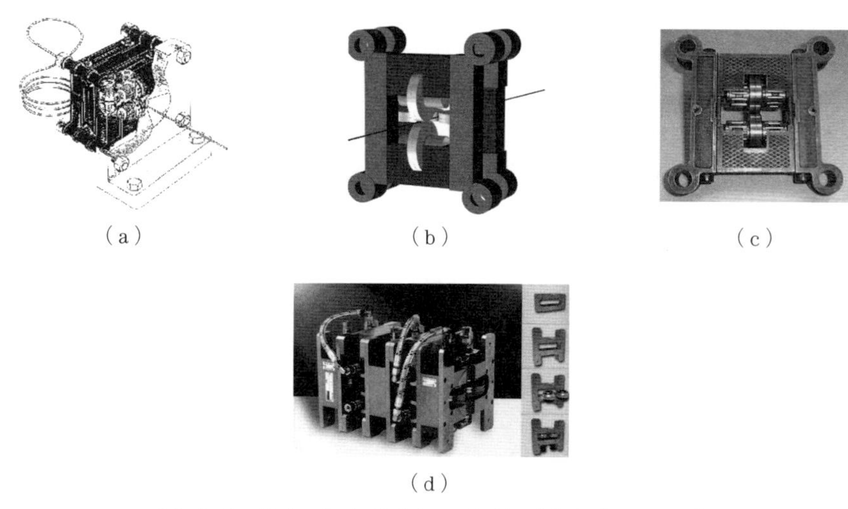

（a）　（b）　（c）

（d）

（図（a），（b），（c）日本クロス圧延，図（d）Eurolls）

図 5.4　各種カセット式ローラーダイスの構造

5.2.3　ロール伸線法

1950年代に銅線の鋳造からの連続熱間圧延技術として3方ロール伸線（通称マイクロミル）が実用化された．1978年にアルミ線材用，1980年代になり鋼線用として活用されてきた[10]．マイクロミルは，3個のロールを120度ごとに配置した3方ロール駆動式圧延で構成されている．奇数スタンドで線材の断面を三角～丸，偶数スタンドで丸～三角に圧延する．圧延機群は1台のモーターで駆動し，各スタンドに歯車で動力を分配する共通駆動方式である．**図5.5**に焼なまし，めっき工程を含めたガスシールド溶接用ソリッドワイヤのパススケジュールと全体ライン構成を示す．マイクロミルには多くのメリットがあるが，ロール工具の操作性向上，工具費の低減が課題である．今後は倒れを克服して，1 mm以下の細線加工への適用が期待される[11]．

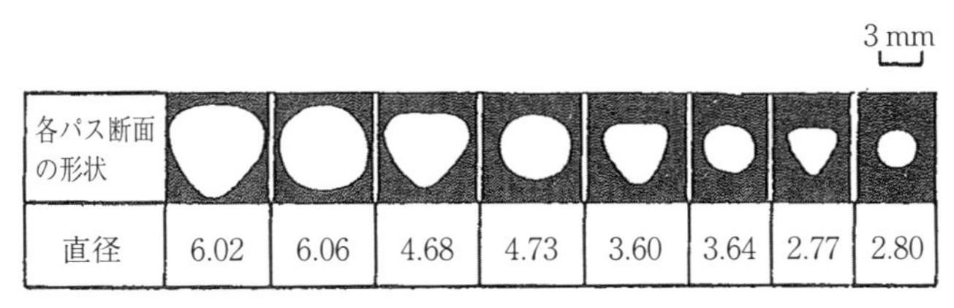

各パス断面の形状								
直径	6.02	6.06	4.68	4.73	3.60	3.64	2.77	2.80

（a）　パススケジュール

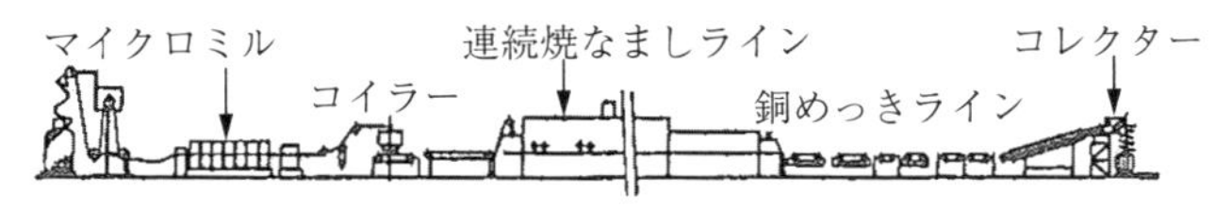

（b）　全体のライン構成

図5.5　ガスシールド溶接用ソリッドワイヤのパススケジュールと全体ライン構成

5.3　回転ダイス引抜き

ダイスを孔軸の周りに回転させながら，引き抜く加工法である．この方法の長所は，引抜き材の真円度の向上とダイス寿命の延長である[12]．実操業ではあまり使われないが，真円度の厳しい製品などについては，この方式がとられる．

図5.6は一般的なこの方式の引抜き装置を示す．引抜き力は，ダイス面にはたらく摩擦の方向と線軸方向とがずれるため，多少の減少が見られる．条件

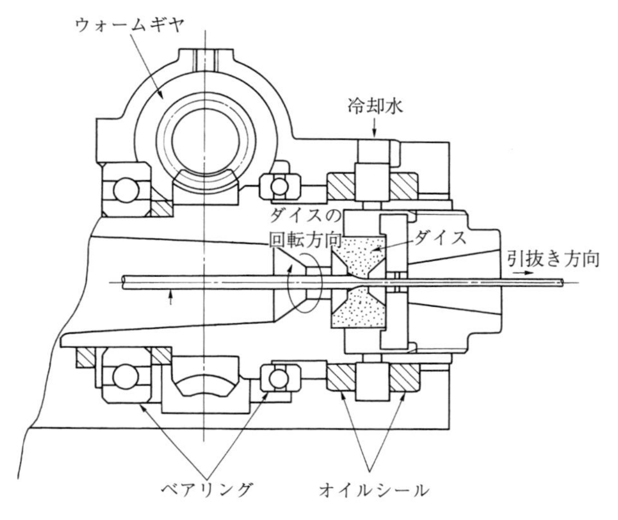

図 5.6　回転ダイス引抜き装置

によっては，ダイス回転に起因して線などにねじりが生ずることもあるので注意しなければならない．

5.4 束　　引　　き

一つのダイス孔に線や管を2本以上束ねて，同時に引き抜く加工法である．特殊な形状の異形線，極細線や合金系超電導線などの複合線製造に一部利用されている．パイプ（サヤ）に線束を挿入して引抜き加工を行うと，六角形の蜂巣状断面が得られる例を**図 5.7**[13] に示す．また線や管を複合させると，さらに特殊な形状を持つ引抜き材[14] や極細線[15] が得られる（**図 5.8** 参照）．

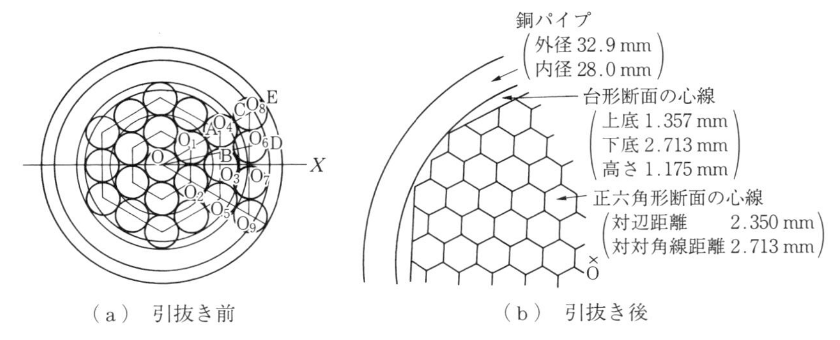

（a） 引抜き前　　（b） 引抜き後

図 5.7　束引きにより得られた六角形の蜂巣状断面 [12),13)]

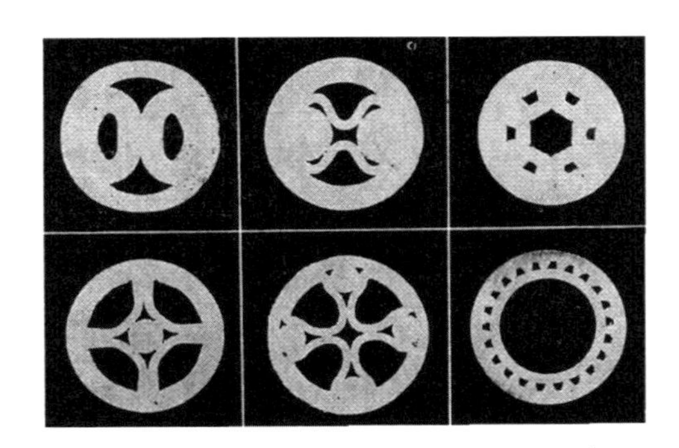

図 5.8　束引きにより得られた断面形状 [12)]

5.5 超音波引抜き

引抜き加工中のダイスに超音波振動を付与して行う加工法である（**図 5.9** 参照）．超音波の作用により材料の引抜き抵抗が減少するのが大きな特徴である．また断面減少率を大きくできたり，ダイス寿命の延長も期待できるので，線引きや鋼管の引抜き加工に応用されている [16)]．最近では引抜き材の表面性状の改善に着目した研究もなさ

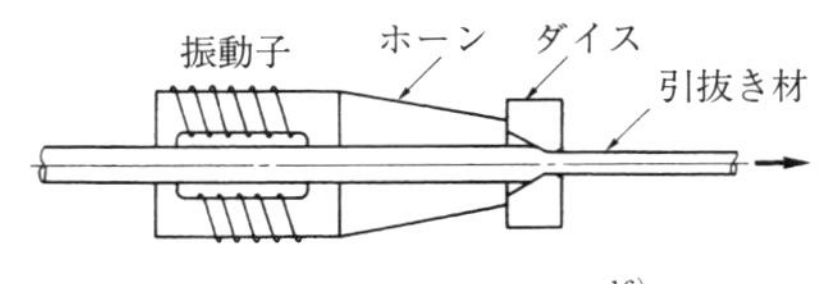

図 5.9　超音波引抜き [16)]

れている[17].

線引き加工では，超音波と同時に逆張力をかけると引抜き力はよく低下し，鋼管の引抜きでは，外部摩擦が減少して引抜き力は20～40%低下するといわれている.

5.6　温間，熱間伸線

温間伸線や熱間伸線は，冷間では加工が難しい材料の伸線に使用される．加熱は，線材に電流を通し抵抗熱で昇温させる方法や，電気ヒーターの炉内を通す方法などが採用されている.

高温での伸線加工は，変形抵抗が小さくなるため加工荷重は低くなる．しかし素材の酸化や変態，潤滑剤の変質などがあるため，最適な潤滑方法と潤滑剤の選定が重要である.

5.7　ダイレス伸線

ダイレス伸線[18]は，ダイスやロールによる加工では工具との焼付きが著しく，潤滑が困難な場合や，塑性変形し難く加工率が小さいなど，一般に難加工材と呼ばれる材料の加工法として注目され，一部では実用化されている.

加工の原理は，素材を加熱しながら引っ張ることにより細径にし，急冷却して所定の寸法を得るものである（**図5.10**参照).

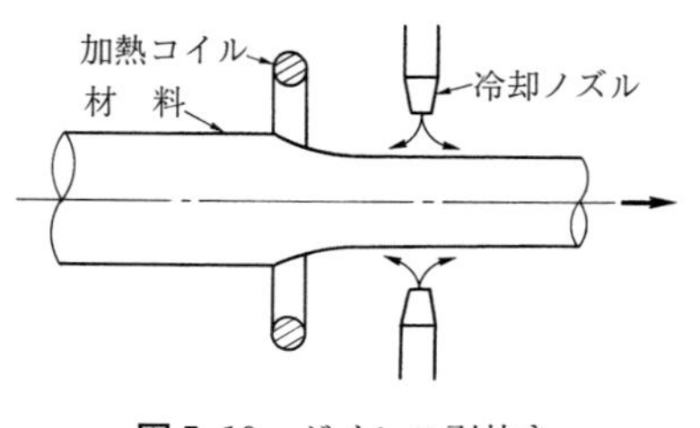

図5.10　ダイレス引抜き

また，この方法を管の引抜き適用し，外径0.5mm，肉厚が0.13mm程度の極細管を創製した研究例がある[19].

5.8 液体マンドレル引き

医療分野では極細径，肉厚が薄くかつ内面の表面粗さが良好な管が求められている．管の空引きでは，細径化は可能であるが肉厚が厚くなることと管内面の表面粗さが悪化する．一方，浮きプラグ引きは細管の製造法として最適な加工法であるが，直径が 1 mm 以下になると引抜き工具（プラグ，心金）製造が難しくなり，引抜きが困難になる．それらの仕様，要求を満足させる液体マンドレル引きがある[20),21)]．**図 5.11** のように管内に水などの液体を封じ込め，そのまま引き抜く方法である．この方法により直径 0.18 mm である極細径注射針用の管や熱伝導用の細管を製造することができる．

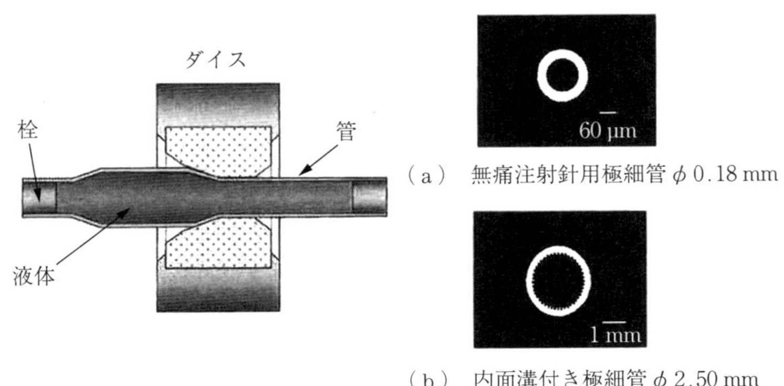

（a）　無痛注射針用極細管 ϕ 0.18 mm

（b）　内面溝付き極細管 ϕ 2.50 mm

図 5.11　液体マンドレル引きの模式図とその製品例

引用・参考文献

1)　Christopheson, D. G., et al.：Proc. Inst. Mech. Eng., **169**（1955），643.
2)　Tattersall, G. H.：Wire Ind., **345**（1962），975.
3)　川上平次郎・沢田裕治・実成俊政・松下富春：塑性と加工，**25**–280（1984），196–401.
4)　中村芳美ほか：第 5 回伸線技術分科会資料，（1977）.

5) 加藤健三：塑性と加工，**31**-355 (1990-8)，984-990.
6) 浅川基男・中川吉左衛門：塑性と加工，**38**-440 (1997-9)，787-793.
7) 日本塑性加工学会編：第126回塑性加工懇談会資料，(1996-9).
8) 五弓勇雄：鉄と鋼，**61** (1975-11)，154.
9) 永井博司・浅川基男・萩田兵治・福田隆：塑性と加工，**25**-279 (1984-4)，334-339.
10) Reuter, R. C. & Ossani, A.：Wire Journal Int.，(1982-9), 150.
11) Sigeta, H. & Asakawa, M.：Wire J. Int.，(2006), 704-708.
12) 加藤健三：金属塑性加工学，(1977)，262，丸善.
13) 小林勝：塑性と加工，**2**-8 (1961)，233-242.
14) 田中浩ほか：昭和59年度塑性加工春季講演会講演論文集，(1984)，513.
15) 渡辺輝夫：塑性と加工，**19**-211 (1978)，692-697.
16) 例えば，加藤健三：金属塑性加工学，(1977)，263，丸善.
17) 中桐明和ほか：昭和61年度塑性加工春季講演会講演論文集，(1986)，559.
18) 関口秀夫・小畠耕二・小坂田宏造：塑性と加工，**17**-180 (1976)，67.
19) 古島剛：塑性と加工，**52**-611 (2011)，1308-1309.
20) Yoshida, K. & Yokomizo, K.：Key Engineering Materials, **622**-623, (2014). 731-738.
21) 吉田一也・横溝大智・元治孝文：日本銅学会誌，**54**-1 (2015)，175-178.

6 鋼　　　線

6.1 素　　　材

6.1.1 線材の製造工程

線材の製造方法は，他の鉄鋼製品と同様に高品質化・低コスト化要求を満たすため，従来の製造方法の改善，新製造方法の導入等が盛んに行われている．**図 6.1** に線材の代表的な製造工程を示す．

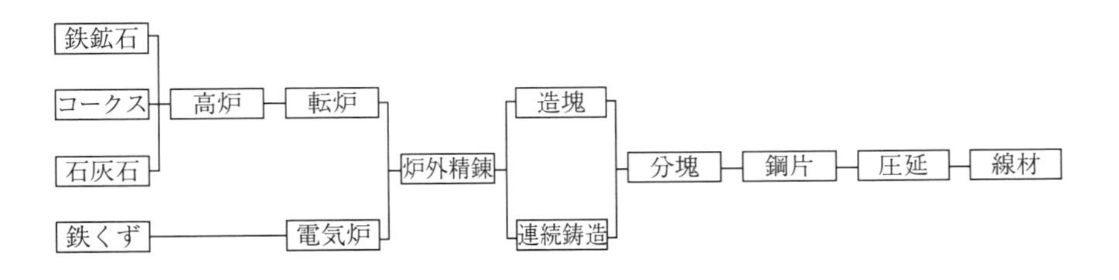

図 6.1　線材の代表的な製造工程

素材となる溶鋼はおもに，鉄鉱石，コークス，石灰石を主原料として用い，高炉および転炉処理によって得る方法と，鉄くず等のスクラップを主原料として用い，電気炉によって得る方法がある．近年，直接鉄鉱石を還元し溶鋼を得ることができる直接還元法も実用化された．高炉のように大規模でなく，またコークス炉も不要であるため，天然ガスを算出する発展途上国において建設が進められている．

溶鋼は，ガス成分の除去，化学成分の狭幅調整および介在物を制御するため，種々の二次精錬処理が実施される．この二次精錬処理技術の進歩により，近年ではきわめて清浄度の高い鋼を得ることができている．

二次精錬処理された溶鋼は，連続鋳造法あるいは造塊法によって凝固され，ブルームあるいは鋼塊と呼ばれる半製品となる．品質，歩留り，生産性等の向上の観点から，ほとんどの鋼半製品は，連続鋳造法によって生産される．

ブルームあるいは鋼塊は，分塊工程でビレットに加工される．その後，ビレットは圧延工場にて再加熱され，圧延機によって熱間圧延され線材となる．

また，線材のパテンティングおよび焼なまし熱処理は，線材二次加工メーカーで実施される場合と，圧延終了後に引き続き余熱を利用し，圧延ライン上で直接熱処理される場合がある．

6.1.2　線材の製造設備

〔1〕 高　　炉

「高炉」という名前は炉体が高いことに由来し，その機能から溶鉱炉とも呼ばれる．高炉による鉄鉱石の還元溶解は，鉄鉱石，コークス，石灰石を炉上部から投入し，炉下部の羽口から吹き込まれる高温・高圧空気を吹き付けることで行われる．高炉の内容積は20世紀初め，約500 m^3 程度であったが，操業面，設備メンテナンス等の技術の進歩とともに大型化が図られ，現在では，国内の高炉の半数が5 000 m^3 を超えている．

〔2〕 転　　炉

一般に用いられる純酸素上吹転炉法では，溶銑と鉄くずを洋梨型の炉に投入し，ランスと呼ばれる水冷構造のノズルから高圧・高純度の酸素を吹き付けることで精錬が行われる．転炉設備は，精錬反応炉である炉体および傾動装置，精錬反応を進行させるための酸素吹込み装置（ランスおよびノズル）から構成される．また，酸素およびアルゴンガスを炉体の底からも同時に吹き込む上下吹転炉も普及している．現在，1回当り約350 t の溶鋼が処理できる大型転炉も稼動している．

〔3〕電　気　炉

特殊鋼の生産には小型の電気炉が使用されてきたが，近年，設備および操業技術の進歩により，大型炉でも高級鋼の溶製が可能となった．現在，国内では約 200 t の溶鋼が処理できる大型の電気炉が稼動している．電気炉は原料である鉄スクラップを投入する容器としての炉体と，鉄スクラップを溶解するアーク供給源としての電気設備により構成される．また，高合金鋼や超合金等清浄度を厳しく求められる場合は，VIF（vacuum induction furnace），VAR（vacuum arc remelting），ESR（electro slag remelting）等の特殊な電気炉が利用されている[1]．

〔4〕炉外精錬設備

転炉，電気炉等大気中で溶解，精錬を行った溶鋼中には，ガス成分や非金属介在物等の不純物が多く含まれている．炉外精錬は，リン（P），硫黄（S），酸素（O），窒素（N），水素（H）等の不純物元素および非金属介在物の除去，極低炭素化，主成分の狭幅化を目的として実施される．炉外精錬法としては，脱ガスを主目的とする真空脱ガス法，取鍋精錬後に還元精錬または酸化還元精錬を行う取鍋精錬法，ガス希釈により CO 分圧を下げて酸化精錬および還元精錬を行う AOD（argon oxygen decarburization）法等がある．真空脱ガス法には，RH（Ruhrstahl-Heraus）法や DH（Dortmund Hörder Hüttenunion）法等があり，取鍋精錬法には ASEA-SKF 法，VAD（vacuum arc degassing）法，LF（ladle furnace）法等がある[2]．

〔5〕造　塊　設　備

造塊法とは，転炉あるいは電気炉等で溶製された溶鋼をいったん取鍋に受け，その後，鋳型に注入し凝固させることによって鋼塊を得る方法である．取鍋は鋼板の外殻の内面に耐火物を内張りしたもので，通常，粘土質かろう石質のレンガが使用される場合が多いが，特に耐火物の溶損を少なくする目的で，ジルコン質，ハイアルミナ質あるいは塩基性のレンガが用いられる場合もある．鋳型はキュポラ銑あるいは高炉銑を用いて作られ，鋼材の用途および性質により，種々の種類および寸法がある．

〔6〕 連続鋳造設備

連続鋳造法とは，溶鋼を連続的に凝固させることによって直接所定の鋳片（ブルーム）を得る方法である．造塊法と比較し，歩留りおよび生産性が高く，消費エネルギーも少ない等の利点がある．連続鋳造設備は，取鍋，タンディッシュ，鋳型，鋳型振動装置，スプレー，支持案内ロール，ピンチロール，矯正ロール，切断機，ダミーバー等により構成される．さらに，連続鋳造設備には，非金属介在物の浮上分離を目的として鋳型内に，また偏析やマクロ組織の改善を目的に最終凝固付近に，それぞれ電磁攪拌装置が設置されている．連続鋳造されるブルームのサイズは大断面が主流であり，大断面化することによって鍛圧比を大きくすることができ，鋼の緻密化，非金属介在物の小型化を図ることができる．一方，生産効率化を図るため，ブルームからビレットへの分塊工程が省略できる小断面ビレット連続鋳造設備も国内外で広く普及している[3)]．

〔7〕 圧 延 設 備

図6.2に圧延設備の一例を示す．圧延設備は，加熱炉，粗圧延機，中間圧延機，仕上げ圧延機，水冷帯，巻線機，コイル調整冷却装置，集束機，フックコンベヤー等で構成されている．近年，最終仕上げ圧延機には，ノーツイストブロックミルが標準的に導入されており，100 m/s 以上の高速圧延が可能となっている．また，ビレットの加熱温度，均熱温度の厳格管理，圧延機のミル剛性の向上，誘導装置および張力制御装置の発展，圧延技術の進歩により，きわめて寸法精度の高い線材が圧延されている．また，巻取り技術の向上に伴って ϕ 60 mm の太径線材が生産できる圧延工場もあり，冷間圧造用線材および

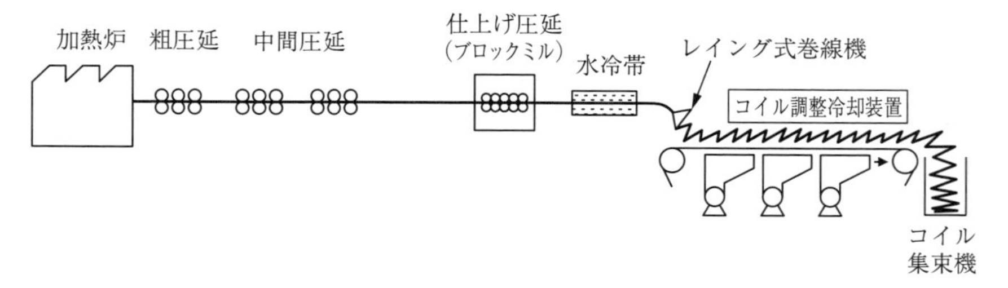

図6.2　圧延設備の一例

磨棒用線材の太径化が図られている．一方，中間熱処理省略の観点から線材の細径化も要求されている．従来，熱間圧延線材では ϕ5.5 mm が最も細径であったが，現在 ϕ3.6 mm が一部メーカーで商品化されている．

線材のコイル単重は，線材メーカーや線材二次加工メーカーでの生産性および歩留り向上のため1～2tが主流であり，さらに3～4tのコイルも一部生産されている．

6.1.3 線材の規格

線材の規格としてはJIS（日本工業規格，Japan Industrial Standard）をはじめ，国際規格であるISO（国際規格，International Organization for Standardization），外国規格であるASTM（アメリカ材料試験，American Society for Testing and Materials），SAE（アメリカ自動車技術会規格，Society of Automotive Engineers），DIN（ドイツ国家規格，Deutsches Institut für Normung），BS（イギリス国家規格，British Standard），AISI（アメリカ鉄鋼協会規格，American Iron and Steel Institute），VDEh（ドイツ鉄鋼協会規格，Verein Deutscher

表6.1　線材および線の規格体系

線　材		線材二次製品		
大分類	小分類	線の種類	JIS	記　号
普通線材	軟鋼線材	鉄線	JIS G 3532	SWM
	(JIS G 3505)	バーブドワイヤ	JIS G 3533	BWGS
	SWRM	着色塗装亜鉛めっき鉄線	JIS G 3542	SWMCGS, SWMCGH
		合成樹脂被覆鉄線	JIS G 3543	SWMV，SWME
		溶融アルミニウムめっき鉄線及び鋼線	JIS G 3544	SWMA
		亜鉛めっき鉄線	JIS G 3547	SWMGS, SWMGH
		溶接金網及び鉄筋格子	JIS G 3551	WFP，WFC，ほか
		ひし形金網	JIS G 3552	C-GS，C-GH, ほか
		クリンプ金網	JIS G 3553	CR-GS，CR-GH
		きっ甲金網	JIS G 3554	HX
		織金網	JIS G 3555	PW，TW，DW

表 6.1（つづき）

線材		線材二次製品		
大分類	小分類	線の種類	JIS	記号
普通線材	軟鋼線材 （JIS G 3505） SWRM	工業用織金網 くぎ じゃかご	JIS G 3556 JIS A 5508 JIS A 5513	PW，TW N，NZ，CN，ほか
特殊線材	硬鋼線材 （JIS G 3506） SWRH	硬鋼線 ワイヤロープ 航空機用ワイヤロープ 亜鉛めっき鋼より線 PC 硬鋼線 操作用ワイヤロープ 溶融アルミニウムめっき鉄線及び鋼線 異形線ワイヤロープ 亜鉛めっき鋼線 構造用ワイヤロープ 工業用織金網 ばね用オイルテンパー線	JIS G 3521 JIS G 3525 JIS G 3535 JIS G 3537 JIS G 3538 JIS G 3540 JIS G 3544 JIS G 3546 JIS G 3548 JIS G 3549 JIS G 3556 JIS G 3560	SW SWCR，SWCD SWHA SWGF，SWGD PW，TW SWO，SWOSC，SWOSM
	ピアノ線材 （JIS G 3502） SWRS	ピアノ線 PC 鋼線及び PC 鋼より線 弁ばね用オイルテンパー線	JIS G 3522 JIS G 3536 JIS G 3561	SWP SWPR，SWPD SWO，SWOCV，SWOSC
	被覆アーク溶接棒心線用線材 （JIS G 3503） SWRY	被覆アーク溶接棒用心線	JIS G 3523	SWY
特殊鋼線材	冷間圧造用炭素鋼線材 （JIS G 3507-1） SWRCH	冷間圧造用炭素鋼線	JIS G 3507-2	SWCH
	冷間圧造用ボロン鋼線材 （JIS G 3508-1） SWRCHB	冷間圧造用ボロン鋼線	JIS G 3508-2	SWCHB
	冷間圧造用合金鋼線材 （JIS G 3509-1） SMn××RCH，SMnC××RCH，ほか	冷間圧造用合金鋼線材	JIS G 3509-2	SMn××WCH，SMnC××WCH，ほか

Eisenhüttenleute), NF(フランス国家規格, Norme Française), EN (ヨーロッパ規格, European Standards) 等が制定されている. これらの規格には, 化学成分, 線径, 力学特性, 物理的性質等が詳細に規定されており, 適宜内容の改訂・追加・廃止等が行われている[4]. **表6.1** にJISにおける線材および線の規格体系を示す.

6.1.4 線材の熱処理

線材の熱処理は, 圧延ライン中に実施される直接圧延熱処理 (インライン熱処理) と, オフラインで実施されるバッチ熱処理に分類される.

〔1〕 直接圧延熱処理

(a) 衝風冷却方式　代表的な衝風 (衝風:空気のみによる風) 冷却方式としてステルモア方式がある. **図6.3** にステルモア冷却設備の概要を示す[5]. ステルモア方式では線材圧延終了後, 巻取り載置から集束間に衝風を作用させることによるパテンティング熱処理が可能であり, 高炭素鋼線材の直接パテンティング法 (圧延パテンティングとも呼ばれる) として広く利用されている.

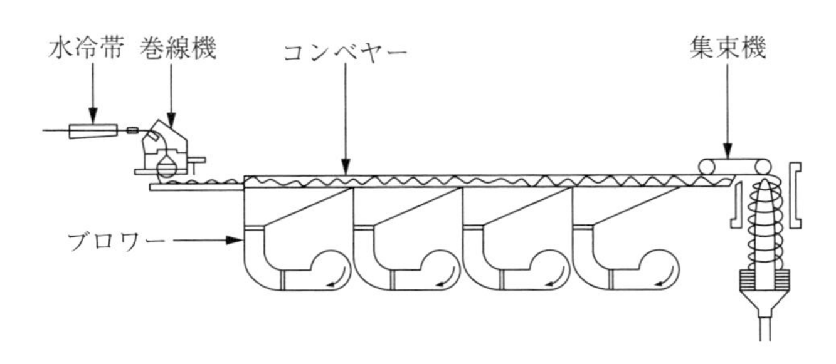

図6.3 ステルモア冷却方式 (Stelmor Cooling) による線材圧延後の冷却

高炭素鋼線材は, 通常冷却すると, 高温でパーライト変態し始めるため, ラメラー間隔の粗いパーライトとなり, その後の伸線で高強度化が困難となる. ステルモア方式では, 圧延終了後に衝風冷却することで高温でのパーライト変態が抑制され, その後のコンベヤー載置時に恒温変態により, 緻密で均一なラメラーを有するパーライトが得られる．しかし，本方式では，載置の際のコイルの重なりの程度の差によって生じる冷却速度の不均一さにより，コイル内で線材組織にばらつきが生じやすい問題があった．このため，**図6.4**に示すように，衝風ノズル形状や配列の改善によるコイル内冷却速度の均一化を図る一方，Cr，V といった焼入れ性向上元素を積極添加することにより，力学特性のばらつきを低減させた直接パテンティング線材が製造できるようになっている[6)]．

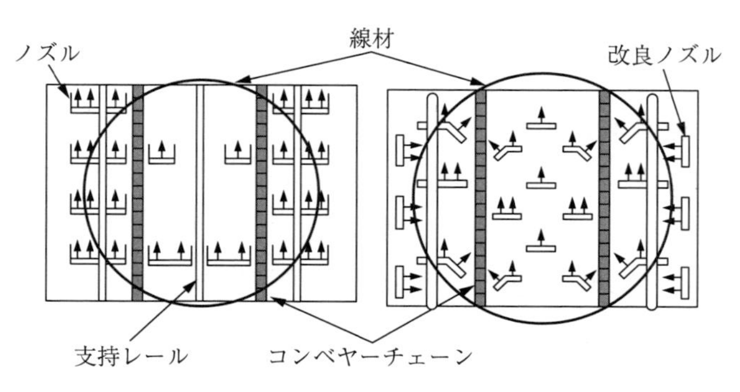

図6.4　ステルモア冷却デッキの改良

（**b**）　**沸騰水冷却方式**　　**図6.5**に沸騰水処理槽とコンベヤーを組み合わせた直接冷却方式（EDC：easy drawing conveyer）の設備概要を示す[7)]．沸騰水冷却方式では，圧延終了後，巻取りされた線材をコンベヤー上で復熱させた後に，沸騰水に連続的に投入することによってパテンティング熱処理が実施さ

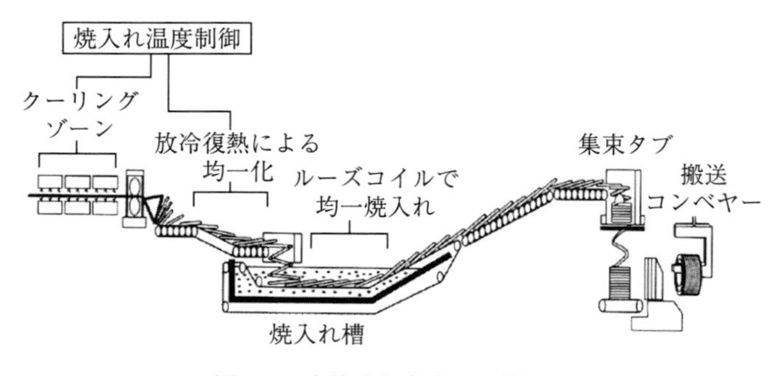

図6.5　直接冷却方式の設備概要

れる．本方式は沸騰膜を利用しているため冷却速度のばらつきが小さく，安定したパテンティング線材を得ることができる．また，沸騰水の代わりに冷水を用いることにより焼入れ線材を製造することもできる．この冷水による焼入れは高い冷却速度が得られるため，おもに焼入れ性の低い中炭素鋼の直接焼入れに用いられている[8]．

（c）**塩浴槽冷却方式**　塩浴槽冷却方式とは，冷却媒体に溶融塩を用いてパテンティング処理を行うことを特徴とする直接熱処理法であり，冷却槽と恒温槽から構成されている．**図 6.6** に塩浴槽冷却方式を採用した溶融塩冷却方式（DLP：direct in-line patenting）の設備概要を示す[9),10]．冷却槽でパーライトノーズよりも高い冷却速度で線材を所定の温度まで冷却し，恒温槽でパーライト変態させることによって微細で均一なパーライト組織を得ることができる．この冷却槽および恒温槽の温度は，処理する線材の材質，線径によって適切に調整される．本方式は鉛パテンティングと同等のパテンティング線材を製造することができる．

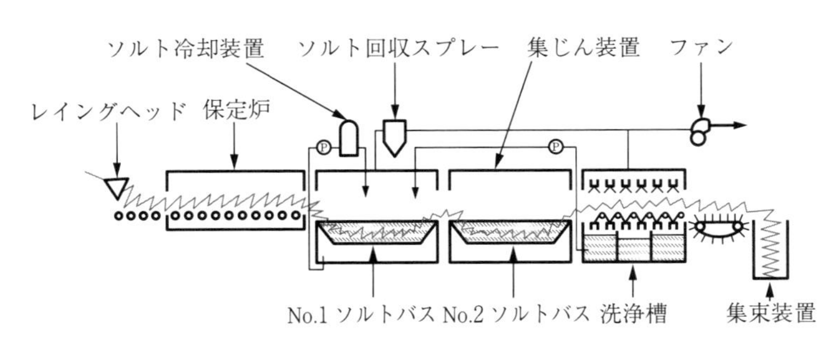

図 6.6　溶融塩冷却方式の設備概要

（d）**ミスト冷却方式**　**図 6.7** にミスト方式（mist patenting）の設備概要を示す[11]．ミスト冷却は，空気により微細にした水滴を高速で圧延後線材に吹き付けることで急速冷却する方法である．ミスト噴射装置はステルモア設備の前段に設置され，圧延後にリング状に巻き取られた線材をただちに急冷することができる．その後の恒温変態は通常のステルモア方式と同一である．ミスト冷却方式は，高炭素鋼線材のパテンティングによる高強度化，高延性化，

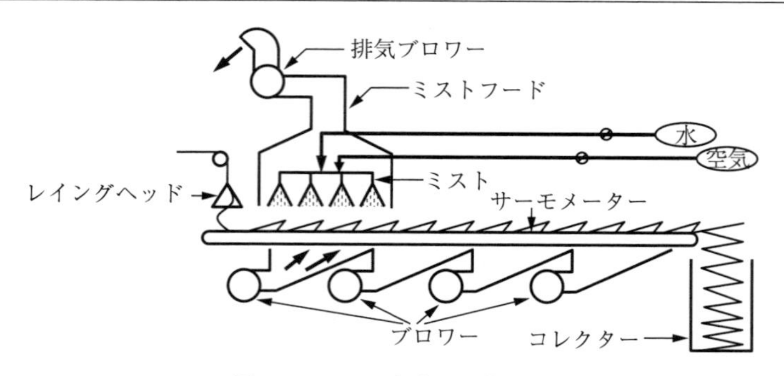

図 6.7　ミスト方式の設備概要

中炭素Uボルト用線材の熱処理加工プロセスの省略等が可能である[12)].

（e）**カバー緩冷却方式**　カバー緩冷却方式とは，線材巻線後ローラーコンベヤー上をルーズコイルの状態で搬送される際，保熱カバー内を通すことで緩冷却させる方法であり，焼なまし線材に近い線材特性を得ることができる．**図 6.8** にこの方式を採用した SCS（slow cool system）方式の設備概要を示す[13)]．本方式は，ステルモア方式に比べて冷却速度を十分遅くすることができるため，おもに冷間圧造用中炭素鋼および低合金鋼の軟化焼なまし省略に用いられている．近年，徐冷，衝風冷却能力の強化，コンベヤー長さの延長により，より広い温度範囲で冷却制御できるミルも稼動しており，低温圧延との組合せによって中炭素合金鋼の軟化焼なましも省略できるようになってきた[14),15)].

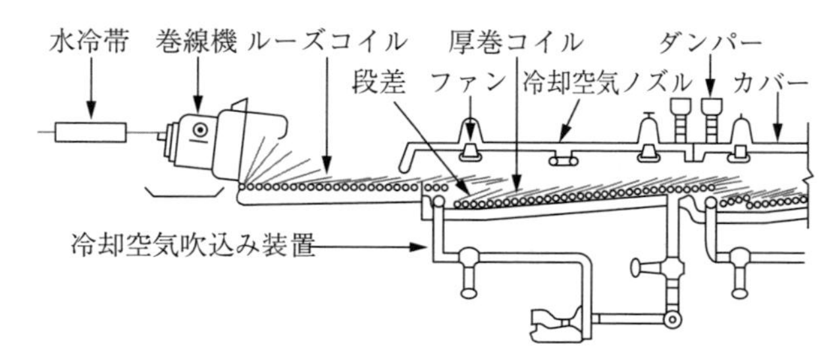

図 6.8　カバー緩冷却方式の設備概要

〔2〕 オフライン熱処理

圧延熱処理されない線材は伸線工程前に各種熱処理が施される．高炭素鋼線材は鉛パテンティング，流動槽パテンティング，エアーパテンティング等のパテンティング熱処理によって均一で微細なパーライト組織とされる．一方，冷間圧造用線材では軟化焼なましあるいは球状化焼なましによって組織が均一化され，硬さが下げられる．

（a） パテンティング炉 パテンティング炉は，おもに加熱炉と恒温炉の二つに分けられる．加熱炉は線材をオーステナイト温度まで加熱するために用いられる．一般にはガス炉が用いられるが，コンパクトライン化を図るため，IH（induction heating）設備に代替される場合もある．一方，恒温炉は，高い速度で冷却し，ただちにパーライトノーズ温度に保持する必要があるため，鉛炉あるいは流動槽とガス炉の組合せが用いられる．

（b） バッチ式焼なまし炉 線材の焼なましに用いられるバッチ式炉にはベル炉，ピット型炉等がある．バッチ式は，操作性が悪く線材の搬送工程できずが付く懸念があるものの，小ロットで小回りが利くため現在でも広く用いられている．

（c） 連続焼なまし炉 連続焼なまし炉は，線材をトレイに載せハースローラーで移送することにより連続的に焼なましを行う設備である．**図6.9**にローラーハース型連続焼なまし炉の設備概要を示す[16]．炉内雰囲気ガスはNXガスおよびRXガスが使用され，各鋼種および温度に最適な雰囲気に調整される．また，温度制御や雰囲気制御を確実に行うため，炉長手方向をいくつかのゾーンに分割し，ゾーンごとに温度，雰囲気が制御されている．一方，**図6.10**に示すような，多品種少量生産に適したバッチ式と生産性高いローラーハース型連続炉の特徴を併せ持つ半連続焼なまし炉も実用化されている[17]．

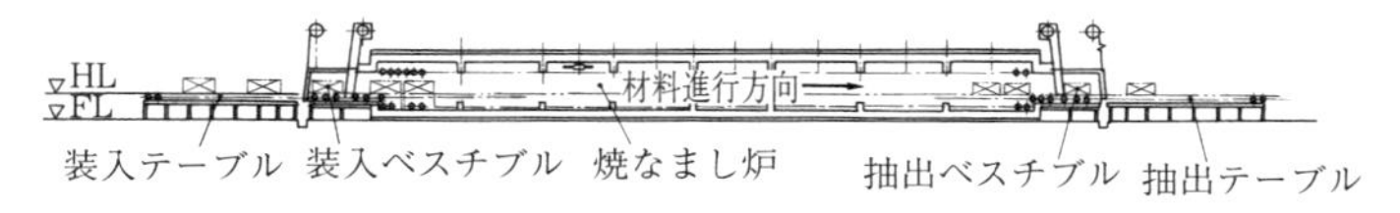

図6.9 ローラーハース型連続焼なまし炉の設備概要

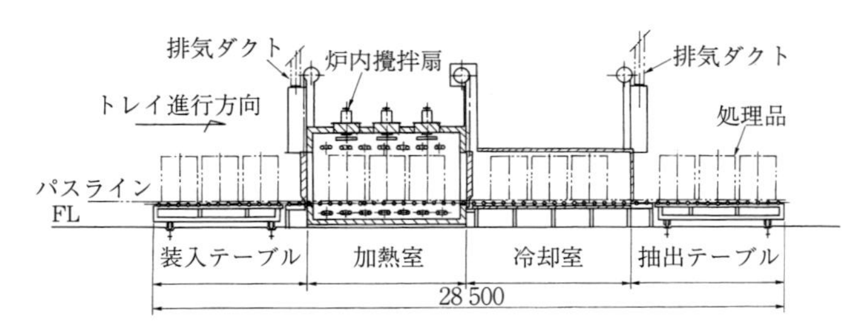

図 6.10 半連続焼なまし炉の設備概要

6.2 伸線前処理

熱間圧延線材には仕上げ圧延直後から常温に冷却される過程で，鉄の酸化物皮膜（スケール：scale）が生成する．また，線材の二次加工工程で行われるパテンティングや焼なまし等の熱処理においても，鋼線表面にスケールが生成する．これらのスケールは一般に地鉄と比較して硬くてもろく，きずの原因にもなるため，伸線前に完全に除去（脱スケール）する必要がある．脱スケール後の線材あるいは線には，伸線時の潤滑剤をダイスへの持込みを容易にさせるため石灰等の皮膜処理が行われる．

6.2.1 脱スケール

〔1〕 スケールの生成と性質

鋼に生成するスケールは，添加されている合金元素によって若干組成が異なるものの，大半が鉄と酸素の化合物であるため，以下ではFe−O系のスケールについて述べる．

図 6.11 にFe−O系平衡状態図を示す．鉄は560℃以上の温度で酸化されると地鉄側よりウスタイト（wüstite，FeO），マグネタイト（magnetite，Fe_3O_4），ヘマタイト（hematite，Fe_2O_3）から成る3層のスケールが生成する．一方，560℃以下で生成するスケールは，Fe_3O_4 と Fe_2O_3 の2層となる．前者は高温スケール，後者は低温スケールと呼ばれる．

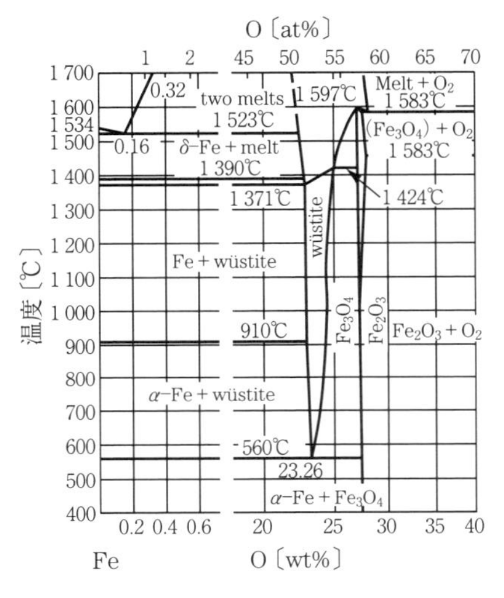

図 6.11　Fe−O 系平衡状態図

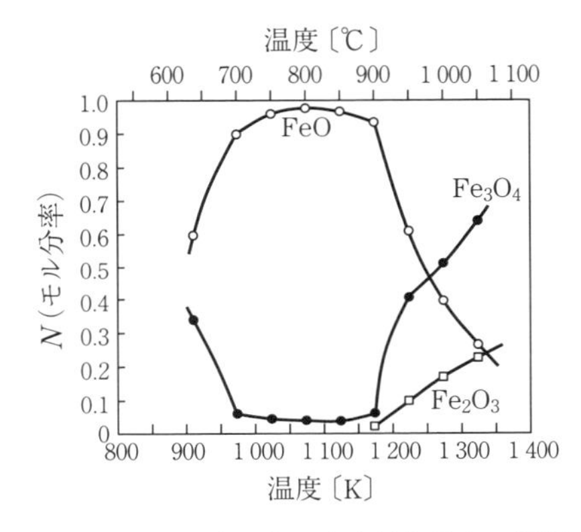

図 6.12　鉄の酸化物の生成量と温度の関係

熱間圧延線材のスケールは，**図 6.12** に示すように温度によってその組成が異なる[18]．高温で生成した FeO は，560℃以下の温度で共析変態により Fe_3O_4 と Fe に分解しようとするが，熱間圧延後の線材の冷却速度がスケールの変態速度に比べて高いため，分解されない FeO が残留し，結果として Fe と Fe_3O_4 が混在したウスタイト層となる（**図 6.13** 参照）[19]．**図 6.14** に示すとおり，FeO の一定温度での共析変態完了に要する時間は，変態ノーズ温度である約

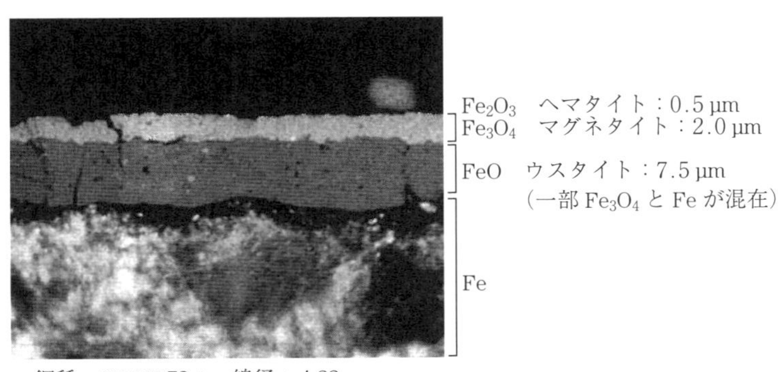

図 6.13　熱間圧延材のスケール

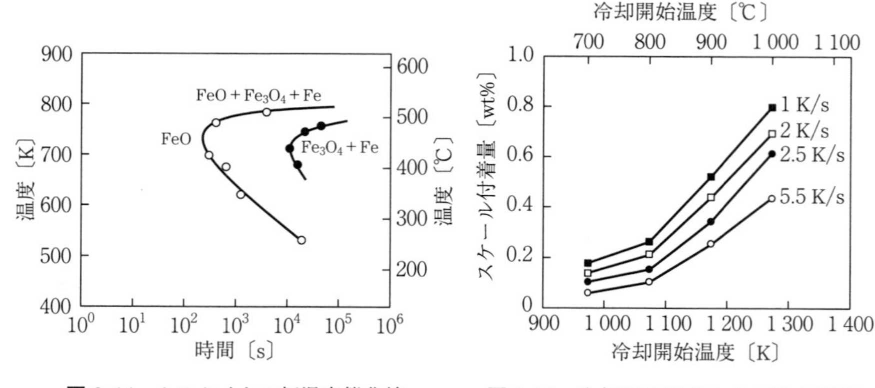

図 6.14　ウスタイトの恒温変態曲線

図 6.15　冷却開始温度および冷却速度とスケール付着量の関係

427℃でも約3時間を要し，また約227℃以下では変態がほとんど進行しない[20]．

図 6.15 に AISI 1010 の無酸化雰囲気で各温度に昇温し，大気中で常温まで冷却した後のスケール付着量を示す[21]．スケール付着量は冷却開始温度が高いほど，また冷却速度が低いほど多くなる．

図 6.16，**図 6.17** に高温スケール付着量と酸洗い性および機械的剥離性の関係を示す[21]．スケール付着量の増加とともに酸洗い時間が増加する．また，機械的剥離性はスケール付着量が0.2%を超えるとスケール剥離率が高位一定

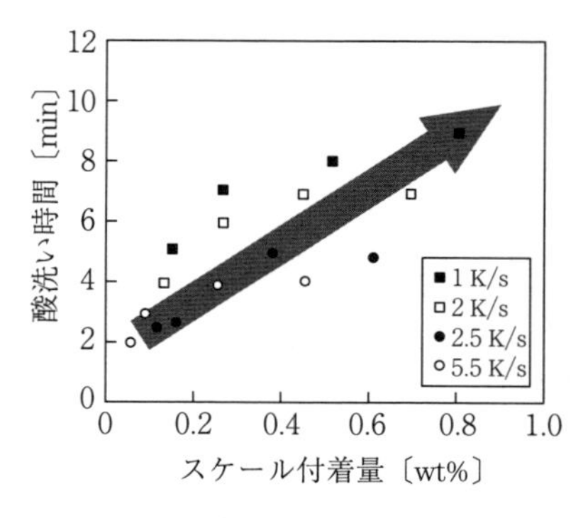

図 6.16　高温スケール付着量と酸洗い性の関係

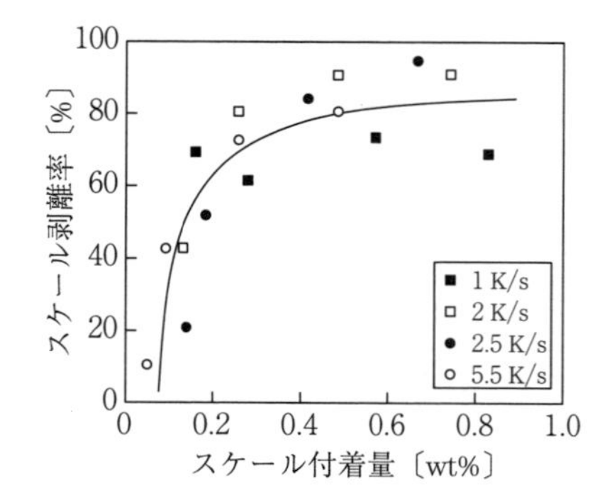

図 6.17　高温スケール付着量と機械的剥離性の関係

となっている．スケール付着量は酸洗い性，機械的剥離性に大きく影響するため，熱間圧延後の冷却条件，パテンティング等の熱処理条件等を鋼種に応じて適切に決定することが重要である．

〔2〕 **脱スケール法**

図 6.18 に示すように，脱スケール法は化学的方法と機械的方法に分けられる．化学的方法は硫酸，塩酸等の強酸によりスケールを溶解・除去する方法で，スケールが除去された後の地鉄も多少腐食される．この腐食により鋼線表面には肌荒れが生じ，後の伸線工程において潤滑剤のダイスへの持込みが容易となる．機械的方法は，線材への曲げ加工あるいは鋼粒を衝突させることによってスケールにひずみを付与し，機械的にスケールを剥離・除去する方法である．化学的方法は公害防止のため廃酸処理設備が必要であるが，機械的方法ではこれら設備が不要であり，またスケール除去時間も短いのでインライン化することができる．一方，機械的方法でスケールを粗落とししした後，化学的方法で仕上げる場合もある．

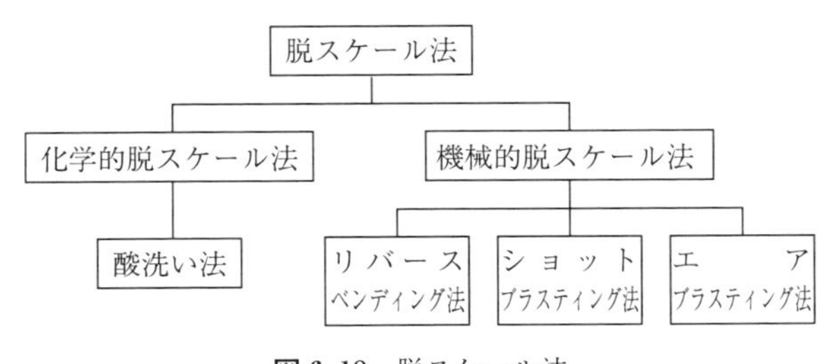

図 6.18 脱スケール法

（**a**） **化学的脱スケール法**

1） **酸洗いの機構**　スケールの溶解性はスケール組成によって異なる．FeO は溶解しやすく，Fe_3O_4 は難溶であり，Fe_2O_3 は最も難溶である．**図 6.19** に示すように，熱間圧延線材のスケールには冷却時の地鉄とスケールの熱収縮差および変態によりスケール内に割れや気孔が多数発生している[18]．酸液はこれらの割れを通って溶けやすい FeO 層に到達しスケールを溶解・剥離させる．

すなわち，酸液が FeO 層に到達すると，

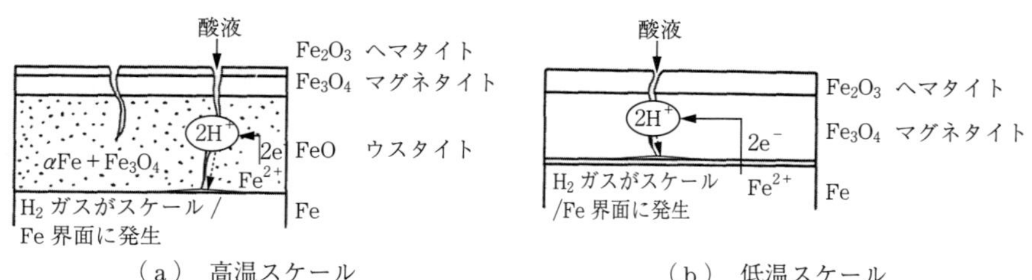

図 6.19 鉄のスケールに発生する亀裂の概略

Fe（共析）｜酸液｜ Fe_3O_4（共析）

の局部電池が形成されて（図 6.19（a）参照），FeO 層内の共析変態で生成したFe が陽極，Fe_3O_4 が陰極となる．これにより Fe が溶け出し Fe_3O_4 からは水素が発生する．この水素ガスの圧力により FeO が浮上・分離され，同時に難溶性の Fe_3O_4，Fe_2O_3 も除去される．

一方，低温スケールの場合でも，スケールの割れや気孔から浸入した酸液が地鉄に達し（図 6.19（b）参照），以下のような局部電池が形成される．

Fe（地鉄）｜酸液｜ Fe_3O_4

この場合は地鉄が陽極となって溶解し，Fe_3O_4 は陰極となり水素が発生するので，高温スケールと同じ機構でスケールが除去される．

2）　酸の種類　　酸洗いにはおもに硫酸あるいは塩酸が用いられる．**図 6.20** に硫酸および塩酸における濃度，温度と酸洗い時間の関係を示す[22]．いずれの酸も濃度および温度が高くなるほど酸洗い時間が短くなる．一般に，硫酸による酸洗いは，常温での反応速度が低いため 60 ～ 85℃で，塩酸による酸洗いは気化しやすく，酸によるヒュームが作業環境を悪化させるため，20 ～ 40℃で実施される．硫酸は温度による溶解反応速度感受性が高く過剰酸洗い（オーバーピックリング）を起こすことがあるので，防止のため酸洗い抑制剤（インヒビター）が添加される．オーバーピックリングを起こすと，地鉄の溶解に伴い鋼中の炭素が溶け出し，スマット（smat）として線材表面に付着することで，その後の皮膜処理性に悪影響を及ぼす．スマットが発生する場合

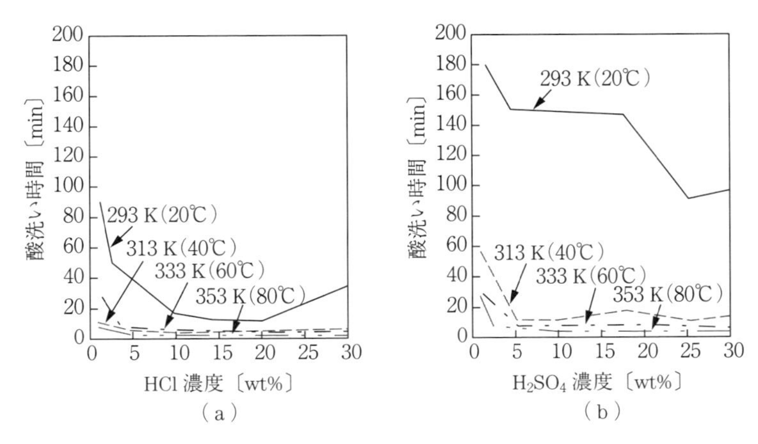

図 6.20　酸の種類，濃度，温度と酸洗い時間の関係

は，インヒビター，酸の濃度，温度，酸洗い時間等を見直す必要がある．

リン酸塩皮膜処理する場合は，硫酸酸洗いの方がリン酸皮膜付着量が多くなり良好な伸線性を得やすい（**図 6.21** 参照）[19]．一方，次工程でめっきされる中間線の酸洗いは酸洗い後にスマットが少なく，滑らかな仕上がり肌の得られる塩酸が用いられる場合がほとんどである．最近はインラインでのスマット除去として，超音波洗浄による皮膜処理前洗浄がある．**表 6.2** に硫酸および塩酸酸洗いの特徴をまとめて示した．硫酸は酸洗い時に肌が適度に荒れてその後の皮膜付着量が多くなるが，塩酸は過酸洗いになりにくい特徴があり，状況に応じて使い分ける必要がある．

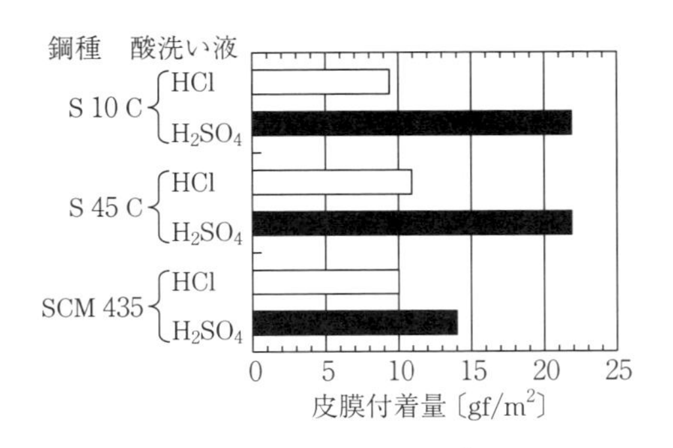

図 6.21　リン酸塩皮膜付着量に及ぼす酸洗い液の影響

3）　酸洗い設備　　酸洗い設備には線材コイルに用いられるバッチ方式と，熱処理およびめっき等にインラインで連続して用いられるストランド方式があ

表 6.2　硫酸と塩酸酸洗いの特徴

項　目	硫酸　H_2SO_4	塩酸　HCl
用途	炭素鋼線材のバッチタイプの酸洗い	炭素鋼線材，合金鋼線材のバッチタイプ酸洗い，中間線，仕上げ線の酸洗い めっき前の酸洗い
使用温度〔K/℃〕	333～358/60～85	293～313/20～40
使用濃度〔wt%〕	5～20	5～20
第一鉄イオンの限界濃度〔wt%〕	8～10	10～12
仕上がり面の色，状態	やや黒い，あばた	白い，良好
鋼線素地の腐食性	大	小
スマットの生成	多	少
ヒューム発生	少	多

る．図 6.22 にバッチ方式の酸洗い設備の一例を示す．従来，酸洗い槽の素材にはアスファルトを内張りしたコンクリート槽，ゴム等が用いられてきたが，最近は FRP 層や塩化ポリプロピレン，塩化ビニル等樹脂製の槽が主流となっている．酸洗い槽の加熱は，浴中に入れたテフロンチューブに蒸気を通して間接加熱させる場合が多いが，プレートヒーターを使用する方法もある．

バッチ方式ではヘアピンフックの吊具に線材コイルを掛け，酸洗い槽内に浸漬することで酸洗いされる．ヘアピンフックは鋼で製造されており，表面に FRP がコーティングされるが，一部では消耗品と捉えコーティングせずに用いられる場合もある．

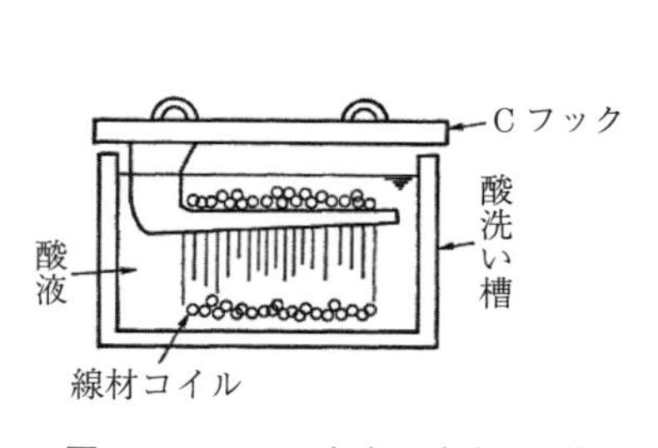

図 6.22　バッチ方式の酸洗い設備の一例

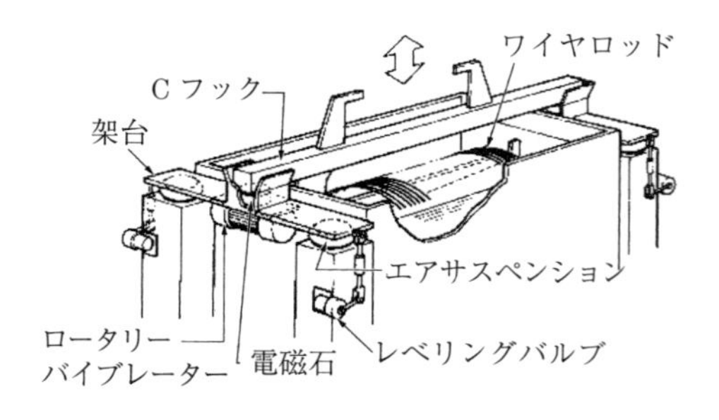

図 6.23　振動酸洗い装置の概略

バッチ方式の酸洗いは，従来線材コイル内部へ酸液が浸透しにくく，内部が脱スケールされにくい傾向にある．その結果，コイル外部のオーバーピックリングや，酸液の過剰消費が問題とされてきた．これらの問題を改善するため，振動酸洗い方法が開発されている．**図 6.23** に振動酸洗い装置の概略を示す[23]．本法は振動モーターを積載したヘアピンフックをばねで受ける機構でコイルを振動させており，ヘアピンフックに与えられた振動が線材コイルに伝わり，線材コイル内部へ酸液が短時間で浸透する．さらにコイルとヘアピンフックの接触部をずらしながら回転させるコイル回転振動酸洗い方法の開発により，コイル内部と外部を均一に酸洗いが可能で，従来の 1/3 まで時間短縮できている[24]．

(b) 機械的脱スケール法　機械的脱スケール（メカニカルデスケーリング）は無公害，低コストの脱スケール法として，スケールが比較的剥離しやすい炭素鋼線材に広く適用されている．本法は，対象とする素材，伸線条件，製品品質等によってさまざまな方法が開発され，現在ではリバースベンディング法，ショットブラスティング法，エアブラスティング法がおもに用いられている．

1) リバースベンディング法　リバースベンディングとは，線材をローラーで曲げて線材表面に引張りあるいは圧縮負荷を付与しスケールを剥離させる方法である．本方式は構造が簡単で設備も安価であるため，最も広く普及している．

ベンディングローラーは線材円周上にわたってなるべく均等なひずみを与えるため，縦横の 2 方向に曲げを加えることができるように配置される．**図 6.24** に示すように線材表面の伸び率はローラー径と線径によって決定される[25]．**図 6.25** に SWRM 8 の伸び率と残存スケール量の関係を示す[26]．伸び率は残存スケールが十分に少なくなるよう通常 6 ～ 8% 程度に設定される．一方，ベンディングローラーだけではスケールを完全に除去することができず，線材表面には一部微細なスケールが残存するため，ワイヤブラシ，砥粒入りナイロンブラシ，鋼線くず等を線材表面に擦過させて除去する方法が併用されている（**図 6.26** 参照）[27]．

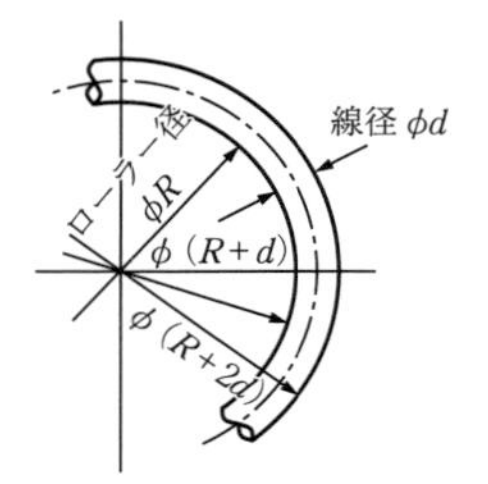

伸び率

$$= \frac{(\text{線の外周の径}) - (\text{線の中心の径})}{(\text{線の中心の径})} \times 100$$

$$= \frac{(R+2d) - (R+d)}{R+d} \times 100$$

$$= \frac{d}{R+d} \times 100\ \%$$

図 6.24 外表面ひずみと線径, ローラー径の関係

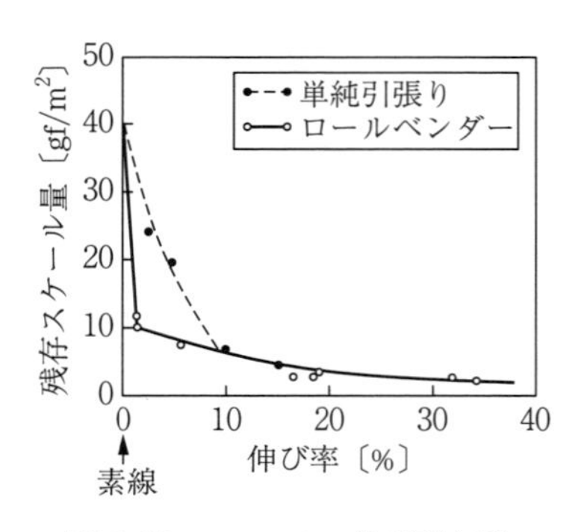

図 6.25 SWRM 8 の伸び率と残存スケール量の関係

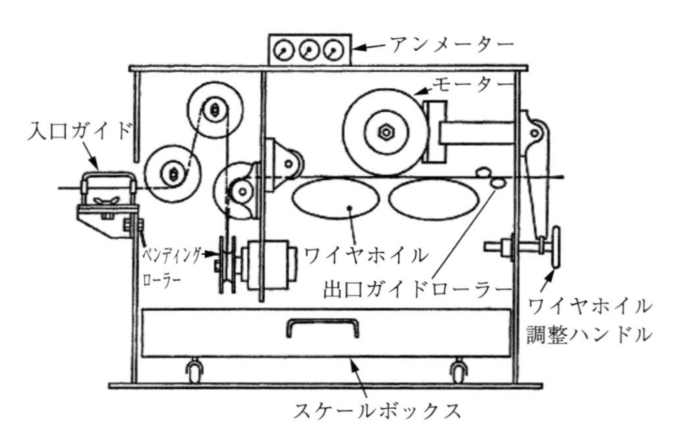

図 6.26 リバースベンディング法の一例

リバースベンディング法は, 線材表面に生成するスケールが鋼線材に比べて著しく靭性が低い熱間圧延線材に対しておもに用いられる. しかしながら, 線材径は最大で ϕ 13 mm 程度に限られること, 焼なましした線や合金鋼の線材は曲げを加えるだけではスケールが剥離しないため適用できない問題点がある. また, 脱スケール後の表面肌は酸洗いしたものと比べ平滑であり, ダイス

への潤滑剤の持込みが悪くダイス寿命が短くなる欠点もある．その対策として，潤滑剤の持込みを助ける圧着ローラー（**図 6.27** 参照），脱スケール後インラインでボラックスや石灰を被覆する皮膜処理装置および伸線潤滑剤の適用により生産性の低下防止が図られている[28]．

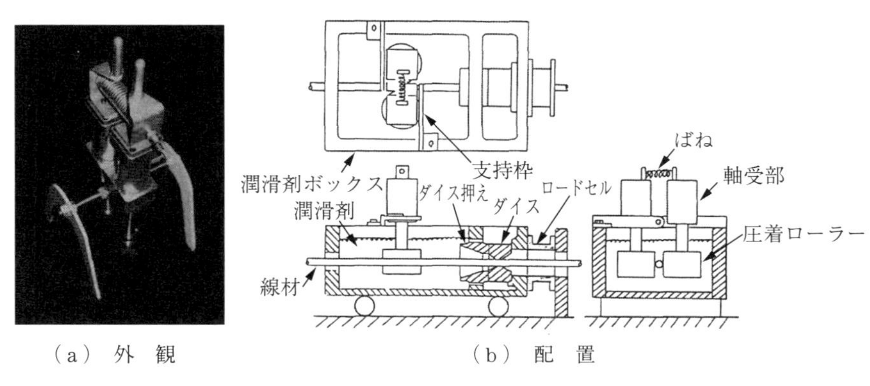

（a） 外 観　（b） 配 置

図 6.27 圧着ローラーの概略

近年では従来のリバースベンディング法では線くせの影響で脱スケールが困難とされていた高炭素鋼線材に対し，ねじりひずみを与えることで線材全周にわたって脱スケールが可能なねじり式メカニカルデスケーラーも開発されている．

2） ショットブラスティング法　ショットブラスティングとは，硬い小さな多数の鋼球を被加工物の表面に高速で投射し，スケールを破壊・除去する方法である．**図 6.28** にショットブラスティング法の原理を示す．ショット粒には ϕ 0.3 ～ 0.6 mm のスチールショットやカットワイヤが使用され，2 900 ～ 4 000 rpm で高速回転する羽根車の遠心力により 65 ～ 100 m/s の速度で投射される．ショットブラスティング法は脱スケール効果が大きく，リバースベンディング法では困難であった合金鋼や熱処理材のスケールを除去できる．ただし，線材表面の粗さが比較的大きくなるため，伸線加工度が低く，かつ表面品質の要求が厳しい製品の場合にはその圧痕が残留するため問題になる場合がある．また，設備費がリバースベンディング法に比べるとかなり高額になる，

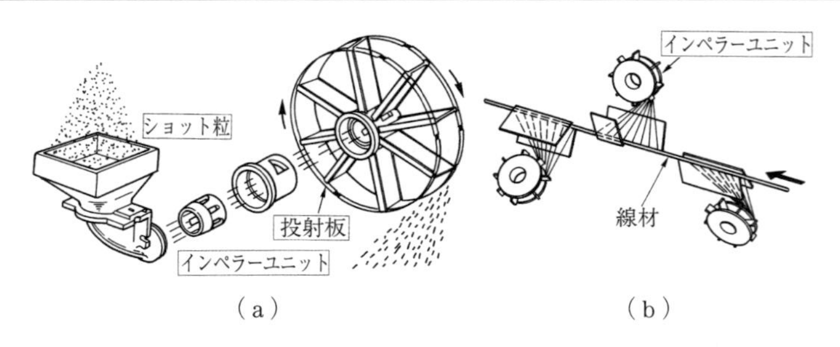

（a）　　　　　　（b）

図 6.28　ショットブラスティング法の原理

細線径では投射効率が低下する等の問題が挙げられる．そのため，本方法はおもに太径の磨棒や冷間圧造用素材の脱スケールに用いられることが多く，連続抽伸機や単頭伸線機にインラインで使用されている．一方，線材表面が適度に肌荒れするため，冷間圧造用素材の伸線加工工程および冷間鍛造工程において潤滑性能の向上が期待でき，脱スケール後リン酸亜鉛皮膜処理と金属せっけん皮膜処理をインラインで施す装置が開発，実用化されている[29]．また，バッチ方式のショットブラスティング装置も開発されている[30]．

3）　エアブラスティング法　　エアブラスティングとは，研削材として使用されるケイ砂，アランダム等を圧縮空気で加速し，被加工物に高速で噴射し，その部分のスケールを削り取る方法である．本方法には，研削材のみを吹き付ける乾式と，水に研削材を均一に混合させて吹き付ける湿式（液体ホーニング）があり，国内では湿式がほとんどである．**図 6.29** に湿式エアブラスティング法の原理を示す[25),31)]．

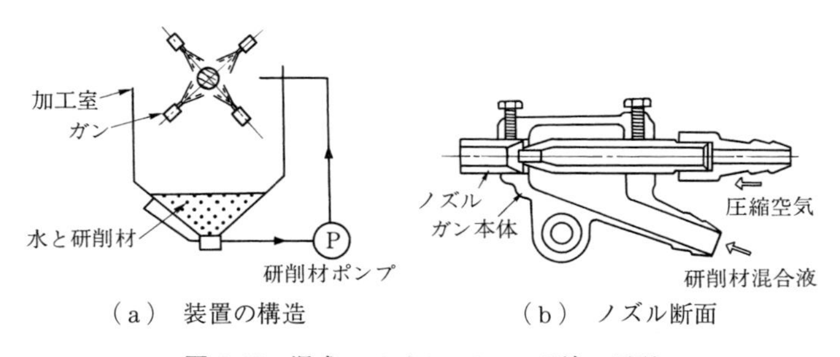

（a）　装置の構造　　　　（b）　ノズル断面

図 6.29　湿式エアブラスティング法の原理

本方法はほとんどの鋼の脱スケールに適用でき，仕上がり肌もきめ細かく酸洗いに近い表面肌になるため，伸線時のダイスへの潤滑剤持込みも良好となる．このため製品表面の要求品質が厳しい冷間圧造用素材等に使用される．欠点として，本法はリバースベンディング法よりも設備費が高額になることが挙げられる．

6.2.2 皮 膜 処 理

脱スケールされた線材は伸線時の潤滑効果を最大化するため，伸線前に線材表面に皮膜処理が施される場合が多い．**表6.3**に示すとおり，皮膜の種類には石灰等を単に線材表面に付着させた物理的皮膜と，地鉄との化学反応により線材表面に皮膜を生成させた化学的皮膜がある．これらの皮膜は伸線潤滑剤のダイスへの持込みを促すキャリヤの役目を果たす．

伸線機とインラインで機械的脱スケールを行う場合は，脱スケール後にインラインでボラックスや石灰を被覆する装置も普及している．

表6.3　潤滑皮膜処理の分類

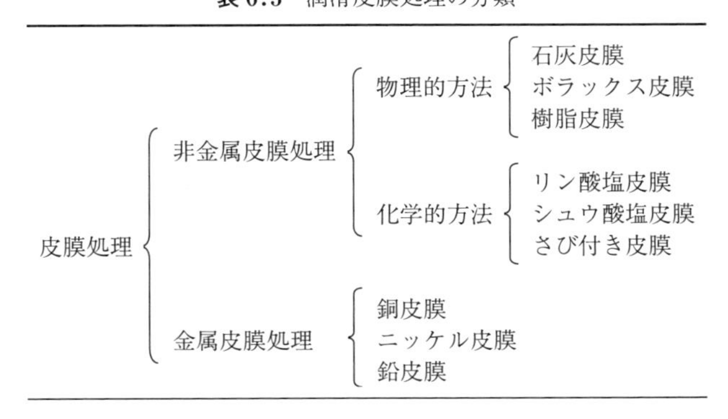

〔1〕 石 灰 皮 膜

石灰皮膜処理は酸洗い後の中和処理を兼ねており安価で処理が容易であり，おもに軟鋼線材で広く用いられている．また伸線後の残留皮膜が除去しやすく，また線の表面品質に及ぼす影響が少ないため後工程でめっきや熱処理される鉄線や鋼線等でも石灰皮膜が用いられている．一方，石灰皮膜は高炭素鋼線の伸線や高速伸線等伸線条件が厳しい場合には，皮膜の付着が弱く剥離しやすいので適用が困難である．

石灰浴の標準的な作り方は，生石灰 20 wt%，水 80 wt%に，ナトリウムせっけんを数%加え，数時間撹拌した後 1～2 週間放置する．このとき，生石灰は水と反応して消石灰となり，さらに一部の消石灰はせっけんと反応し石灰せっけんを形成する．このときの反応式は以下のとおりである．$Ca(OH)_2$濃度 3～6 wt%に水で希釈することで石灰浴として用いられる[32]．

$$CaO + H_2O \rightarrow Ca(OH)_2$$

$$Ca(OH)_2 + 2R\cdot COONa \rightarrow Ca(R\cdot COO)_2 + 2NaOH$$

50～70℃に加熱した石灰浴に線材を 2～3 分浸漬した後取り出して，自然放置または熱風により乾燥させると石灰皮膜となる．石灰浴は 95℃以上になると結晶化が起こり，粒径が大きくなるので避けなければならない．

消石灰の線材への付着性は，粒径が小さく比面積〔mm^2/gf〕が大きいほど高くなる．**表 6.4** に各種条件で水と生石灰を反応させて得た消石灰の諸性質を示す．市販の消石灰に比べ，前述の方法で伸線用に製造した消石灰は，粒径が小さく付着性が良好である．ただし，消石灰は原料の生石灰，混合方法，放置方法等で粒径が変化するので，それぞれの伸線工場に応じた製造方法を確立する必要がある[33]．

表 6.4　消石灰の比面積，粒子径と沈降時間

消石灰の種類		比面積〔m^2/kgf〕	粒子径〔μm〕	沈降時間〔min〕
市販の石灰	A	1 362	2.0	40
	B	3 024	0.9	113
	C	1 721	1.3	53
伸線潤滑用に生石灰から水和した消石灰	D	5 393	0.5	1 800
	E	4 355	0.6	275
	F	1 531	1.7	80

〔2〕 リン酸塩皮膜

リン酸塩皮膜処理は化成処理の一種であり，地鉄との反応により鋼線表面に強固に密着した皮膜を形成できる．ステンレス鋼等の高合金鋼はリン酸塩と反

応しないのでシュウ酸塩が用いられる.

リン酸塩皮膜はその塩の種類によってZn系, Fe系, Mn系, Zn-Ca系があるが, 伸線用としてZn系, 冷間圧造用としてZn-Ca系が多く用いられている. リン酸亜鉛皮膜は, その結晶が樹枝状で微細な凹凸があるので, 伸線潤滑剤のダイスへの持込みを助けるキャリヤ効果に優れており, また素地に強固に密着する皮膜であるため, 加工条件の厳しい高炭素鋼の伸線や高速伸線に適している. しかし, 伸線後にめっきや熱処理がある場合には, 皮膜を除去することが比較的困難であり不向きの場合もある.

リン酸塩皮膜の生成機構は, Zn系を例にとると以下のように表される.

(鉄の溶解反応)

$$Fe + 2H_3PO_4 \rightarrow Fe(H_2PO_4)_2 + H_2\uparrow \tag{6.1}$$

(皮膜の生成反応)

$$3\,Zn(H_2PO_4)_2 \rightarrow Zn_3(PO_4)_2 + 4\,H_3PO_4 \tag{6.2}$$

$$2\,Zn(H_2PO_4)_2 + Fe(H_2PO_4)_2 \rightarrow Zn_2Fe(PO_4)_2 + 4\,H_3PO_4 \tag{6.3}$$

$$2\,Zn(H_2PO_4)_2 + Ca(H_2PO_4)_2 \rightarrow Zn_2Ca(PO_4)_2 + 4\,H_3PO_4 \tag{6.4}$$

リン酸亜鉛処理浴の主成分はリン酸亜鉛および遊離リン酸である. これらのほかに反応速度を調節するためにNO_2^-, NO_3^-, ClO_3^-等の酸化剤, Ni_2^+, Cu_2^+等の重金属イオンが添加されている.

浴中に鋼を浸漬すると, 地鉄表面で遊離リン酸が鉄と反応して水素ガスを発生させる (式 (6.1) 参照). この水素ガスは鋼材とリン酸界面のpHを急激に上昇させるため, 式 (6.2) の反応が進行し, 難溶性の第三リン酸亜鉛が生成, 鋼表面に析出して結晶化することにより皮膜が形成される. 皮膜組成は第三リン酸亜鉛のみではなくリン酸亜鉛鉄の共析 (式 (6.3) 参照) が一般的であり, 皮膜は鉄分の割合によって第三リン酸亜鉛リッチ (ホパイトリッチ) またはリン酸亜鉛鉄リッチ (フォスフォフィライトリッチ) となる. また, Zn-Ca系の場合は, 第一リン酸カルシウムが添加されており, リン酸亜鉛カルシウム (ショルタイト) が析出する (式 (6.4) 参照). この皮膜は耐熱があり結晶が

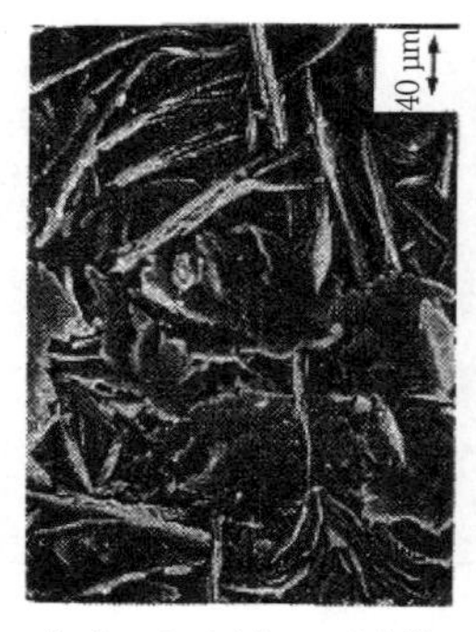

（a） ホパイトリッチ皮膜

（b） フォスフォフィライトリッチ皮膜

（c） ショルタイトリッチ皮膜

図6.30　3種類のリン酸塩皮膜の結晶組織

細かく型詰まりしにくいので，冷間圧造用潤滑皮膜として用いられる．**図6.30**に3種類のリン酸塩皮膜の結晶組織の一例を示す[34]．

リン酸塩皮膜の付着量は，処理液の種類，濃度，温度および鋼材の材質，前処理等により変化する．これらの一例を**図6.31**，**図6.32**，**表6.5**，**表6.6**，**図6.33**に示す[35)〜37)]．付着量は塑性加工度によって調節する必要があるが，高断面減少率伸線には8〜12 gf/m^2程度，冷間圧造用には6〜8 gf/m^2程度が用いられている．後処理としてリン酸塩皮膜を適当な濃度および温度のナトリウムせっけん溶液中に浸漬すると，式（6.5）の反応により金属せっけん

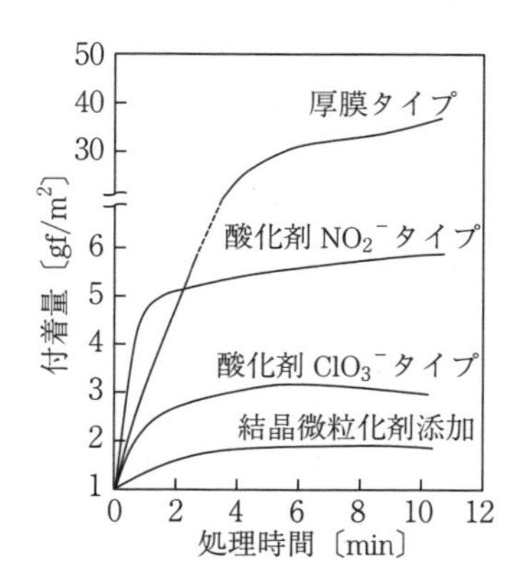

図6.31　処理剤による皮膜重量の変化

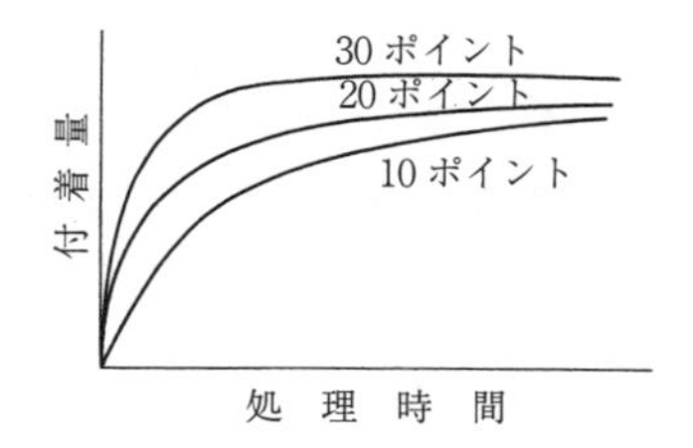

図6.32　処理濃度と皮膜重量

表 6.5 潤滑用として使用されている化成皮膜剤

	付着量〔gf/m²〕	処理時間〔min〕	処理温度〔K（℃）〕	適用
リン酸亜鉛皮膜	15～20	5～10	363～373（90～100）	冷間製造，加工度大なるとき
	8～12	0.3～10	343～353（70～80）	プレス加工以外全般，酸化剤 NO_2^- 使用
	4～6	5～10	338～348（65～75）	同上，酸化剤 ClO_3^- 使用
	2～3	5～10	338～348（65～75）	光沢など必要な場合，結晶微粒化剤含む
	2～3	1～3	323～333（50～60）	スプレー法，主としてプレス成形用

表 6.6 材質による付着量の差異

材質	付着量〔gf/m²〕
S 10 C	4.4
S 25 C	5.3
S 40 C	6.0
S 60 C	7.8
S Cr 415	7.0
S CM 415	10.2
S Cr 440	9.3
S CM 435	12.4

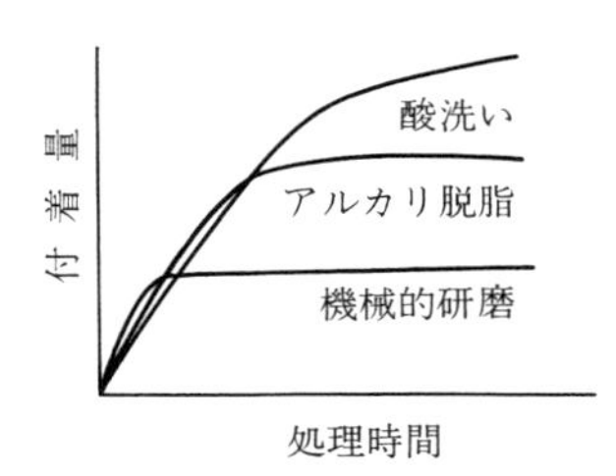

図 6.33 前処理と皮膜重量の関係

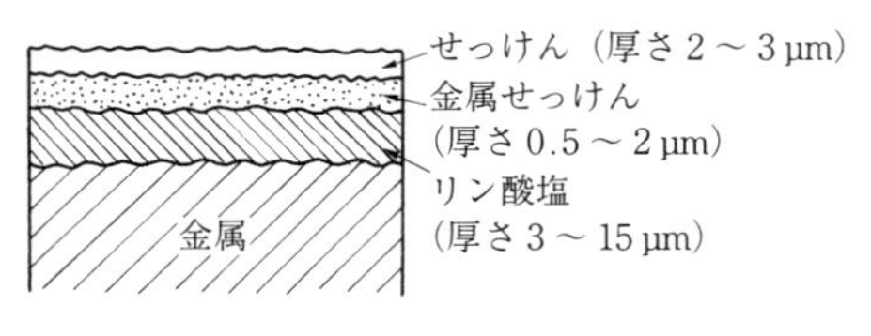

図 6.34 反応型せっけん処理膜

（ステアリン酸亜鉛）が形成され，皮膜自体の潤滑性を向上できる．この処理は反応型せっけん処理と呼ばれ，皮膜組成は**図 6.34** に示すような 3 層構造となり，おもに冷間圧造用鋼線に適用されている．

$$Zn_3(PO_4)_2 + 6\,C_{17}H_{35}COONa \rightarrow 3\,Zn(C_{17}H_{35}COO)_2 + 2\,Na_3PO_4 \quad (6.5)$$

近年，自動車用ボルトなどの高強度化に伴い，遅れ破壊現象がクローズアップされてきた．リン酸塩皮膜に含まれるリンは熱処理工程において鋼中に浸入する浸リン現象が発生し，遅れ破壊を促進することが知られている[38]．各社でリンを含まない非リン皮膜剤の開発が進められており，優れた潤滑性，耐食性を有する報告もある[39),40]．

〔3〕 ホウ砂皮膜

ホウ砂皮膜（ボラックス，$Na_2B_4O_7 \cdot xH_2O$）は粘着性が高く剥離しにくいので，石灰皮膜に比べて潤滑効果が大きい．したがって，軟鋼線の高速伸線，硬鋼線の伸線等，石灰皮膜では潤滑性が十分でない伸線に用いられる．また，ホウ砂皮膜は水溶性で剥離が容易であるため，後工程でめっきを行う場合に適している．ホウ砂皮膜処理は，短時間でかつ付着量の調整が容易であるため，メカニカルデスケーラーと伸線機との間に設置され，インライン処理として適用される場合が多い．また，硬鋼線の場合にもストランド方式で酸洗いとともにインラインで使用される場合が多い．一方，ホウ砂皮膜は吸湿性が大きく，吸湿により潤滑性が劣化するので注意が必要である．

ホウ砂皮膜の付着量は浴の濃度が重要である．このため，伸線材の材質，断面減少率，伸線速度等に応じ適切な濃度を管理する必要がある．**表 6.7** に伸線材の材質と一般的に使われるホウ砂浴の濃度を示す．

表 6.7　伸線材の材質とホウ砂浴の濃度

低炭素鋼の場合	軽加工：5 ～ 10 wt%ホウ砂（$Na_2B_4O_7 \cdot 10H_2O$）
	重加工：15 ～ 25 wt%ホウ砂（$Na_2B_4O_7 \cdot 10H_2O$）
高炭素鋼の場合	10 ～ 30 wt%ホウ砂（$Na_2B_4O_7 \cdot 10H_2O$）

浴温は絶えず飽和点以上に保つ必要がある．夜間等，いったん飽和点以下に低下させると，大粒のホウ砂の結晶がタンクあるいは配管中に析出し，再溶解させるのに長時間を要する．**図 6.35** にホウ砂における皮膜形成と温度，濃度の関係を示す．添加剤として第三リン酸ナトリウム，界面活性剤としてせっけん等を添加することがある．

ホウ砂皮膜は，80℃～沸点近くまで加熱した浴中に鋼線を浸漬し，取り出して線温による自然乾燥あるいは 100 ～ 150℃の熱風で乾燥する処理によって形成される．本処理は反応型でないため浸漬即引上げされるが，線材の温度によって乾燥させる場合には数分程度までの浸漬が行われる．ホウ砂皮膜の結晶水（x）は 2 また 5 水塩が伸線加工に適しており，乾燥温度が 160℃を超える

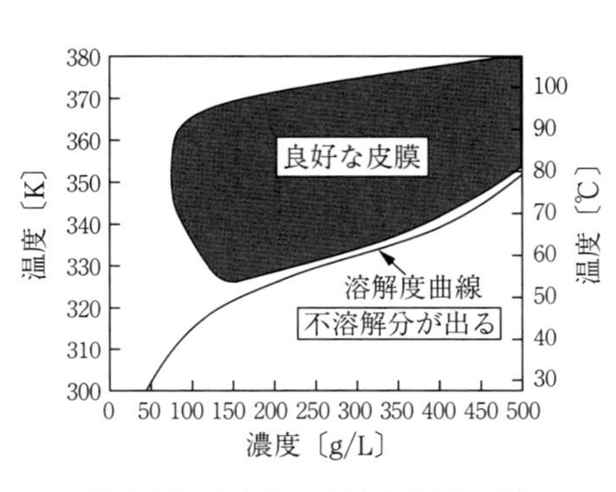

図 6.35 ホウ砂における皮膜形成と温度，濃度の関係

表 6.8 ホウ砂浴の比重と濃度の関係

比重	$Na_2B_4O_7 \cdot 10H_2O$〔wt%〕	
	349 K (76℃)	361 K (88℃)
1.000	5.2	6.4
1.010	7.2	8.4
1.020	9.2	10.4
1.030	11.3	12.3
1.040	13.2	14.3
1.050	15.2	16.3
1.060	17.3	18.3
1.070	19.3	20.3
1.080	21.3	22.3
1.090	23.3	24.3
1.100	25.3	26.3
1.110	27.3	28.3

と結晶水が減少し，1水塩あるいは無水塩になるので避けなければならない．

ホウ砂浴の管理として，濃度は比重測定により求められる．**表 6.8** に，ホウ砂浴の比重と濃度の関係を示す．処理量が増加するに伴い，前工程から持ち込まれる酸液により pH が低下する場合があり，カセイソーダ（NaOH）を添加して pH9.2 ～ 9.3 に保つ必要がある．

6.3 伸線用潤滑剤

伸線用潤滑剤は，鉄鋼，非鉄金属の線材および棒を引き抜く際，被加工物とダイスとの金属接触による焼付きを防止し，安定した加工状態維持のため必要とされている．

伸線潤滑剤は，伸線機，ダイス等とともに伸線業を支える大きな要素として著しい発展を遂げてきた．古くは石灰，麩（ふすま）（小麦粉の糠（ぬか）），小麦粉，固形せっけん等が用いられてきたが，第二次世界大戦後，連続伸線機の普及と伸線の高速度化に伴い，粉末状の金属せっけんが使用されるようになってきた．また，線材種類の増加と仕上がり線の用途拡大に伴い，多種多様の潤滑剤が開発され使用されている．伸線用潤滑剤は，伸線の様式に応じて3種類に分けられる．

① 乾式伸線用潤滑剤

② 湿式伸線用潤滑剤

③ 油性伸線用潤滑剤

6.3.1 伸線潤滑剤の要求特性

図6.36に鋼線を断面減少率25％で引き抜いた場合の温度分布を示す．また，**図6.37**に引抜き材の温度分布に及ぼす摩擦，引抜き速度の影響を示す[41]．伸線時の鋼線表面は，線の加工発熱と線–ダイス間の摩擦熱によって数百度の高温になっており，潤滑剤はこの熱によって溶融あるいは半溶融（軟化）状態と

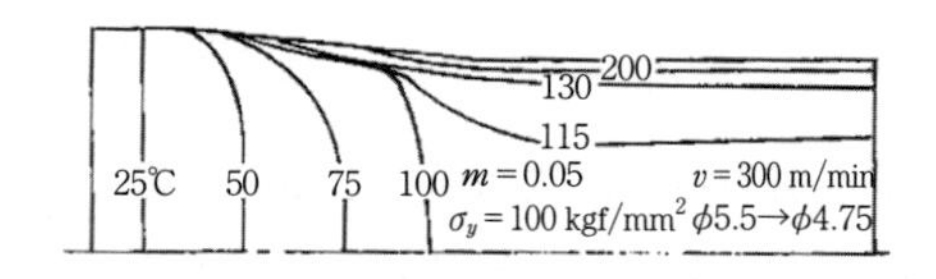

図6.36　引抜き時の温度分布

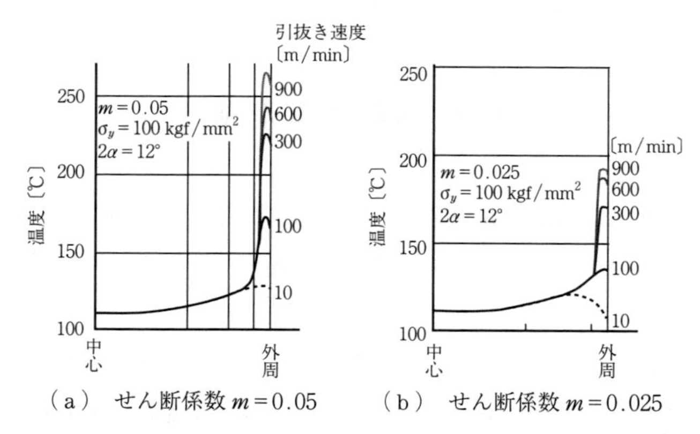

（a）せん断係数 $m = 0.05$　　（b）せん断係数 $m = 0.025$

図6.37　引抜き材の温度分布に及ぼす摩擦，引抜き速度の影響

なっている．**図6.38**に潤滑剤の軟化点と限界伸線速度の関係を示す[42]．高速伸線においては軟化点が高いほど潤滑剤の粘度が適切に保たれるため，伸線中に油膜切れを起こしにくく，限界伸線速度を向上できる．潤滑剤の軟化点は一般に無機物の割合とともに高くできる．

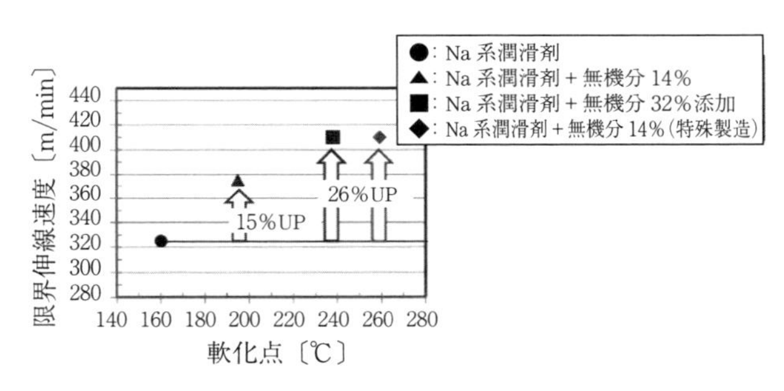

図 6.38 潤滑剤の軟化点と限界伸線温度の関係

一方，発生する熱量は，素材の強度，表面状態，断面減少率，伸線速度，前処理条件等によって変化するため，これらの条件に応じた潤滑剤を選定することが重要である．

潤滑剤には，以下のような特性が要求される．

① ダイス内に安定して持ち込まれること．

② ダイス内で溶融ないし半溶融状態になるとともに高温でも性質が劣化しないこと．

③ ダイス内で高圧力に耐え，ダイスと線との溶着を発生させない安定した皮膜を形成すること．

④ 製品の用途によっては後処理で容易に潤滑皮膜が除去できること[43]．

6.3.2 乾式伸線用潤滑剤

乾式伸線用潤滑剤は粉末状であり，鉄鋼の伸線では最も多く使用され，その種類も豊富である．

〔1〕 構 成 成 分

乾式伸線用潤滑剤の基本成分は金属せっけんと無機物質で，潤滑性を向上さ

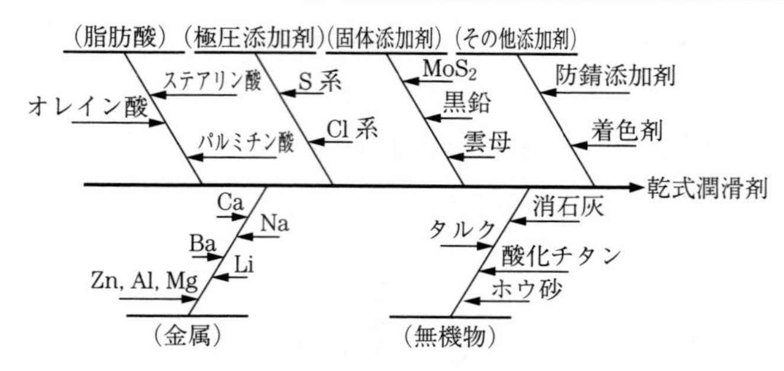

図 6.39　乾式伸線用潤滑剤の構成成分

せるための各種添加剤が配合されている．**図 6.39** に構成成分をまとめた．

〔2〕 金属せっけん

金属せっけんは動植物油脂から得られる飽和脂肪酸（ステアリン酸，パルミチン酸等）とアルカリ土類金属（カルシウム，バリウム，マグネシウム等）が化合した非水溶性せっけんで，優れた潤滑性を有する．金属せっけんの例としてステアリン酸カルシウムの構造式を以下に示す．

$$\underbrace{\begin{matrix} R\text{-}COOH \\ R\text{-}COOH \end{matrix}}_{\text{二つの脂肪酸}} + \underbrace{\begin{matrix} HO \diagdown \\ \quad Ca \\ HO \diagup \end{matrix}}_{\text{水酸化カルシウム}} \xrightarrow{\text{脱水反応}} \underbrace{\begin{matrix} R\text{-}COO \diagdown \\ \quad Ca \\ R\text{-}COO \diagup \end{matrix}}_{\text{カルシウムせっけん}} + \underbrace{2H_2O}_{\text{二つの水}}$$

表 6.9 におもな金属せっけんの種類，軟化点および特徴を示す[44]．なお，表中の軟化点は大気圧下での軟化温度であり，実際は加圧面の圧力に比例して上昇するため，軟化点はさらに高くなることに注意が必要である．例えば，ステアリン酸は大気圧下での融点は約 70℃であるが，1 960 MPa の高圧下においては，その融点が 470℃まで上昇する[45]．

表6.9 おもな金属せっけんの種類，軟化点および特徴

品名	軟化点※〔℃〕	特徴
ステアリン酸ナトリウム（オレイン酸ナトリウム）	260	• 軟化点が高く耐熱性に優れるため，高温での潤滑に用いられる． • 水溶性であり，洗浄性に優れる．
ステアリン酸バリウム	240	• 軟化点が高く，高温での潤滑に用いられる． • 伸線時に展着性があり，酸洗いでの除去が困難． • 広範の伸線条件で使用できる．
ステアリン酸リチウム	220	• ステアリン酸ナトリウムと類似の性質を示す． • 広範の伸線条件で使用できる． • 高価格である．
ステアリン酸カルシウム	150	• 展着性が良く，優れた潤滑性を示す． • 酸洗いでの除去が困難． • 最も一般的に使用されている．
ステアリン酸マグネシウム	140	• 軟化点の調整用として使用されている．
ステアリン酸亜鉛	125	• 軟化点の調整用として使用されている．
ステアリン酸アルミニウム	100	• 耐熱性に優れ，炭化しにくい． • ブライト用潤滑剤の軟化点調整用として有効である．

〔注〕 ※軟化点は大気圧での測定値

〔3〕 無　機　物

無機物は伸線加工時に線とダイスの間に引き込まれ，一部は破砕されながらダイス面と線の金属接触を防止する転がり潤滑の役割を果たす．また，潤滑剤

表6.10 代表的な無機物の種類と性質

種類	性質
タルク（滑石）	① 形状はへん平． ② 耐熱，耐圧性が大きい． ③ ステアリン酸金属塩の補助剤として使用される．
酸化チタン	① 形状は塊状，表面に凹凸がある．硬い． ② 耐圧性が大きい．
石灰	① 形状は酸化チタンと類似． ② 軟化点の調整用として使用される． ③ 一般的であり，低価格．
ホウ砂	① 低軟化点の無機性潤滑剤．ステアリン酸金属塩および他の無機物と配合して適当な軟化点にするための補助剤として使用される．

の軟化点を調節する役割もあるため，添加量，硬度，形状，寸法等が重要な条件となる．**表6.10**に代表的な無機物の種類と性質を示す．

〔4〕 添　加　剤

添加剤は伸線加工時の焼付き防止の役割を果たすが，仕上げ線の表面光沢，めっき製，防錆性に悪影響を与えることがある．

（a） 硫　　黄　硫黄は軟化温度115℃と低く，伸線時の加工熱で容易に溶融するため，展着性，反応性に優れている．また線表面にせん断力の小さい硫化鉄の皮膜を形成し，焼付き防止にも作用する．一方，硫黄は吸湿性が強く発錆の原因になるので，錆を嫌う製品には適用できない．添加量は一般に10％以下である．

（b） 二硫化モリブデン　**図6.40**に示すように，二硫化モリブデンは層状の原子配列のため層間がへき開しやすく，伸線加工時の高圧力下においても層間ですべりが発生し，線とダイスの間に介在して焼付きを防止する役割を果たす．添加量は一般に15％以下である．

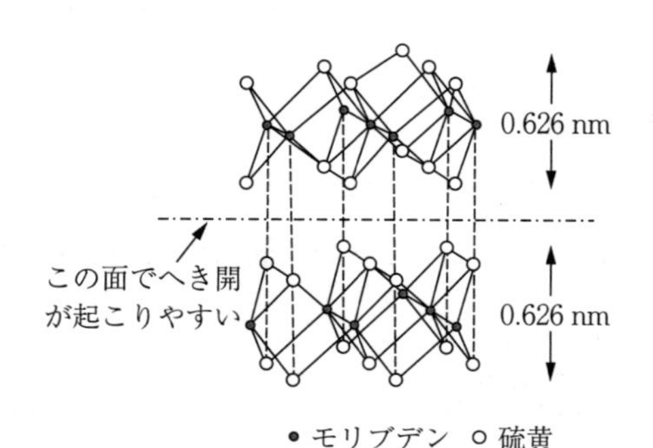

図6.40　二硫化モリブデンの結晶構造

（c） 黒　　鉛　**図6.41**に示すように，黒鉛は層状の結晶構造であり，二硫化モリブデンと類似の潤滑作用を有する．耐熱性は二硫化モリブデンよりも高く，600℃までの高温に耐えられる．

〔5〕 乾式伸線潤滑剤の性能評価方法

乾式伸線潤滑剤は製品の要求品質や伸線条件に適合させるため，さまざまな

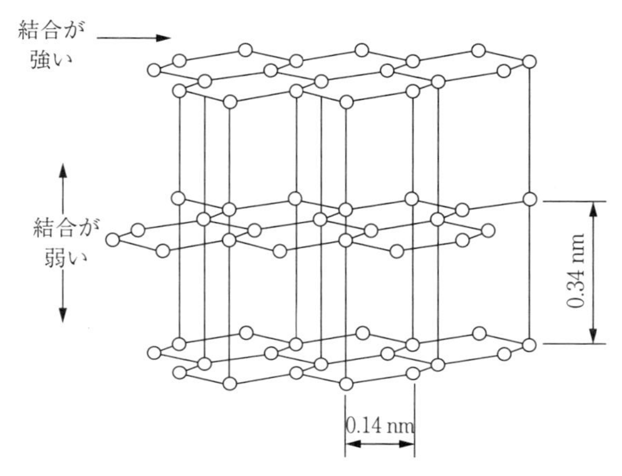

図 6.41　黒鉛の結晶構造

成分配合が使用されている．潤滑剤の性能を評価する項目として，以下が挙げられる．

① ダイスの寿命
② 線表面の潤滑剤付着量
③ ダイスボックス内の炭化物（リジェクション）の発生量
④ ダイス出口の潤滑剤フレークの発生状態
⑤ 伸線中の線の表面状態（光沢の程度，ダイスきずの有無）
⑥ 伸線中の線表面の粗さ
⑦ 仕上がり線の力学特性
⑧ 発錆性，防錆性
⑨ 脱脂性
⑩ 作業性
⑪ 潤滑剤消費量

最も定量的に潤滑の良否が判定できる項目は，① のダイス寿命であるが，その判定には多くの時間と材料が必要である．一方，③ の炭化物（リジェクション）の発生量と，④ のフレークの発生状態を観察する方法は，比較的評価しやすい．**図 6.42** にリジェクションとフレークの発生状態を模式的に示す[46]．

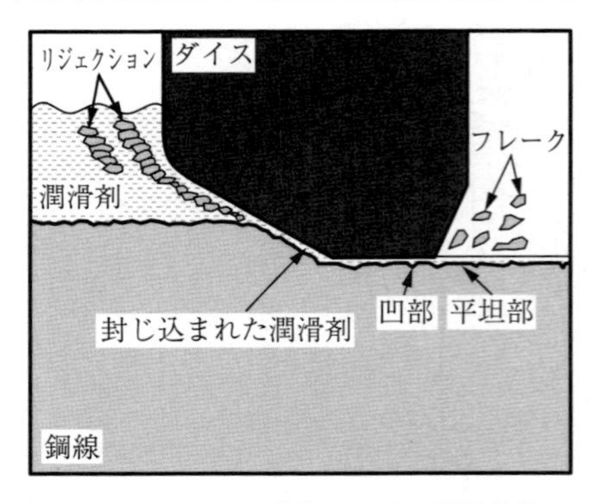

図 6.42　ダイス近傍における潤滑機構

リジェクションは，ダイス加工面まで潤滑剤が届かずダイスボックス内に戻ってきた黒色の固形物を指す．リジェクションは伸線温度に比べて低軟化点の配合物が多い場合に発生する．潤滑剤が早期に溶解し，ダイスに届く前に入り側に排出され，冷えて固まることで形成される．金属せっけんの種類，無機物の配合を変え，軟化点を上げる等の対策により，潤滑剤のダイスへの導入を促す必要がある．

一方，フレークの発生は，ダイス加工面で十分な潤滑皮膜が形成されている場合に発生する現象であり，いずれのダイスにおいても連続的にしかも均一な発生とする必要がある．特に最初のダイス出口での発生状態が重要であり，潤滑状態が良好の場合，白色系の薄い紙片状でダイスから出てくる．フレークは，ダイスを多く通過し温度が上昇するに従って，小さな粉末に変化していく．

6.3.3　湿式伸線用潤滑剤

湿式伸線の潤滑機構は，基本的に乾式潤滑と同様であるが，水に潤滑剤を溶かして使用する点で大きく異なっている．特にめっき鉄線，鋼線や銅線等の伸線に多く使用されている．

〔1〕　構　成　成　分

湿式伸線潤滑剤は，動植物油，鉱物油および油性向上剤が主成分で，これらを水に分散，乳化，可溶させるため乳化油（界面活性剤）が配合される．また，ダイス焼付き防止のため種々の添加剤も配合される．**図 6.43** に湿式伸線用潤滑剤の構成成分を示す．

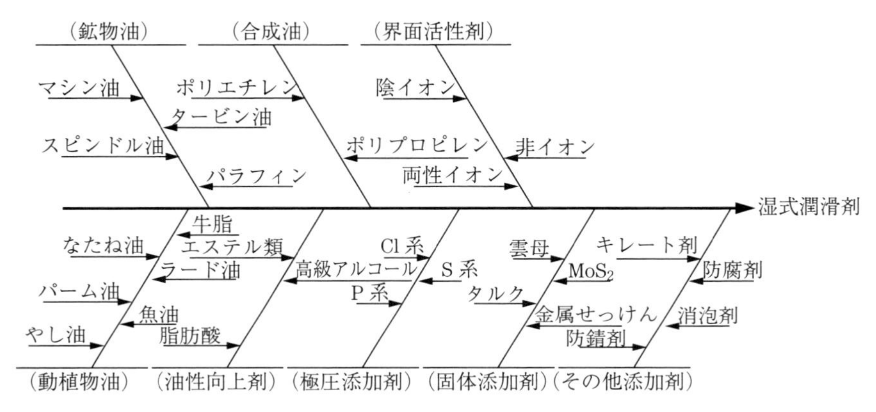

図 6.43　湿式伸線用潤滑剤の構成成分

（**a**）　**動植物油，鉱物油**　　動植物油は牛脂，豚脂，なたね油等の液体，またはペースト状の比較的融点の低い油脂分が使用される．鉱物油ではスピンドル油，マシン油，タービン油等が用いられる．

（**b**）　**油性向上剤**　　油性向上剤はおもに鉱物油系の潤滑油に使用される添加剤で，鉱物油よりも金属面に強固な吸着皮膜を作り油性（oiliness）を向上させる役割を果たす．油性向上剤には脂肪酸エステル，高級アルコール等が用いられる．

（**c**）　**界面活性剤**　　界面活性剤は各種油，添加剤を水中に均一に分散させ安定した潤滑性を発揮させる作用を有する化合物で，乳化剤とも呼ばれる．

（**d**）　**その他添加剤**　　その他の添加剤は，潤滑剤に潤滑性以外の性能を付与するため添加される場合があり，消泡剤，防錆剤，防腐剤および水質軟化剤等がある．

〔2〕　使　用　方　法

水に湿式伸線潤滑剤の原液を使用濃度分だけ混合し，溶解または乳化させる．潤滑液はポンプでダイスに噴射するか，ダイスを液中に浸漬して循環使用する．濃度は使用目的および伸線条件によって変わるが，おおむね 3 ～ 30％である．液温は 20 ～ 50℃が一般的で，それ以上の温度上昇を抑えるため，熱交換器が使用される.

潤滑液はpHと油分濃度で管理される. 長時間の使用に伴い剥離しためっき粉, 素材金属粉, および老廃物で潤滑液が汚染されてくるので, 定期的な除去かフィルターおよび分離器による連続的な除去が必要である. また, 悪臭がする場合にはバクテリアが発生しているので, 除菌が必要となる[47].

6.3.4　油性伸線用潤滑剤

油性伸線用潤滑剤は, 仕上がり線を金属光沢のある表面に仕上げる場合に多く使用されている. 油性伸線用潤滑剤の潤滑性は乾式と湿式の中間程度である. 適用範囲はステンレス鋼線, めっき鉄線, アルミニウム線等である.

油性伸線用潤滑剤は, 鉱物油, 動植物油, 合成油等をベースにして添加剤, 油性向上剤等が配合されている. **図6.44**に油性伸線用潤滑剤の構成成分を示す.

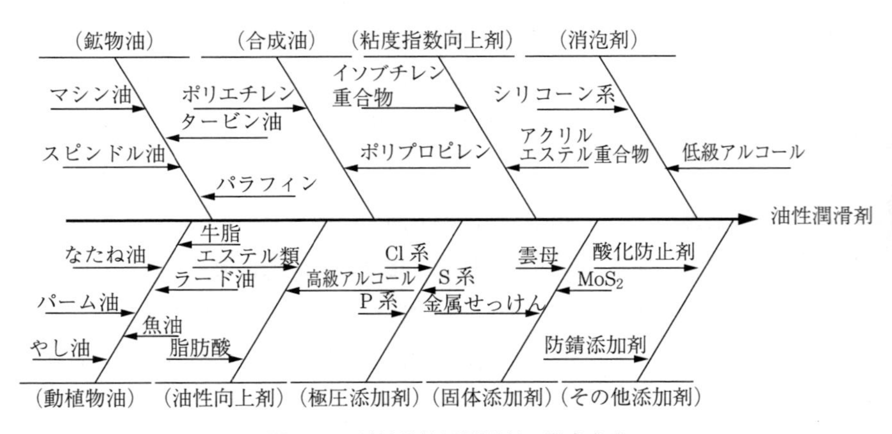

図6.44　油性伸線用潤滑剤の構成成分

6.4 線 の 冷 却

6.4.1 伸線速度とダイス寿命

伸線加工工程において生産性を向上させるためには，伸線速度を高くすることが最も有効である．しかしながら，伸線の高速度化に伴い，線の加工発熱および線–ダイス間の摩擦熱が増加するため，ダイスの熱軟化および潤滑剤の潤滑効果の低下によりダイス寿命が短くなる．また，極端な場合には潤滑剤の膜切れによって線とダイスが焼き付き，線表面へのきず発生（ツールマーク）および断線によって伸線自体が不可能となる．伸線速度はダイス寿命や製品品質に大きな影響を与えるので，適切に設定する必要がある．

6.4.2 伸線速度と線温

伸線速度の増加に伴いダイスの温度が上昇するが，加工を受ける線の温度も上昇する．**図 6.45** に鋼線の伸線速度とダイス出口での鋼線表面温度の関係を示す[48]．鋼線の表面温度は，伸線速度の増加に伴い増加する傾向が示されている．この温度は，素材自体の加工発熱量，線とダイスの摩擦熱による発熱量および大気中に放熱される（抜熱）量によって決定され，特に 10 m/min までは温度上昇が顕著になる．また，線径が細くなるほど温度が上昇しやすいのは，ダイスと線の設置面積の減少による摩擦領域の局所化と線の抜熱するための断面積の減少による影響が大きい．

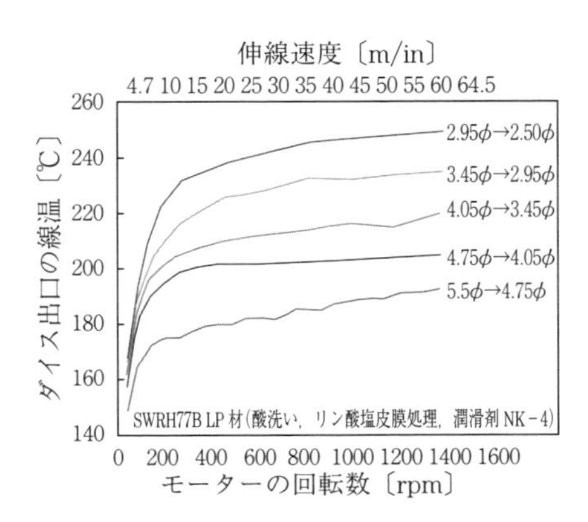

図 6.45 22 in 単頭伸線機における伸線速度とダイス出口線温の関係

6.4.3　伸線速度と鋼線品質

図 6.46 に線温および力学特性の伸線加工度による変化の一例を示す[49]．本実験では，伸線温度を変化させるためダイス直後に直接水冷装置を取り付けた

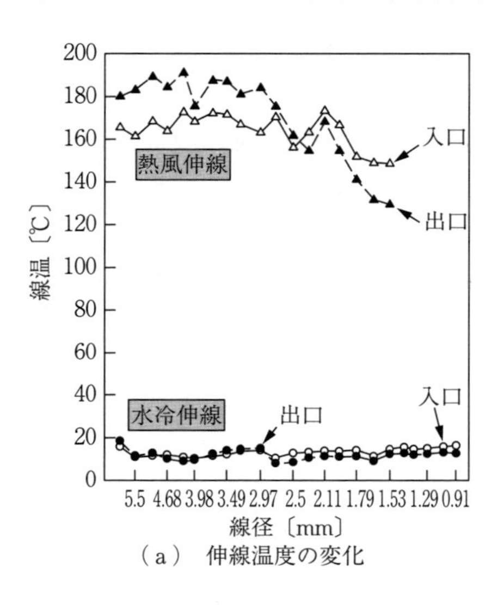

（a）　伸線温度の変化

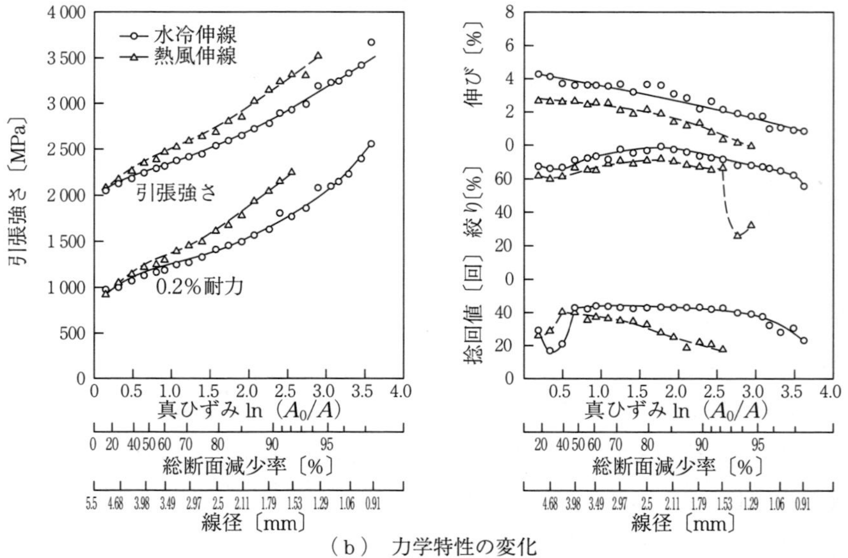

（b）　力学特性の変化

図 6.46　線温および力学特性の伸線加工度による変化

条件と，ダイス入口の線を予熱する熱風加熱装置を取り付けた条件について検討した.

伸線加工限界は20℃以下の温度で伸線した場合，総断面減少率96％（φ 5.5 → φ 1.06 mm）になるが，伸線温度が130℃以上となると，総断面減少率92％（φ 5.5 → φ 1.53 mm）にとどまっており，伸線温度が伸線限界に大きく影響する結果となった．また，伸線温度と伸線材の力学特性の関係では，総断面減少率の増加に伴い，高温伸線における引張強さは低温伸線材を大きく上回り，φ 1.53 mm付近においてその差は約200 MPaとなっている．一方，伸線温度と靭性の関係について捻回値で比較すると，低温伸線の場合は総断面減少率92％（φ 1.53 mm）付近から捻回値の低下が始まるのに対して，高温伸線では総断面減少率60％（φ 3.5 mm）付近から捻回値の低下が始まっており，靭性で大きな差が生じる結果となった.

鋼線の力学特性が伸線温度に影響される理由として，鋼線のひずみ時効の影響が知られているが，近年のミクロ組織観察技術の進歩と高強度化の追究により，ひずみ時効の発生機構が明らかにされてきた[50)]．すなわち，強度の伸線加工ひずみが鋼線に付与されると，準安定相であるセメンタイトが分解し始め鋼中に固溶Cとして拡散するようになる．伸線加工によって発生する転位は固溶Cによって固着されるようになり，転位がさらに移動するためには，強い力で固溶Cの固着を切るあるいは引きずる必要があるが，すぐにつぎの固溶Cによってまた動きが妨げられ，より強い力が局所に集中するようになる．その結果，強度の増加と延性の著しい低下が発生する．この現象はDSCでの発熱ピークとして観察され，100℃付近のピークが固溶Cが転位を固着するプロセスに相当する[51),52)]．また，強加工領域においては，伸線加工によってセメンタイトがほぼ完全に分解し，C固溶限を大幅に超えるCがフェライト中に固溶することがアトムプローブ電界イオン顕微鏡等観察技術の進歩により明らかになりつつある[53)].

6.4.4 線の冷却技術

伸線速度の高速度化に伴う問題点は，潤滑状態の劣化によるダイス寿命の低下と鋼線の靭性低下であるが，いずれも伸線温度の上昇と関係している．対策として，伸線前処理や潤滑剤の改良，パススケジュールの最適化等とともに伸線温度を下げる種々の冷却装置が開発され，実用化されてきた．

図6.47 に伸線機ドラムの冷却方法を示す[49]．初期の頃の単頭伸線機では，ダイスとドラムの冷却機構はなく，炭素鋼で仕上がり線径 ϕ 2 mm 程度の場合，伸線速度は 20 ～ 40 m/min が限界であった．一方，連続伸線機の導入後，ダイスの外周冷却とドラムの冷却が行われるようになり，伸線速度は 150 ～ 200 m/min に達した．さらに，ドラム内壁のスプレー式冷却や貯水式冷却が採用されるようになり，伸線速度は 300 ～ 400 m/min まで向上した．しかし，スプレー式や貯水式では冷却水が遠心力で内壁に押し付けられるため，水の循環が悪くなり，十分な冷却効果が得られなくなる．その対策として，回転ドラム内壁と 1 mm 程度の隙間を持たせた静止壁を設け，冷却水とドラムとの熱伝達率を向上させた BISRA のナローギャップキャプスタンが採用されるように

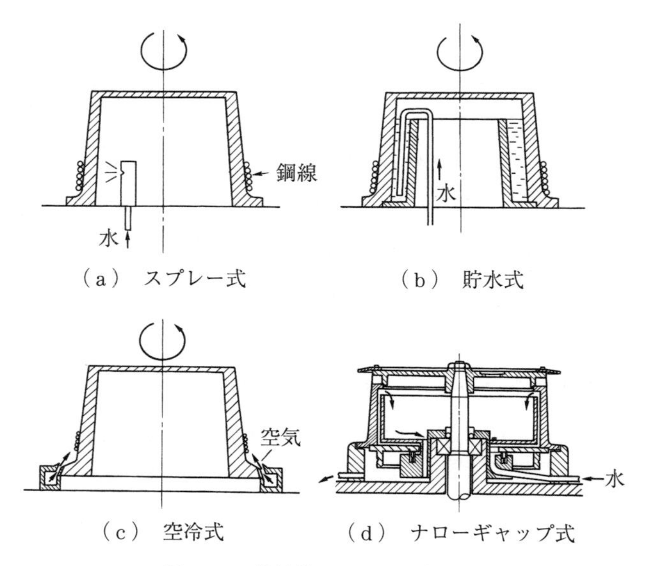

図6.47 伸線機ドラムの冷却方法

なり，600 m/min 程度まで伸線速度が増加した[54]．

1 000 m/min 程度の超高速伸線においては，ダイスとドラムの冷却のみでは鋼線の時効脆化やダイス寿命の低下を抑えることが困難であり，**図 6.48** および**図 6.49** のように，ダイスを出た鋼線を水冷またはミスト冷却する方式や，**図 6.50** のようにダイス背面を冷却すると同時に，ダイス出口の鋼線を直接冷却する装置等が従来の冷却装置とともに使用されるようになった[55),56]．

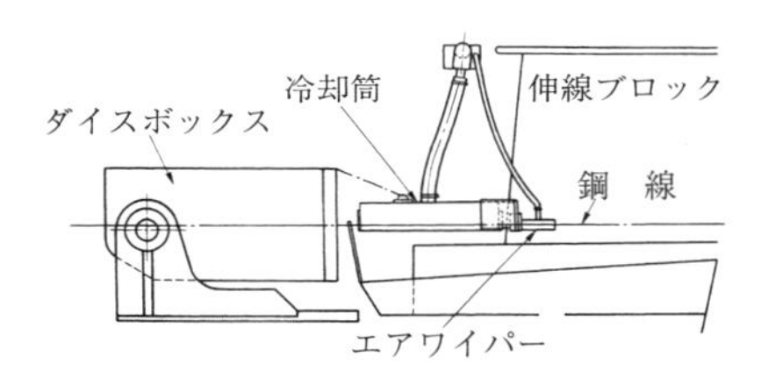

図 6.48 インターバス冷却装置

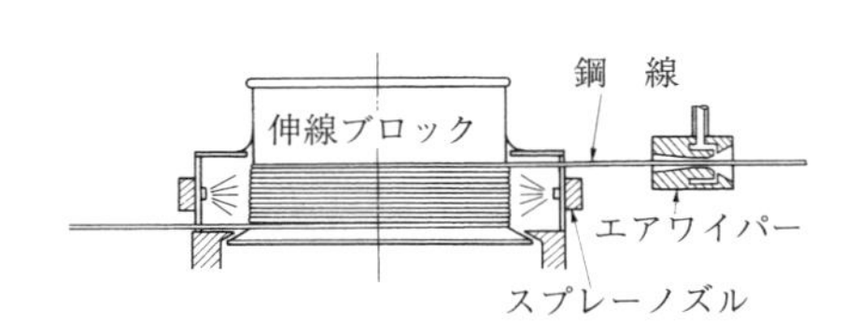

図 6.49 ミスト冷却装置

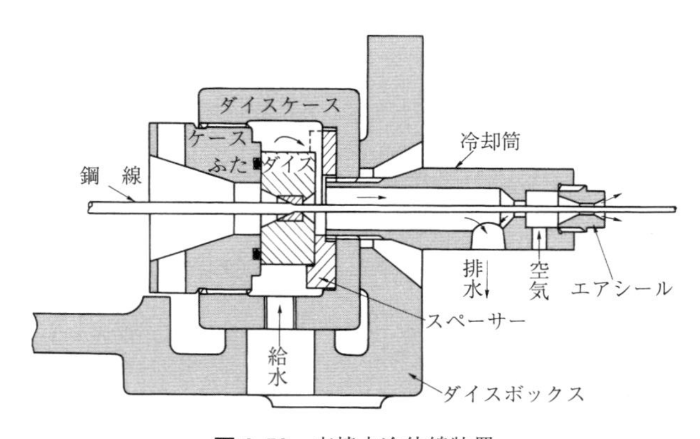

図 6.50 直接水冷伸線装置

図 6.51 に従来の冷却方式で伸線した場合と，直接水冷装置を取り付けて伸線した場合の伸線温度の比較を示す．通常伸線では最高温度が 250℃ に達しているが，直接水冷伸線での最高温度は 140℃ にとどまっており，その差が**図 6.52** の力学特性の差として現れている[56]．

図 6.53 に直接水冷により伸線速度を通常伸線の 1.39 倍（360 m/min → 500 m/min）まで増加させたときに得られた鋼線の力学特性を示す．仕

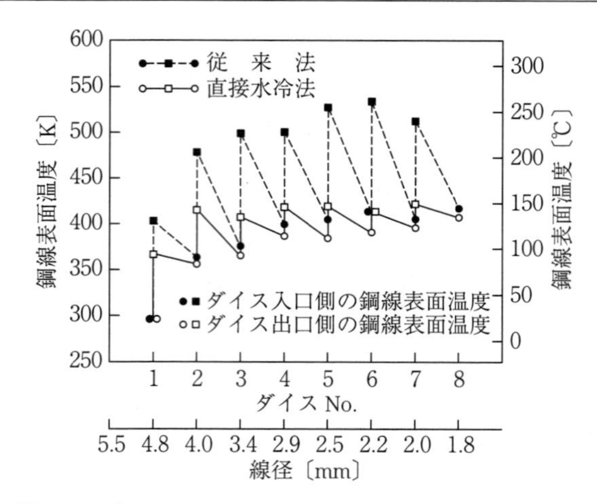

図 6.51　各ダイスの入口側および出口側における伸線温度

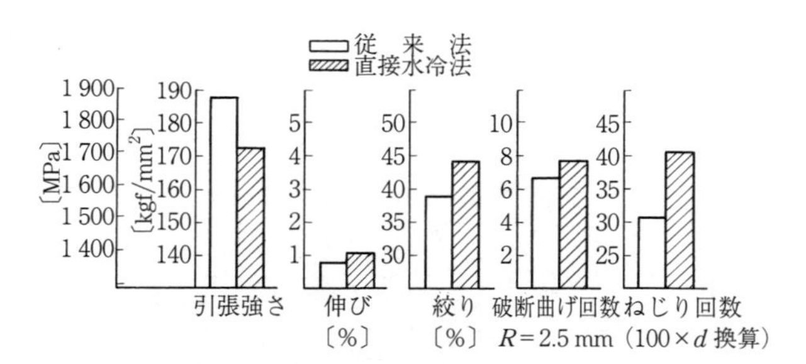

図 6.52　ϕ 2.0 mm 鋼線の力学特性

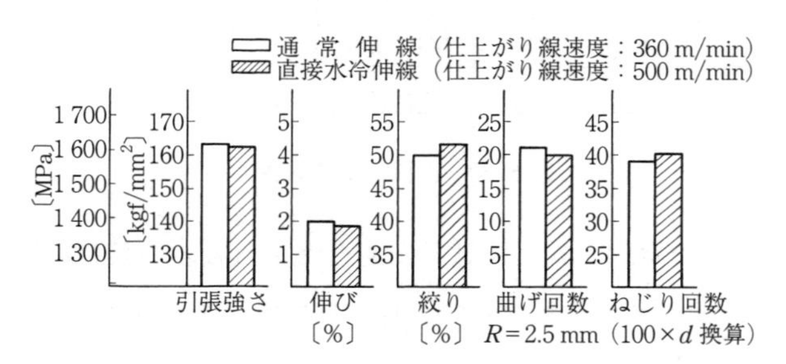

図 6.53　直接水冷伸線および通常伸線から得られた鋼線の力学特性の比較

上がり線の力学特性は通常伸線と同等となっており，伸線中の線温を下げた結果，製品の品質を確保しつつ伸線の高速度化が可能となった[56].

6.5 線 の 特 性

6.5.1 素材の特性に及ぼす熱処理の影響

〔1〕 熱処理条件の影響

高炭素鋼線材の製造においては，伸線に適した均一微細パーライト組織を得るため，素材には通常，パテンティング処理が施される．パーライト組織は**図 6.54** に示すように，フェライトとセメンタイトの2相で構成されている．**図 6.55** にパーライト組織の模式図を示す．パーライトの組織因子は，パーライトブロック（フェライトの結晶方位がそろった領域，パーライトノジュールとも呼ばれる），パーライトコロニー（ラメラーの方向がそろった領域），ラメラー間隔（セメンタイトの層間隔）である．パテンティング条件や合金元素によってこれらの組織因子が変化し，パテンティング処理材や伸線加工後のワイヤ特性に大きな影響を与える[57),58)]．

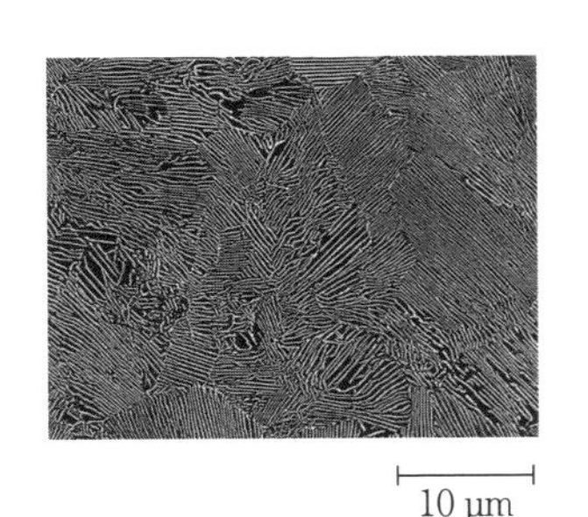

図 6.54 パーライト組織（SEM 写真）（0.82%C）

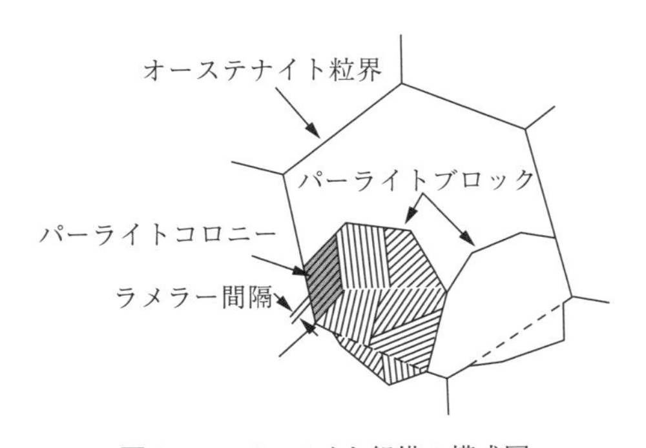

図 6.55 パーライト組織の模式図

パテンティング処理条件によってパーライトの組織因子は変化する．パーライト加熱温度について，**図 6.56** にオーステナイト粒度とパーライトブロック粒度の関係を，**図 6.57** にパーライトブロック粒径と絞り値の関係を示す[59)]．オーステナイト粒度の微細化に伴い，変態後のパーライトブロック粒度が小さ

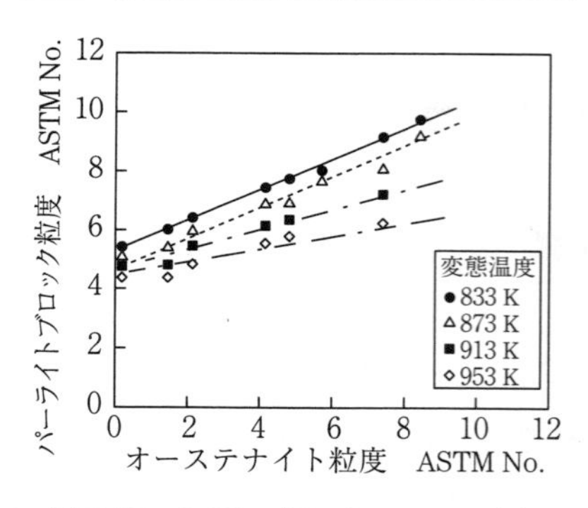

図 6.56　0.8%C 鋼のオーステナイト粒度とパーライトブロック粒度の関係（1% Cr 添加）

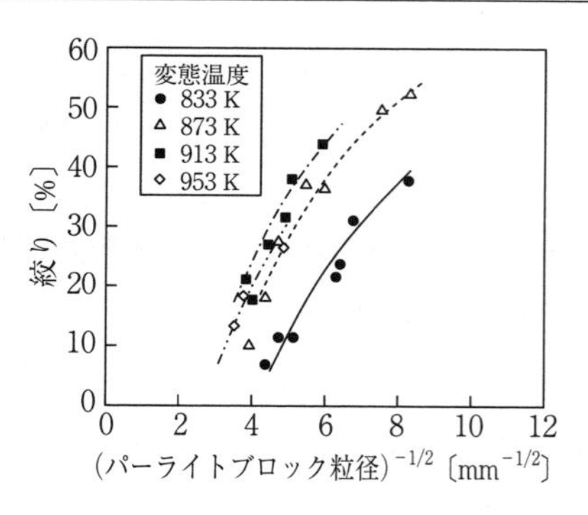

図 6.57　0.8%C 鋼のパーライトブロック粒径と絞り値の関係（1% Cr 添加）

くなり，加工性の指標である絞り値が高くなると判断される．オーステナイト粒度を微細化するためには，オーステナイト化温度の低温化が有効である．ある程度までのオーステナイト化温度の低温化は，わずかに溶け残った炭化物によって，オーステナイト結晶粒の成長が阻害されるため，オーステナイト粒度の微細化に有利であるが，オーステナイト化温度が低すぎると，炭化物の溶け残りが多くなり，変態後の強度低下，伸線後の延性低下を招くため注意が必要である．一方，オーステナイト化温度を上げていくと，オーステナイト粒径が大きくなり，焼入れ性が高くなるため，パーライト変態に要する時間が増加する．その結果，パテンティング処理中に変態が終了せず，ベイナイトが生成して延性の低下を招く．オーステナイト結晶粒度は窒化物形成元素（Al，Ti，Nb等）の添加によっても制御できる．これらの窒化物はオーステナイト加熱中のオーステナイト結晶粒の成長を抑制するため，オーステナイト化温度の影響を鈍化させることができる．ただし，極細径まで伸線する際にはこれらの窒化物が断線の起点になる場合があり，断面減少率を考慮した上で鋼材を選定する必要がある．

パーライト変態温度も，パーライト組織因子の決定のためには重要である．**図 6.58** にパーライト変態温度とラメラー間隔の関係を，**図 6.59** にラメラー間隔と変形応力の関係を示す[60]．パーライト変態温度の低下に伴う引張強さ

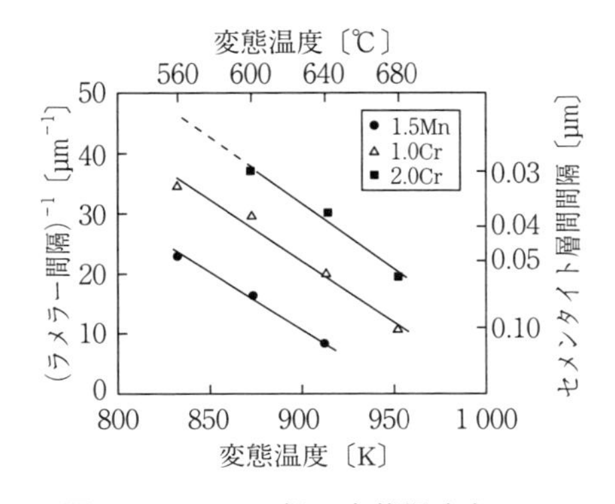

図 6.58 0.8%C 鋼の変態温度とラメラー間隔の関係

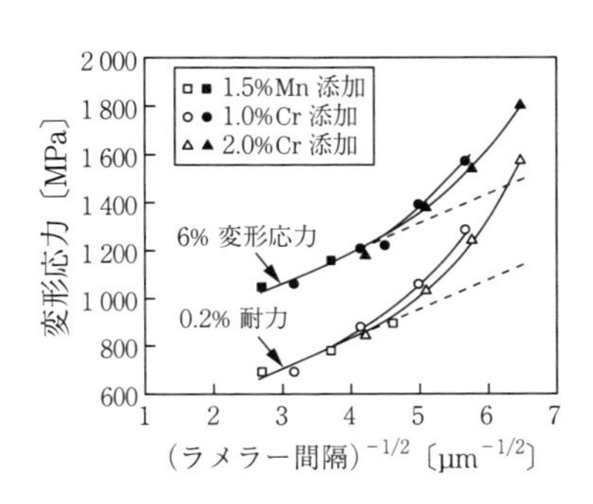

図 6.59 0.8%C 鋼のラメラー間隔と変形応力の関係

の増加はラメラー間隔の減少に起因する．ラメラー間隔は合金元素にも影響を受け，同じ温度で変態させた場合，Cr はラメラー間隔を微細化し，Ni および Mn は粗大化させる．

一方，変態温度と延性の関係については，**図 6.60** に示すとおり，加熱温度が低くオーステナイト結晶粒が細かい場合は変態温度の低下とともに絞りが増

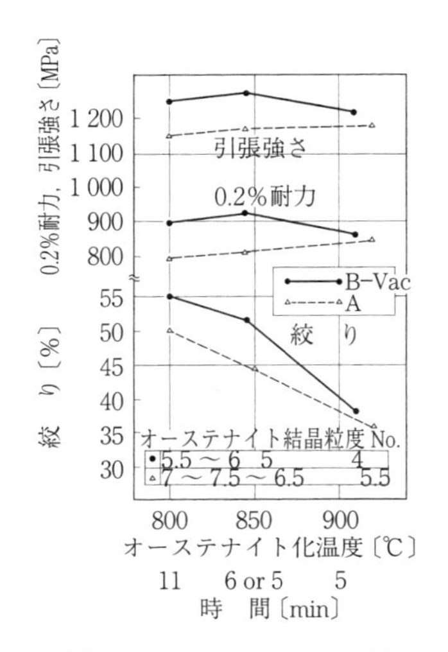

図 6.60 パテンティング材の引張特性に及ぼすオーステナイト化条件の影響

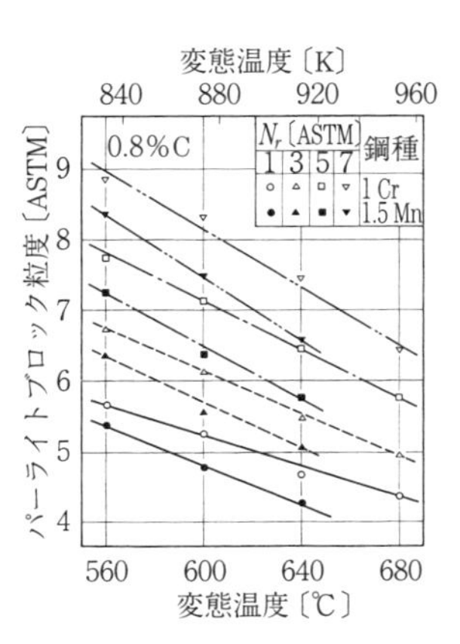

図 6.61 一定のオーステナイト結晶粒度における変態温度のパーライトブロック粒度の関係

加しているのに対し，オーステナイト結晶粒が粗大になると絞りが大きく低下している[61]．変態温度が低下するとラメラー間隔（セメンタイト厚さ）が減少し，セメンタイトの変形能が向上する．また，**図6.61**のように，オーステナイト結晶粒が同一でも，変態温度の低下とともにパーライトブロック粒度が減少する．一方，変態温度が低下すると引張強さが増加することによる脆性破壊の感受性が高くなるため，これらの影響度のバランスによってパテンティング材の延性が決定されるといえる[59]．

ここで，パテンティング時の変態温度が低すぎるとベイナイト組織が混在してくるが，従来，ベイナイト組織は強度，延性の低下を招くため避けるべきと考えられてきた．最近，ベイナイトはセメンタイトラメラーによる変形の拘束が小さいため，加工硬化量は小さいものの高い伸線加工度を発揮するとの報告もなされており，今後の統一的な見解が待たれる[8]．

〔2〕 圧延インラインパテンティング線材の特性

図6.62に線材を空気，鉛，圧延にてそれぞれパテンティングしたときの冷却曲線をCCT曲線上に模式的に示す[62]．通常，鋼の化学成分が同じ場合，変態温度は空気，圧延，鉛パテンティングの順に低いため，引張強さは**図6.63**に示したように空気，圧延，鉛パテンティングの順に高くなる[63]．一方，冷

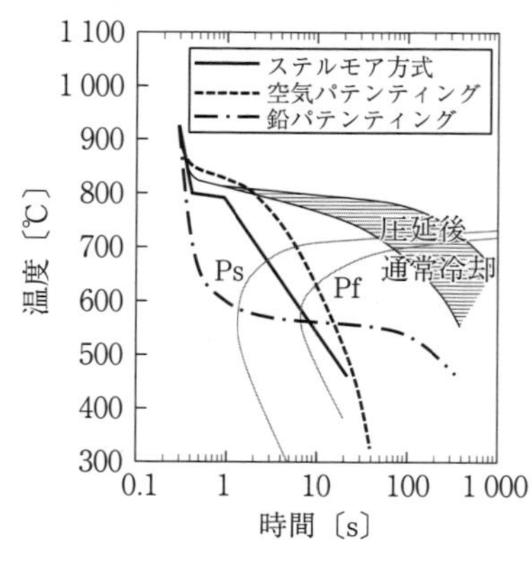

図6.62　各冷却方式の冷却曲線

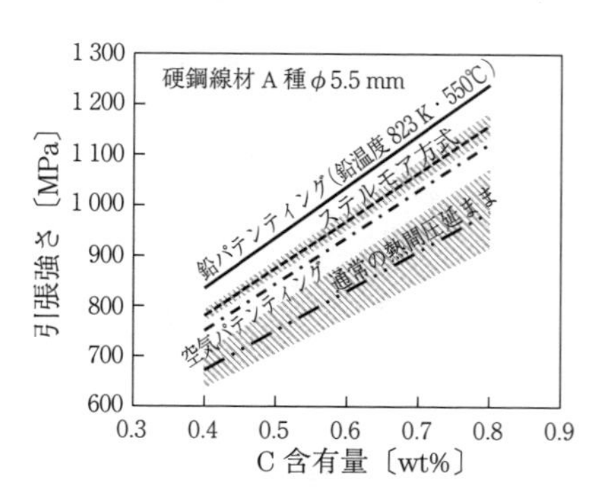

図6.63　各種パテンティング処理材の引張強さの比較

却媒体として溶融塩を用いた冷却方式では，鉛パテンティングと同様の冷却速度で冷却することができ，引き続き恒温保持されるので，鉛パテンティングと同等の力学特性をインラインで得ることができる．一方，空気，圧延によるパテンティングで鉛パテンティングと同等の力学特性を得るためには，焼入れ性を改善するため合金元素の添加が必須となる．**図 6.64** に線材の力学特性に及ぼす Si 量の影響，**図 6.65** に V，Ti 添加材の圧延パテンティング線材の引張強さを示す[64)〜66)]．また，**図 6.66** にパテンティング材の強度増加に及ぼす合金

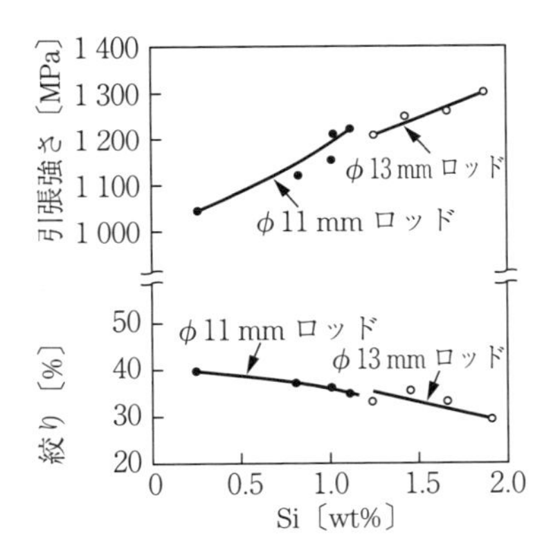

図 6.64　線材の力学特性に及ぼす Si 量の影響

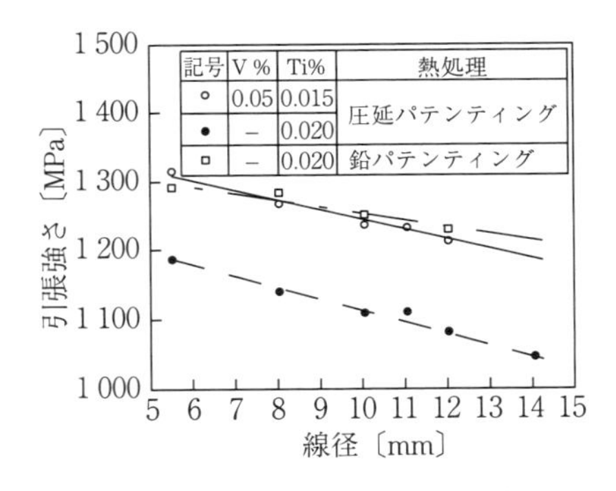

図 6.65　SWRH 82 B のサイズと引張強さの関係

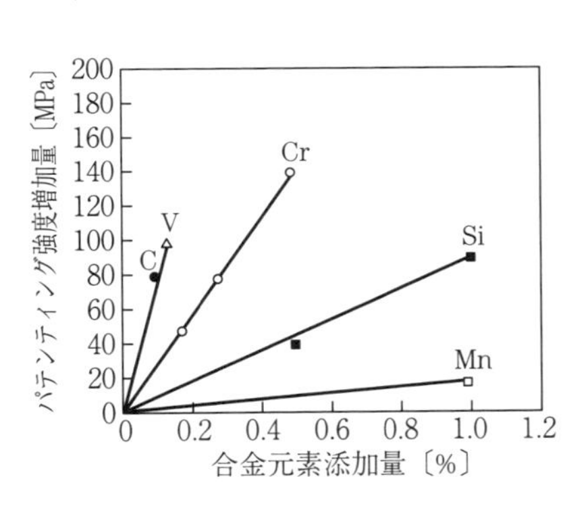

図 6.66　パテンティング材の強度増加に及ぼす合金元素の影響

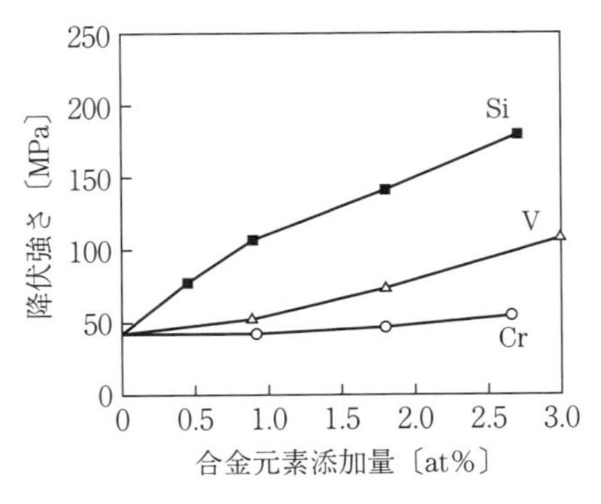

図 6.67　フェライト鋼の強度増加に及ぼす合金元素の効果

元素の影響，比較として**図 6.67** にフェライト鋼の強度増加に及ぼす合金元素の効果を示す[66),67)]．

〔3〕 球状化焼なまし

球状化焼なまし処理は，炭化物が安定または準安定に存在する温度域に加熱・保持することにより，表面張力を利用して炭化物を球形にする処理であり，軸受鋼や工具鋼等の高炭素鋼や，ボルト・ナット等の冷間圧造用鋼に用いられる場合が多い．その目的は，鋼の延性を向上させることによる鍛造加工時の割れ抑制，硬さを低減することによる金型寿命の向上である．**図 6.68** に限界圧縮率と炭素当量の関係を示す[68)]．

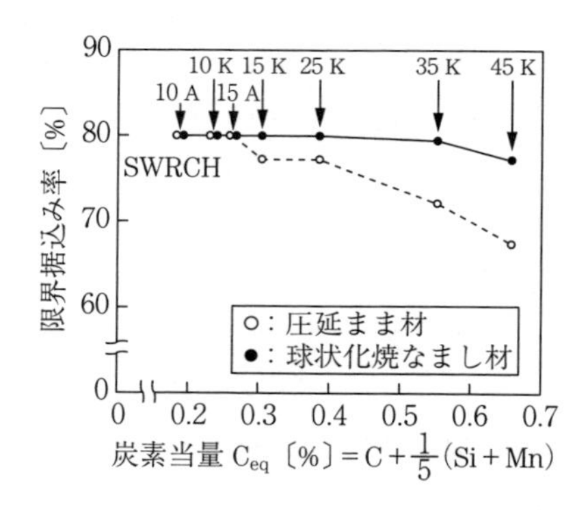

図 6.68　限界圧縮率と炭素当量の関係

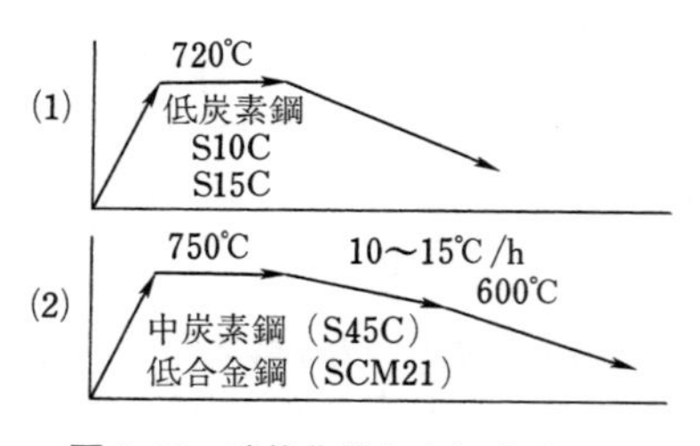

図 6.69　球状化焼なましサイクル

球状化焼なまし方法は大別して長時間加熱法，徐冷法，繰返し加熱冷却法，網目状炭化物消去法の 4 種類がある[69)]．**図 6.69** にそれぞれの球状化焼なましサイクルの概念図を示す．球状化の機構に関しては多くの研究がなされてきたが，徐冷法を例にとって説明すると以下のようになる．

徐冷法は，**図 6.70** のように加熱，均熱，冷却工程から成る．加熱工程は Ac_1 点以上 Ac_3 点以下の 2 相域の所定の温度まで加熱する工程である．均熱工程は 2 相域で保持する

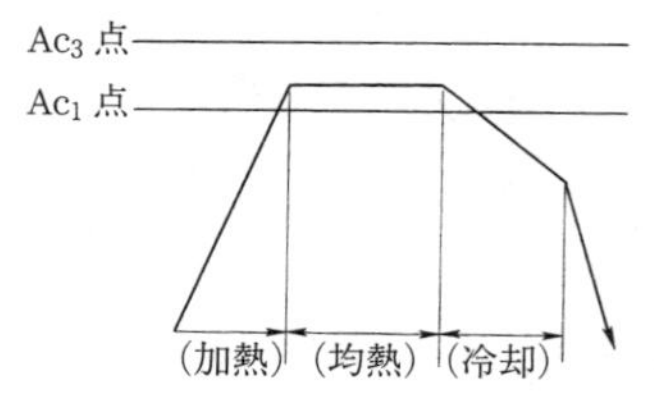

図 6.70　徐冷法の熱処理パターンの概略

ことによって球状化炭化物を生成させるための核を形成する工程である．核生成サイトとして，未固溶炭化物，フェライトとオーステナイトの界面，転位の集積箇所，または炭素濃度の高い箇所が優先的に選択される．冷却工程はオーステナイトに固溶した炭素を核に凝集・成長させる工程である．

球状化組織は炭化物の球状化度，大きさおよび分散度によりその良否が判定される．球状化の程度は，鋼種ごとにJISとして規定されている．従来は，JISに6段階に分類して規定されていたが，2005年の改定によって，冷間圧造用炭素鋼線（JIS G 3507-2）および冷間圧造用ボロン鋼線（JIS G 3508-2）では4段階，冷間圧造用合金鋼線（JIS G 3509-2）では3段階に区分されるようになった．一般に球状化程度が良い（番号が小さい）ほど鍛造性が優れているとされる．球状化組織は多くの因子に影響されるが，材料因子としては化学成分，焼なまし前の組織，焼なまし前の加工度があり，熱処理因子として加熱温度，加熱時間および冷却速度がある[69)~71)]．**表6.11**に焼なまし前の冷間加工度の影響を示すが，加工度が大きいほど球状化は容易となる．これは原子空孔，転位の数が増加することで，炭化物の分解・拡散が促進されるためである．

表6.11　冷間加工されたパーライトを95％球状化するために必要な時間

加熱温度〔K/℃〕	各加工率に対する必要な加熱時間〔h〕		
	50％	40％	20％
973/700	7	12	52
923/650	26	59	235
873/600	130	220	7 450

6.5.2　伸線による諸特性の変化

〔1〕　組　織　の　変　化

フェライトとパーライトから成る鋼を伸線した場合，フェライトの方がパーライトより変形抵抗が小さいため，伸線初期段階においてはフェライトが優先的に変形し，伸線方向に展伸する．加工量の増加とともにフェライトは転位密度の増加，転位セルの形成によって加工硬化するが，フェライト鋼の場合，転位セルの大きさは加工ひずみの増加とともに減少し，10%以上の総断面減少率で1 μm程度まで小さくなる[72]．

一方，パーライト鋼の場合は，任意の方向に並んでいたセメンタイトラメラーが伸線加工によって伸線方向にそろい始め，繊維状組織を形成するようになる．繊維状組織は，70%程度の総断面減少率でほぼ完成する．

また，加工量の増加に伴いパーライトのラメラー間隔が減少する．伸線後のラメラー間隔は，伸線に伴う線径の変化に比例する[73]．

パーライト中のフェライトは，加工によって転位密度が増加しセル構造を形成する．転位セルサイズは加工量の増加に伴い減少するが，**図6.71**に示すように，強加工した場合，転位セル直径は0.02～0.03 μmまで微細化される[74]．フェライト鋼を加工した場合の転位セルサイズは1 μm程度であることから，パーライト鋼ではセメンタイトによる変形の拘束がフェライトにおける転位セルの微細化に寄与していると考えられる．

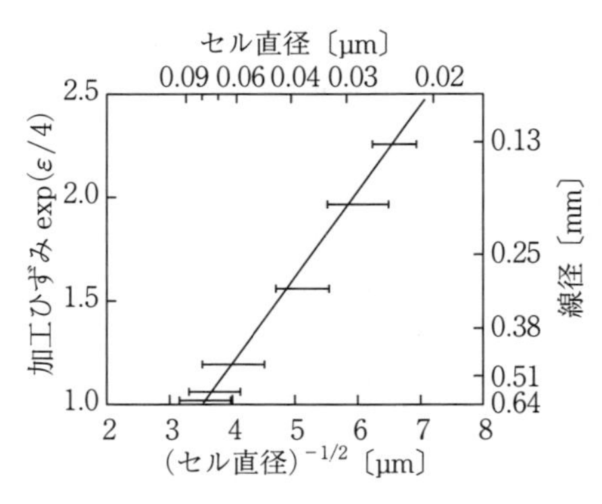

図6.71　0.93%C鋼の496℃パテンティング材における冷間引抜き時のフェライトセルサイズの変化

図6.72　高炭素鋼線のTEM組織（0.82%C，ϕ5.5→ϕ1.17 mm）

パーライト中のセメンタイトは，パテンティングまでは単一な結晶配向をしているが，総断面減少率40%以上の伸線加工でランダム化が始まる．80%以上の強加工では**図6.72**に示すように，連続的につながっているようには見えるが，実際にはわずかな方位差のある微細結晶粒またはサブグレインから成っている.

また, 伸線加工した体心立方金属には〈110〉集合組織が形成されるが, さらに円筒集合組織と繊維集合組織に大別される. **図 6.73** に総断面減少率 80% で伸線された高炭素鋼線の表面層および中間層での (110) 極点図を示す. 表面層では {112}〈110〉を中心とする繊維集合組織が, 中間層では {110}〈110〉円筒集合組織が形成されている[75].

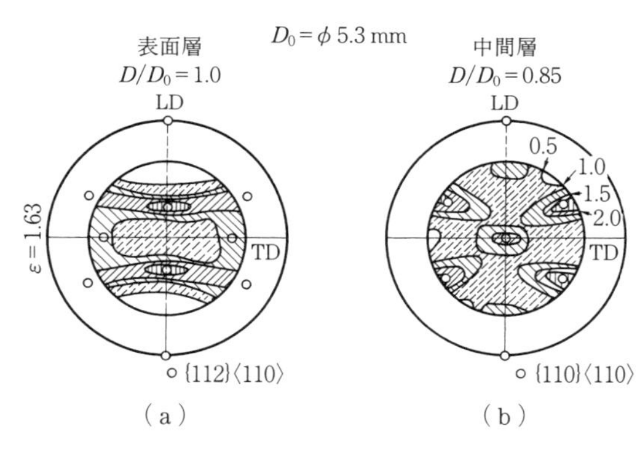

図 6.73 伸線材の表面層と中間層の(110)極点図

鋼線のねじり変形挙動にはこれら集合組織の影響が大きく, 特に中間層の場合にはデラミネーション (鋼線をねじり加工したときに線長手方向に生じる縦割れ) 発生の原因となっていると考えられる[75].

〔2〕 力学特性の変化

(a) 素 材 の 影 響

1) 成分の影響　**図 6.74** および **図 6.75** に, パテンティングされた 0.1 ~ 0.8% C 鋼線の総断面減少率と引張強さ, ねじりおよび曲げ特性の関係を示す[76),77)]. 炭素量の増加に伴い初析フェライト量が減少し, パーライト量が増加するため, 素材強度は炭素量に伴い高くなる. また, 伸線加工による引張強さの増加量も炭素量が多いほど大きくなる. これは低炭素鋼ではおもにフェライトの加工硬化によって引張強さが増加するのに対して, 高炭素鋼ではラメラーの配向がそろうとともに引張強さへの寄与が大きいラメラー間隔の微細化が大きく影響しているためである.

伸びは, 伸線の初期で大きく低下し, その後, 総断面減少率の増加とともに漸次減少する. 強加工された鋼線の伸びには炭素量の影響はほとんど認められ

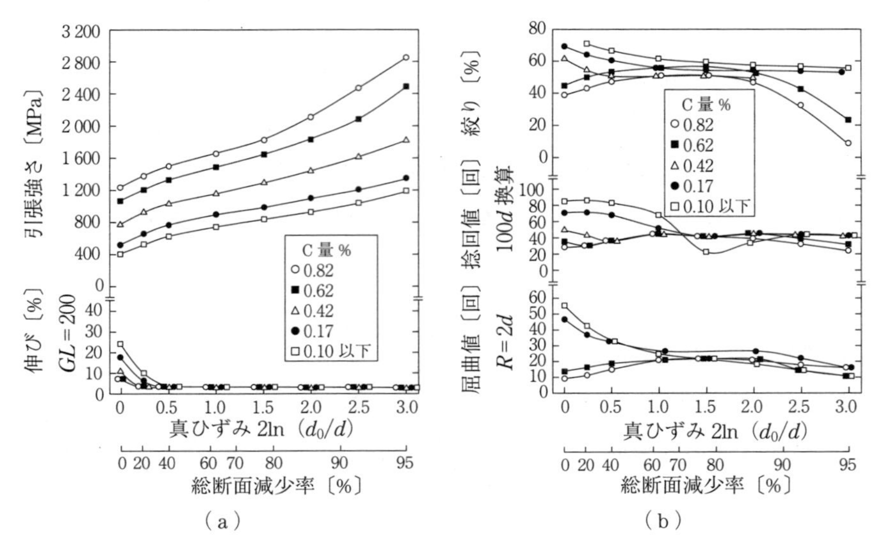

図 6.74　炭素鋼の伸線加工による力学特性の変化

なくなる．絞り，捻回値，屈曲値は炭素量によって異なる．これらの延性に関わる諸特性は，フェライトが主体の低炭素鋼では総断面減少率の増加とともに減少するが，パーライトが主体の高炭素鋼では総断面減少率70％前後で最大となる．低炭素鋼ではフェライトの加工硬化とともに延性が低下するが，高炭素鋼では伸線加工により繊維状組織が形成されるにつれて延性が向上する．総断面減少率70％程度の加工で繊維状組織はほぼ完成し，それ以上の強加工を受けると，セメンタイトの分解に伴うひずみ時効脆化によって鋼線の延性は著しく低下するようになる．

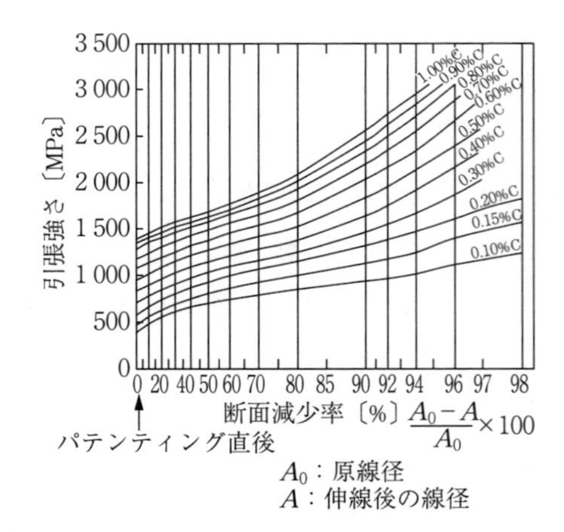

図 6.75　鋼線の断面減少率と引張強さの関係

図 6.76～**図 6.78** に，素材径 ϕ 1.6 mm の高炭素鋼線を鉛パテンティングし

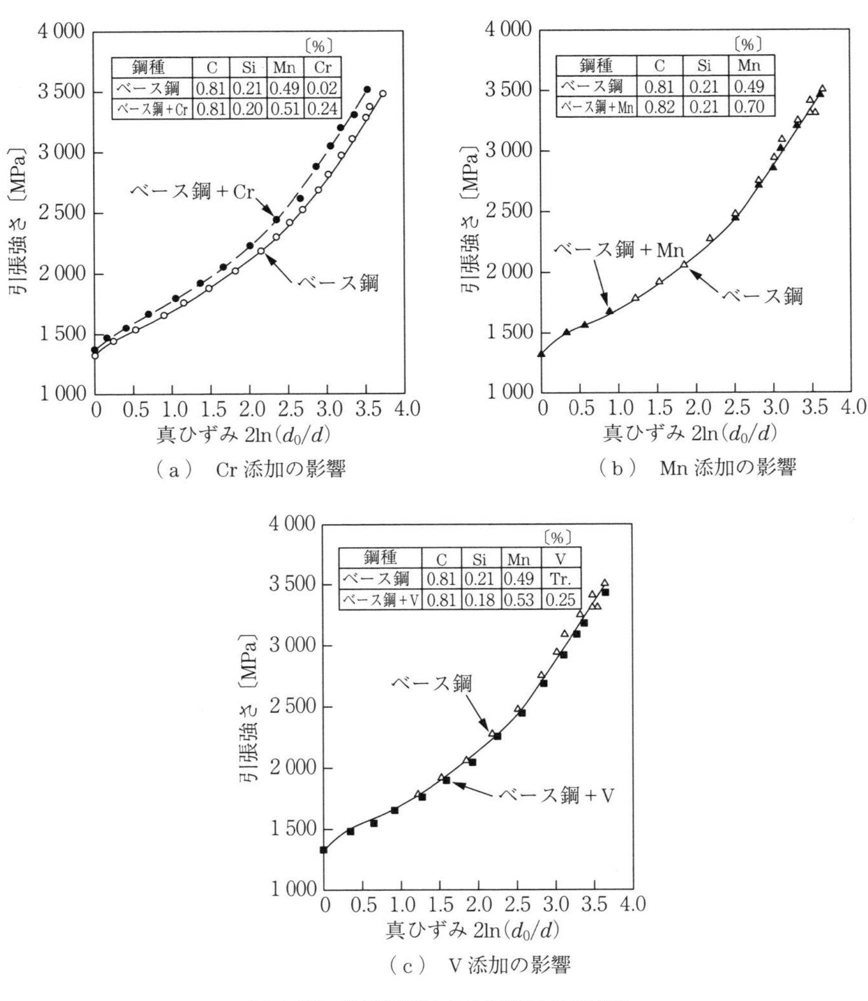

図 6.76　伸線加工による引張強さの変化

た後，湿式伸線したときの鋼線の引張強さおよび絞りに及ぼす合金元素添加の影響をまとめた[78]．合金元素添加による引張強さの影響を除外するため，素材の強度を鉛温度の調整により約 1 320 MPa にそろえている．図 6.76 に示すとおり，初期引張強さおよび伸線加工度が同じでも，Cr の添加により高い加工硬化が得られ，総断面減少率の増加に伴う引張強さ増加量が Mn，V 添加材

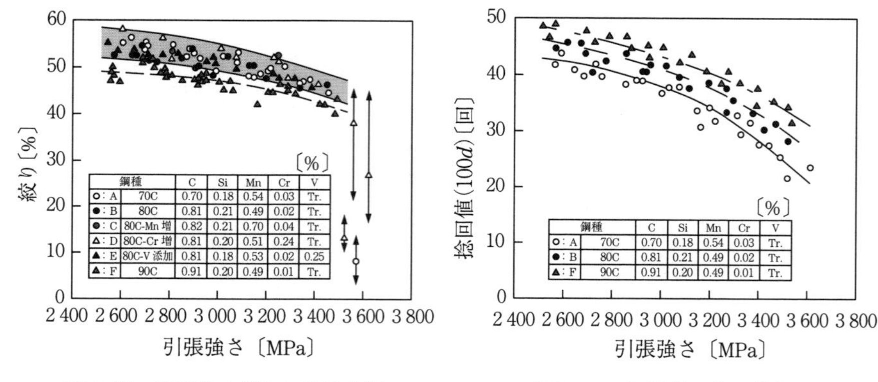

図6.77　極細線の絞りに及ぼす鋼の化学成分の影響

図6.78　極細線の捻回値と引張強さの関係

に比べて高くなる結果となっている．一方，Mn，Vの添加は伸線による強度増加量に顕著な影響を与えていないように見える．図6.77および図6.78に，総断面減少率90％以上の伸線材について引張強さと絞りおよび捻回値の関係を示す．比較のため，0.7％C鋼（素材強度1 225 MPaの関係も併せて示している．絞り，捻回値ともに引張強さの増加に伴い減少する傾向にあるが，一定の引張強さで比較すると絞りは化学成分の影響をほとんど受けていない．捻回値については，化学成分の影響が顕著に現れ，同一引張強さで比較すると，パテンティング後に高い引張強さを示す高炭素鋼ほど，また伸線による引張強さ増加量が大きいCr添加鋼ほど高い捻回値が得られている．すなわち，鋼線の引張強さが同等の場合，伸線総断面減少率の低い鋼線の方が高い捻回値を示す．

従来は，共析成分である約0.8％Cまでの鋼がおもに用いられてきたが，最近では，さらなる高強度化のため，0.8％Cを超える0.9～1.0％C過共析鋼も商品化されている．過共析鋼は初析セメンタイトがオーステナイト粒界に存在し，伸線加工を受けても配向が変化しにくく，早期断線の原因となる．過共析鋼を使用可能とするためには，パテンティングによって初析セメンタイトが析出する前に恒温変態を開始させる必要がある．過共析鋼で形成されるパーライトラメラーは緻密で初期引張強さが高いだけでなく，その後の加工硬化率も高いため引張強さが増加しやすい特徴がある．

表 6.12　各種熱処理鋼線の組織と力学特性

熱処理の種類	組　織	伸線加工率〔%〕	引張強さ〔MPa〕	伸び〔%〕	絞り〔%〕	捻回値 100d〔回〕	繰返し曲げ $D/d=$ 12〔回〕
球状化焼なまし	球状セメンタイト	0	568	14	69	56	157
		82	1 145	2	31	11	46
完全焼なまし	パーライト	0	696	15	31	24	63
		82	1 313	2	25	14	17
空気パテンティング	微細パーライト	0	960	10	51	39	87
		82	1 559	2	57	46	141
鉛パテンティング	微細パーライト	0	1 117	9	53	48	70
		82	1 735	2	55	43	124
焼入れ・焼戻し	焼戻しマルテンサイト	0	1 098	8	50	47	80
		82	1 686	1	28	3	52

2）　組織の影響　　**表 6.12** に 0.6% C 鋼に各種熱処理を施した鋼線および総断面減少率 82% まで伸線した鋼線の組織と力学特性を示す[79]．パテンティングにより微細パーライト組織とした鋼線は，総断面減少率 82% の伸線後も良好な延性を保っているが，球状化焼なましや焼入れ・焼戻しによりセメンタイトを球状化させた場合，伸線加工によって延性が著しく低下している．これは，パーライト鋼は前述のように繊維状組織の形成が延性向上に寄与するのに対して，球状化したセメンタイトは伸線加工でほとんど変化せず，球状セメンタイトとフェライト界面の剥離が早期に発生するためと考えられる[80]．また，パーライト組織であってもパテンティング条件によって組織因子が変化し，その後の伸線特性に影響を及ぼす．例えば，パテンティング温度が高くパーライトラメラーが粗い場合は，フェライト鋼と同様にフェライト部分に変形が集中し，フェライトの加工硬化よりも変形量

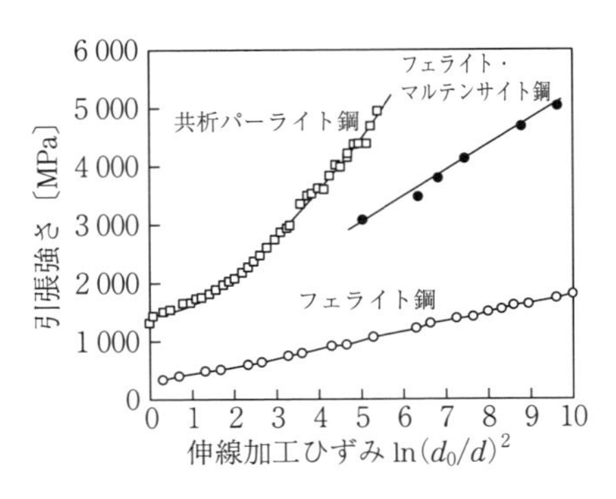

図 6.79　共析パーライト鋼，フェライト鋼，フェライト・マルテンサイト鋼の加工硬化特性

が大きいため，セメンタイトが変形に追従できず延性が低下する．**図 6.79** に，共析パーライト鋼，フェライト鋼，フェライト・マルテンサイト鋼の加工硬化特性を示す[66]．フェライト鋼は高ひずみ域まで伸線加工できるが，加工硬化特性はあまり得られず，伸線加工ひずみ 10 においても引張強さは 2 000 MPa 程度である．共析パーライト鋼は，鉄鋼組織において最大の加工硬化特性を示し，約 4.3 の伸線加工ひずみで引張強さが 4 000 MPa に達する．一方，フェライト－マルテンサイト鋼（サイファー；scifer）として，量産鉄鋼材料最高の引張強さである 5 000 MPa を有する極細径線材も開発されている[81]．

図 6.80 にオーステナイト結晶粒およびラメラー間隔と力学特性の関係を示す[82]．伸線による引張強さの増加量は，鉛温度が低くラメラー間隔が細かいほど高い．絞りは総断面減少率 70％程度（ひずみ約 1.20）までの伸線ではオーステナイト結晶粒が細かいほど優れているが，それ以上伸線された鋼線の絞りと捻回値は，オーステナイト結晶粒よりラメラー間隔の違いによる影響の方が顕著である．総断面減少率 85％以上（ひずみ約 1.90）での捻回値に見られるように，強加工された鋼線の延性は素材のラメラー間隔が粗い方が優れている．また，ラメラー間隔が微細になると，総断面減少率 95％以上（ひずみ

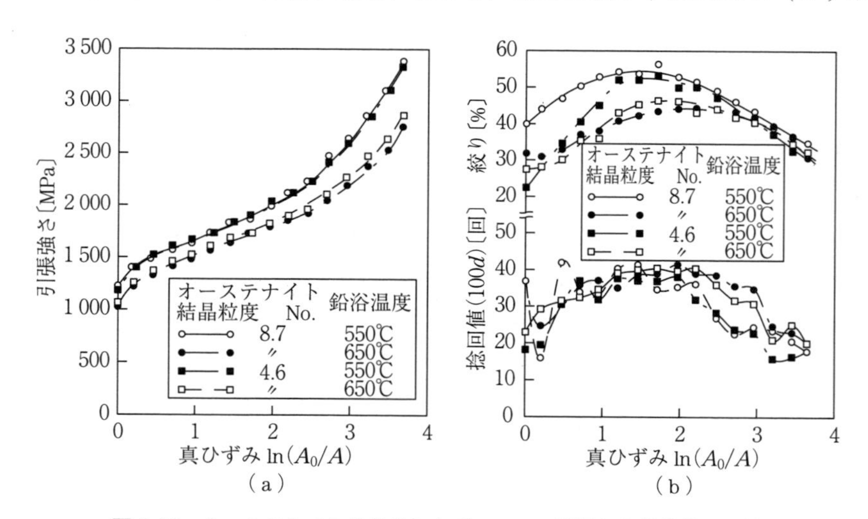

図 6.80 オーステナイト結晶粒およびラメラー間隔と力学特性の関係

約 3.00）の鋼線において，引張試験時の早期破断が見られ，延性が不安定となった．このように，総断面減少率 70%程度までの鋼線の延性向上にはオーステナイト結晶粒，ラメラー間隔の微細化が有効である．一方，高加工領域まで伸線したい場合にはラメラー間隔が粗い方が有利に見えるが，ラメラー間隔が極端に粗いと，伸線の初期に微細割れが発生し，低い加工率でカッピー断線しやすい，ラメラー間隔が微細になりにくく高い引張強さが得られにくいといった問題が生じるため避けるべきであり，むしろ少し C 量の低い炭素鋼を選択し，適正なラメラー間隔となるようパテンティング温度を設定する方がよい．

3）初期線径の影響　伸線加工を行った鋼線の引張強さは，素材の化学成分，熱処理，伸線条件が同じであれば，伸線加工によってほぼ決定される．しかし，鋼線の絞りやねじり特性は初期線径（素材径）の影響を受け，伸線加工度が同じであっても初期線径が大きいほど，加工発熱によるひずみ時効の影響を顕著に受けるようになるため，延性は低下する．

図 6.81 に初期線径が ϕ0.5 ～ 5.5 mm の場合の伸線総断面減少率と引張強さおよび絞りの関係を示す．同一加工度において，引張強さは初期線径が変わってもほぼ同じであるのに対して，絞りは初期線径が大きいほど低くなって

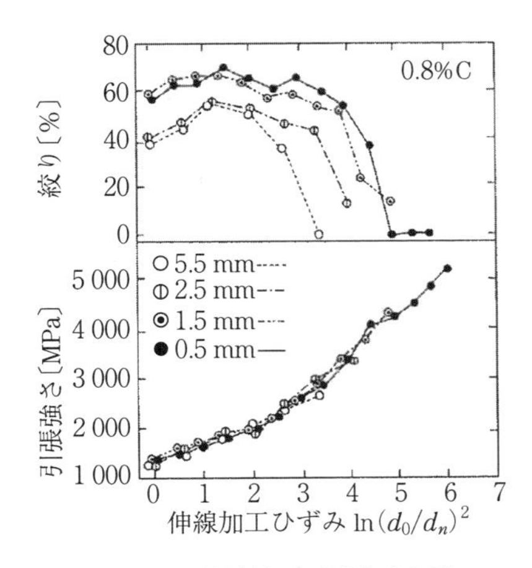

図 6.81　伸線総断面減少率と引張強さ，絞りの関係

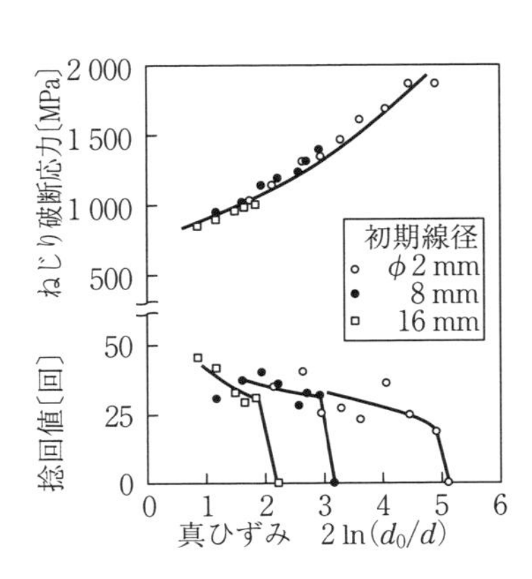

図 6.82　伸線加工度とねじり破断応力，捻回値およびデラミネーション発生限界加工度の関係

いる[83]．

図6.82に初期線径がϕ2～16mmの鋼線の伸線加工度とねじり試験での破断時の最大せん断応力および捻回値（デラミネーション発生時はゼロとしている）の関係を示す[75]．ねじり破断応力，捻回値には初期線径の影響が認められないが，デラミネーションの発生は初期線径に依存した限界加工度以上で認められる．すなわち，**図6.83**に示すように初期線径が大きいほどデラミネーション発生までの加工度は低くなる．これは初期線径が大きいほど，加工発熱によるひずみ時効の影響を顕著に受けるようになるほか，伸線加工に伴う結晶配向の影響が顕著になるためである[84]．

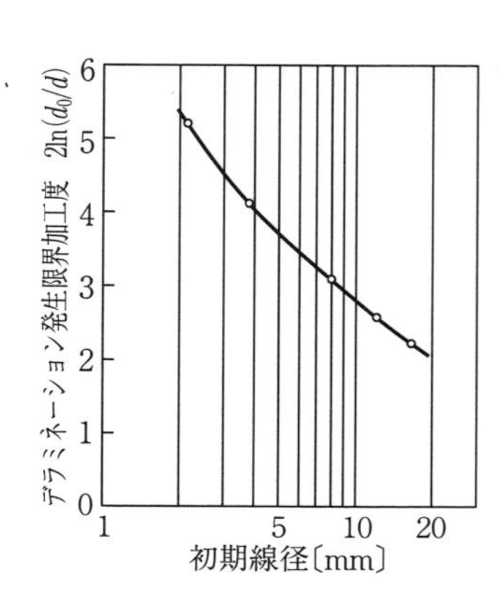

図6.83　初期線径とデラミネーション発生限界加工度の関係

（b）　伸線条件の影響

1）　1パス断面減少率の影響　伸線時の1パス断面減少率が鋼線の力学特性に及ぼす影響については多くの研究がなされており，1パス断面減少率が大きいほど引張強さは上昇し，延性は低下する．この現象は1パス断面減少率の大小で伸線中の加工発熱によるひずみ時効の程度が異なるためとして理解されるが，ここでは加工熱による鋼線の時効脆化をできるだけ防止した上で1パス断面減少率の影響を調べた結果について述べる．

図6.84に低速度で伸線を実施した場合の鋼線の引張特性に及ぼす1パス断面減少率の影響を示す[85]．比較として，**図6.85**に5 000 mm/minの高速度で単頭伸線機および冷却伸線装置を使用し伸線した場合の鋼線の引張特性に及ぼす1パス断面減少率の影響を示す[85]．

低速伸線では1パスの断面減少率が異なっても引張強さ，絞りはほぼ同等の値を示し，単頭伸線の1パス断面減少率44%に見られるような断面減少率の増加に伴う引張強さの増加，絞りの低下の傾向は認められない．しかしなが

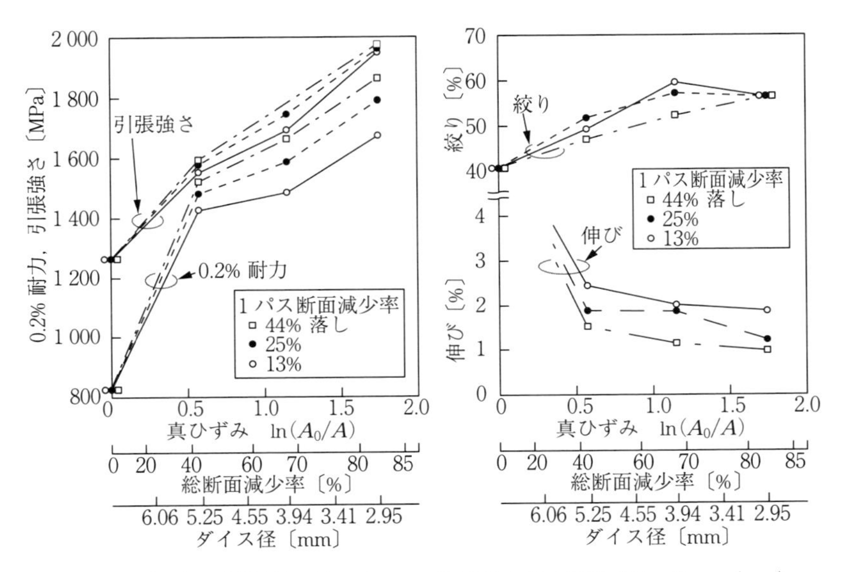

図 6.84 鋼線の引張特性に及ぼす 1 パス断面減少率の影響（30～50 mm/min）

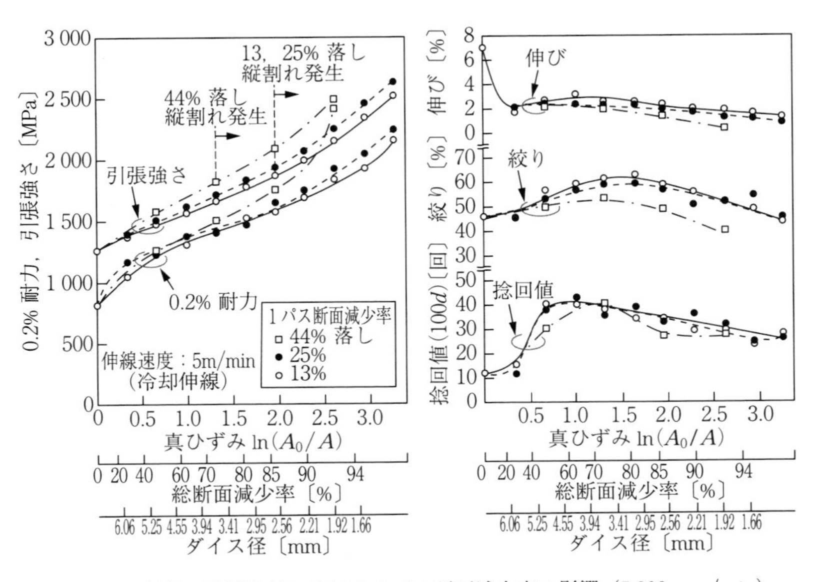

図 6.85 鋼線の引張特性に及ぼす 1 パス断面減少率の影響（5 000 mm/min）

ら，0.2％耐力は低速伸線においても1パス断面減少率の増加に伴い増加し，逆に伸びは減少する傾向となった．

図6.86に，低速伸線および高速伸線した鋼線の表面軸方向残留応力をスリット法で測定した結果を示す[85)]．残留応力は1パス断面減少率の違いによらず伸線断面減少率の増加に伴い増加する．同一伸線断面減少率で比較すると，1パス断面減少率が大きくなるほど残留応力が低下する傾向にあり，総断面減少率が大きくなるほどその傾向が顕著となった．また，時効の影響があると考えられる単頭伸線の1パス断面減少率44％においても残留応力は低速伸線材と大差ない．

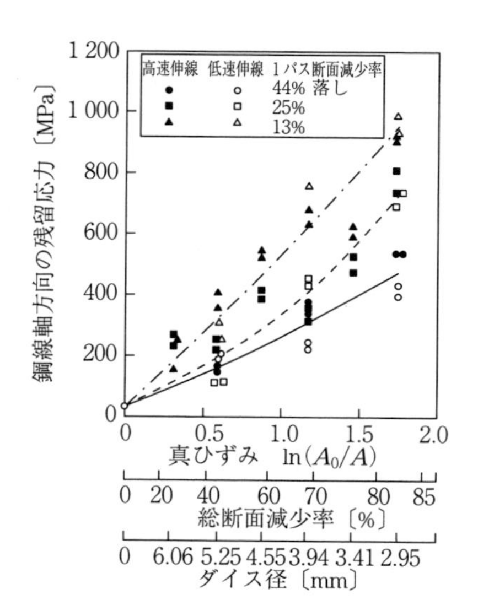

図6.86　鋼線の残留応力に対する1パス断面減少率および伸線速度の影響

図6.87にϕ3.94 mmの低速伸線材をそれまでの1パス断面減少率とは異なる断面減少率でϕ2.95 mmまで伸線した鋼線の引張強さおよび残留応力を示す[85)]．0.2％耐力は，ϕ3.94 mmではそれまでの1パス断面減少率の違いによって異なった値を示していたが，つぎの伸線パスの断面減少率を一定にすると新たな断面減少率で決まる一定値に近付く．伸び，残留応力についても0.2％

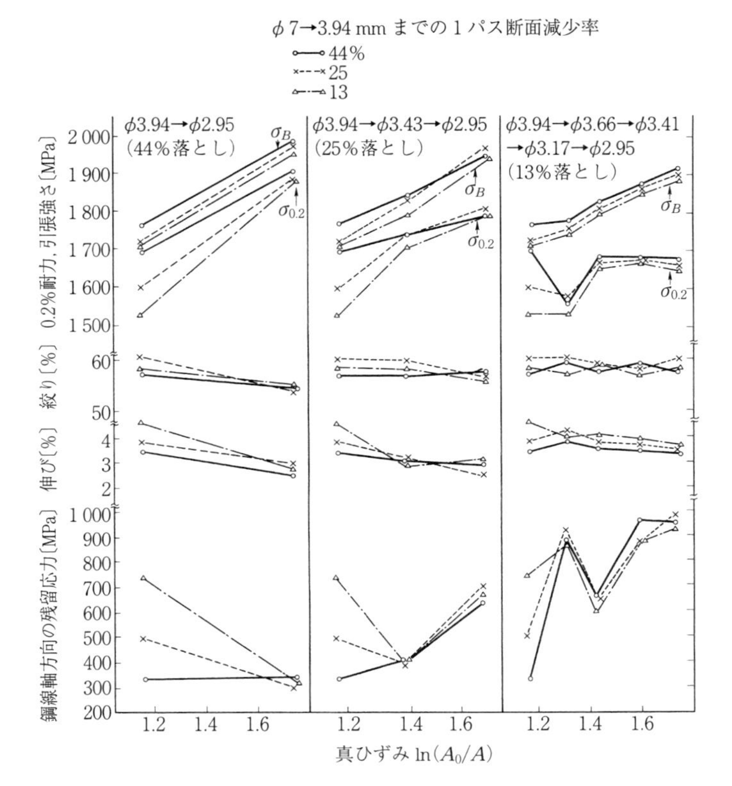

図 6.87 1パス断面減少率を途中から変えた低速伸線材の引張強さおよび残留応力

耐力とほぼ同様の傾向が認められる．総断面減少率が同じである $\phi 2.95$ mm で比較すると，新たなパススケジュールにおいても1パス断面減少率が大きくなるほど0.2%耐力は高く，伸びおよび残留応力は低くなり前述と同じ傾向が認められる．

以上のように，伸線加工中の時効脆化を抑制すれば鋼線の引張強さおよび絞りは1パス断面減少率の影響をほとんど受けず，総断面減少率によってほぼ決定される．一方，0.2%耐力，伸びおよび残留応力は1パス断面減少率の影響が顕著に現れる．このように，低速伸線と高速伸線で力学特性が大きく異なるのはミクロ組織の影響も大きいと考えられる．変形速度の強度およびミクロ組

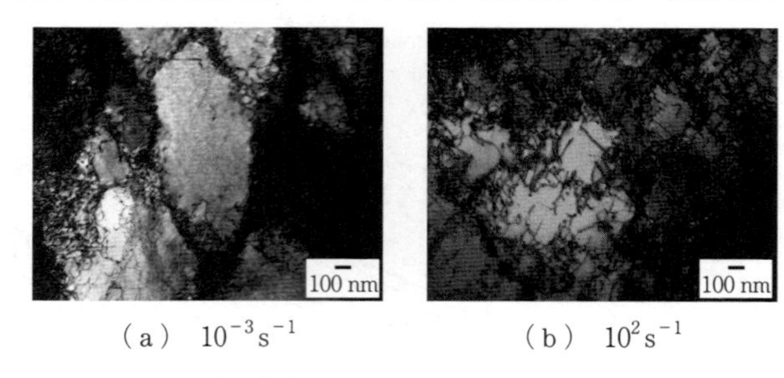

（a）　$10^{-3}s^{-1}$　　　　（b）　$10^{2}s^{-1}$

図 6.88　鋼（I）における 20%（$\varepsilon=0.27$）圧縮後のフェライト部分の TEM 写真

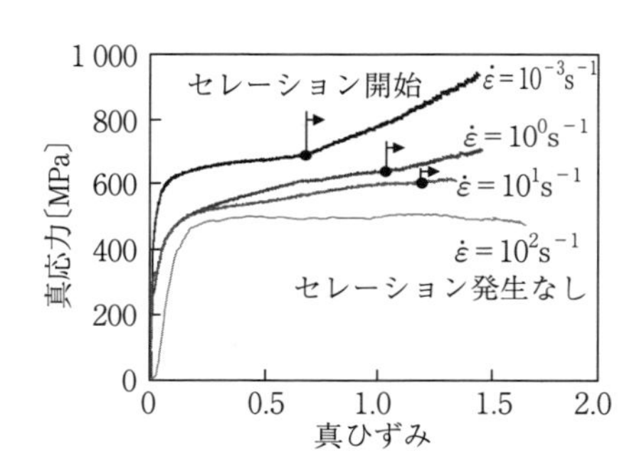

図 6.89　鋼（I）の室温での真応力-真ひずみ曲線のひずみ速度による変化

織への影響の一例として，**図 6.88** に異なる圧縮速度で冷間鍛造した際の変形抵抗とフェライト中の転位組織を示す．加工発熱の影響が小さい 20%ひずみ時点で，変形速度の増加に伴い転位セル組織が微細となっている [86]．また変形初期の変形抵抗も，**図 6.89** に示すとおり変形速度の増加に伴い低下している．これは，低速変形時は発生した転位がセル構造を形成しやすく，転位の移動が制限されているのに対し，高速変形時は変形に追従するために多くのすべり系が同時に活動し，転位セルが微細化するだけでなく，転位セル内にも多くの転位が存在することから可動転位が多い状態となっている．したがって，可動転位が多く存在する高速変形側で 0.2%耐力が低下することとなる．一方，変形が進行するに従い，転位が十分に増加し転位構造の差は見られなくなることから，引張強さはほぼ同一になると考えられる [86]．

2）　ダイス角度の影響　　ダイス角度も鋼線の諸性質に影響を及ぼす一要因となる．**図 6.90** に高炭素鋼の圧延パテンティング線材を用いて，ダイス角度および 1 パス断面減少率をそれぞれ 4 水準および 2 水準変化させて伸線材の力学特性を調査した結果を示す [87]．ダイス角度の影響は特に絞り値に認めら

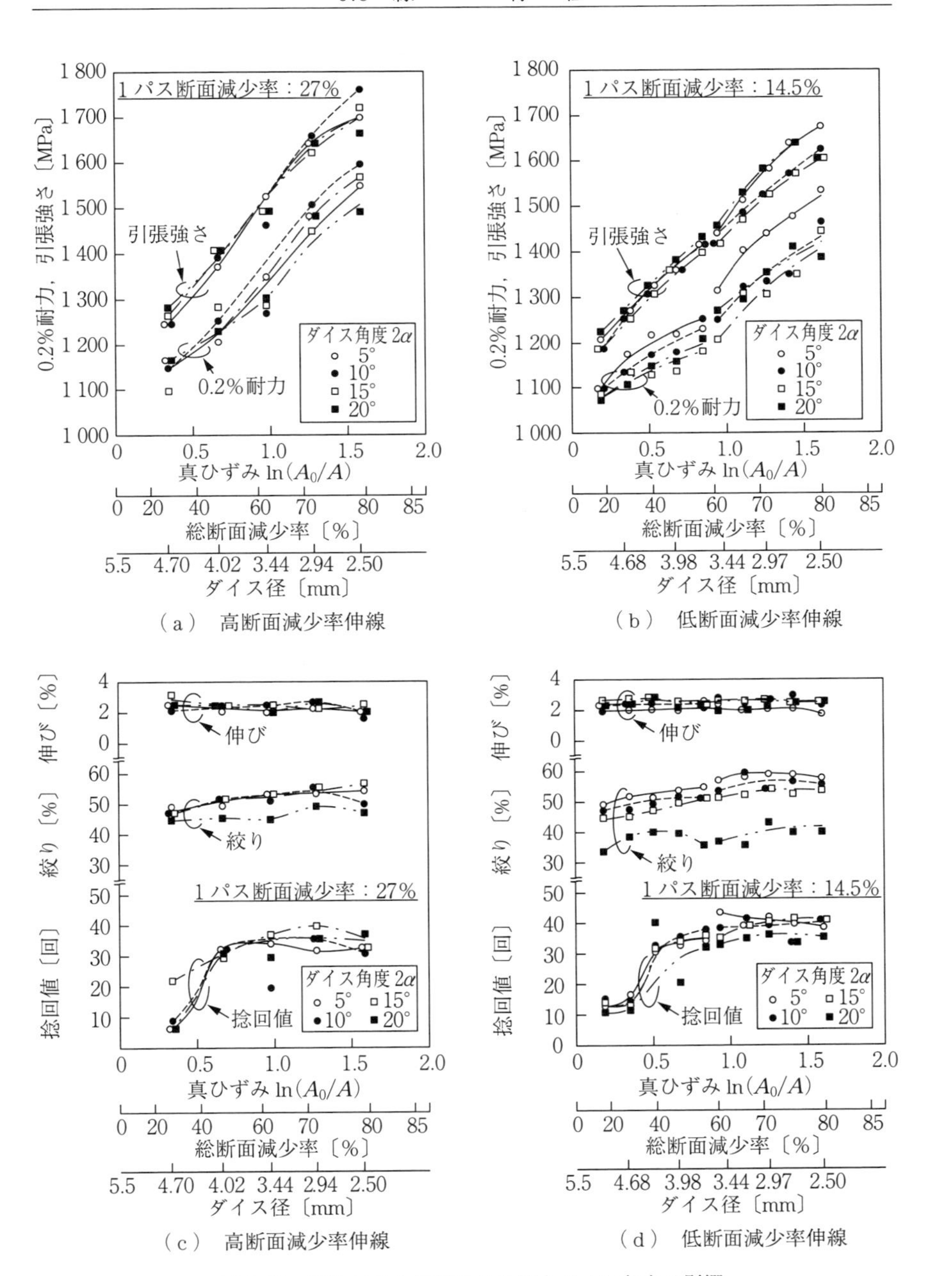

図 6.90　伸線材の力学特性に及ぼすダイス角度の影響

れ，最小のダイス角度で伸線された鋼線の絞り値が低下している．この現象は1パス断面減少率の小さい場合に顕著に認められる．また，ダイス角度は鋼線の横断面内の硬さ分布にも影響を及ぼし，ダイス角度が大きくなるほど断面の中心と表層近傍の硬さの差が大きくなる．

カッピー破断は**図6.91**に示すとおり，線の中心が円錐状に破断した形状を呈するが，この破断が生じると伸線作業の効率を阻害することになる[88]．**図6.92**にカッピー破断に及ぼすダイス角度の影響を示す[89]．ダイス角度が大きく，かつ1パス断面減少率が小さいほどカッピー破断の危険性が高まる．つまり伸線加工すると，断面内の残留応力は一般に表層部で最大の圧縮応力となり，中心部では引張応力となるが，ダイス角度が大きくなるほど表層部の圧縮応力が増大する．ダイス角度が大きくなる，あるいは，1パス断面減少率が大きくなることで，変形が表層近傍に集中するようになり，伸線による素材の流動が表面付近で大きくなり，中心の流動との差が大きくなる．その結果，中心の引張応力が高くなり，介在物等の欠陥を起点として剥離が発生し，鋼線の表層から中心に向かって45°方向のせん断変形が発生しカッピー破断が発生する結果につながる．

図6.91　カッピー破断写真の一例

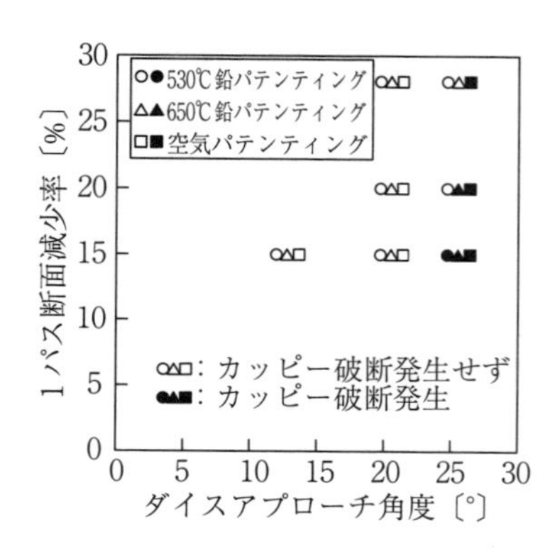

図6.92　カッピー破断に及ぼすダイス角度の影響

図6.93に0.6%炭素鋼線伸線時のカッピー破断発生の限界を示す[90]．ダイス角度が大きく，総断面減少率が小さい場合，限界伸線加工率は球状化焼なま

し組織が最も大きく，次いで空気パテンティング組織，焼なまし組織の順に減少する．一方，ダイス角度を小さくし，総断面減少率を高くとる場合は，鉛パテンティング組織が最も大きく，次いで球状化焼なまし，空気パテンティング，焼なまし組織の順に減少する．

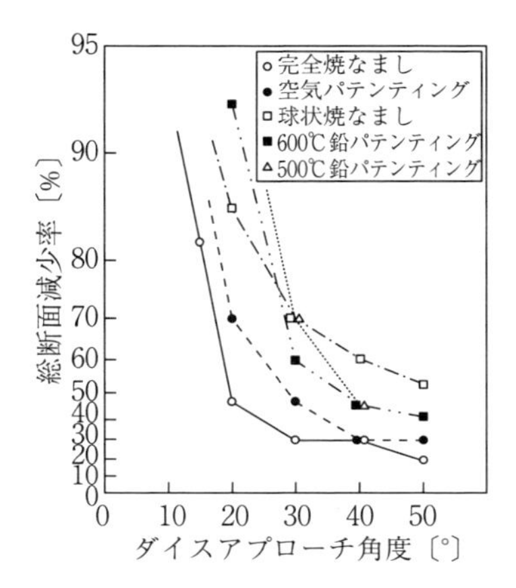

図 6.93　0.6%炭素鋼線伸線時のカッピー破断発生限界

3）　逆張力の影響　ダイスの後方の線に伸線方向と逆の張力を加えて引き抜く，いわゆる逆張力引抜きは，1924 年ドイツの B. Weisenberg らの特許申請に始まり，その後種々の研究がなされてきた[91]．逆張力引抜きの目的は，ダイス内部での鋼線の変形をより均一変形に近付けることである．**図 6.94** に硬鋼線の力学特性に及ぼす逆張力の影響を示す[92]．引張強さは逆張力によって影響されないが，0.2%耐力，弾性限，捻回値は逆張力の増加に伴い増加する傾向が認められる．これは一般の引抜き材が表面から中心までの鋼線断面において不均一に変形することによって残留応力が発生するのに対して，逆張力引抜きでは残留応力が少なく，また変形が均一になりやすいためと考えられる．**図 6.95** に鋼線断面内の硬さ分布に及ぼす逆張力の影響を示す[93]．引抜き時には表面と中心の硬さが低く，その間で硬さが最大値を示す硬さ分布が生じているが，逆張力を付与するとダイスと線間の摩擦が軽減されるため，表面と内部の硬さの差が小さくなってい

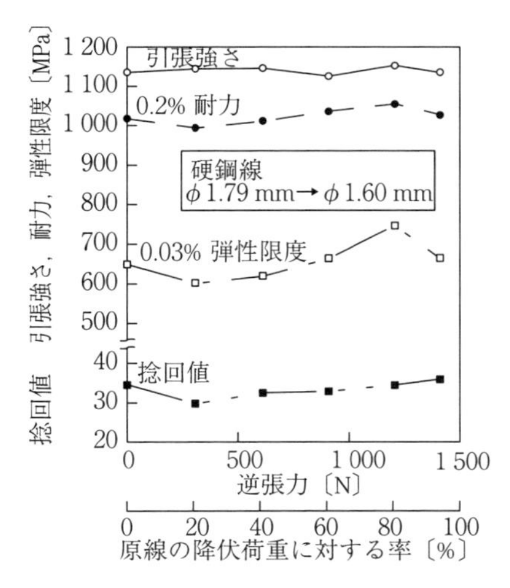

図 6.94　硬鋼線の力学特性に及ぼす逆張力の影響

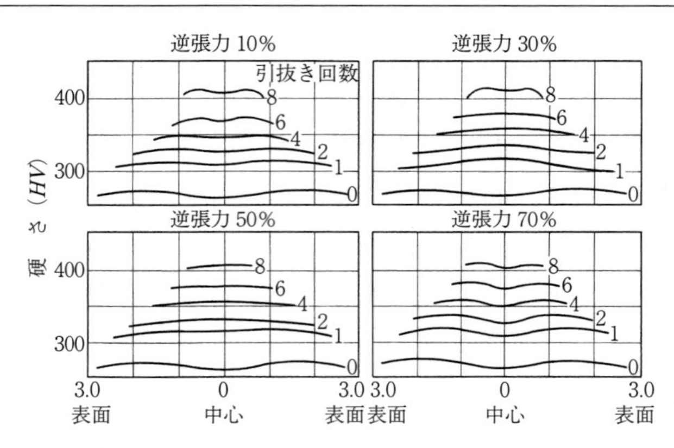

図 6.95　鋼線断面内の硬さ分布に及ぼす逆張力の影響

る．図 6.95 の場合は，逆張力 50%を付与すると表面から中心までの硬さ分布が均一となり，逆張力をかけすぎると再び不均一となっている．したがって，逆張力の付与には最適条件が存在し，ダイス角度，1 パス断面減少率に依存すると判断される[93]．

6.6 製　品　例

6.6.1 鉄　　線

〔1〕 規 格 と 用 途

鉄線は JIS G 3505 に規定されている軟鋼線材（炭素含有量 0.25%以下の普通炭素鋼）の二次加工品の総称で，JIS G 3532 の鉄線では以下の 4 種類が規定されている．**表 6.13** にこれらの種類と用途を示す．

① 普通鉄線　軟鋼線材を冷間加工した断面形状が円形の線

② くぎ用鉄線　軟鋼線材を冷間加工した断面形状が円形のくぎに用いられる線

③ なまし鉄線　軟鋼線材を冷間加工した後，軟化焼なましした断面形状が円形の線

④ コンクリート用鉄線　軟鋼線材を冷間加工した断面形状が円形または

異形の主として溶接金網およびコンクリート補強用に用いられる線

表 6.13　鉄線の種類と用途

線　材	鉄　線	用　　途
軟鋼線材 (JIS G 3505)	普通鉄線	コンクリート補強用鉄線，溶接金網，コンデンサー，ワイヤ
	なまし鉄線	結束線，ベーリングワイヤ
	亜鉛めっき鉄線	フェンス用金網，有刺鉄線，がい装線，電信線，ステープル，荷札用線
	くぎ用鉄線	くぎ
	鋲螺（びょうら）用鉄線	小ねじ，木ねじ，ボルト，ナット
	プラスチック被覆鉄線	フェンス用金網，落石防止金網，コートハンガー，結束線
	銅めっき鉄線	ステープル，製本用線
	すずめっき鉄線	紙クリップ，安全ピン，ヒューズワイヤ
	異形鉄線	コンクリート補強用スチールファイバー，六角ナット，割ピン，溶接金網

〔2〕 製　造　工　程

図 6.96 に鉄線の製造工程の一例を示す．普通鉄線，くぎ用鉄線，コンクリート用鉄線は伸線まま，なまし鉄線は伸線後に焼なまし熱処理される．

図 6.97 に軟鋼線材の伸線による力学特性の変化を示す．軟鋼線材は伸線ままの場合，他の線材同様に伸線加工による力学特性の変化が線材特性に直接反映され，総断面減少率の増加に伴い引張強さが増加し，伸びと絞りは低下する．一方，鋼線は時間の経過とともにひずみ時効が進行するため，引張強さはさらに少し高くなる．また，高速連続伸線で線温が高くなりやすい伸線の場合，加工中にもひずみ時効が進行するため，引張強さの増加が比較的小さいひずみから発生する．ひずみ時効による引張強さの増加は，焼なましなしで強度レベルの低い鉄線

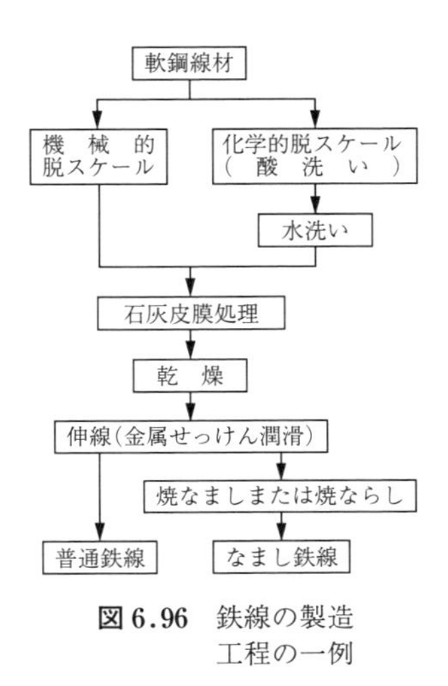

図 6.96　鉄線の製造工程の一例

が要望される場合に特に問題となる．その対策として Ti，Nb，V 等の炭窒化物形成元素を添加し，固溶 C および固溶 N を固着した非時効性の軟鋼線材を用いることがある[94),95)]．

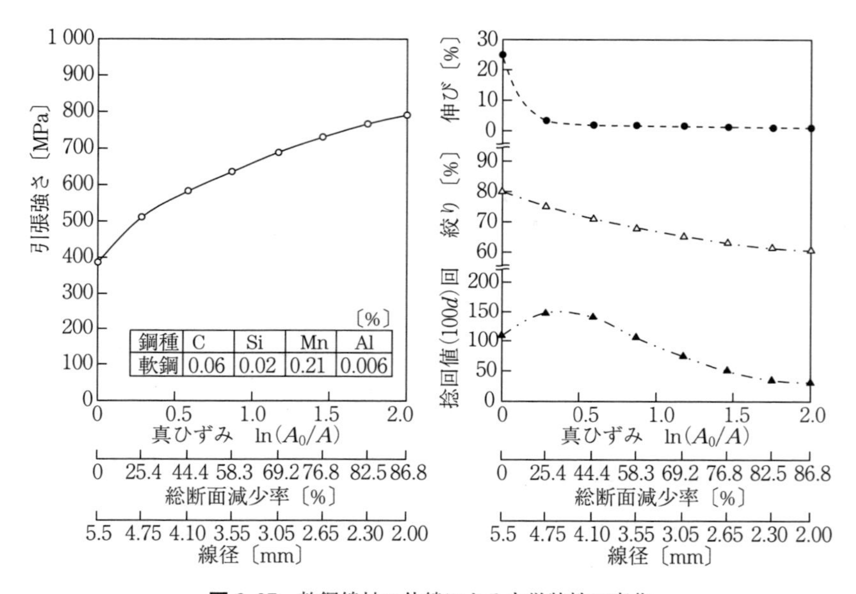

図 6.97　軟鋼線材の伸線による力学特性の変化

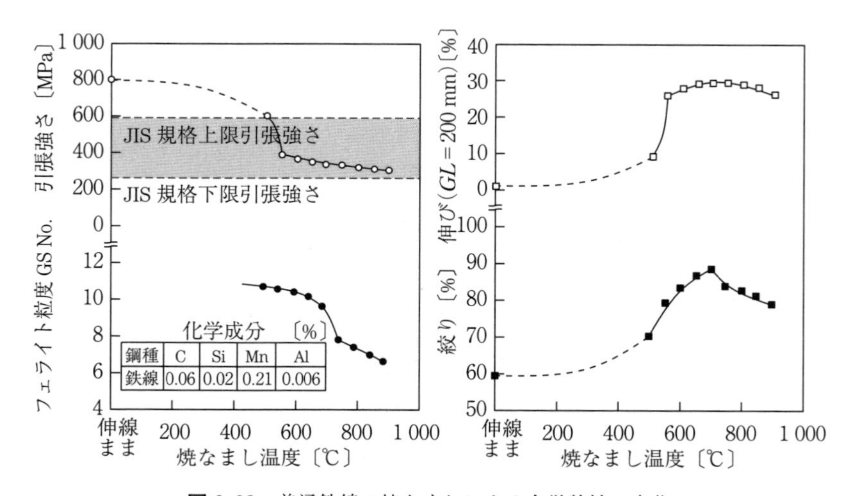

図 6.98　普通鉄線の焼なましによる力学特性の変化

一方，なまし鉄線は伸線後に焼なまし処理される．焼なまし後の引張強さはJISで260～590 MPaと規定されている．**図6.98**に普通鉄線の焼なましによる力学特性の変化を示す．スケールの過剰生成およびフェライト粒の粗大化を防止するため，焼なましは再結晶温度以上A_1変態点以下の温度で実施される場合が多い[96]．

6.6.2 亜鉛めっき鉄線

〔1〕 規格と用途

亜鉛めっき鉄線は，鉄に対して犠牲防食作用のある亜鉛を普通鉄線またはなまし鉄線に均一にめっきした「針金」であり，JIS G 3547に以下の2種類が規定されている．

① 亜鉛めっき鉄線（S）　軟鋼線材に冷間加工および焼なまししした後，溶融亜鉛めっきまたは電気亜鉛めっきした断面形状が円形の線

② 亜鉛めっき鉄線（H）　軟鋼線材に冷間加工した後，溶融亜鉛めっきまたは電気亜鉛めっきした断面形状が円形の線

また，亜鉛めっき鉄線（S）および亜鉛めっき鉄線（H）は，亜鉛付着量によってそれぞれ1～7種の7種類および1～4種の4種類に区分される．亜鉛めっき鉄線は他の鉄線と区別するため，商習慣上なまし鉄線に亜鉛めっきした亜鉛めっき鉄線（S）は「軟めっき針金」，普通鉄線に亜鉛めっきした亜鉛めっき鉄線（H）は「硬めっき針金」と呼ばれることがある．

亜鉛めっき鉄線の代表的な用途として，各種金網（ひし形金網，クリンプ金網等），バーブドワイヤ（有刺鉄線），亜鉛めっきより線（電信用架空地線，漁網を吊るより線等），結束用針金がある．また，普段家庭で接しているクリーニングに使用されるハンガー，ステープラー（ホッチキス），玩具の補強材等にも使われており用途は多種多様である．耐食性，耐候性をさらに向上させるため，塗装，プラスチック被覆，クロメート処理等された亜鉛めっき鉄線も実用化されている．

〔2〕 製 造 工 程

亜鉛めっき法には，大別して溶融亜鉛めっき法と電気亜鉛めっき法がある．**図6.99**に溶融亜鉛めっき法による亜鉛めっき鉄線の製造ラインを示す．亜鉛めっき鉄線は通常20～40本の線が同時並行に処理される．図6.99の製造ラインは，点線で示されるように焼なまし炉の外に線を通過させることで硬めっき針金も製造できる．焼なまし後，鉄線表面の不純物（残留伸線潤滑剤，スケール，さび等）を酸洗いおよび水洗で十分に除去し，塩化アンモニウムまたは塩化亜鉛アンモニウムを主成分とするフラックス水溶液に浸漬し鉄線表面を清浄化した後，亜鉛浴に浸漬し鉄線表面に亜鉛を被膜する．亜鉛浴から出た鉄線は，斜め引上げの場合は鉄線巻付け，垂直引上げの場合は木炭絞り等各種の方法で余分な亜鉛を絞り取ると同時に表面が滑らかに仕上げられる[97]．

得られた亜鉛被膜は，**図6.100**に示すように地鉄側の鉄–亜鉛合金層と外側の純亜鉛層の2層が形成される．**図6.101**に線速と亜鉛付着量の関係を示す．

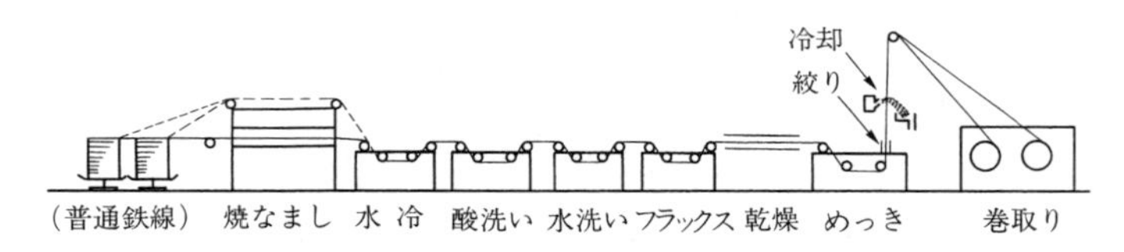

図6.99　溶融亜鉛めっき法による亜鉛めっき鉄線の製造ライン

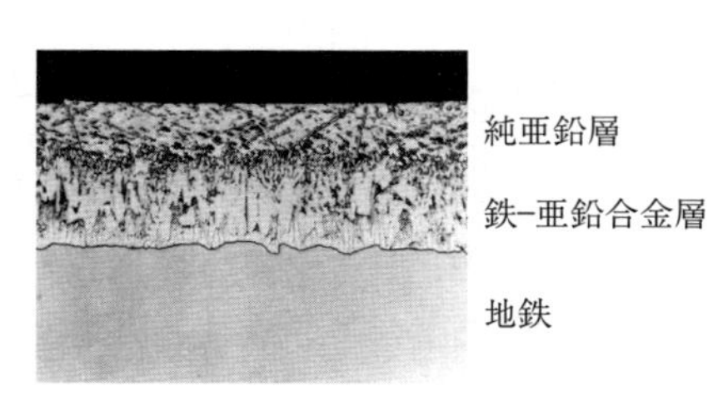

図6.100　溶融亜鉛めっき法による亜鉛被膜

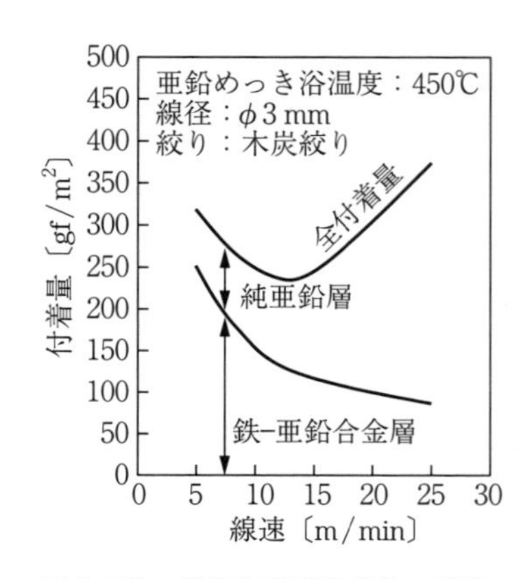

図6.101　線速と亜鉛付着量の関係

鉄–亜鉛合金層は線速が遅い（線の亜鉛浴浸漬時間が長い）ほど厚くなり，純亜鉛層は強い絞り（ワイピング）を施さない限りは線速が高いほど厚くなる．合金層は硬く加工性に劣る反面，**図 6.102** に示すように海中での耐食性が純亜鉛層と比較して優れるため，要求品質に応じてめっき条件を選定する必要がある[98]．

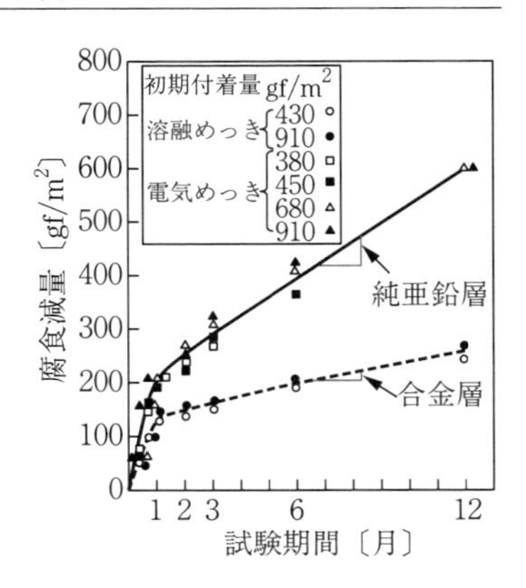

図 6.102　海水中における亜鉛めっき鉄線の亜鉛被膜腐食減量

電気亜鉛めっき法で亜鉛めっき鉄線を製造する場合，電気めっき槽が必要となるが，フラックス，めっき以外の工程は溶融亜鉛めっき法と基本的に同じである．二つの方法の違いとして，溶融亜鉛めっき法は純亜鉛層と鉄–亜鉛合金層の 2 層が形成されるのに対して，電気亜鉛めっき法は純亜鉛層のみが形成される．めっき後，さらに伸線して細いめっき線を得る場合には電気めっき法が適している．また，電気めっき法によるめっき付着量は電気量のみで決まるので，付着量の管理が容易という利点もある[99]．

6.6.3　冷間圧造用鋼線

〔1〕　規 格 と 用 途

冷間圧造用鋼線材および線に関する JIS 規格は，冷間圧造用炭素鋼—第 1 部：線材（JIS G 3507–1）および第 2 部：線（JIS G 3507–2），冷間圧造用ボロン鋼—第 1 部：線材（JIS G 3508–1）および第 2 部：線（JIS G 3508–2），冷間圧造用合金鋼—第 1 部：線材（JIS G 3509–1）および第 2 部：線（JIS G 3509–2），冷間圧造用ステンレス鋼線（JIS G 4315）がある．冷間圧造用炭素鋼線および線材には，リムド相当鋼が 6 種類，アルミキルド鋼が 11 種類およびキルド鋼が 21 種類規定されている．冷間圧造用ボロン鋼線および線材にはキルド鋼が 12 種類規定されている．冷間圧造用合金鋼線および線材は Mn 鋼（SMn）が 8 種類，Mn–Cr 鋼（SMnC）が 2 種類，Cr 鋼（SCr）が 10 種類，Cr–Mo 鋼

(SCM) が17種類, Ni–Cr鋼 (SNC) が6種類, Ni–Cr–Mo鋼 (SNCM) が8種類規定されており, いずれもキルド鋼から製造される. 冷間圧造用ステンレス鋼線はオーステナイト系が10種類, フェライト系が2種類, マルテンサイト系が1種類規定されている.

これらの冷間圧造用鋼線材は, 冷間加工と焼なましの組合せによってそれぞれ冷間圧造工程で使用される線に加工される. 冷間圧造用鋼線は部品メーカーにより締結部品またはパーツ部品へと加工される. その用途は多品種に及び, 締結部品の代表例として六角ボルト, アプセットボルト, トリミングボルト, 六角穴付きボルト, 座金組付けボルト, セレーションボルト, 木ねじ, タッピンねじ, 十字穴付き小ねじ等がある. また, パーツ部品としては, ピストンピン, バルブリフター, ベアリングカップ, スパークプラグ, ボールジョイント, バルブスプリングリテーナー等が挙げられる[100].

〔2〕 製　造　工　程

冷間圧造用鋼線の製造方法は, JIS G 3507–2 および JIS G 3508–2 で2種類が規定されている.

D工程　　線材を冷間加工によって仕上げる工程

DA工程　　線材を冷間加工後, 焼なましを行い, さらに冷間加工によって仕上げるか, または線材を焼なました後, 冷間加工によって仕上げる工程

一方, JIS G 3509–2 は DA工程がさらに3種類区分されている.

DA1工程　　焼なまし (A) → 伸線 (Dr)

DA2工程　　伸線 (Dr) → 焼なまし (A) → 伸線 (Dr)

DA3工程　　焼なまし (A) → 伸線 (Dr) → 焼なまし (A) → 伸線 (Dr)

図6.103 に冷間圧造用鋼線の製造工程を示す.

JIS G 3507–2, JIS G 3508–2 の DA工程, JIS G 3509–2 の DA2 および DA3 工程において, 球状化焼なましが指定された場合, それぞれ球状化の程度を限度見本に照らし合わせて DA工程の場合は No.1 ～ 4, DA2 および DA3 工程の場合は No.1 ～ 3 で判定する[101),102].

図6.104 に中炭素鋼線 (S40C) を用い, 焼なまし後5 ～ 40%の断面減少率

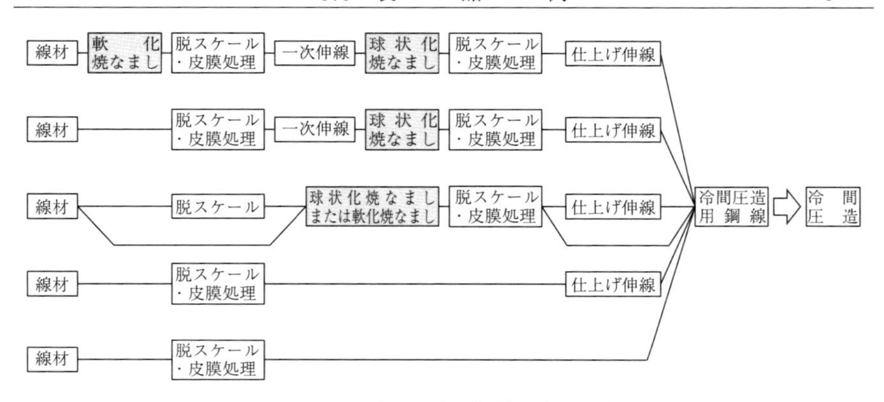

図 6.103　冷間圧造用鋼線の製造工程

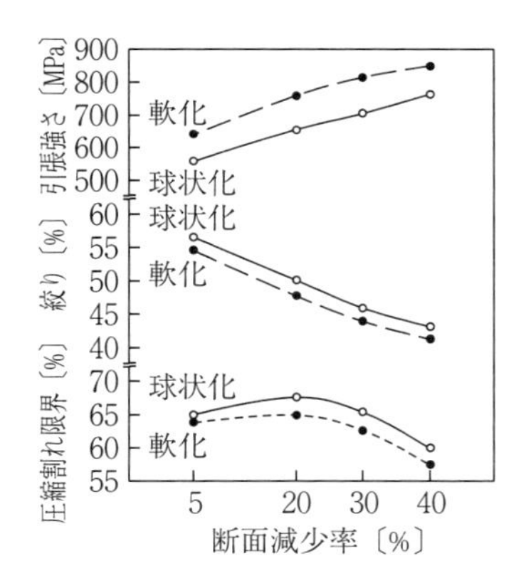

図 6.104　中炭素鋼焼なまし材の力学特性と圧縮割れ発生限界の関係

まで伸線した際の冷間加工率と力学特性の関係を示す[103]．球状化焼なましあるいは低温軟化焼なましした鋼線は，ともに断面減少率の増加に伴って引張強さが増加し絞りが減少している．一方，圧縮割れ発生限界は断面減少率20％程度で最大値を示す．これは伸線加工と圧縮加工でひずみが加わる方向が異なるために生じる一種のバウシンガー効果に起因すると考えられる[104]．

冷間圧造用鋼線は，冷間圧造を容易にするため球状化焼なましされる場合が多い．冷間圧造時の割れにくさの程度や圧造荷重の大小はこの球状化の程度に大きく左右され，残存および再生パーライトが存在しないこと，各球状セメンタイトが円に近く，距離が離れているほど球状化の程度が良いとされる．球状化の程度を左右する要因としては，加熱温度，均熱時間および冷却速度といった熱処理条件のほか，球状化焼なまし前の冷間加工の有無が挙げられる．SCM435 等の中炭素合金鋼は，球状化焼なましの前に総断面減少率 20 ～ 30％程度冷間伸線される．

冷間圧造性に影響する重要な因子として，潤滑皮膜が挙げられる．伸線性向上だけでなく，後工程の冷間圧造性を考慮して，圧造加工度の高い炭素鋼の場合はリン酸塩皮膜が，ステンレス鋼ではシュウ酸塩皮膜が施される．リン酸塩は通常，リン酸亜鉛が用いられ，その皮膜付着量は圧造加工部品形状により異なるが，6 g/m^2 以上であることが望ましい．

また，最近は主要化学成分の調整による変形抵抗の低減と固溶 C，N 低減による動的ひずみ時効抑制によって，軟化熱処理省略が可能な冷間圧造用鋼線も開発されている[105]．

6.6.4 ば ね 用 鋼

〔1〕 規 格 と 用 途

ばね用鋼は線材とばね用鋼材に分類され，線材（硬鋼線，ピアノ線，ばね用オイルテンパー線，弁ばね用オイルテンパー線）は JIS G 3521，JIS G 3522，JIS G 3560，JIS G 3561 に，ばね用鋼材（Si−Mn 鋼，Mn−Cr 鋼，Cr−V 鋼，Mn−Cr−B 鋼，Si−Cr 鋼，Cr−Mo 鋼）は JIS G 4801 に規定されている．

用途としては内燃機関の弁ばね，クラッチばね，車体を支持し路面からの振動などを和らげる懸架ばね，シートばねなど多岐にわたる[106]．弁ばねは自動車などの内燃機関に使用される性格上重要保安部品と考えられており，炭素鋼，合金鋼ともに弁ばね用オイルテンパー線として規格化されている．

〔2〕 製造工程と特性

ばね用鋼線はピアノ線材あるいは硬鋼線材にパテンティング，伸線加工（総断面減少率 60 ～ 90％程度）し，所定の力学特性を付与する場合と，Cr−V 鋼，Sr−Cr 鋼等の合金鋼線材にパテンティング，伸線加工を施し所定の寸法に仕上げた線を最終工程で焼入れ・焼戻し処理して，所定の力学特性を付与する（オイルテンパー処理）場合とがある．

図 6.105 にオイルテンパー線の製造工程の一例を示す．弁ばねなど高品質が要求される場合は，溶製段階で偏析，不純物，非金属介在物，含有ガス成分等をコントロールするだけでなく，線材段階でも表面きずや脱炭層等を除去す

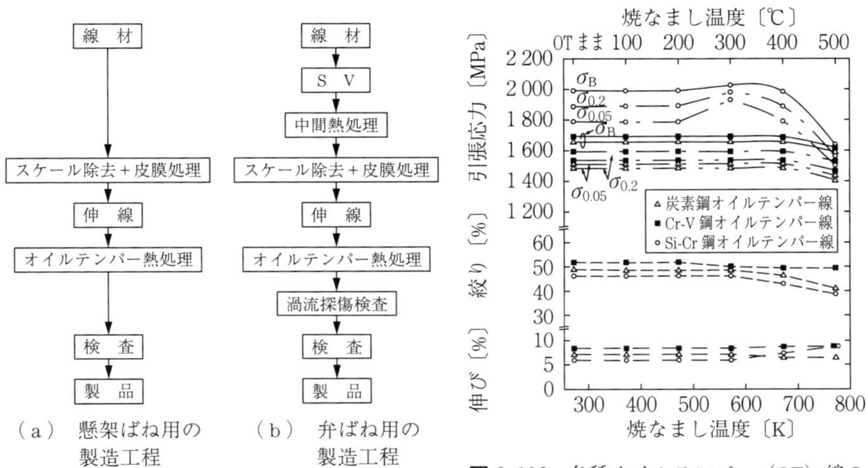

（a） 懸架ばね用の製造工程　（b） 弁ばね用の製造工程

図 6.105 オイルテンパー線の製造工程

図 6.106 各種オイルテンパー（OT）線の焼なまし温度と力学特性の関係

るためシェービング（SV）と呼ばれる皮むき工程と探傷工程が追加される．

合金鋼線材によるオイルテンパー線は，焼戻し軟化抵抗が高いため，ピアノ線や硬鋼線に比べて低温焼なましで各種力学特性が低下しにくい．その中でも Si−Cr 鋼は，573 K（300℃）付近で二次硬化現象を起こし，弾性限，0.2％耐力が増加する．**図 6.106** に，各種オイルテンパー線の低温焼なましと力学特性の関係を示す[107]．

表 6.14 および**表 6.15** に，弁ばね用ピアノ線と各種オイルテンパー線の化学成分と力学特性の比較を示す[108]．オイルテンパー線はピアノ線に比べて降伏点，弾性限（ねじり降伏点，ねじり弾性限を含む），伸び，絞りが高い．これらの力学特性はいずれもばね耐久性に有利であるため，耐久性が必要な弁ば

表 6.14 弁ばね用ピアノ線と弁ばね用各種オイルテンパー線の化学成分

種 類	化 学 成 分〔%〕							
	C	Si	Mn	P	S	Cr	V	Cu
弁ばね用ピアノ線	0.80	0.24	0.52	0.008	0.009	—	—	0.02
弁ばね用炭素鋼オイルテンパー線	0.68	0.22	0.76	0.013	0.009	—	—	0.02
弁ばね用 Cr−V 鋼オイルテンパー線	0.53	0.23	0.80	0.011	0.008	0.96	0.20	0.06
弁ばね用 Si−Cr 鋼オイルテンパー線	0.55	1.40	0.67	0.020	0.014	0.72	—	0.10

表 6.15　弁ばね用各種鋼線の静的負荷条件下における力学特性

	炭素鋼オイルテンパー線		Cr−V 鋼オイルテンパー線		Si−Cr 鋼オイルテンパー線		ピアノ線	
	オイルテンパーのまま	400℃ 30 min	オイルテンパーのまま	400℃ 30 min	オイルテンパーのまま	400℃ 30 min	引抜きのまま	350℃ 30 min
線径 d 〔mm〕	4.5	4.5	4.5	4.5	4.5	4.5	4.5	4.5
引張強さ σ_B 〔MPa(kgf/mm²)〕	1 588 (162)	1 578 (161)	1 617 (165)	1 607 (164)	1 911 (195)	1 911 (195)	1 597 (163)	1 617 (165)
降伏点 $\sigma_{0.2}$ 〔MPa(kgf/mm²)〕	1 450 (148)	1 450 (148)	1 529 (156)	1 529 (156)	1 813 (185)	1 813 (185)	1 245 (127)	1 362 (139)
弾性限 $\sigma_{0.05}$ 〔MPa(kgf/mm²)〕	1 421 (145)	1 421 (145)	1 470 (150)	1 470 (150)	1 715 (175)	1 715 (175)	843 (86)	1 254 (128)
最大ねじり強さ τ_B 〔MPa(kgf/mm²)〕	960 (98)	970 (99)	951 (97)	951 (97)	1 127 (115)	1 127 (115)	921 (94)	931 (95)
ねじり降伏点 $\tau_{0.3}$ 〔MPa(kgf/mm²)〕	833 (85)	833 (85)	853 (87)	843 (86)	1 029 (105)	1 029 (105)	627 (64)	794 (81)
ねじり弾性限 $\tau_{0.03}$ 〔MPa(kgf/mm²)〕	774 (79)	774 (79)	784 (80)	784 (80)	882 (90)	882 (90)	421 (43)	686 (70)
縦弾性係数 E 〔MPa(kgf/mm²)〕	201 880 (20 600)	205 880 (21 000)	194 824 (19 880)	196 000 (20 000)	193 060 (19 700)	194 040 (19 800)	186 200 (19 000)	205 800 (21 000)
横弾性係数 G 〔MPa(kgf/mm²)〕	77 420 (7 900)	77 420 (7 900)	76 440 (7 800)	78 204 (7 980)	76 930 (7 850)	76 930 (7 850)	74 480 (7 600)	78 400 (8 000)
伸び ε 〔%〕	7.0	7.0	6.0	6.5	5.5	6.0	3.5	3.0
絞り φ 〔%〕	49	47	52	52	48	48	43	36
ねじり回数 T_n〔回〕	27	27	12	12	12	12	36	30
硬さ (*HV*)	456	456	460	460	530	530	418	430

ねにおいては，オイルテンパー線が多く使用されている．

JIS で規定される弁ばね用鋼線の引張強さは Si−Cr 鋼オイルテンパー線が最大で約 1 900 MPa である．最近は，弁ばね用オイルテンパー線にさらなる高疲労強度化と耐久性が求められ，C 量増加による引張強さ増大，V 添加によるオーステナイト結晶粒の微細化と軟化抵抗性向上が図られることで引張強さ 2 200 MPa 級の弁ばね用オイルテンパー線も実用化されている[109]．

一方，JIS G 4801 で規定されるばね鋼鋼材は自動車懸架用，トーションバー，スタビライザーなどに用いられている．ばね鋼鋼材は高い弾性限を得るため，すべての鋼材においてCが高めに設定されている．また，ばね鋼鋼材には同時に焼入れ性も必要とされるため，SiあるいはCrが多く含有されている．多くの場合，ばねの種類によって使用される鋼材はおおよそ決まっており，SUPの後ろの番号が高いほど焼入れ性が高く，より大きな構造体のばねとして用いられている[110]．

6.6.5 スチールコード用鋼線

〔1〕 規 格 と 用 途

ゴム製品を補強するためのより線をスチールコードといい，その素線となる鋼線をスチールコード用鋼線という．スチールコードおよびスチールコード用鋼線は，他の鋼製品と異なりJISで規格されておらず，メーカーとユーザー間での協定に基づき製造されている．なお，素線としてはJIS G 3506に規定される硬鋼線の内，0.7～0.8%の炭素を含む線材が使用される場合が多い．

スチールコードは高い強度および弾性限度を有しているため，タイヤ，ベルト等の補強材として多く使用されている．特に，スチールコードを補強材とした自動車用スチールラジアルタイヤ（**図6.107**参照）[111]は，自動車に高い走行性と操縦安定性を与えるため，ほとんどの乗用車，トラック，バスで装着されている．最近は太陽光発電に用いられるシリコンウェーハ切断用のソーワイヤとしてより線径の小さいスチールコード用鋼線が用いられるようになってきた．

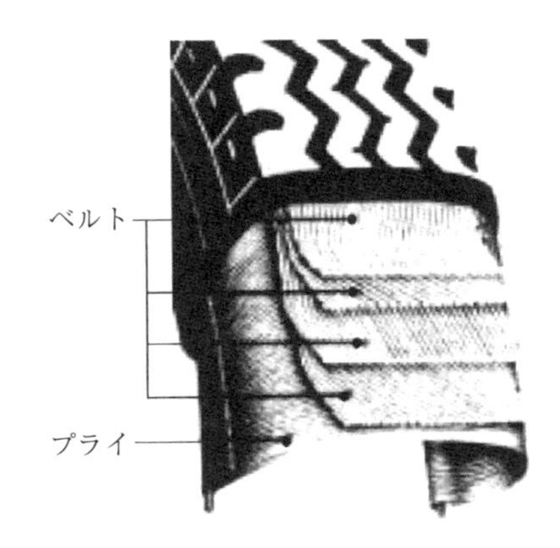

図6.107　自動車用スチールラジアルタイヤの断面構造

スチールタイヤコードの試験方法はJIS G 3510に規定されており，その試験項目としては，コード径，よりピッチ，切断荷重，フレア等がある[112]．

〔2〕 製造工程と特性

図6.108にスチールタイヤコードの標準的な製造工程の概略を示す[111]．通

常は ϕ 5.5 mm に熱間圧延された線材が原線として使用される．かつては伸線加工前に微細パーライト組織を得るため鉛パテンティング処理されてきたが，現在は圧延パテンティングによって一次熱処理されるため，脱スケール，潤滑皮膜処理された後，ϕ 3 mm 前後まで伸線される（一次伸線）のが一般的である．

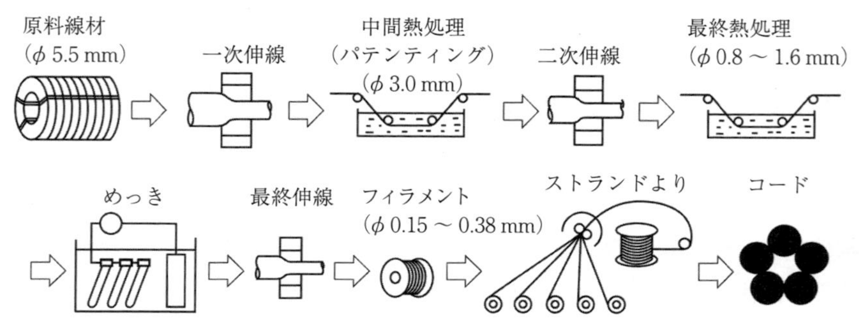

図 6.108　スチールタイヤコードの標準的な製造工程の一例

この鋼線はさらにパテンティング処理および潤滑皮膜処理され，ϕ 0.8 ～ 1.6 mm まで伸線加工され（二次伸線），再びパテンティング処理され，引き続いてインラインで電解酸洗い，電気ブラスめっき処理される．前者のパテンティング処理を中間熱処理，後者を最終熱処理と呼ぶ．これらの熱処理はその後に行われる伸線加工を容易にするために行われる．なお，パテンティングは直接加熱，間接輻射加熱，高周波加熱等の方法でオーステナイト化した後，550 ～ 650℃に急冷・保持される工程である．急冷・保持工程は，これまで溶融鉛浴が用いられることが多かったが，鉛の環境問題によって使用が制限されつつあり，一部流動層への置換えが進められている．流動層は炉内に空気を噴射することで砂粒を流動させ，一定温度に保持される形式の炉であり，太径線材で十分な冷却速度を得ることは困難であるものの，中間および最終熱処理においてはパテンティング処理工程としての機能を十分に果たすことができる．

ブラスめっきは，拡散めっき法によって処理されるのが一般的である．最初にワイヤ表面に銅めっきを施し，その上に亜鉛めっきを重ねてからワイヤ表面の温度を上げ，銅と亜鉛を相互拡散させることでブラスめっきが形成される．

銅めっき浴としては硫酸銅あるいはピロリン酸銅浴を使用し，亜鉛めっき浴としては硫酸亜鉛浴を使用する．拡散めっき法では，銅と亜鉛の付着量が独立に制御されるので合金比の管理が容易である．

めっきされたワイヤは，湿式伸線機によって ϕ0.12 ～ 0.38 mm 程度のようなきわめて細い鋼線（フィラメント）まで伸線加工される．湿式伸線加工中はダイスおよび鋼線の大部分は潤滑液中に浸漬されており，20 ～ 20 数枚のダイスにより連続伸線される．フィラメントの引張強さは熱処理後の引張強さと湿式伸線における加工硬化によって決まるので，伸線前の線径と伸線後の線径が所定の引張強さを満足するように設計される．多くの工程を経て製造されたフィラメントの引張強さは，1970 年代は 2 800 MPa 程度であったが，1980 年代には 3 200 ～ 3 400 MPa，1990 年代初期には 3 600 MPa，現在では 4 000 MPa に達しており，さらに 4 000 MPa を超える高炭素鋼線の研究開発が進められている（**図 6.109** 参照）[113]．

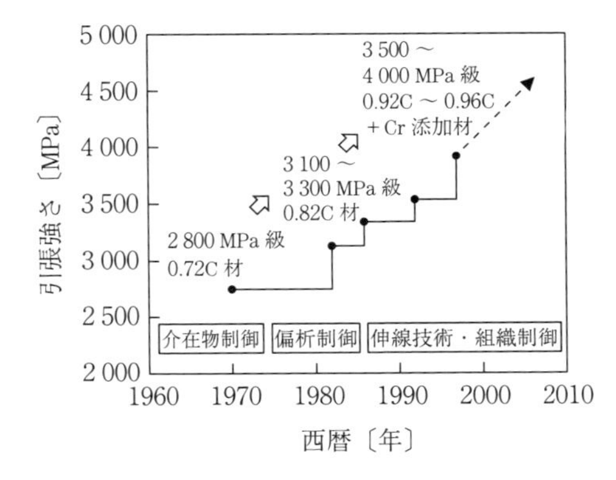

図 6.109　スチールコードの引張強さの推移

表 6.16 に，この高強度鋼線を素線として構成されたスチールコード（タイヤ用）を示す[114]．素線はきわめて細く，またより線に加工されるので，湿式伸線中およびより線工程での断線が生産性に大きな影響を及ぼすため，原線にはきずがなく，脱炭，偏析，非金属介在物の少ない均一な金属組織を有し，かつ P，S，Cu，Ni 等の不純物の少ないものが要求される．

一方，スチールコードをソーワイヤ用途として用いる場合，切断性向上のための高強度化，切断歩留り向上のための細径化が要求されている．そこで，断線原因となる金属介在物低減のため，溶製時の溶鋼への Al 混入やスラグ精錬方法，耐火物に対して種々の対策がとられている[115]．

表 6.16　スチールコード構造例（タイヤ用）

用　途	乗用車用		
構　成	2+2×0.25	1×5×0.25	2+7×0.22+0.15
断　面			
コード径〔mm〕	0.65	0.67	1.07
ワイヤ径〔mm〕 本数	0.25 mm × 4 本	0.25 mm × 5 本	0.22 mm × 9 本 0.15 mm × 1 本
切断荷重〔N〕 （＊1）	480 550（HT）	550 670（HT）	900 —
単位質量〔g/m〕	1.55	1.05	2.05

用　途	トラック・バス用		
構　成	3×0.20+6×0.35	3+9×0.22+0.15	3+9+15×0.175+0.15
断　面			
コード径〔mm〕	1.13	1.16	1.34
ワイヤ径〔mm〕 本数	0.20 mm × 3 本 0.35 mm × 5 本	0.22 mm × 11 本 0.15 mm × 1 本	0.175 mm × 27 本 0.15 mm × 1 本
切断荷重〔N〕 （＊1）	1650 1880（HT）	1200 —	1700 —
単位質量〔g/m〕	5.33	3.84	5.30

（＊1）　HT：強力型で通常原料鋼種として 82A 線材が使用される．

6.6.6　PC 鋼線，PC 鋼より線

〔1〕　規 格 と 用 途

コンクリートは圧縮力に強いが引張力に対しては弱く，容易に亀裂が入って壊れやすい．この欠点を補うため外力によって引張応力が生じる部分にあらかじめ圧縮応力を与えて，コンクリート部材の引張力に対する抵抗を大きくする

「プレストレストコンクリート（PC, prestressed concrete）」がある．プレストレストコンクリートの圧縮材として，PC鋼線およびPC鋼より線が用いられており，JIS G 3536で線の種類や力学特性等が規定されている．**表6.17**にPC鋼線およびPC鋼より線の種類と力学特性をまとめる[116]．PC鋼線およびPC鋼より線のおもな用途は，橋梁，建築，枕木，床版，パイル，パイプ，ポール，矢板，タンク，舗装，アンカー，シェッド，カルバート，ポンツーン等である．現在はJIS G 3536に規定される15.2 mmストランド（1 860 MPa）

表6.17　PC鋼線およびPC鋼より線の種類と力学特性

種類			記号[a]	呼び名	力学特性				
					0.2％永久伸びに対する試験力〔kN〕	最大試験力〔kN〕	伸び〔％〕	リラクセーション値〔％〕 N	リラクセーション値〔％〕 L
PC鋼線	丸線 異形線	A種	【丸線】SWPR1AN SWPR1AL 【異形線】SWPD1N SWPD1L	2.9 mm	11.3以上	12.7以上	3.5以上	8.0以下	2.5以下
				4 mm	18.6以上	21.1以上			
				5 mm	27.9以上	31.9以上	4.0以上		
				6 mm	38.7以上	44.1以上			
				7 mm	51.0以上	58.3以上	4.5以上		
				8 mm	64.2以上	74.0以上			
				9 mm	78.0以上	90.2以上			
	丸線	B種[b]	SWPR1BN SWPR1BL	5 mm	29.9以上	33.8以上	4.0以上		
				7 mm	54.9以上	62.3以上	4.5以上		
				8 mm	69.1以上	78.9以上			
PC鋼より線	2本より線		SWPR2N SWPR2L	2.9 mm 2本より	22.6以上	25.5以上	3.5以上		
	異形3本より線		SWPD3N SWPD3L	2.9 mm 3本より	33.8以上	38.2以上			
	7本より線[c]	A種	SWPR7AN SWPR7AL	7本より9.3 mm	75.5以上	88.8以上			
				7本より10.8 mm	102以上	120以上			
				7本より12.4 mm	136以上	160以上			
				7本より15.2 mm	204以上	240以上			
		B種	SWPR7BN SWPR7BL	7本より9.5 mm	86.8以上	102以上			
				7本より11.1 mm	118以上	138以上			
				7本より12.7 mm	156以上	183以上			
				7本より15.2 mm	222以上	261以上			
	19本より線[d]		SWPR19N SWPR19L	19本より17.8 mm	330以上	387以上			
				19本より19.3 mm	387以上	451以上			
				19本より20.3 mm	422以上	495以上			
				19本より21.8 mm	495以上	573以上			
				19本より28.6 mm	807以上	949以上			

〔注〕
[a] リラクセーション規格値によって，通常品（N）と低リラクセーション品（L）に区分される．
[b] 丸線のB種は，A種より引張強さが100 MPa高い種類を示す．
[c] 7本より線のA種は引張強さ1 720 MPa級，B種は1 860 MPa級を示す．
[d] 19本より線の内，28.6 mmの断面の種類はシール形およびウォーリントン形とし，それ以外の19本より線の断面はシール形だけを適用する．

に対し，1.2 倍の引張強さ（2 230 MPa）を持つ高強度ストランドが実用化されている[117]．

PC 鋼線および PC 鋼より線に要求される特性には，以下が挙げられる．

① 引張強さが高く，また，弾性限，耐力が高いこと

② 破断時の伸びが大きい，また，曲げ性に優れること

③ リラクセーション（応力弛緩）が小さいこと

④ 応力腐食割れを起こしにくく，また，疲労強度が高いこと

⑤ 直線性が良く，また，コンクリートとの付着性が良いこと

〔2〕 製造工程と特性

図 6.110 に PC 鋼線および PC 鋼より線の標準的な製造工程の概略を示す[118]．PC 鋼線および PC 鋼より線には JIS G 3502（ピアノ線材）に適合した線材が用いられ，伸線加工に適した微細パーライト組織とするためパテンティング処理される．

パテンティングは通常，鉛パテンティングあるいは熱間圧延終了時の温度を利用した圧延パテンティングが行われる．

伸線は 1 パス断面減少率 20％前後で 5 ～ 10 回伸線され，総断面減少率 60

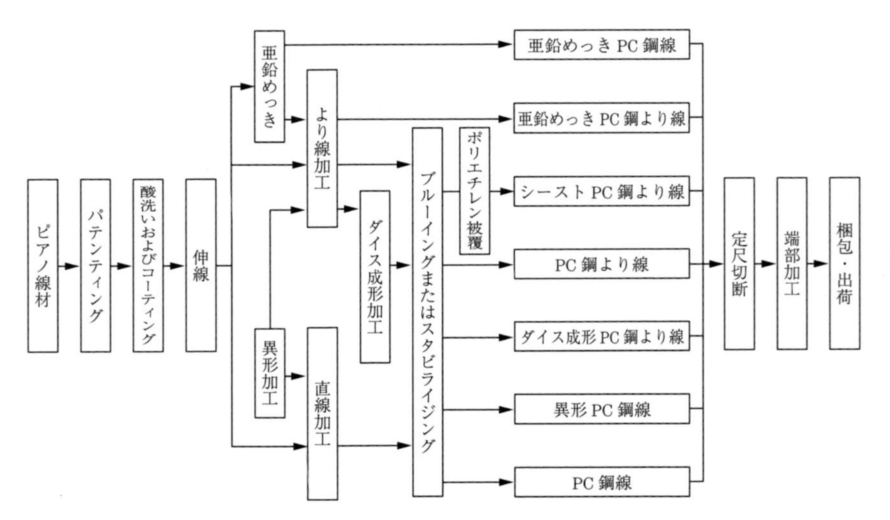

図 6.110　PC 鋼線および PC 鋼より線の製造工程

～90％で所定の直径と引張強さを有する線に加工される．その後，異形加工，直線加工，より線加工等が施されるが，冷間加工後は加工ひずみが残留しているため弾性限，耐力が低く，伸びも小さい．これらの特性を改善するため300～400℃で低温焼なまし処理（ブルーイング）される．**図6.111**に伸線材のブルーイングによる力学特性の変化を示す[119]．また，**図6.112**に示すように，ブルーイングによってリラクセーション値を小さくできる[120]．

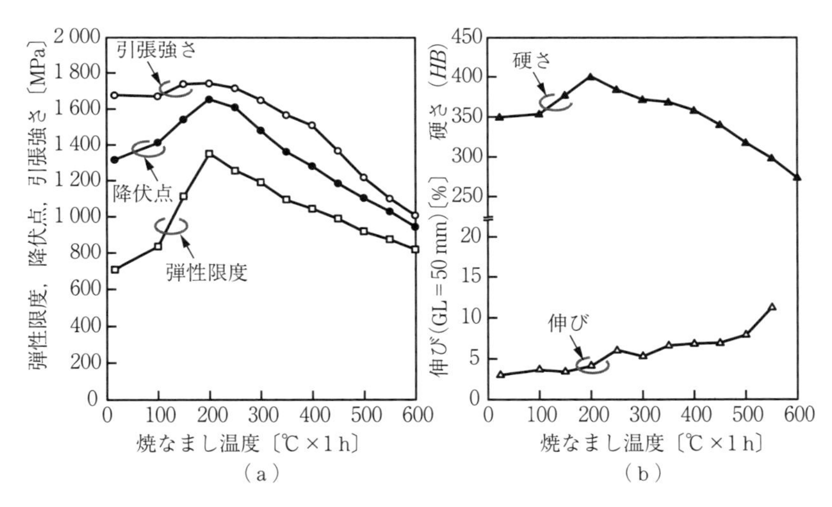

図6.111　伸線した鋼線の低温焼なましによる力学特性の変化（0.74%C-0.74%Mn）

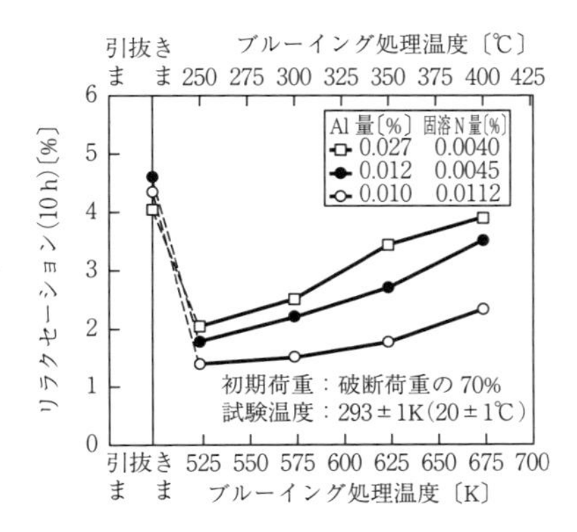

図6.112　ブルーイング処理によるリラクセーションの変化

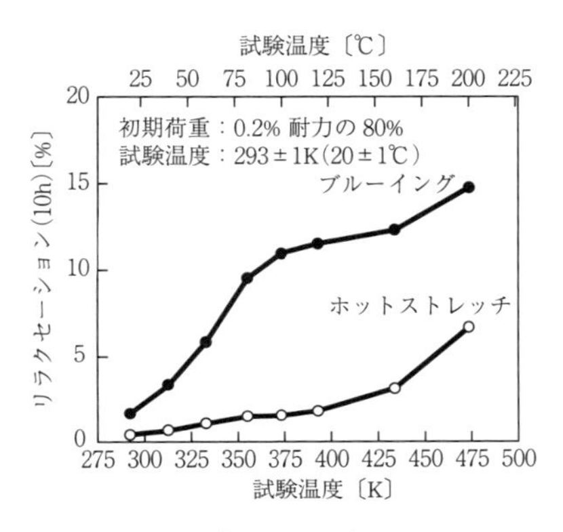

図6.113　高温におけるリラクセーション試験結果

さらに小さいリラクセーション値を保証する場合は，ホットストレッチング処理が施される．ホットストレッチング処理は鋼線あるいはより線に引張力を付与しながら低温で焼なましされる処理であり，**図6.113**に示すように，ホットストレッチング処理材はブルーイング処理材と比較して常温および高温でのリラクセーション値が著しく小さい[120]．

6.6.7　亜鉛めっき鋼線，亜鉛めっき鋼より線

〔1〕 規 格 と 用 途

亜鉛めっき鋼線は，鉄に対して犠牲防食作用のある亜鉛を表面に均一にめっきした鋼線である．亜鉛めっき鋼より線（JIS G 3537）の素線は，亜鉛の付着量によって特A級，A級，B級の3段階に，引張強さによって1～3種の3段階に区分されている．**表6.18**に亜鉛めっき鋼より線の区分を示す．

表6.18　亜鉛めっき鋼より線の区分

構　成	線径範囲〔mm〕	引張強さ〔MPa(kgf/mm^2)〕	亜鉛付着量
1×3	2.9～4.5	1種　1 225（125） 2種　882（ 90） 3種　686（ 70）	特A（普通めっき） A　⟆ B（薄めっき）
1×7	1.0～5.0	同　上	同　上
1×9	1.6～4.0	同　上	同　上

亜鉛めっき鋼線および亜鉛めっき鋼より線の代表的な用途は，送電線用ケーブルのアルミニウム導線を強度面で補強するために，その中心に単線またはより線の状態で入れた鋼心アルミニウムより線（ACSR，aluminum cable steel reinforced），通信ケーブルや電力配電ケーブルの吊架（ちょうか），送電線導体を落雷等の事故から守るためのアース線としての架空地線用等がある．

また，亜鉛めっき鋼線の代表的な用途として，長大吊橋のメインケーブルやハンガーロープも挙げられる（**図6.114**参照）．長大吊橋は，つねに張力のかかった状態で架設されているが，この張力以外にも風圧や振動による動的張力

も受けており，長大化実現のためには高強度亜鉛めっき鋼線が必要である．従来は引張強さ 1 570 MPa 級の亜鉛めっき鋼線が主流であった．1990 年代，吊橋の大型化が進み，Si 添加型高強度亜鉛めっき鋼線が初めて開発，実用化され，1 760 MPa 級の高強度鋼線が明石海峡大橋で採用され，中央支間 1991 m という世界最長の吊橋を供用するに至っている[121)～123)]．現在では，0.92 % C–Si–Cr 鋼や 0.94 % C–Si–Cr を用いた 2 000 MPa 級の亜鉛めっき鋼線も開発されている（**図 6.115** 参照）[124)～127)]．

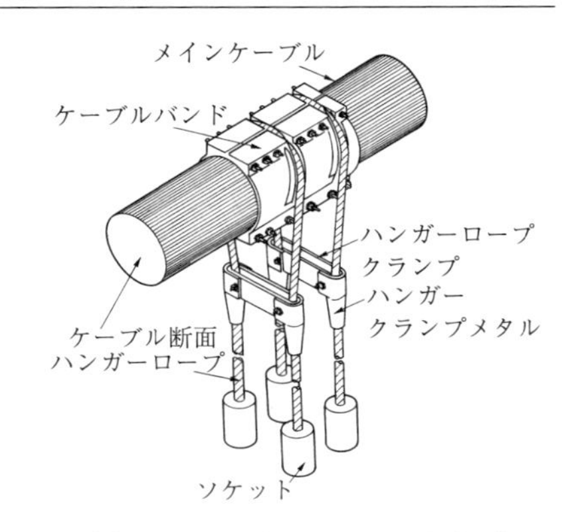

図 6.114　メインケーブルおよびハンガーロープ

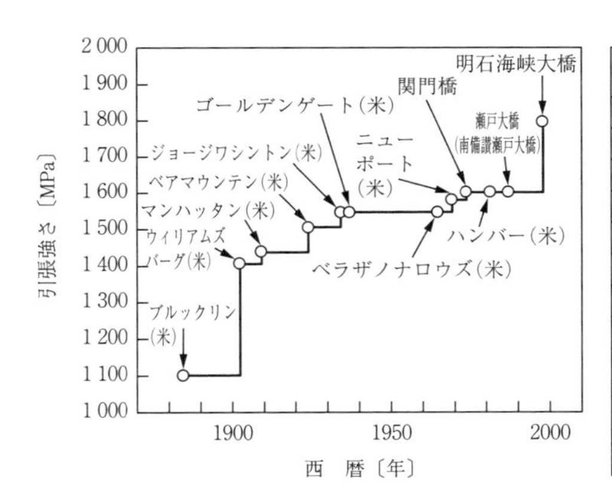

橋の名称	全長〔m〕	中央支間〔m〕	供用年
ブルックリン	1834	486	1883
ウィリアムズバーグ	2227	488	1903
マンハッタン	2089	448	1909
ベアマウンテン	687	497	1924
ジョージワシントン	1450	1067	1934
ゴールデンゲート	2737	1280	1937
ベラザノナロウズ	2034	1298	1964
ニューポート	1507	488	1969
関門橋	1068	712	1973
ハンバー	2220	1410	1981
瀬戸大橋	1723	1100	1988
明石海峡大橋	3911	1991	1998

図 6.115　橋梁用亜鉛めっき鋼線の引張強さの推移

〔2〕 製造工程と特性

亜鉛めっき鋼線および亜鉛めっき鋼より線の素材として，硬鋼線（JIS G 3506）に適合した線材が用いられる．他の硬鋼線と同様，伸線加工に適した微細パーライト組織とするためにパテンティング処理が施される．**図 6.116** にパテンティング温度と組織，力学特性の関係を示す[128)]．高炭素鋼線はパテン

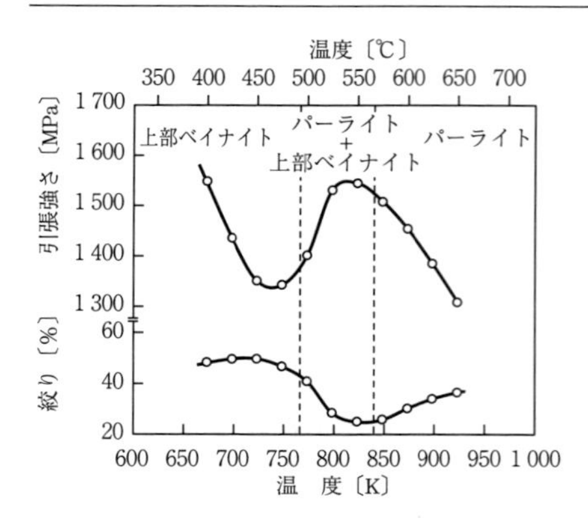

図 6.116　0.96 C−0.19 Si−0.31 Mn−0.20 Cr 鋼のミクロ組織および力学特性に及ぼす変態温度の影響

ティング時の引張強さと製品線径までの加工硬化率によって引張強さが決定される．高い引張強さを得るためには，なるべくパテンティング温度を低くすることが重要である．これはパーライト組織におけるラメラー間隔が，低い温度で恒温変態させるほど微細化するためである．一方，パーライト変態温度が 550℃ 以下になると，上部ベイナイト組織の体積率が増加するため引張強さは低下する．ただし，上部ベイナイトはフェライト部分における変形の拘束を緩和する働きがあることから，圧延パテンティング材で生引きままで製品線径とする場合は，上部ベイナイトをわずかに含有させた圧延パテンティング線材が用いられることもある．伸線加工によって所定の引張強さと線径に調整された鋼線は，その後の工程で溶融亜鉛めっき法あるいは電気亜鉛めっき法によって亜鉛めっきされ，この鋼線をより合わせて亜鉛めっき鋼より線が製造される．製造工程は 6.4 節の亜鉛めっき鉄線と同様であるが，電気亜鉛めっきは極厚めっきが可能で厚さの均一性が良い利点があるが，製造コストが高いため一般には溶融亜鉛めっきが採用されている．軟鋼線では冷間伸線後焼なましてから亜鉛めっきされるが，硬鋼線では冷間伸線ままで亜鉛めっきされる．**図 6.117** に溶融亜鉛めっき鋼線の製造工程例を示す．

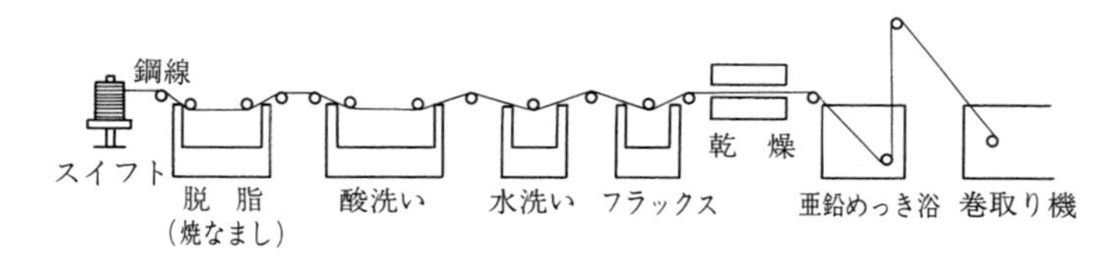

図 6.117　溶融亜鉛めっき鋼線の製造工程

亜鉛めっき鋼線および亜鉛めっき鋼より線に要求される最も重要な特性は耐食性であり，湿気，塩分，排気ガス等の腐食環境に長期間耐える必要がある．**図 6.118** に亜鉛めっき鋼線の暴露試験結果例を示す[129]．亜鉛めっきは表層側に純亜鉛層，その内側に合金層が形成されるので最初に純亜鉛層が腐食される．亜鉛めっきは海水中の腐食が特に激しく，純亜鉛層より合金層の方が耐食性が良い．また，大気腐食の最も激しい工業地帯あるいは火山温泉地帯でも年間の亜鉛の腐食減量は 20 ～ 30 g/m^2 程度である．また，亜鉛付着量が多いほど耐食性に優れている．**図 6.119** および**図 6.120** に浸漬時間と亜鉛付着量の関係を，**図 6.121** に亜鉛浴温度と合金層の生成速度の関係を示す[130]．

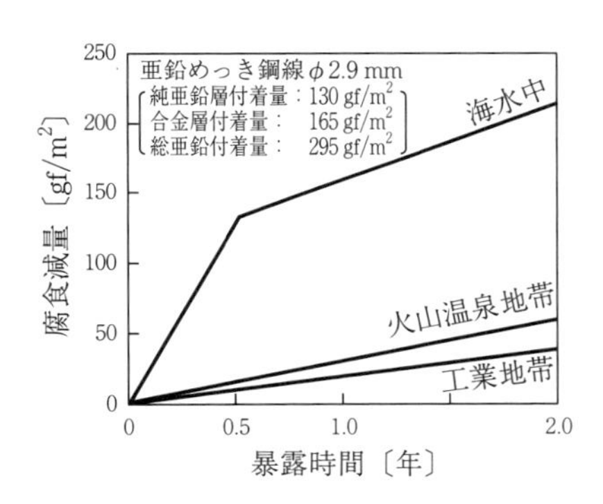

図 6.118　亜鉛めっき鋼線の暴露試験結果

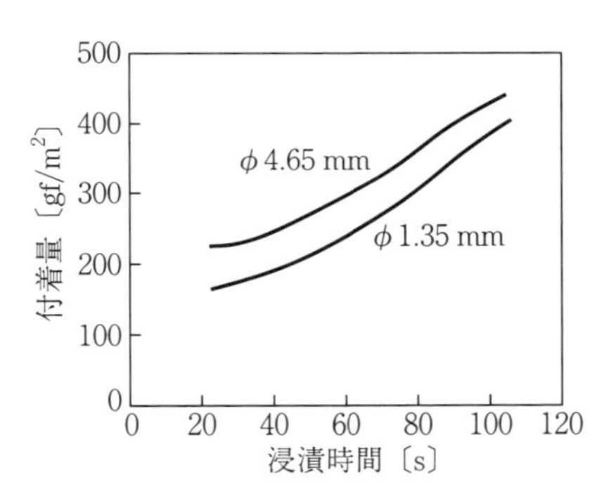

図 6.119　浸漬時間と亜鉛付着量の関係

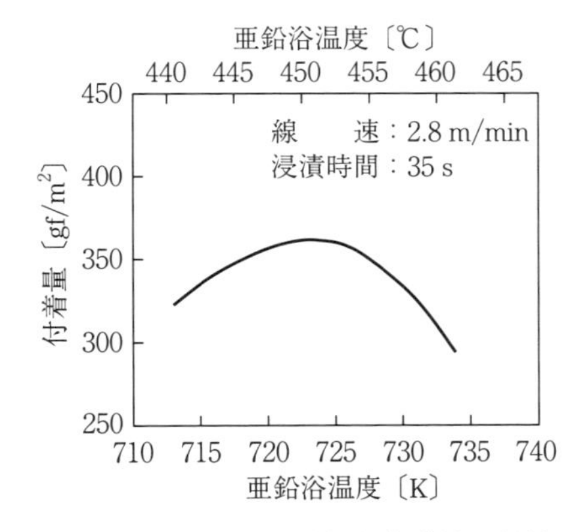

図 6.120　亜鉛浴温度と亜鉛付着量の関係

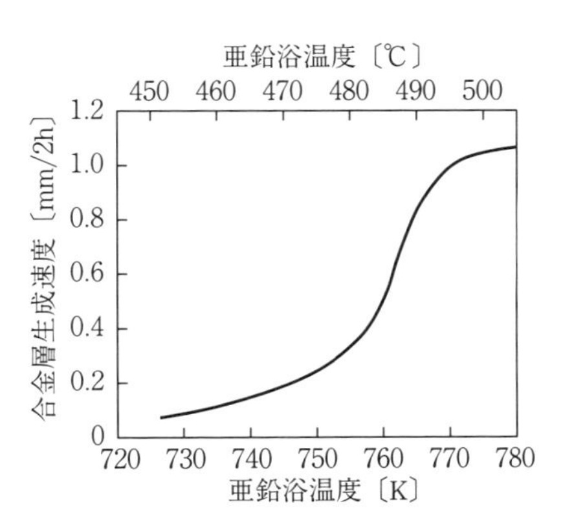

図 6.121　亜鉛浴温度と合金層生成速度の関係

6.6.8　針

〔1〕 規格と用途

代表的な針として，縫製用のミシンに使用するミシン針が挙げられる．近年，ナイロン，テトロン，ポリエステルといった化学合成繊維に加え，耐熱性に優れたアラミド系繊維等が加わり，ミシン針はますます苛酷な条件下にさらされるようになった．また，ミシン針用線材はかつて，砂鉄から取った純度の高い銑鉄および高純度のスクラップを用いて作られるなど高級線材の代表でもあった．最終製品であるミシン針に要求される特性は，以下が挙げられる．

① 耐熱性に優れていること

② 耐摩耗性に優れていること

③ 曲げ剛性が大きいこと

④ 曲げ変形後の曲げ残留ひずみが小さいこと

一方，焼なまし後の鋼線に要求される特性としては，以下が挙げられる．

① 針穴，針溝加工時，鋼線に歯欠けが生じないこと

② 焼入れ・焼戻し後，十分な硬さが得られること

③ 針加工時の工具摩耗が少ないこと

④ 針加工条件の変動に対して最終針での特性への影響が小さいこと

針用線材はJIS規格に定められていないが，上記の特性を満たす材料として1.0% C程度の過共析鋼にCr，V，Moの炭化物形成元素が添加された鋼が一般的に用いられている．

〔2〕 製造工程と特性

図6.122に針用鋼線ならびにミシン針の製造工程例を示す．熱間圧延された線材はパテンティング処理され，冷間伸線後，球状化熱なまし処理される．さらに冷間伸線され，焼なまし後，ミシン針へと加工される．針加工中に実施される焼入れは，炭化物を完全に固溶させるのではなく，溶け残した状態で処理される．この炭化物により最終製品としての耐摩耗性が確保される．また，曲げ剛性や曲げ残留ひずみ影響を与えると考えられる残留オーステナイトを分解するために，焼入れ直後にサブゼロ処理される場合がある．針用鋼線の加工

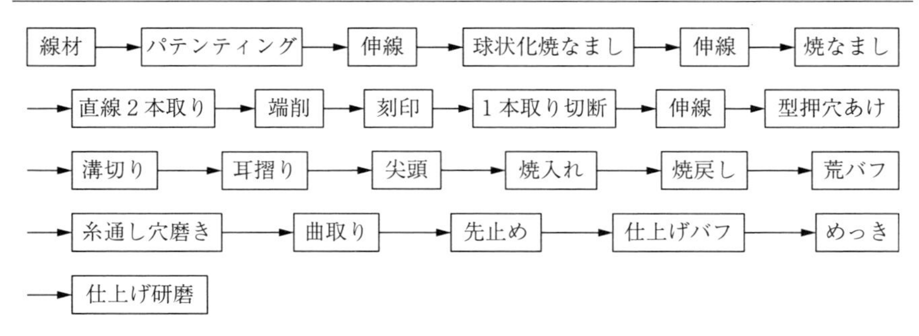

図 6.122　針用鋼線ならびにミシン針の製造工程

には孔型ダイスによる連続伸線加工が行われ，針加工においてはスエージング加工により伸線される等，多くの塑性加工技術が使用されている．

6.6.9 磨き棒鋼

〔1〕 規格と用途

磨き棒鋼は，熱間圧延棒鋼に引抜き等の二次加工を施し，寸法精度，表面品質を改善するとともに必要に応じて各種熱処理を施した棒鋼の二次加工製品である．JIS G 3123 では素材が規定され，炭素鋼磨き棒鋼と合金鋼磨き棒鋼に区分される．炭素鋼磨き棒鋼には磨き棒鋼一般鋼材（JIS G 3108），機械構造用炭素鋼材（JIS G 4051），硫黄および硫黄複合快削鋼鋼材（JIS G 4804）が，合金鋼磨き棒鋼には焼入れ性を保証した構造用鋼材（H 鋼）（JIS G 4052），機械構造用合金鋼鋼材（JIS G 4053），Al−Cr−Mo 鋼鋼材（JIS G 4202）に適合した鋼材を用いるよう規定されている．

磨き棒鋼は，外周部がそのまま製品として使用できるので，車軸，機械用シャフト，自動車主要部品などの素材として多用されている．また，精密鍛造用の素材としても使用されている．引抜きで製造される異形磨き棒鋼，例えば六角磨き棒鋼からはナット，ソケットボルト用六角スパナが製造されている．

〔2〕 製造工程

磨き棒鋼の製造法には，冷間引抜き（棒鋼：ドローベンチ，線材：コンバインドマシン），切削（センターレスピーリングマシン），研削（センターレスグラインダー），またはこれらの組合せがある．また，最終製品の要求品質あるいは加工上必要な場合は，焼なまし，焼ならし，焼入れ・焼戻し等の熱処理を施すことも多い．**図 6.123**～**図 6.125** に各種磨き棒鋼の代表的な製造工程を示す[131]．なお，**表 6.19** に示すとおり，JIS 規格では磨き棒鋼の加工履歴を明らかにするための表示方法も規定されている．

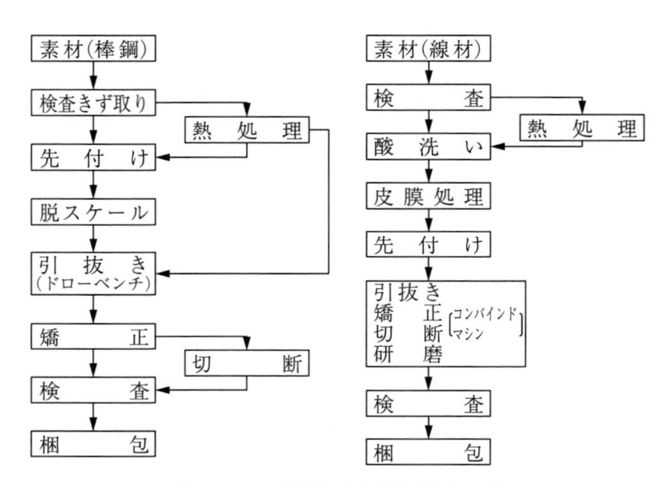

図 6.123　引抜き磨き棒鋼製造工程

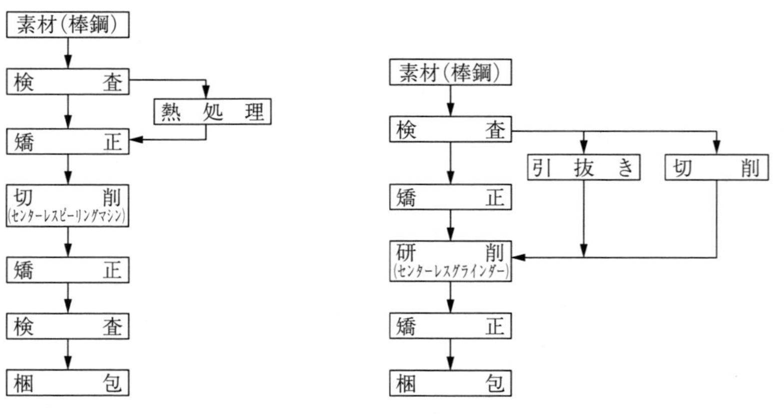

図 6.124　切削磨き棒鋼製造工程

図 6.125　研削磨き棒鋼製造工程

表 6.19 磨き棒鋼の表示法

最終加工方法が冷間引抜きによるものは-D，研削によるものは-G，切削によるものは-Tとし，焼ならししたものは-N，焼入れ・焼戻ししたものは-Q，焼なまししたものは-A，球状化焼なまししたものは-ASの符号を付け，さらに許容差の等級を付けて，つぎのように表す． 例：1　S 45 C-DQG 7 機械構造用炭素鋼鋼材S 45 Cを用いて，冷間引抜きを行い，焼入れ・焼戻しを施した後，許容差の公差等級IT 7に研削仕上げしたもの． 2　S 35 C-DAS 10 機械構造用炭素鋼鋼材S 35 Cを用いて，冷間引抜きを行い，焼入れ・焼戻しを施した後，許容差の公差等級IT 10にしたもの．

引用・参考文献

1）日本鉄鋼協会編：鉄鋼製造法，（1972），799，丸善．

2）日本鉄鋼協会編：鉄鋼製造法，（1972），748，丸善．

3）川崎正蔵・若杉勇：鉄と鋼，**74**-7（1988），1256-1265．

4）線材二・三次製品規格体系調査委員会：線材とその製品，**24**-10（1986），11-22．

5）線材製品協会・日本線材製品輸出組合編：改訂第4版線材製品読本，（1997），23．

6）三宮章博・高橋栄治・嶋津真一：R&D神戸製鋼技報，**31**-4（1981），30-33．

7）松田常美・早稲田孝・広島壮一・三浦統義・福安憲司・石原修：鉄と鋼，**68**-12（1982），S1305．

8）吉江淳彦・伴野俊夫・杉丸聡・新保泰広・西田世紀・関隆一・川名章文・伴野貢市：新日鉄技報，**370**（1999），27-32．

9）松岡京一郎・井上哲・佐野正義・左田野豊・田嶋欣太郎・柳賢一：鉄と鋼，**70**-5（1984），S259．

10）大羽浩・西田世紀・樽井敬三・吉村康嗣・杉本雅一・松岡和巳・疋田尚志・戸田正弘：新日鉄技報，**386**（2007），47-53．

11）村上俊之・大和田能由・玉井豊・白神哲夫：NKK技報，**174**（2001），46-51．

12）製品・技術紹介：ミスト冷却技術を活用した高強度線材：JFE技報，No.23（2009），60-62．

13）梨木勝宜・後藤莞爾・堤善助・金田浩・二ノ宮敬・我妻賢司・川端喜一・鈴

木孟文・大森正直：鉄と鋼，**68**–12 (1982)，S1308.
14) 市田豊・宮脇新也・本屋敷伸一・葛西丈次・藤本知司・新舘忠博：R&D 神戸製鋼技報，**50**–1 (2000)，6–11.
15) 畠英雄・家口浩・下津佐正貴・外山雅雄：R&D 神戸製鋼技報，**50**–1 (2000)，29–32.
16) 柳宏之：工業加熱，**24**–1 (1987)，48–59.
17) 足立敏夫：電気製鋼，**60**–1 (1989)，87–95.
18) 間宮富士雄：実務表面技術，**25**–3 (1978)，113–119.
19) 川上平次郎・川口康信・勝部好三・田中勝正：第22回伸線技術分科会研究集会，(1985)，日本塑性加工学会.
20) 福塚淑郎・中村峻之・川上平次郎：日本金属学会会報，**19**–4 (1980)，231–238.
21) 藤井純英・染井慎一郎・三越賢次・西脇孝：鉄と鋼，**65**–4 (1979)，390.
22) 伸線技術分科会：鉄鋼伸線用の潤滑剤マニュアル改訂版，(1994)，14，日本塑性加工学会.
23) 山根茂洋：R&D 神戸製鋼技報，**61**–1 (2011)，93–97.
24) Kawakami, H., Yamada, Y., Kawaguchi, Y. & Tanaka, K.：Wire J. Int., **15**–3 (1982)，50–57.
25) 川上平次郎：第62回塑性加工シンポジウム，(1978)，46–57.
26) 永井博司・高谷勝：第2回伸線技術分科会研究集会，(1976)，日本塑性加工学会.
27) 川上平次郎：線材とその製品，**27**–7 (1989)，4–23.
28) 中村芳美・川上平次郎・早見威彦：第5回伸線技術分科会研究集会，(1977)，日本塑性加工学会.
29) 萩田兵治・中尾信夫：第27回伸線技術分科会研究集会，(1988)，日本塑性加工学会.
30) 日本塑性加工学会編：塑性加工便覧，(2006)，191，コロナ社.
31) 伸線技術分科会：鉄鋼伸線用の潤滑剤マニュアル改訂版，(1994)，16，日本塑性加工学会.
32) 伸線技術分科会潤滑剤小委員会：塑性と加工，**19**–211 (1978)，668–673.
33) Dove, A.B. 編：Steel Wire Handbook, 1, (1965), 155, The Wire Association, Inc.
34) 伸線技術分科会：鉄鋼伸線用の潤滑剤マニュアル改訂版，(1994)，24，日本塑性加工学会.
35) 田宮正信：金属材料，**8**–10 (1967)，87–92.
36) 伸線技術分科会：鉄鋼伸線用の潤滑剤マニュアル改訂版，(1994)，23，日本塑性加工学会.
37) 小沢兼三：第7回伸線技術分科会研究集会,（1978）, 日本塑性加工学会.
38) CH懇談会：線材とその製品, **33**-6（1995）, 22-29.
39) 上田孝之・河添健一・平田幸四郎・小見山忍：日本パーカライジング技報, No.16,（2004）, 9-19.
40) 山根茂洋：R&D 神戸製鋼技報, **59**-1（2009）, 63-66.
41) 松下富春・西岡邦彦・川上平次郎・沢田裕治：第30回塑性加工連合講演会講演論文集,（1979）, 529-532.
42) Van Doc, P. & 正﨑保：第79回伸線技術分科会研究集会,（2015）, 日本塑性加工学会.
43) 伸線技術分科会：鉄鋼伸線用の潤滑剤マニュアル改訂版,（1994）, 2, 日本塑性加工学会.
44) 伸線技術分科会：鉄鋼伸線用の潤滑剤マニュアル改訂版,（1994）, 36, 日本塑性加工学会.
45) 岩崎源・佐賀二郎：塑性と加工, **11**-108（1970）, 24-28.
46) 川上平次郎・実成俊政・岡部平八郎：潤滑, **31**-2（1986）, 110-120.
47) 栗田大輔：第211回塑性加工技術セミナー,（2015）, 25-32.
48) 藤田達・山田凱朗・川上平次郎：R&D 神戸製鋼技報, **23**-3（1973）, 44-52.
49) 川上平次郎：第85回塑性加工シンポジウム,（1983）, 27-36.
50) 山田凱朗：鉄と鋼, **60**-12（1974）, 42-56.
51) 大藤善弘・浜田貴成：鉄と鋼, **86**-2（2000）, 105-110.
52) 長尾護・黒田武司：鉄と鋼, **90**-8（2004）, 588-592.
53) 樽井敏三・丸山直紀・高橋淳・西田世紀・田代均：新日鉄技報, 381,（2004）, 51-56.
54) Sturgeon, G. M. & Guy, V. H.：J. Iron. Steel Inst., 201,（1963）, 437-444.
55) Kobe Steel, Ltd.：Recent Trend and New Technique,（1984）.
56) 神戸製鋼所条鋼開発部：第1回伸線技術分科会研究集会,（1975）, 日本塑性加工学会.
57) 高橋稔彦・南雲道彦・浅野厳之：日本金属学会誌, **42**-7（1978）, 708-715.
58) 岡本一生・江口直記・富永治朗：鉄と鋼, **50**-12（1964）, 2034-2037.
59) 高橋稔彦・南雲道彦・浅野厳之：日本金属学会誌, **42**-7（1978）, 716-723.
60) 高橋稔彦：CAMP-ISIJ, **12**（1999）, 389-392.
61) 山田凱朗：鉄と鋼, **61**-9（1975）, 2238-2245.
62) 武尾敬之助・岩田斉：日本金属学会会報, **14**-6（1975）, 449-457.

63) 高橋栄治：金属材料，**16**–11（1976），32–35.
64) 南雲道彦・落合征雄・飛田洋史・熊谷忠義・高橋稔彦：鉄と鋼，**68**–12（1982），S1304.
65) 馬島弘・佐々木広・江口豊明：鉄と鋼，**72**–13（1986），S1396.
66) 樽井敏三：第188/189回西山記念技術講座，（2006），141，日本鉄鋼協会.
67) 朝倉健太郎：金属，**61**–9（1991），38–45.
68) 塩崎武・川崎稔夫：塑性と加工，**27**–304（1986），568–572.
69) 木下修司：熱処理，**15**–4（1975），237–243.
70) 星野俊幸・峰公雄・田畑綽久：第22回伸線技術分科会研究集会，（1985），日本塑性加工学会.
71) 神原進：第22回伸線技術分科会研究集会，（1985），日本塑性加工学会.
72) Keh, A.S.：Indirect Observation of Imperfections in Crystals,（1962）, 213. Interscience New York.
73) Langford, G.：Met. Trans., 1（1970）, 465–477.
74) Embury, J. D. & Fisher, R. M.：Acta Met., 14（1966）, 147–159.
75) 小川陸郎・金築裕・平井洋：R&D神戸製鋼技報，**35**–2（1985），63–66.
76) 線材製品協会・日本線材製品輸出組合編：改訂第4版線材製品読本，（1997），64.
77) 線材製品協会・日本線材製品輸出組合編：改訂第4版線材製品読本，（1997），316.
78) 山田凱朗・隠岐保博・水谷勝治・嶋津真一：R&D神戸製鋼技報．**36**–4（1986），71–75.
79) 西岡多三郎：日本金属学会会報，**7**–8（1968），421–432.
80) 西岡多三郎・安国幸雄・加藤南夫：日本金属学会誌，**18**–6（1954），358–362.
81) 柚鳥登明・勝亦正昭・金築裕：日本金属学会会報，**28**–4（1989），313–315.
82) 横山忠正・山田凱朗・木下修司：鉄と鋼，**62**–11（1976），S787.
83) 田代均・樽井敬三：新日鉄技報，378（2003），77–80.
84) 高橋稔彦：ふぇらむ，**6**–12（2001），942–947.
85) 山田凱朗・横山忠正・外山雅雄：第20回伸線技術分科会研究集会，（1984），日本塑性加工学会.
86) 増田智一・土田武広・千葉政道：R&D神戸製鋼技報，**61**–1（2011），52–56.
87) 中村寛：機械の研究，**10**–1（1958），90–100.
88) Jennison, H. C.：Transactions of the Metallurgical Society of AIME, 89（1930）, 121–139.

89) 藤井純英：第4回伸線技術分科会研究集会，（1977），日本塑性加工学会.
90) 西岡多三郎：日本金属学会誌，**20**-4（1956），181-184.
91) 鈴木弘：生産技術研究所報告，**1**-3（1950），東京大学.
92) 五弓勇雄・大山芳武：日本金属学会誌，**17**-1（1953），40-43.
93) 西岡多三郎・安国幸雄：日本金属学会誌，**23**-2（1959），90-93.
94) 門間改三：鉄鋼材料学改訂版，（1981），113，実教出版.
95) 落合征雄・大羽浩：第24回伸線技術分科会研究集会，（1986），日本塑性加工学会.
96) 線材製品協会・日本線材製品輸出組合編：改訂第3版線材製品読本，（1980），39.
97) 線材製品協会・日本線材製品輸出組合編：改訂第4版線材製品読本，（1997），98.
98) 藤井純英・吹金原肇・神吉長一郎：R&D 神戸製鋼技報，**28**-2（1978），89-93.
99) 線材製品協会・日本線材製品輸出組合編：改訂第4版線材製品読本，（1980），46.
100) 線材製品協会・日本線材製品輸出組合編：改訂第4版線材製品読本，（1980），491.
101) JIS G 3507-2：冷間圧造用炭素鋼－第2部：線，（2005）.
102) JIS G 3508-2：冷間圧造用ボロン鋼－第2部：線，（2005）.
103) 裏川康一：塑性と加工，**8**-81（1967），539-547.
104) 中村芳美・加藤猛彦・寺垣俊久・塩崎武：R&D 神戸製鋼技報，**31**-4（1981），34-37.
105) 百崎寛・長谷川豊文・阿南吾郎・家口浩・畠英雄：R&D 神戸製鋼技報，**50**-1（2000），45-48.
106) 日本ばね学会編：用途別ばねの紹介，（2010），日本ばね学会.
107) 中川昭・井上和政・鈴木昭弘：ばね論文集，**10**（1964），16-20.
108) ばね技術研究会編：第3版ばね，（1982），62，丸善.
109) 吉原直：R&D 神戸製鋼技報，**61**-1（2011），39-42.
110) 増田智一：ふぇらむ，**21**-1（2016），17-24.
111) 南田高明・平賀範明・柴田隆雄：R&D 神戸製鋼技報，**50**-3（2000），31-35.
112) JIS G 3510：スチールタイヤコード試験方法，（1992）.
113) 山崎真吾・稲田淳：塑性と加工，**52**-600（2011），96-100.
114) 線材製品協会・日本線材製品輸出組合編：改訂第4版線材製品読本，（1997），447.

115）桐原和彦：R&D 神戸製鋼技報，**61**–1（2011），89–92.
116）JIS G 3536：PC 鋼線及び PC 鋼より線，（2014）.
117）大島克仁・田中秀一・中上晋志・西野元庸・松原喜之・山田眞人：SEI テクニカルレビュー，188（2016），77–82.
118）線材製品協会・日本線材製品輸出組合編：改訂第 4 版線材製品読本，（1997），351.
119）ワイヤロープ便覧編集委員会編：ワイヤロープ便覧，（1967），90，白亜書房.
120）土井明・富岡敬之・山田美ノ助：R&D 神戸製鋼技報，**22**–1（1972），75–80.
121）土木学会鋼構造委員会鋼構造進歩調査小委員会編：吊橋—技術とその変遷—，8，（1996），8，丸善.
122）槙井浩一・家口浩・南田高明・鹿礒正人・茨木信彦・隠岐保博：鉄と鋼，**83**–8（1997），514–519.
123）高橋稔彦：ふぇらむ，**6**–12（2001），942–947.
124）樽井敏三・西田世紀・吉江淳彦・大羽浩・浅野厳之・落合征雄・高橋稔彦：新日鉄技報，370（1999），45–50.
125）隠岐保博・茨木信彦・鹿礒正人・槙井浩一：R&D 神戸製鋼技報，**49**–2（1999），8–11.
126）高橋稔彦・今野信一・佐藤洋・落合征雄・野口義哉・芹川修道・俵矢与文：製鉄研究，332（1989），53–58.
127）西田世紀・中本洋平・原田英幸・大羽浩・樽井敏三：塑性と加工，**50**–587（2009），1091–1096.
128）落合征雄・西田世紀・大羽浩・川名章文：鉄と鋼，**79**–9（1993），1101–1107.
129）日本鉄鋼協会編：第 3 版鉄鋼便覧，Ⅵ，（1982），157，丸善.
130）ワイヤロープ便覧編集委員会編：ワイヤロープ便覧，（1967），136，白亜書房.
131）鉄鋼短期大学人材開発センター編：線材・棒鋼精製法，（1982），109.

7 銅および銅合金線

7.1 素　　　材

銅は展延性に富み，良好な伸線加工性を示す金属である．管理された条件の下では，ϕ 10 μm 程度の超極細線まで高速伸線が可能である．しかし銅合金線の中には，β 黄銅やアルミニウム青銅のように伸線加工性の劣る合金もあり，材質，形状および寸法によって種々の引抜き設備（3.4 節参照）と潤滑油が使い分けられている．ここでは，高生産性と省人化の進められている純銅線の製造プロセスと，むしろ少量多品種型ともいえる銅合金製造プロセスの 2 種類に大別して述べる．

銅および銅合金線用素材の製造方式は，需要量ならびにユーザーの要求品質特性およびコストによって異なってくる．電線用素材である純銅荒引線（wire rod）は単一品種大量生産ラインで製造され，それ以外の用途に使用される銅および銅合金線は少量多品種生産ラインで製造される．**表 7.1** は，種々の素材製造設備を用途別に分類したものである．以下にその製造システムの概要と特徴を記す．

表 7.1　各種素材製造設備の用途別分類

用　途	鋳造方式，特徴	システム	適用品種
銅荒引線	Belt & Wheel Twin Belt Dip Up Cast	SCR, Properzi, Secor Contirod DFP Outokump, GELEC	TPC, 希薄銅合金 TPC, 希薄銅合金 OFC OFC, 銅合金
鋼合金線	金型 縦型・横型連鋳 横型連鋳	展延 押出し Metatherm, Krupp-Technica	TPC, 銅合金 銅および銅合金 銅合金
特 殊 線	一方向凝固 細線直接鋳造	OCC, 鋳型なし回転引上げ 回転溶融紡糸, Melt Extraction	OFC, 銅合金 銅

7.1.1　銅荒引線製造方式

1960 年代の前半において，国内外での電気銅の製錬能力の飛躍的増加による原料供給体制の確立と，Asarco 社によるシャフト炉の開発および大型誘導溶解炉の開発による溶解炉の出湯能力の増加，さらには導電用線材の需要増によって，1970 年代頃から鋳造能力の大きい連続鋳造設備が設置され，全連続溶解鋳造圧延ラインで溶湯から直接 ϕ 8 mm 程度の線材を製造できるようになった．しかし，国内の銅電線の製造量は 1995 年頃に年間約 120 万 tf と最大であったが，2009 年以降減少している [1]．

〔1〕 **Belt & Wheel 法**

本方式は，溝を有する銅製の鋳造輪と鉄製のベルトから構成された鋳型内に溶銅を連続的にスパウトから注湯し，200 ～ 500 ppm の酸素を含有するタフピッチ銅（TPC）の台形鋳塊を連続して製造する鋳造方式である．最も一般的なシステムは，Southwire 社によって開発された SCR [2] 方式であり，**図 7.1** に示されるライン構成となっている．円筒状のシャフト炉にて電気銅を溶解し溶湯はガス燃焼式保持炉を経て鋳造機に導入され，鋳塊は熱間圧延ラインで約 ϕ 8 mm に圧延され，酸化膜を除去するための酸洗い，あるいは還元処理をされた後にコイラーで巻き上げられる．

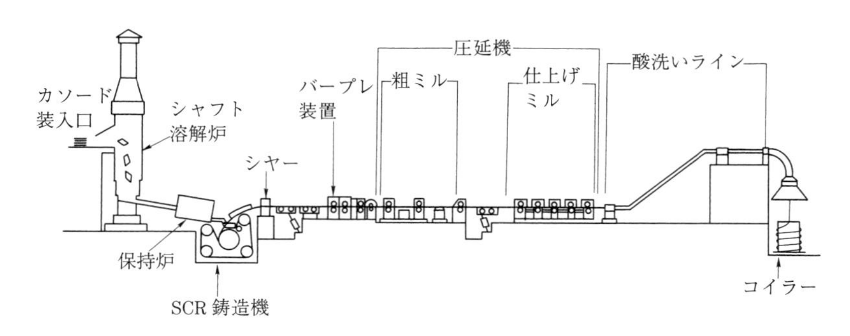

図 7.1　SCR 製造システム [2]

本システムは，銅荒引線製造方式として，最も普及しており [3),4)]，さらに**図 7.2** [5)] に示されるようにシステムとしての製造能力範囲は広い．本方式に分類されるシステムとして，熱間圧延機に三方ロールを使用している Properzi 方式およびフラットロールを使用している Secor 方式があるが，設置台数は少ない．

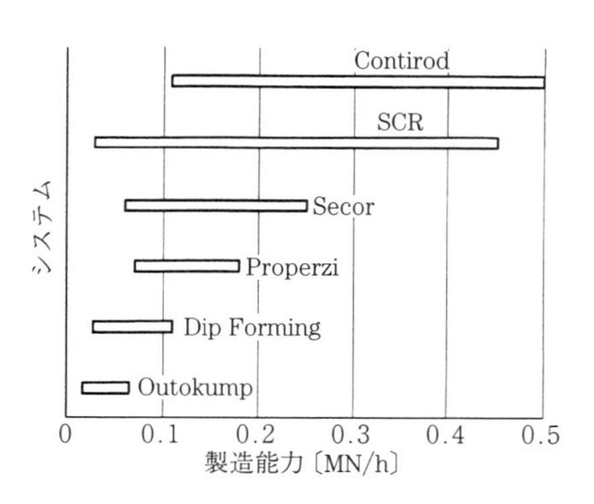

図 7.2　各種銅荒引線製造方式の製造能力 [5)]

〔2〕 **Twin Belt　法**

本方式において，鋳造機は 2 本の鉄製ベルトと側面を形成する 2 列の鉄製ダムブロックから構成されており，150 ～ 350 ppm 酸素を含有する角型の TPC 鋳塊を製造する．銅板鋳塊を製造するため開発された Hazelett 方式を銅荒引線製造システムとして Hoboken 社が 1973 年に商品化し，Contirod システム [2)] と呼ばれている．本システムは**図 7.3** に示すように，鋳塊は注湯口からやや斜め下に位置する熱間圧延機まで緩やかなカーブを描いて導入されるため，圧延前における鋳塊の曲げ戻し量が Belt & Wheel 方式に比べて少ない利点がある．

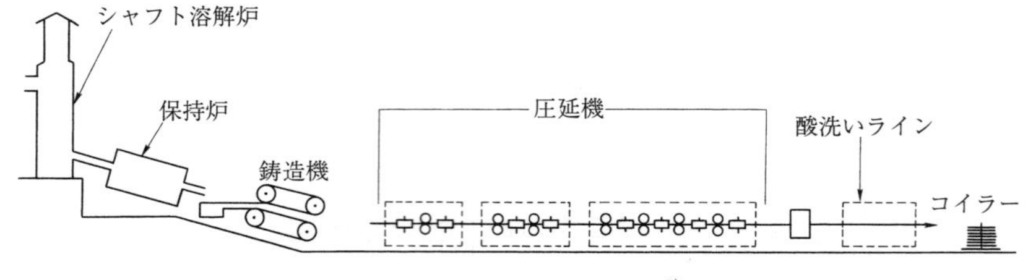

図 7.3　Contirod システム[2)]

〔3〕 Dip 法

これは，General Electric 社によって開発された方式であり，連続的に皮むきされた種線を溶銅の入ったるつぼ内へ底部から高速で導入し，種線表面に銅を付着凝固させた後上方へ引き上げる，水冷鋳型を用いない方式である．本 Dip Forming Process の概要[2)] を**図 7.4** に示す．

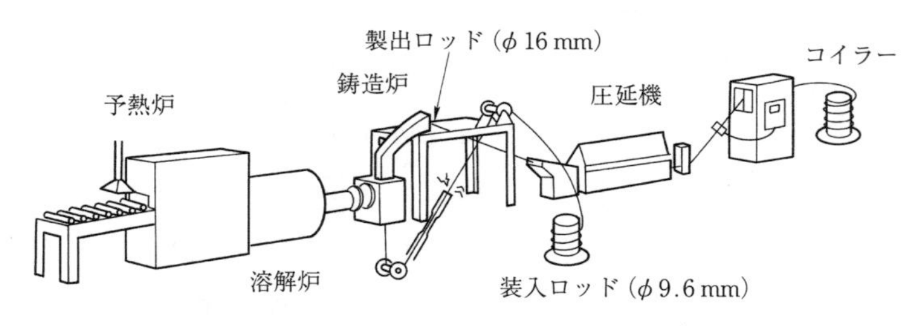

図 7.4　Dip Forming Process の概要[2)]

本システムでは，種線上への銅の付着凝固を円滑に行うため無酸素溶湯を用いる必要があり，溶解炉および保持炉は雰囲気シールされた誘導溝型炉で，さらに温間圧延ラインも雰囲気ガスでシールされている．コイルアップされた 30 ppm 酸素以下の無酸素銅線（OFC）の約 1/3 は，種線として再使用され，鋳造中に断面積を約 3 倍に増す．

〔4〕 Up Cast 法

本方式は，上記 3 システムほど銅荒引線の需要の多くないマーケットおよび銅合金線用素材製造のために開発された．一般的なシステムとしては，Outokump 社によって開発された水冷黒鉛鋳型を用いた Outokump 方式がある．水冷鋳型を鋳造炉内の溶湯上部に設置し，棒状鋳塊を間欠的に引き上げる鋳造法であり，黒鉛鋳型の寿命を長くするため無酸素銅荒引線を製造する．1台の鋳型当りの製造量が少ないため，荒引線製造システムとしては鋳造炉に20台以上の鋳型を装入しているが，1ライン当りの製造量は図7.2に示されるように少ない．鋳造サイズは，生産量を増すため ϕ 20 mm 以上であり，鋳造後溝型圧延機で ϕ 8 mm まで冷間加工される．本システムでは，黒鉛と反応する元素を含有しない銅合金棒鋳塊の製造が可能であり，設置鋳型の台数により製造量を容易に変更できる．Up cast 法の概要を**図7.5**に示す．

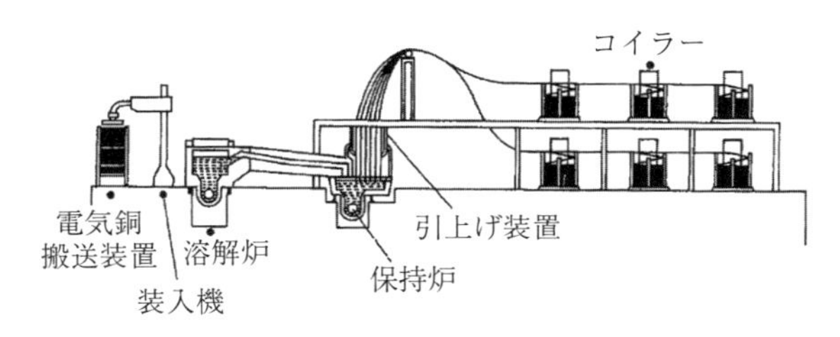

図7.5　Up cast 法の概要[6)]

General Electric 社により，少量多品種の銅および銅合金線用素材製造方式として開発されたシステムの GELEC 方式は，水冷黒鉛鋳型の周囲に電磁誘導コイルを設け，鋳型下部から導入された溶湯に攪拌力と浮力を与えつつ鋳型内で凝固させ，上方に連続的に ϕ 8 ～ 20 mm 棒鋳塊を引き上げる方式である．GELEC 方式では，凝固界面に攪拌力が働くため結晶分離が生じ微細結晶鋳塊を製造可能であるが，電磁誘導コイルを使用しているため，多本引きはスペース上やや困難である．

7.1.2　銅合金線製造方式

銅合金線は少量多品種製品であるため，鋳造設備は小型でかつ品種交換の容易なことが不可欠である．

〔1〕　展　　延　　法

本法は，最も古くから用いられてきた銅合金線材製造法である．以前は，銅荒引線製造設備であったが，生産性に劣り，かつ長尺コイルの製造ができないため，現在では銅合金線の製造に使われている．棹銅形状の鋳塊を再加熱後，タンデムの溝型圧延機によって ϕ 8 ～ 15 mm にまで熱間加工する方式であるが，生産性および品質の安定性により優れた他の方式に移行している．

〔2〕 押 出 し 法

本方式は，縦型もしくは横型連続鋳造機で鋳造されたビレットを再加熱後，熱間押出し機によって棒および異形棒に押し出す方式である．本方式には，前方押しと後方押しとがあり，ほとんどの銅合金を押出し可能であるが，設備費が高価なことと生産性にやや劣る欠点を有する．特殊押出し法として静水圧方式があるが，メタルフローの均一性が求められる複合材の押出しに主として利用されている．

〔3〕 連 続 鋳 造 法

横型方式では，鋳造炉の炉壁に設置された水冷黒鉛鋳等を用い，水平方向に溶湯から直接棒鋳塊を製造する．本システムは，ピットを掘らなくてよく，また狭いスペースで鋳造可能なため設備費が安価であり，配置人員も少ない利点を有するが，品種交換のためには鋳造炉の交換が必要であるため，同一系合金の連続鋳造に限った方がよい．最大 12 本までの棒材の鋳造が可能であるが，水冷鋳型を用いるため鋳型内での溶湯の湯流れ不良により ϕ 10 mm 以下の棒材の鋳造は困難である．横型方式では，間欠引出しをするタイプと連続引出しタイプとの 2 種の引出し方式があり，前者の方が普及台数が多い．また，最近では垂直上方連続鋳造法により屈曲疲労特性に優れた銅合金線も開発されている[7]．

7.1.3　特殊線製造方式

本方式は，ユーザーの要求特性を満足するため，得られる線材の特性を最大限に発揮しようとする素材製造方式である．

〔1〕 OCC　　法

大野の考案[8]した Ohno Continuous Casting 法を，銅および銅合金に適用して開発した長尺の一方向凝固鋳塊の製造方式[9)]である．**図 7.6** に示されるように，鋳型の周囲に発熱体を設け，鋳造金属の融点以上に鋳型を加熱し，鋳型からの結晶成長を防止するとともに，鋳型出口部に設置された冷却装置によって鋳塊を冷却させ，連続的に引き出し巻き取る方式である．

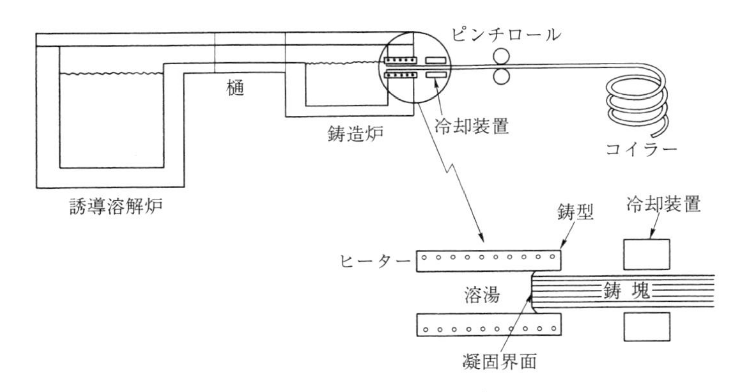

図 7.6　OCC 鋳造設備[9)]

本方式で得られる鋳塊の特徴は，鋳肌が平滑で光沢色を有する一方向凝固組織（単結晶を含む）の連続製造が可能，溶質偏析が少ない，および ϕ1 mm 程度の線材の直接鋳造が可能などである．線材長手方向に結晶粒界がないため伝送特性に優れており，本方式で製造された無酸素銅線は AV 用コードとして使用されている．

〔2〕 そ　の　他

低コストの極細線を製造するため，細線を溶湯から直接製造する方式として，回転するドラム内の水もしくは油などの液中にノズルを介して溶湯を直接注入する回転溶融紡糸法[10)]あるいは内部を水冷した回転ロールを溶湯表面に接触させる Melt Extraction 法[11)]がある．OCC 法以外に一方向凝固線材を製造する方式としては，鋳型なし回転引上げ鋳造法[12)]あるいは加圧引上げ鋳造法[13)]がある．また，超微細結晶線材を製造する方式として，半溶融状態の金属相を利用した半溶融加工法に関する研究[14)]が行われた．

上述の素材製造工程において，黒鉛鋳型を使用する場合，黒鉛自体に潤滑性があるため潤滑剤を使用しないが，連続鋳造圧延方式においては圧延ロールの冷却と荒引線の高表面品質を満たすため，水に油粒子が分散している形態のソリュブル油が圧延クーラントとして用いられる．また，押出し方式においては，ダイスと材料間の潤滑性向上のため，難燃性油とグラファイトなどの固体潤滑剤の混合物が使用されている．

7.2 伸線前処理

素材表面に存在する割れ，湯じわ，かぶりおよび酸化膜は，そのまま伸線工程に提供した場合，断線およびソゲ（素材表面の筋傷等が原因で後の伸線工程でささくれ状の欠陥となったもの）などの原因になる．このため，これら欠陥を除くために皮むきおよび酸洗い処理が行われる．鋳造上がりの素材は軟らかいため，10%以上の加工を行った後に皮むきを行う必要があり，皮むき量は表面欠陥の深さに依存する．大気雰囲気下で熱間加工が行われる材料は，材料表面に酸化膜が形成されるため，酸化銅の還元を行う必要がある．Belt & Wheel および Twin Belt 法では，仕上げ圧延ラインの後にアルコール水溶液を用いたインラインの還元ラインを有している．

7.3 伸線加工

7.3.1 純銅線の加工

純銅線の製造方式の特徴は，生産性向上を目的としたタンデム化，高速化，マルチ化および省人化に進んでいる点である．タンデム化については，SCR 法および Dip 法などの連続鋳造圧延ラインがその代表であるが，皮むきのときに使用されるダブルデッキ伸線機とスリップ型連続伸線機とのタンデム配置や，伸線後の通電焼なましが一般化している．また焼なましに引き続いて，プラスチックの押出し被覆や溶融めっきを施すシステムが増加している．**図 7.7** に，皮むき，伸線および焼なましが 1 工程で行われる場合のライン構成例を示す．

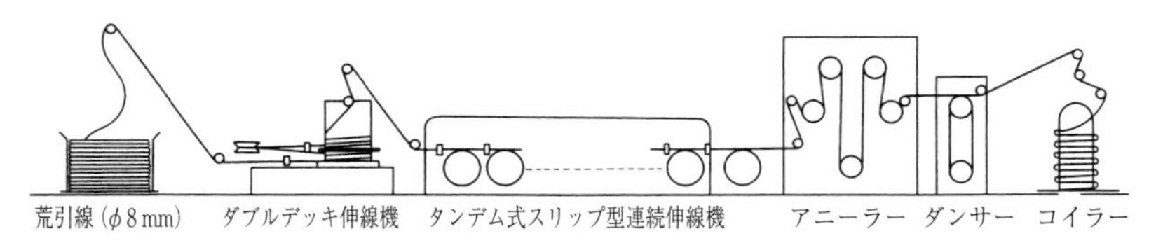

図 7.7　タンデム化された銅線伸線焼なましラインの例

高速化に関して，純銅線の伸線速度は 2 000 ～ 3 000 m/min にまで達しており，仕上がり線径が 0.1 ～ 0.3 mm 程度の細物伸線機で 4 000 m/min を超える設備も開発されている．この純銅線には高速伸線の可能なスリップ型連続伸線機を用いる場合が多い．ϕ 8 mm の荒引線は，タンデム式の連続伸線機で ϕ 1.6 ～ 3.2 mm に伸線された後，コーン式の伸線機で細線化される．1 パス当りの断面減少率は，太物サイズで 25 ～ 30％程度であるが，線径が細くなるに従って断面減少率は小さくなり，ϕ 0.05 mm 以下の極細線では 10％以下に設定されている．キャプスタンの増速率は，徐々に小さくなるタイプと一定のタイプがあり，太物のタンデム式連続伸線機は前者が多い．

スリップ型連続伸線機では，線材とキャプスタンとの摩擦による線材表面品質低下とキャプスタン寿命の低下が問題になる場合がある．そのため，キャプスタンを潤滑液の槽に浸漬する，もしくはキャプスタンに潤滑液をシャワーするなどの摩擦低減および冷却方法が採用されている．さらに，キャプスタン材質を耐摩耗性に優れたセラミックスにして寿命延長を図る例も多く見られている．

一方，使用条件の点からは，スリップ率を小さくすることが必要であり，ダイス摩耗によって逆スリップにならない範囲でパススケジュールが決められ，通常スリップ率は 15％以内に収められている．なお，超極細線の伸線においてキャプスタンへの潤滑の行われていない理由は，細くて剛性の小さい銅線が，潤滑液の表面張力によってキャプスタンに絡み付き断線原因になるためであり，むしろヒーターなどを用いて乾燥させている場合がある．

純銅線における高速伸線は，上述の伸線機の改良だけで実現したわけではなく，素材の品質向上による断線防止対策や，耐摩耗性に優れた伸線ダイスの開発，および潤滑液の改良などによって可能となった．ダイヤモンドは硬度と熱伝導率に優れており，純銅線の伸線では，このダイヤモンドダイスの使用が普及している．価格と特性の面から，孔径が1～2 mmより小さい場合は天然ダイヤモンドを用い，それ以上では焼結ダイヤモンドダイスを使用している．なお，微細な粉末状の人造ダイヤモンドを高温高圧下で焼結した焼結ダイヤモンドは，異方性がなく均一に摩耗するため，天然ダイヤモンドに対し6～10倍の寿命を有していると報告[15]されている．そのため，**図7.8**に示すようにダイスの維持管理を含めて比較すると，生産規模の大きい場合には超硬合金ダイスよりも安価である[16]とされている．

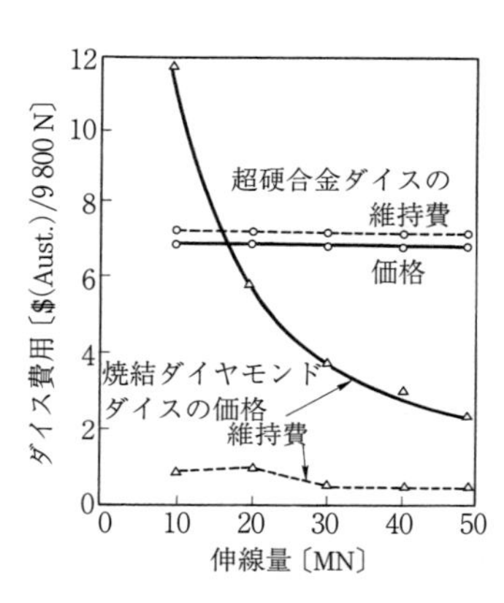

図7.8　ダイスの価格と銅線生産量との関係[16]

高速化の点でほぼ限界にきている純銅線の伸線では，同時に2～12本の複数本伸線を行って生産性を高めるマルチ化が行われている．例えば，8本の純銅線を同時に伸線し，これを一括して通電加熱した後，一つのボビンに巻き取るシステムが開発されている．このため，本方式は数十本の軟銅線を集合よりした後，その上に絶縁被覆する配線用ケーブルの導体製造法に適している．また，省人化については，ロボットの利用によるボビンの自動脱着ならびに搬送システム，コイラーおよびデュアルスプーラーなどを用いた無停止運転が挙げられる．

上記純銅線の伸線時に使用される潤滑油は，伸線サイズによって若干異なっている．ϕ2 mm以上の伸線油には，動植物油脂，脂肪酸エステル，鉱油および合成油に酸化エチレンを付加して親水化したものを適宜組み合わせて潤滑基剤とし，アニオン，カチオンおよびノニオン系界面活性剤とリン酸塩などを組み合わせることにより，潤滑基剤の乳化分散と伸線設備のさび止めを図った組成が一般的に使用されている．また，伸線時における加工発熱が大きいため，ダイス引込み油量不足によって焼付き現象を生じやすく，伸線油には6～12%油分濃度の水に油粒子が分散したソリュブル油が使用される[17),18)]．ϕ2mm以下の細線においては，線表面のクリーン性が重視されるため，伸線油に境界潤滑性，ぬれ性，冷却性および低汚染性が求められる．高速伸線でこれらの特性を発揮するには，天然系の油脂を合成系にし，乳化型を可溶化型に変更することが良いといわれている[19)]．ϕ0.05mm以下の極細線領域において，伸線油には潤滑性よりもぬれ洗浄性（低界面張力）および物理化学的安定性（低発泡，耐腐敗，低反応汚染）が断線防止のため重要視され，油分（正しくは有機成分）2%未満のソリューションが使用される．

また，線径が細くなるに従って摩耗粉および銅せっけんなどの異物が仕上がり線表面の品質を劣化させるため，混在異物の強制排除を行う必要がある．一般的に純銅の浄油方法[20),21)]としては，ϕ2mm以上の伸線工程ではフローテーション法を用い，それ以下の伸線ではハイドロサイクロン法もしくは不織布などを濾床とした差圧濾過法を使用する．

7.3.2　銅合金線の加工

銅合金線は少量多品種生産型であり，その伸線加工には下記の特徴がある．

① 純銅線に比べて荒引コイルの重量がはるかに小さい．

② 加工時の変形抵抗が大きく，発熱量も多い．

③ 中間焼なましの必要な合金が多い．

④ 伸線加工の途中で皮むきや酸洗いを必要とする場合が多い．

⑤ 材質，形状および寸法が多岐にわたり，ほとんどが少量生産である．

太物の伸線には，単頭伸線機やストレートライン式あるいは貯線式のノンスリップ型連続伸線機を用いることが多く，皮むきもこれらの伸線機で行われる．加工性の良い合金およびϕ2mm以下の細物は，純銅線と同じスリップ型連続伸線機で伸線される．

また，純銅線製造に比しタンデム化および高速化などの面で遅れが認められるが，種々の技術開発および生産システムの改善により，生産性向上への取組みは着実に進められている．例えば，放電加工用電極線として使用される65/35黄銅線の製造ラインでは，通電焼なましとのタンデム化ならびにロボットによるボビンの自動脱着や搬送などの近代的設備が導入され，高品質の製品を製造している．

太物サイズの加工時に使用される潤滑油は，伸線エマルションの汚染および劣化による影響を防ぐために，焼なましステインが発生しにくい高粘度合成油，あるいは高油分エマルションが用いられている．細線領域においては，合金の種類によって銅に適用できない極圧剤および重合油脂などを含むソリュブル油が使われることがあり，低速伸線においてはインソリュブル油の使用例がある．

7.3.3 異形線の加工

異形線は，異形伸線ダイス，ローラーダイスおよびタークスヘッドなどを用いた引抜き方法および圧延法によって加工される[22),23)]．**図7.9**にトロリー線の断面形状[24)]の一例を示す．トロリー線の場合は，連続鋳造圧延ラインで製造された長尺の荒引線を異形伸線ダイスによって加工するが，寸法の大きい製品では押出しによって粗形状を作り，その後の引抜きと圧延で仕上げられる場合が多い．最近では，鉄道の高速化に対応するため，析出強化型銅合金を用い

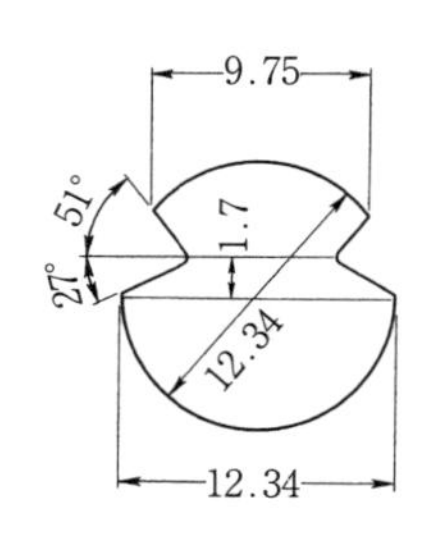

（a） 溝付き硬銅トロリー線（110 mm²）

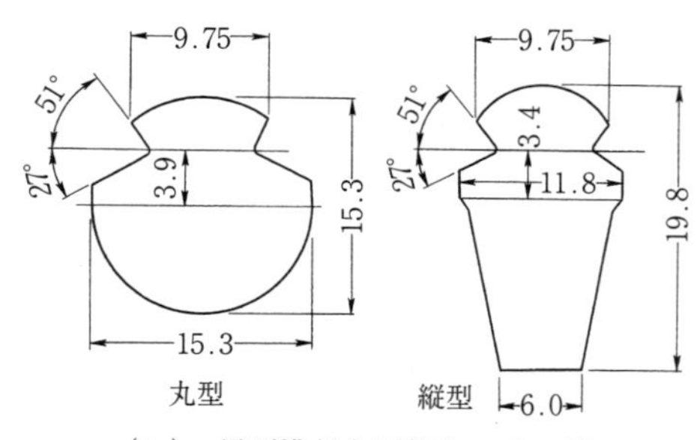

（b） 異形溝付き硬銅トロリー線（丸型，縦型 170 mm²）

図7.9 トロリー線の断面形状[24)]

たトロリー線が開発されている[25]．

7.4　線　の　特　性

図 7.10 ～図 7.13[26] は，代表的な銅合金線の伸線加工に伴う機械的性質と導電率の変化を示したものである．いずれも断面減少率が増すと引張強さと耐力が増加し，伸びは減少する（「Sn 入銅」は，スズ（Sn）と銅をベースにした合金で，添加するスズの量により導電率が大きく変化する．「丹銅」は，銅（Cu）と亜鉛（Zn）の合金（Cu：Zn ＝ 96：4 ～ 88：12 程度）で，同じく銅と

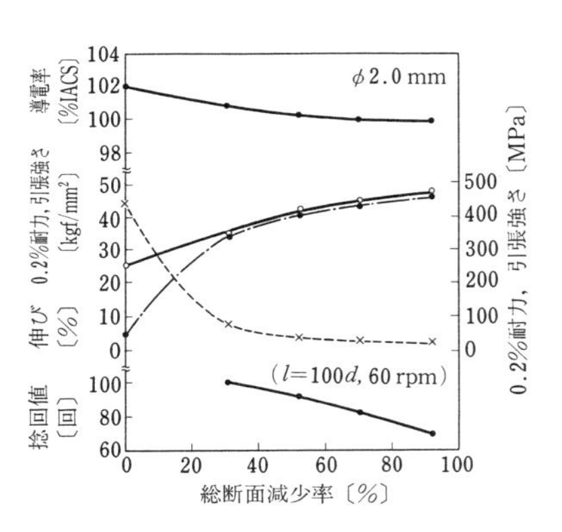

図 7.10　純銅線（タフピッチ銅）の加工硬化特性[26]

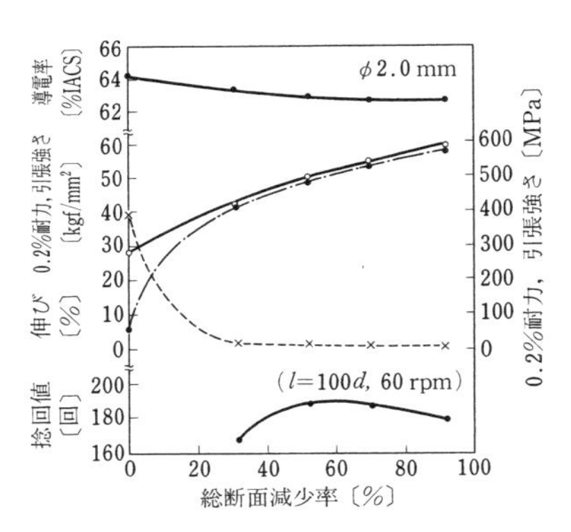

図 7.11　0.7% Sn 入銅線の加工硬化特性[26]

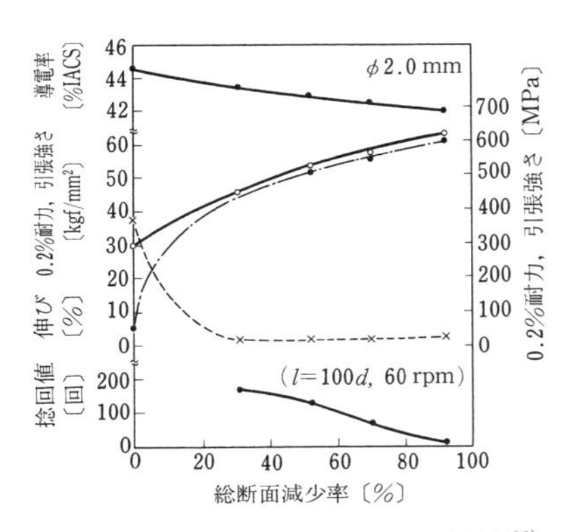

図 7.12　9/1 丹銅線の加工硬化特性[26]

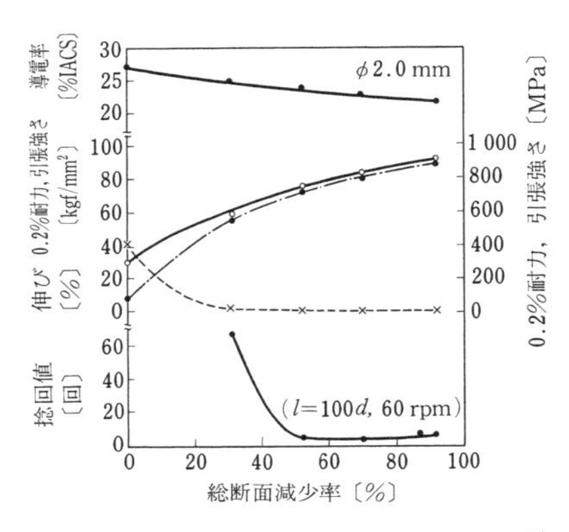

図 7.13　65/35 黄銅線の加工硬化特性[26]

表7.2　純銅線の引抜き加工による繊維組織と断面減少率との関係[27]

素材製造方法	測定位置	素線の方位	総断面減少率			
			～85%	～92%	～96%	～99%
連続鋳造 ＋ 連続圧延	外周部	$(1\bar{1}1)[\bar{1}\bar{2}\bar{1}]$ $(1\bar{1}1)[121]$	—	$\{112\}\langle111\rangle$ $\{111\}\langle112\rangle$ $(001)[\bar{1}00]$	$\{110\}\langle111\rangle$ $\{112\}\langle111\rangle$ $(0\bar{1}3)[\bar{1}00]$	$\{hkl\}\langle111\rangle$
	中心部	$(1\bar{1}1)[121]$ $(1\bar{1}1)[\bar{2}\bar{3}\bar{1}]$ $(112)[\bar{1}\bar{1}1]$	$\{112\}\langle111\rangle$ $(001)[100]$ $(011)[100]$	$\{112\}\langle111\rangle$ $(001)[100]$ $(021)[100]$	$\{110\}\langle111\rangle$ $\{112\}\langle111\rangle$ $(001)[100]$ $(011)[100]$	$\{hkl\}\langle111\rangle$ $\{hkl\}\langle100\rangle$
金型鋳造 ＋ 熱間圧延	中間部	ランダム方位	$\{112\}\langle111\rangle$ $\langle001\rangle[100]$	$(112)[\bar{1}\bar{1}1]$ $(314)[\bar{1}\bar{1}1]$ $(001)[100]$ $(0\bar{1}3)[100]$	$\{110\}\langle111\rangle$ $\{112\}\langle111\rangle$ $(001)[100]$ $(0\bar{1}3)[\bar{1}00]$	$\{hkl\}\langle111\rangle$ $(001)[100]$ $(0\bar{1}1)[\bar{1}00]$

亜鉛から成る黄銅よりも亜鉛が少ない，赤っぽい色から丹銅の名称が付けられた）．導電率も減少していくが変化の割合は少ない．伸線において注意すべき事項として繊維組織の形成があり，これは線材の強度に影響を持つ．**表7.2**[27]は，純銅線の繊維組織を断面減少率との関係で示したものである．⟨111⟩ の繊維組織の形成は，純銅線の強度に顕著な変化をもたらす（4.2節参照）．また，ヤング率も**図7.14**[28]に示されるように，繊維組織の形成に従って変化する．最近では，EBSDによる結晶方位解析により伸線における動的再結晶の研究が行われている[29]．

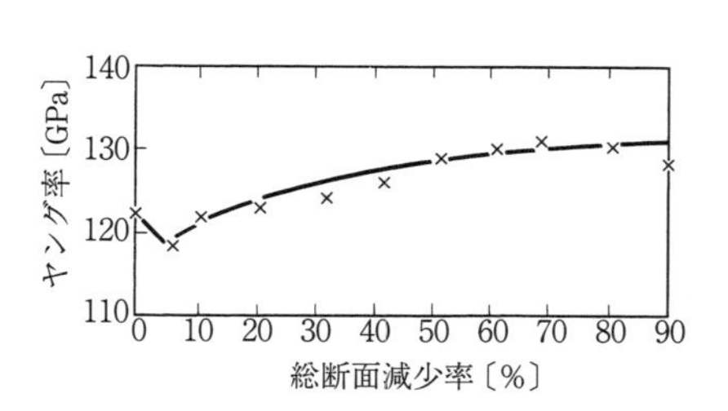

図7.14　純銅線のヤング率に及ぼす伸線加工[28]

通常，純銅線は焼なましして使用されることが多い．**図7.15**～**図7.18**は銅合金線の焼なまし軟化特性であり，加工率の小さいものほど軟化温度は高くなる．また，スズを添加した銅合金線では，導電率が低下し軟化温度は高くなる．焼なましによってひずみが解放され，さらに再結晶を起こすと強度は低下し伸びが増加する．このとき，再結晶した銅線の機械的特性に焼なまし前の伸

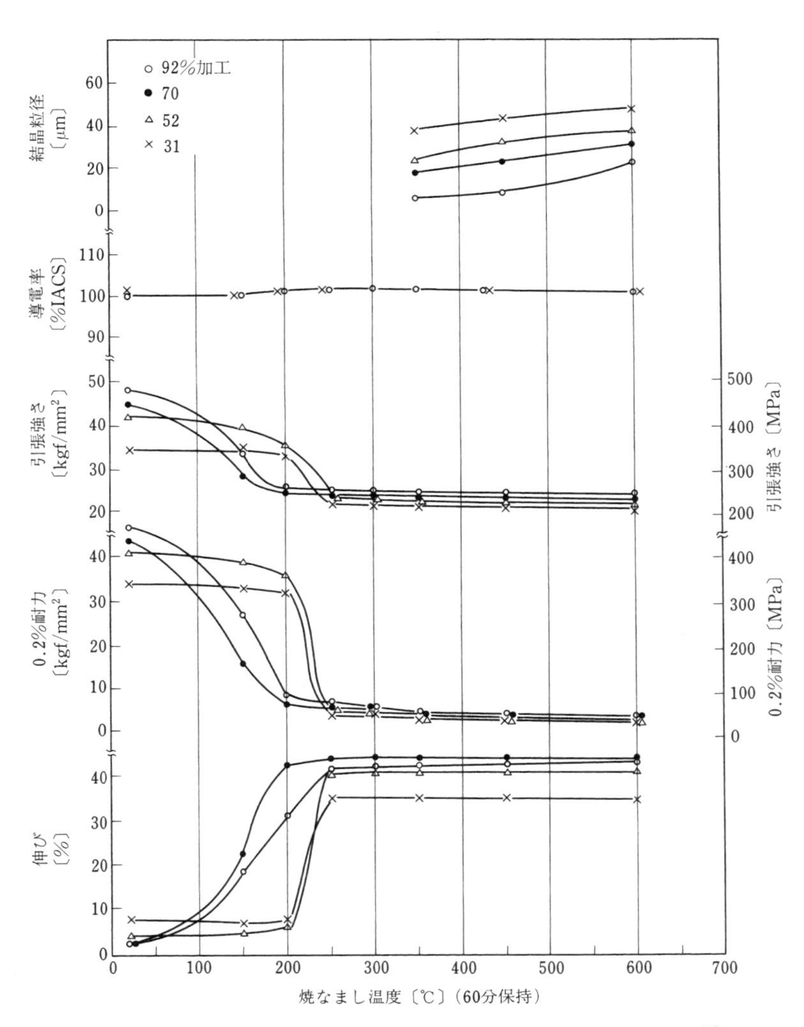

図 7.15　純銅線（タフピッチ銅 ϕ 2.0 mm）の焼なまし軟化特性[26)]

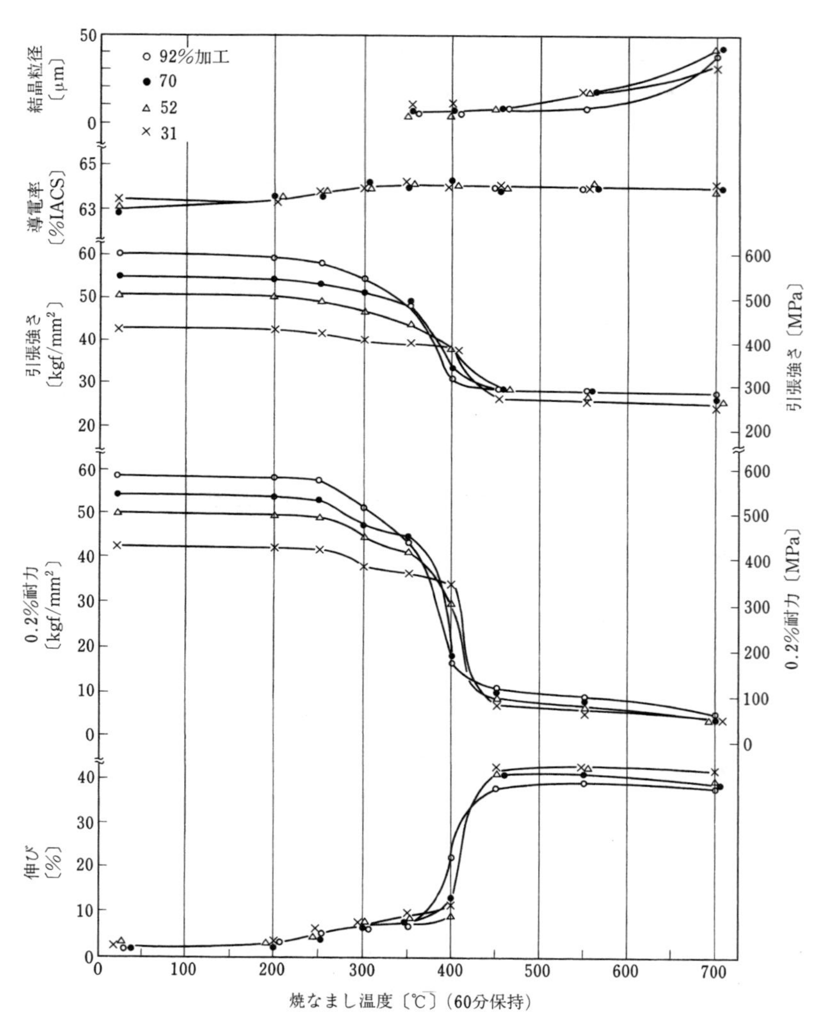

図 7.16　0.7% Sn 入銅線（ϕ 2.0 mm）の焼なまし軟化特性[26]

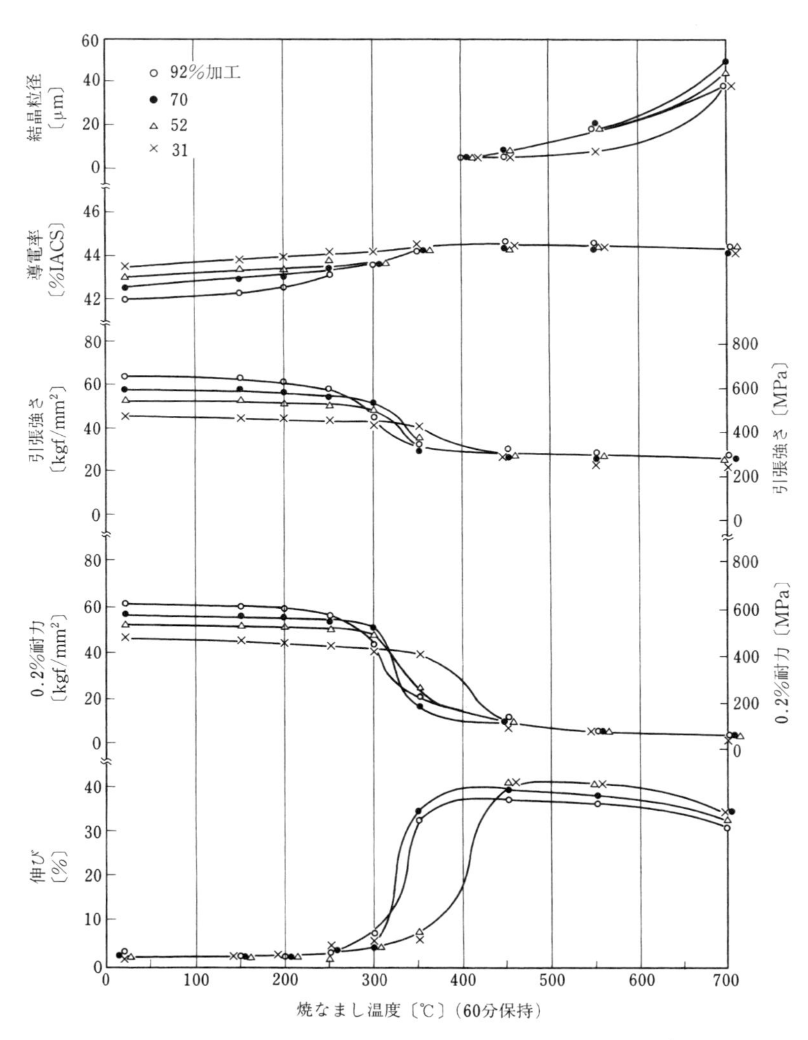

図 7.17 9/1 丹銅線（ϕ 2.0 mm）の焼なまし軟化特性[26]

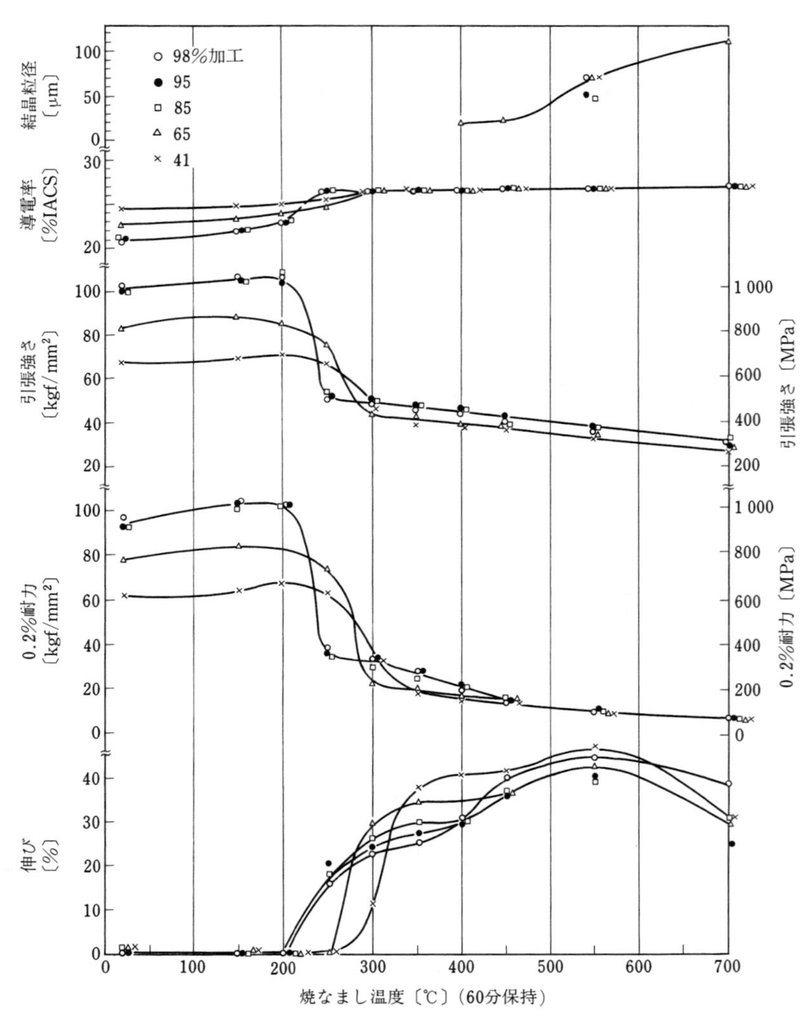

図 7.18　65/35 黄銅線（ϕ 2.0 mm）の焼なまし軟化特性[26]

線加工率の程度が影響する．**図 7.19**[30] は，280℃で 20 分間焼なましした純銅線の応力–ひずみ曲線を示す．再結晶集合組織の形成によって，強加工した純銅線の引張強さと伸びがともに低くなっている．このように，線材の加工においては，繊維組織の形成が引張強さに大きく影響するため注意する必要がある．

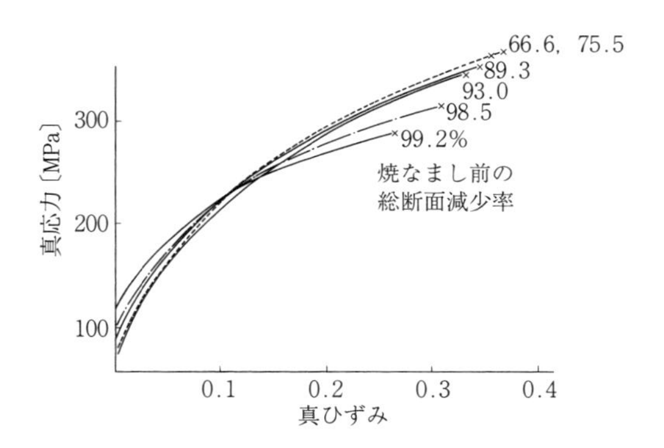

図 7.19　軟銅線の応力–ひずみ曲線に及ぼす焼なまし前総断面減少率の影響[30]（ひずみ速度 $^1/_3 \times 10^{-3} s^{-1}$，焼なまし温度 280℃，焼なまし時間 20 min）

7.5 製　品　例

純銅線は，高い導電性を利用して電力ケーブル，通信ケーブル，配線ケーブルおよび巻線などの電線として用いられる．**図 7.20**[31] にこれら電線の外観を示す．**表 7.3**[32] には電線以外の銅線の代表的材質と用途例を示す．銅線は導電性，耐食性および加工性などに優れた特徴を利用し，種々の用途に使用されている[33]．また，ボンディングワイヤ[34]，医療用プローブの極細線[35]，自動車用の高性能ワイヤハーネス[36),37]，HV 車駆動モーター用平角線[38),39]，太陽光発電用ケーブル[40]，漁業の網[41] などが製品化されている．

図 7.20　各種電線の外観[31)]

表 7.3　電線以外の銅線の代表的材質と用途例[32)]

材　質	JIS 記号	用　　途
銅	C 1011 W C 1020 W C 1100 W C 1220 W	ダイオードリード線，電気部品用等のリード線，機器配線，ピアノ線，ねじ，リベット，音響用電線，電気接点
丹銅	C 2200 W C 2300 W C 2400 W	ファスナー，装飾品，製糸用金網，電力部品
黄銅	C 2600 W C 2700 W C 2720 W C 2800 W	ワイヤ放電加工機用電極線，コネクター，ボルト，ナット，パチンコくぎ，スプリング，ギターの弦，タワシ，ワイヤブラシ
リン青銅	C 5111 W C 5191 W C 5212 W	スプリング，コネクター，モジュラー線，トロリー線ハンガー，溶接線，製糸用金網

表 7.3 (つづき)

材　質	JIS 記号	用　　途
快削黄銅	C 3601 W C 3602 W C 3603 W C 3604 W	ボルトナット，小ねじ，電気部品，カメラ部品
洋白	C 7521 W C 7541 W	スプリング，楽器，眼鏡フレーム，おもちゃ
その他 特殊材	Cu-Sn 系，Cu-Si 系， Cu-Ag 系，Cu-Ni-Si 系， Cu-Ni 系，Cu-Cr 系， Cu-Zr-Cr 系，Cu-Zr 系， Cu-Be 系，Cu-Al 系， その他	トロリー線，電話機コード，抵抗線，溶接線，電極チップ，電気毛布，カーペットヒーター線，コイルスプリングコネクター，リアクトル，スプリング，光ピックアップサスペンションワイヤ，電子部品リード線，ボルト，ナット，MIG 溶接機ノズル，ボイスコイルリード線，スパッター材，その他

引用・参考文献

1) 吉田一也：塑性と加工，**55**-639 (2014)，297.
2) 柳田節郎ほか：金属会報，**18**-6 (1979)，419.
3) 高澤司ほか：銅と銅合金，**48**-1 (2009)，16.
4) 中本斉ほか：銅と銅合金，**51**-1 (2012)，306.
5) 中野耕作：日本金属学会シンポテキスト「金属の連続鋳造技術」，(1981).
6) Pops, H. (eds.)：Nonferrous Wire Handbook, Vol. 3：Principle and Practice, 152 (1995), The Wire Association International, Inc.
7) 村松尚国ほか：銅と銅合金，**54**-1 (2015)，179.
8) 大野篤美：金属会報，**23**-9 (1984)，773.
9) 篠原正秀ほか：古河電工時報，**79**-12 (1987)，106.
10) 大中逸雄ほか：日本金属学会誌，**45**-7 (1981)，751.
11) 素形材センター研究調査報告書，**315**-4 (1985).
12) 佐藤彰ほか：日本金属学会誌，**52**-5 (1988)，572.
13) 岩井亮ほか：第 26 回伸銅技術研究会講概，(1986)，1.
14) 木内学：塑性と加工，**51**-594 (2010)，657.
15) Eder, K. G.：Wire Ind., **48** (1981), 797.
16) Mclennan, J. A.：Wire Ind., **51** (1984), 572.

17) Glossup, K.：Wire Ind., **52** (1985), 310.
18) Fischbach, H.：Wire Ind., **52** (1985), 719.
19) Pistell, J.：Wire & Wire Prod., **45**–6 (1970), 74.
20) Joseph, J. J.：Wire J. Int., **7**–10 (1974), 75.
21) Quanstrom, R. L.：Lubrication Eng., **33**–1 (1977), 14.
22) Tassi, O. (eds.)：Nonferrous Wire Handbook, Vol. 2：Bare Wire Processing, 357 (1981), The Wire Association International, Inc.
23) Pops, H. (eds.)：Nonferrous Wire Handbook, Vol. 3：Principles and Practice, 211 (1995), The Wire Association International, Inc.
24) 斎藤寿雄ほか：金属会報, **19**–12 (1980), 903.
25) 本田照一：塑性と加工, **52**–602 (2011), 307.
26) 上山紀彦ほか：古河電工時報, **63** (1978), 23.
27) 稲数直次：金属引抜, (1985), 177, 近代編集社.
28) Cook, M.：J. Inst. Metals, **83** (1954–55), 41.
29) 吉田一也ほか：銅と銅合金, **52**–1 (2013), 76.
30) 井上定雄ほか：古河電工時報, **59** (1976), 76.
31) 電線の知識, (2015), **4**, 日本電線工業会.
32) 伸銅品データブック（第2版）, (2009), 227, 日本伸銅協会.
33) 高橋恒夫編：非鉄金属材料選択のポイント (1984), 133, 日本規格協会.
34) 宇野智裕ほか：まてりあ, **50**–1 (2011), 30.
35) 青山正義：まてりあ, **51**–6 (2012), 251.
36) 須永圭ほか：SEI テクニカルレビュー, **185** (2014), 24.
37) 浅井和久ほか：古河電工時報, **113** (2004), 29.
38) 日立金属技法, **30** (2014), 68.
39) 武藤大介ほか：古河電工時報, **133** (2014), 11.
40) 古河電工時報, **134** (2015), 52.
41) 田中真次ほか, まてりあ, **52**–3 (2013), 122.

8 鋼　　管

8.1 素　　材

8.1.1 材　　質

管の引抜き（抽伸とも呼ばれる）に供される鉄系の材質と引抜きの難易の一例を**表 8.1** に示す．引抜きの難易は，引抜きに要する引抜き力を決定する平均変形抵抗と工具との耐焼付き性および素材の耐割れ性で評価できる．

表 8.1　鉄系の材質と引抜きの難易（○良，△可，×劣）

材質区分		代表材質	代表成分〔%〕				引抜きの難易		
			C	Fe	Cr	Ni	Y (40%)〔MPa〕	耐焼付き性	耐割れ性
炭素鋼		STKM 12	低	99	—	—	440	○	○
合金鋼		SCM 420	2	97	1	—	590	○	○
ステンレス鋼	マルテンサイト系	SUS 410	低	86	13	—	540	○	○
	フェライト系	SUS 430	低	82	17	—	540	△	×
	二相系	SUS 329 J2	低	65	24	6	880	×	○
	オーステナイト系	SUS 304	低	71	9	19	785	△	○
高ニッケル鋼		NCF 825	低	30	22	42	685	△	○

〔注〕 Y (40%)；断面減少率 40% の引抜きを行う場合の平均変形抵抗〔MPa〕
なお，代表材質の加工硬化曲線は 8.4 節に示す．

8.1.2 素 材 製 法

引抜きに供される素材の一般的な製法を**表 8.2** に示す．

熱間加工ままの素材にはスケール（ユージン-セジュルネ式の押出し素材で

表8.2　素材の一般的な製法（○：良，△：可，空欄：不可）

製法		炭素鋼	合金鋼	ステンレス鋼	高ニッケル鋼	ニッケル鋼
		供給材質				
熱間仕上げ	継目なし鋼管（マンネスマンプラグミル）	○	○	○		
熱間仕上げ	継目なし鋼管（マンネスマンマンドレルミル）	○	○	○		
熱間仕上げ	継目なし鋼管（ユージンーセジュルネ（熱押し））	○	○	○	○	○
熱間仕上げ	熱間熱延電縫鋼管（ストレッチレデューシング）	○	△			
冷間仕上げ	電縫溶接鋼管	○	△	○		
冷間仕上げ	Tig 溶接鋼管	○	△	○		
冷間仕上げ	引抜き管	○	○	○	○	○

はほかに潤滑剤のガラス）が残っているので，引抜きに支障がある場合はあらかじめ除去する．また，冷間加工ままの素材は加工硬化しているので，軟化処理を行って引抜き力を低減することができる．

8.1.3　素　材　表　面

素材表面の性状は焼付きおよび引抜き時のびびり振動に影響する．一般に酸洗いした表面が最も引抜きに適しているとされるが，ショットブラストした表面や薄い微細なスケールが焼付きとびびりの防止に効果がある．

8.1.4　素材の延性・靭性

高 Cr のフェライト系ステンレスのように素材の延性・靭性が不十分な場合は，引抜き中に破断したり，割れを生じることがある．設備または潤滑剤の性能に問題がない場合は，素材を脆性遷移温度以上に加熱して引抜きするとよいが，常温でも低摩擦係数の潤滑剤を用いるか，断面減少率を下げて引抜き力を軽減すると効果がある．

8.1.5　素材面からの歩留り，能率改善

近年では，引抜き時の歩留り，能率改善を目的として，電縫溶接管を熱間絞り圧延にて長尺化し，そのままコイル状に巻き取ったPIC®（パイプ イン コイ

ル）も，引抜き素材として用いられている．

8.2 加　　　工

8.2.1 引抜き機械

一般的な機械については，3.4節で述べたとおりである．特殊な引抜き機を**表8.3**に示す．

表8.3 特殊な引抜き機

引抜き機（抽伸機）	特　徴	用途例
マンドレル引抜き機	マンドレル引抜き用（内面の焼付きが生じにくい） マンドレルストリップ装置が必要 長尺マンドレルの製造，管理が難しい	小径高級長尺管用 高Ni系用
連続引抜き機	管外面をつかんで引抜きする 管をつかみ替えて引抜きを継続できる 短い引抜き機で長尺材の引抜きが可能	長尺管用 コイル→直管が可能
コイル引抜き機 （ブルブロック）	コイル材の引抜き用 引抜きと同時にコイリングを行う フルフロートプラグ（浮きプラグ）を使用する	コイル→コイル 超長尺コイル
強制潤滑引抜き機	潤滑油脂を100 MPa以上に加圧 潤滑油の耐焼付き性を格段に向上 高圧給油・保持装置が必要	小径高級管用 高Ni系用
超音波引抜き機	超音波振動を用いて耐焼付き性を向上 中大径管では用いられない（発信機の出力の制約）	高級極小径管

8.2.2 工　　　具

代表的な管の引抜き工具（ダイス，プラグ）を**図8.1**に示す．

ダイスの形状としては，アプローチ部がテーパーのものとアールのものがある．テーパー型ダイスのテーパー部の角度（2α）は引抜き力を低減することと，外径加工量を確保する意味から25°～27°程度が多く採用される．

プラグとしては円筒型，玉型およびフロート型がある．円筒型が一般的であ

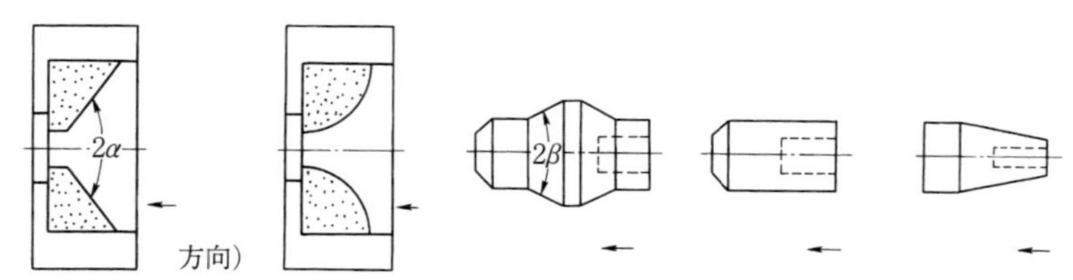

図 8.1　代表的な管の引抜き工具

るが，内径を重視する場合は玉型プラグを使用する．

フロート型は特に中小径の引抜きで用いられるが，プラグのテーパー角度（2β）を適当に選べば（例えば $2\alpha=25°$ に対して $2\beta=20°$），テーパー部にかかる引抜きの反力で摩擦力を相殺してプラグがフロート状態（プラグ支持棒に力がかからない状態）になるから，プラグ支持棒を使用できないコイル材の引抜きに用いられるほか，プラグの位置調整が容易になり，プラグ支持棒の強度が問題にならないので，通常の引抜きでも多く用いられる．

ダイスとプラグの組合せとしては，テーパー型とアール型のいずれのダイスにも，円筒型およびフロート型の両方のプラグを用いることができる．シリンダー用など内面の真円度と粗さを要求される管の引抜きでは，玉型プラグと長いベアリング（30 ～ 100 mm）を持つダイスと組み合わせる．

工具の材質としては，製造単価の面から中小径には超硬，大径には工具鋼が多く用いられるが，特に油脂潤滑を使用する場合は，TiCN コーティングのほか，TiAlN コーティングなどの表面処理を施すと耐焼付き性が向上する．

また，セラミックス工具はアルミナ系ならびに立方晶系窒化ホウ素（cBN）などの基材が提案され，一部実用化も進められるが，基材加工性に難点があり，改良余地が残される．

8.2.3　潤　　滑

潤滑剤の分類と特性を**表 8.4** に示す．

油脂潤滑は潤滑および脱脂の処理が容易なので多く用いられるが，他の潤滑

表 8.4　潤滑剤の分類と特性（○良，△やや悪，×悪）

区　分	主要成分	評　価			
		耐焼付き性	耐びびり性	潤滑の難易	脱脂の難易
化成皮膜潤滑	リン酸塩＋ステアリン酸塩（炭素鋼） シュウ酸塩＋ステアリン酸塩（ステンレス鋼）	○	○	×	×
樹脂皮膜潤滑	塩素化樹脂	○	○	△	△
油脂潤滑	硫化油脂（炭素鋼） 塩素化油脂（ステンレス鋼）	△	△	○	○
油脂潤滑（強制潤滑）		○	△	○	○

剤に比較すると，耐焼付き性が不十分で断面減少率を十分大きくとることができなかった．それに対して基油の合成油や鉱物油に極圧成分として硫化油脂，塩素化パラフィンなどを混合し，また微細な固体潤滑剤を添加するなどによって 40％程度の引抜きが可能になった．しかし近年，環境問題から塩素系の添加剤は使用が制限されつつある．

一方，油脂を 100 MPa 以上の加圧状態に保持すると耐焼付き性が著しく向上することから，強制潤滑引抜き機が開発されて，二相ステンレス鋼や高 Ni 鋼など強固な不働態皮膜を形成する材質の引抜きに威力を発揮している．**図 8.2** に高圧強制潤滑引抜き装置の実用機の構成例を示す[1]．

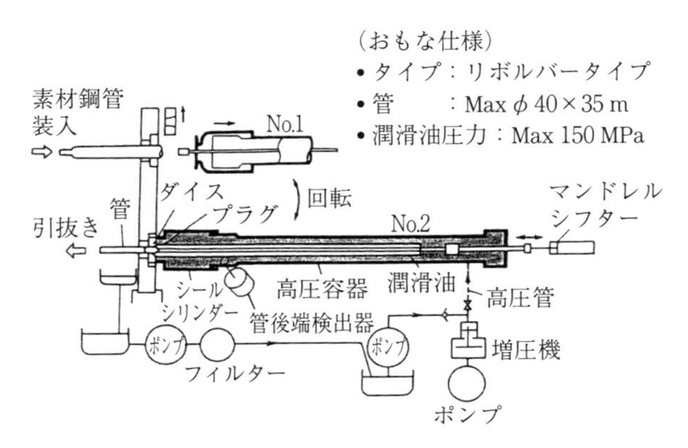

図 8.2　高圧強制潤滑引抜き装置の実用機の構成[1]

8.2.4 加　　　工

引抜き加工法と特徴を**表 8.5** に示す.

表 8.5　引抜き加工法と特徴（○良，△やや悪，×悪）

区分	評価						その他の特徴
	潤滑の難易	工具手入れの難易	生産性	耐焼付き性	耐びびり性	寸法管理の難易	
プラグ引き	△	○	○	△	△	○	最も一般的な引抜き法
マンドレル引き	○	×	△	○	○	△	二相ステンレス，高 Ni 鋼用
空引き	○	○	○	○	△	×	最も簡単な外径加工法 肉厚変化の把握が必要
2 枚ダイス引き （プラグ引き＋空引き）	△	○	○	△	△	△	高断面減少率 プラグ引き後連続して径加工

8.2.5 引　　抜　　き

引抜き力は力学的に計算することができるが，化成皮膜潤滑（$\mu \fallingdotseq 0.1$）を用いたオーステナイト系ステンレスのプラグ引きでは，以下の実験式がよく適合する（**図 8.3** の実験データ参照）.

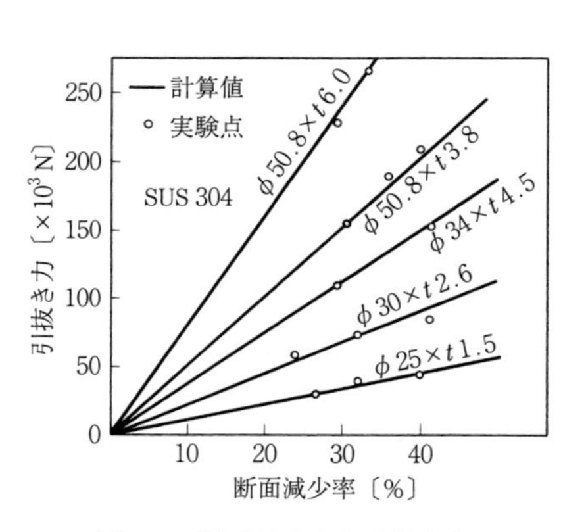

図 8.3　断面減少率と引抜き力

$$P = 8.8 \cdot A_0 \cdot R \qquad (8.1)$$

ここで，P：引抜き力〔N〕，A_0：素材断面積〔mm^2〕，R：断面減少率〔%〕である.

これを Sachs の式に適用して補正係数を定めると，引抜き応力を容易に求めることができる.

$$\sigma = C \cdot k_{fm}\left(1+\frac{1}{B}\right)\left\{1-\left(\frac{A_1}{A_0}\right)^B\right\} \tag{8.2}$$

ここで，σ：引抜き応力，C：補正係数（1.3），B：$\mu \cot \alpha$，A_0：素材断面積，A_1：引抜き後断面積である．

8.2.6 空引きにおける寸法変化

空引きは簡便な外径加工法であるが，内面を拘束しないので，肉厚の変化の挙動を十分理解して行う必要がある．**図 8.4**，**図 8.5** に空引きにおける肉厚の変化の挙動の実験データを示す．

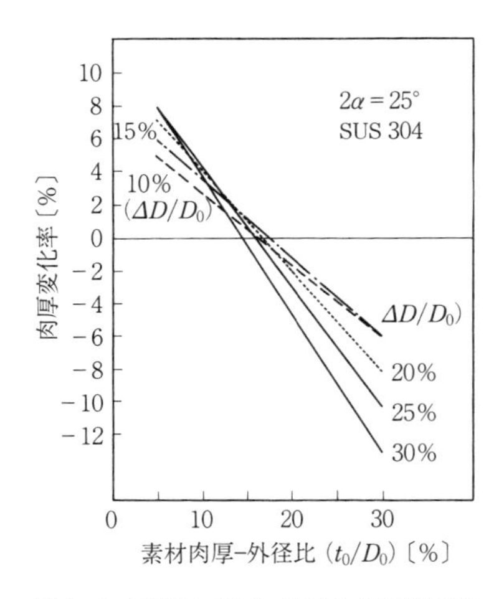

図 8.4　素管の肉厚−外径比と肉厚変化

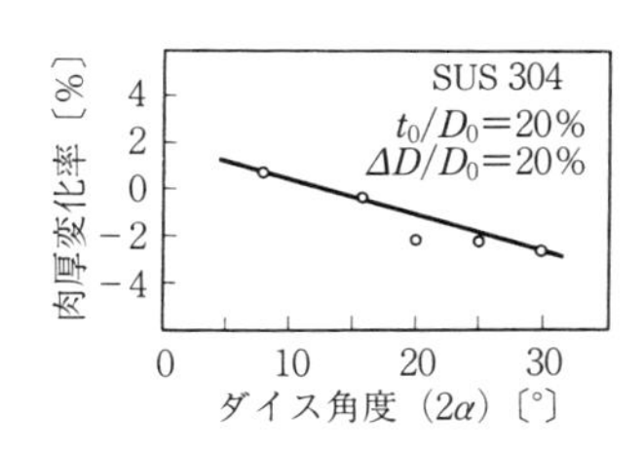

図 8.5　ダイス角度と肉厚変化

8.3 管 材 の 特 性

8.3.1 管材の引抜き特性

管材の引抜きは線，棒と異なって，内面を加工する必要がある．小径管，長尺管の内面全長の均一な潤滑処理は困難で，潤滑剤過小による焼付きを生じたり，樹脂皮膜潤滑の場合は潤滑剤過多によるへこみを生じることがある．

内面加工の工具として円筒型または玉型プラグを使用する場合は，引抜き中の摩擦力によるプラグの移動を考慮して初期の位置決めを行う必要がある．

また，マンドレルを用いる場合は，マンドレルの形状・寸法が正確に管内面にプリントされるので，マンドレルの形状・寸法の管理を十分行うほか，異物の付着を防止することが重要である．

8.3.2　引抜き後の残留応力

引抜き後の管の残留応力分布の例を**図 8.6** に示す．ダイスの形状は残留応力に影響する．アプローチ部の角度が小さく，アプローチとベアリングの境界が滑らかなほど，残留応力は小さくなる．また，通常の引抜き加工終了後に極低断面減少率の引抜きを行うことで残留応力を低減させる方法もある[2]．残留応力は有限要素法を用いた数値計算でも予測が可能となってきている[3]．

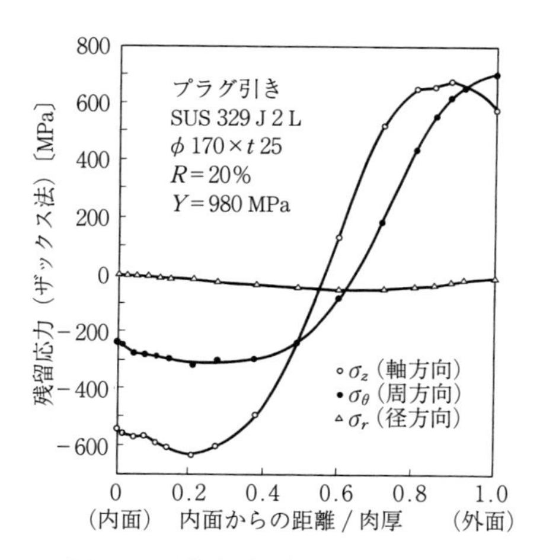

図 8.6　引抜き後の管の残留応力分布

引抜きままの管の外内面付近の残留応力は著しく高いので，用途上問題になる場合は，ストレートナーなどの軽度の加工を施して低減することができる．しかし，このときバウシンガー効果によって強度が変化することがあるので注意を要する．

8.3.3 硬　度　分　布

引抜きままの硬度分布の例を**図 8.7** に示す.

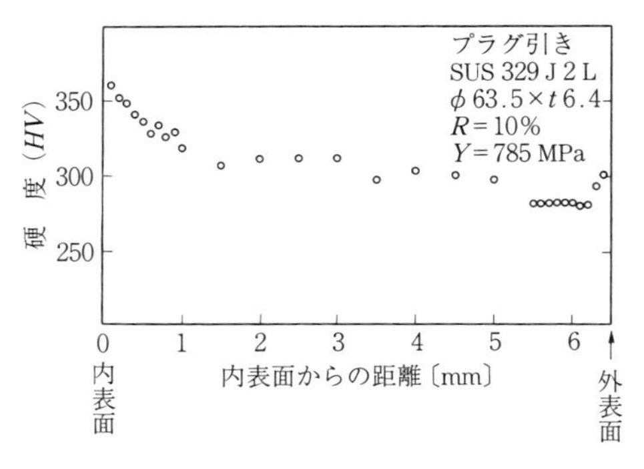

図 8.7　引抜きままの硬度分布

8.4 製　品　例

8.4.1 引抜きの目的と製品の用途

引抜きの目的は, **表 8.6** に示すとおり, 寸法変更や寸法精度向上など形状, 寸法に関わるものと, 強度, 硬度など機械的性質に関わるものがある.

表 8.6　引抜きの目的と製品用途

目的		製品用途
形状寸法に関わるもの	寸法変更（縮径, 減肉） 寸法精度改善 表面粗さ改善 形状変更（特殊形状化）	自動車・二輪車用鋼管, 一般機械構造用鋼管, 配管, 熱交換器用鋼管, 化学工業用鋼管, 発電用鋼管, 油性用鋼管, IC 配管
機械的性質に関わるもの	機械的性質改善 （強度, 硬度など）	

近年, 多く用いられている自動車・二輪車用鋼管においては, これらの複数の目的を複合的に活用し, 必要とする寸法や機械的性質を得るように設計されていることが多い.

8.4.2 寸 法 精 度

引抜き後の寸法精度はきわめて高いものであって，小径管では± 0.02 mm 程度の許容差の製品も製造されるが，以降に熱処理，デスケールおよび曲がり矯正などの作業を行う場合は，同程度の寸法精度を維持するのは困難である．光輝炉で熱処理を行う場合は寸法精度の低下は軽減される．

8.4.3 表 面 粗 さ

一般に引抜きによって表面粗さは改善されるが，特に小さな粗さの管を製造

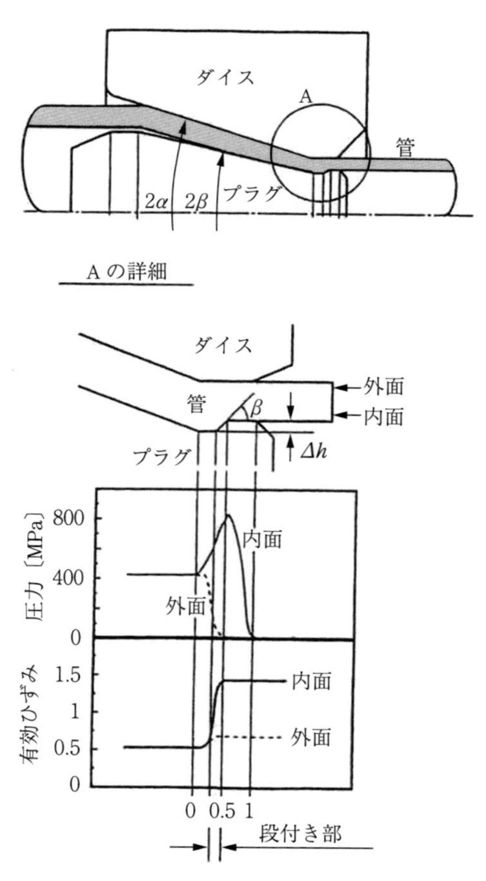

図 8.8　段付きプラグによる内面超平滑引抜きのメカニズム[4)]

する場合は，素材の表面粗さを小さくし，適正な潤滑剤を選択する必要がある．断面減少率は25%以上であれば影響しない．内表面粗さを改善する加工方法として，プラグ仕上げ部に段差部を設けた段付きプラグを用い，段差部でのしごき加工により内表層に大きな塑性変形を発生させて管内面を平滑に仕上げる引抜き法が開発されている[4]．**図8.8**に段付きプラグによる内面超平滑引抜きのメカニズムを示す．段差部で管内表面に高面圧と大きなせん断塑性ひずみを付与できる．

8.4.4 機械的性質

代表材質の引抜きによる加工硬化特性を**図8.9**に示す．

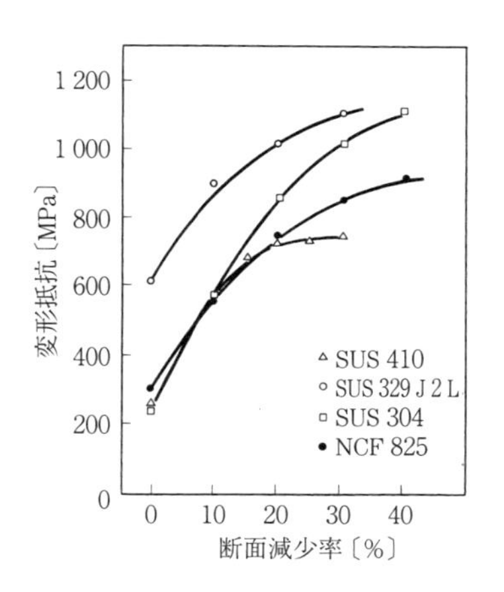

図8.9　加工硬化特性

このように，引抜きに伴う加工硬化により，素材の機械的性質は変化する．この加工硬化に加え，加工後に適度な熱処理を行うことにより，必要な機械的性質を得ることが可能であり，自動車・二輪用鋼管などにおいては多く用いられている．

8.4.5 特殊形状

引抜きによって特殊な断面形状の管を製造することができる．機械構造用鋼管としては，外径と内径に円と多角形を組み合わせた多様な特殊形状管が製造されている．また発電用および熱交換用の鋼管では，外面または内面に溝や突起を持たせて，表面積を拡大したり乱流を発生させるものもある[5)〜7)].

引用・参考文献

1) 古堅宗勝・中井俊之・垂井博明・谷口昭哉：塑性と加工，**32**-367（1991），968-974.

2) 久保木孝・山下弘高・榊友広・村田眞：第 38 回塑性加工春季講演会講演論文集，（2007），81-82.

3) 久保木孝：塑性と加工，**55**-646（2014），989-994.

4) 今村陽一・古堅宗勝・安藤芳信・丁場源：塑性と加工，**41**-472（2000），477-481.

5) 高井岩男・塚本一成・久保田稔・森本純正：住友金属，**34**-1（1982），135-143.

6) 安藤成海・南雲道彦・吉澤光男・住本大吾・柿沼和宏・能方寛・林光宏：製鉄研究，311（1983），44-53.

7) 田村寿恒・南正進・魚住一裕・平野豊・渡辺修三・林保之：川崎製鉄技報，**16**-3（1984），33-43.

9 銅および銅合金管

9.1 素　　　材

9.1.1 製 造 工 程

銅，銅合金管は，継ぎ目なし管と溶接管があり，使用用途に応じて，銅に各種金属元素が添加されており，異なる特性を持つ．これら銅，銅合金管の代表的な製造工程フローを**図 9.1** に示す．① 溶解・鋳造による原料ビレットの製作．② 押出し工程による素管の製作（原管），③，④ 引抜き加工（抽伸加工）により，外径と肉厚を縮径，減肉加工する．⑤ 仕上げ工程により所定の長さに切断して，直管とするか長尺材をコイル状に巻き取る．⑥ 焼なまし工程により，機械的性質（調質）を調整する．⑦ 熱交換器用の伝熱管においては，内面，外面に加工を施した製品がある．

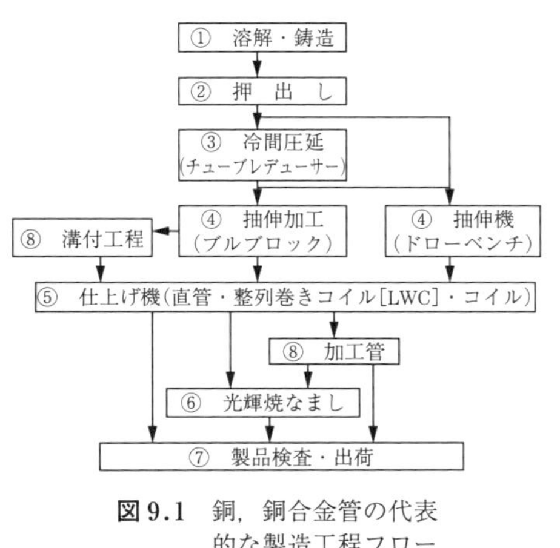

図 9.1 銅，銅合金管の代表的な製造工程フロー

熱間押出し工程において，押出し比率が低い場合には，押し出された素管をチューブレデューサーによる冷間圧延を実施し，押出し比率が高い場合は，キャリッジ式ドローイングユニットを有した抽伸機やドローベンチ抽伸機によ

る冷間引抜きする工程が工業的には用いられる.

引抜き加工には，加工する寸法，加工率によって，ブルブロックと呼ばれるドラムに巻き付けながら連続的に引き抜く装置やドローベンチが使用され，所定の外径，肉厚寸法を仕上げていく.

加工硬化しやすい銅合金の場合には，引抜き荷重を低く抑え，断管を抑制することや，良好な表面品質を得るために，引抜き工程の間に焼なまし工程を加えながら再び引抜きを繰り返していく場合がある.

銅，銅合金管の形状はさまざまであるが，空調機器の伝熱管などに使用されている内面溝付き管は，溝が形成された工具（プラグ）を管内に挿入し，その外面より，ボールやロールなどにより，押し付けながら，プラグの溝形状を内面側に転写させていく. この工程を転造と呼ぶ.

また，大型空調機などに使用されている，外面加工管（ローフィンチューブなど）は，管外側に配置するディスクにより成形していく.

長尺のコイルや直管などに仕上げられた後，必要に応じて，熱処理を行うが，銅の酸化を防止するため，還元性雰囲気で充填された光輝焼なまし炉が使用されている.

近年では，溶解工程にて，中空構造のホロービレットを鋳造し，押出し工程を使用せず，プラネタリーローリングミルにて圧延し，引抜き工程を経て，製造される工程が実用化されている.

溶接管の製造工程としては，銅，銅合金の板条を製作し，Tig 溶接や高周波溶接法を用いて，ロールにより管状に成形しながら，板条の側面を接合して製管し，ダイスおよびロールによる縮径加工をして製品化する.

9.1.2 製 造 設 備

〔1〕 溶 解 炉

ガスの燃焼熱により，銅原料を溶解させるシャフト炉と電気炉では，加熱手段により誘導炉と抵抗炉に分類され，工業的に，チャネル型インダクター誘導加熱炉やるつぼ型炉（コアレス炉）がおもに使用されている. るつぼ炉は，交流の電磁誘導作用に生じるジュール熱によって銅原料を溶解するものである.

〔2〕 **押出しプレス**

管の押出し加工法には, 直接押出し法, 間接押出し法, 静水圧押出し法がある.

（a） **直接押出し法**　　鋳造工程にて, 製造されたビレットをガス炉, 電気炉, 誘導加熱炉にて, 約 800 ～ 900℃に加熱した後, 押出しプレスのコンテナー内に装入する. コンテナー先端部には, ダイスが配置されており, ビレットの一端をステムにて加圧後, マンドレルによりビレットに孔を開け, ステムを前進させる. ステム先端には, 押盤が配置されており, ダイスとマンドレルの間隙より管が押し出される.（**図 9.2** 参照）

（b） **間接押出し法**　　間接押出し法の場合, 完全潤滑押出しと同じように, 後部欠陥がないので押残しを残す必要がない. さらに直接押出しでは, コンテナーを通して摩擦力とせん断応力に対抗する力が必要であるが, 間接押出しではそれがないので必要圧力は小さくてすむ.

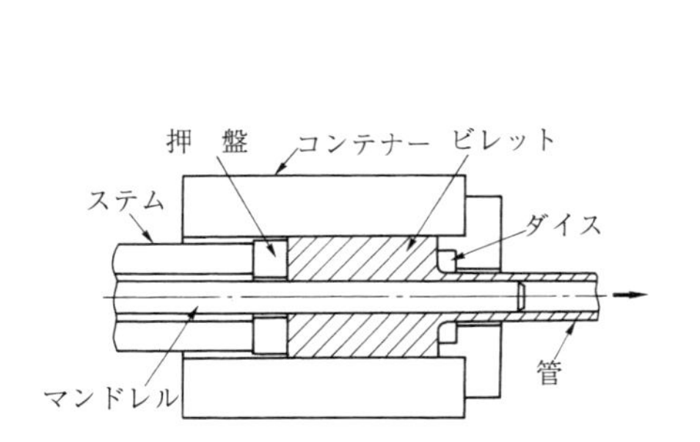

図 9.2　押出しプレス（直接押出し法）

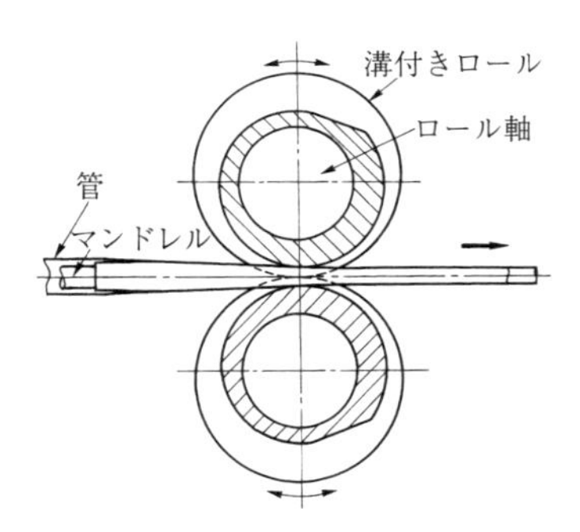

図 9.3　チューブレデューサー [1)]

〔3〕 **冷間圧延加工**

押出し工程にて製造された素管は, チューブレデューサー（**図 9.3** 参照）にて冷間圧延加工する. ここで, 押出し素管の再結晶組織は, 約 90%の冷間加工により, 微細化組織にされ, 素管の偏肉に関しても改善効果が期待される.

管の圧延加工は, 一般の板条のロール圧延と異なり, クランク機構によって移動するキャレッジの中に組み込んだ加工ロールと後方スタンドに固定したバーに取り付けたマンドレルの間で加工される．マンドレルの上をロールが回転移動することにより，外径と肉厚を減少させる．

9.1.3 品 質 管 理

銅管の製造工程における代表的な品質管理項目を**表 9.1** に示す．

表 9.1　銅管の製造工程における代表的な品質管理項目

製造工程	品質管理項目
溶解・鋳造	化学成分，不純物，鋳塊表面欠陥，鋳塊内部欠陥，ビレット長さ
押出し	ビレット温度，巻込み欠陥，表面欠陥，外径，肉厚
冷間圧延	表面欠陥，外径，肉厚
引抜き	表面欠陥，外径，肉厚
焼なまし	機械的性質，結晶粒度，表面清浄度，外観状況，外径，肉厚，長さ，重量，酸化

溶解・鋳造工程における表面欠陥は，鋳型内での急激な溶湯位置の変動や，鋳型のきずなどが原因と考えられる．内部欠陥については，鋳造速度と冷却速度のバランス異常による，内部割れに注意する必要がある．

押出し工程では，ビレット加熱時に生成した酸化物などが，押出し中に素管部に流入することによる巻込み欠陥に留意する必要がある．巻込み欠陥は，素管後端部に発生するので，巻込み欠陥を防止するために，直接押出し方式の場合，コンテナー内にシェルを残し，さらに押残しを行う．

加工時の工具によるきずや，搬送時のすりきず，あたりきず，鉄粉や銅粉による押込みきずへの対応が必要である．

9.2 加　　工

9.2.1 加 工 概 要

管材の加工は，ダイスを使用した引抜き加工をする．管の引抜きには，管内面にプラグ（心金）を用いる場合と用いない場合とがある．

管内面にプラグを用いない場合，空引きといい，外径を減少させることを目的とする方法である（**図 9.4** 参照）．引抜き後の管内面は，滑らかでなく，また寸法・材質，その他の条件によって，肉厚が減じる場合と，増加する場合とがある．

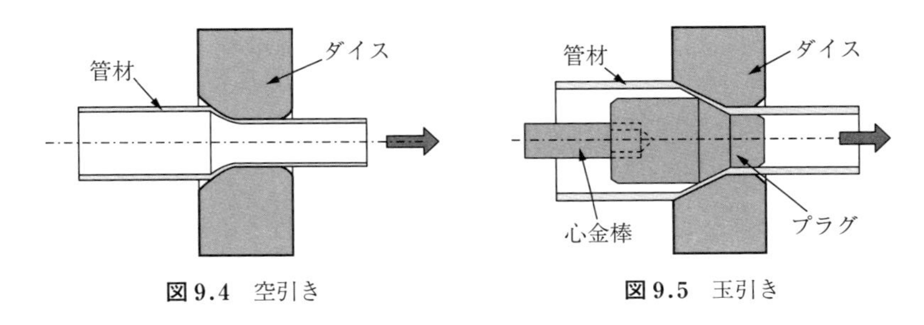

図 9.4　空引き　　**図 9.5**　玉引き

図 9.5 は玉引きといい，プラグを支持棒によって固定し，これに素管を差し込んで引抜きを行う．長尺の管の引抜きはできないが，管の内外面をともに美しく仕上げることができる．また，寸法精度を求められる場合や肉厚が厚い製品を製造する場合に適する．

図 9.6 は浮きプラグ引きといい，プラグを支持棒で固定せず，引抜き中に自動的に平衡をとり，正しい位置を保つようにして引き抜く方法で，細径管や薄肉管の引抜きに適しており，プラグを支える必要がないから長い管を引き抜くこともでき便利である．

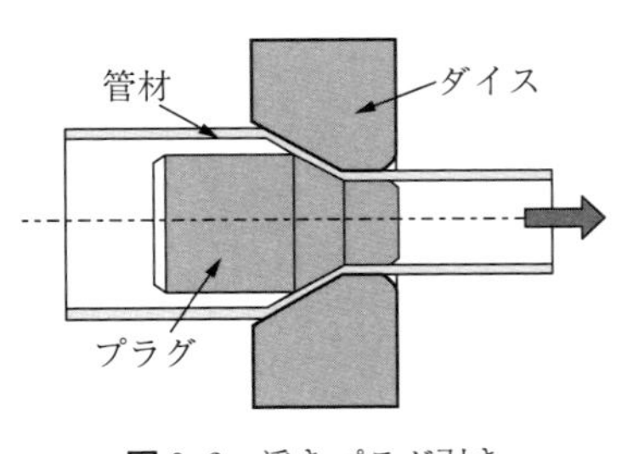

図 9.6　浮きプラグ引き

この方法の発明により製管技術の飛躍的な発展が遂げられ，大量生産が可能となった．

9.2.2　引抜き加工設備

引抜き装置は，さまざまな形式がある．それぞれの特徴を以下に示す．

〔1〕 **ブルブロック**（ドラム型巻取り引抜き装置）

ブルブロックは，浮きプラグを使用して，管を連続的に引き抜く加工ができる．巻取りの方式は，横型（**図 9.7** 参照），ドロップオフ型（縦型）（**図 9.8** 参照），スピナー型（**図 9.9** 参照）などがある．横型，ドロップオフ型では，ドラムに巻き付けながら引き抜く方式であり，引き抜く管の長さは，ドラム径，ドラム長さにより制限がある．スピナー型は，ドラム下部にシヤー（切断装置）があり，ドラムに 5 ～ 10 巻き程度巻き付けた後に，管をドラムの側面からスナバロールと呼ばれるローラー式抑え装置により，管を保持した後に，管端のチャック部が切り離されて，ドラム下部のバスケットなどに供給されるため，引抜き長さは，ドラム長に制限を受けることなく，連続的に引き抜くことができる．

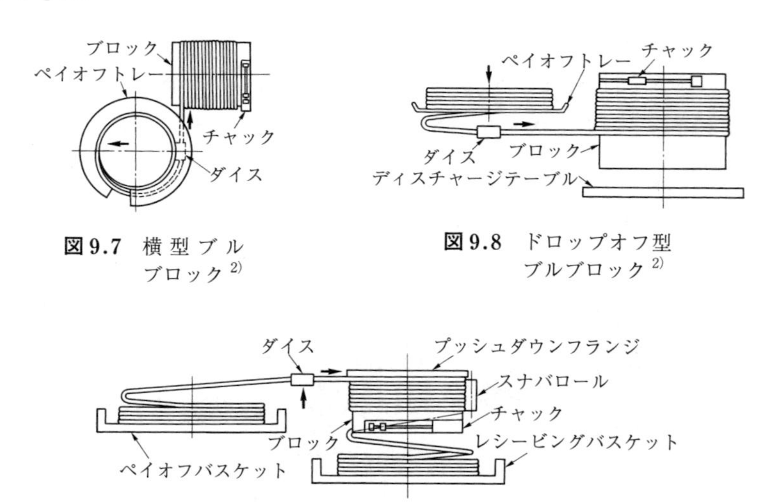

図 9.7　横型ブルブロック[2)]

図 9.8　ドロップオフ型ブルブロック[2)]

図 9.9　スピナー型ブルブロック[2)]

しかし，ドラムに巻き付ける摩擦力で，引抜き力を得るため，外径が大きく，肉厚が薄い管は，巻取りドラム上でのへん平を起こしやすいなどの問題がある．引抜き速度は，1 000 ～ 1 500 m/min の高速での加工が可能である．

〔2〕 **ドローベンチ**

駆動チェーン上のキャレッジに，口付け部をチャッキングして，引き抜く．

キャレッジの移動レールが必要となるため，抽伸長さに制限があるが，浮きプラグ方式で抽伸加工工程が成立しない肉厚が厚い製品などに適用される．ドローベンチによる管の引抜き概念を**図 9.10** に示す．引抜き速度は，150 m/min 程度である．

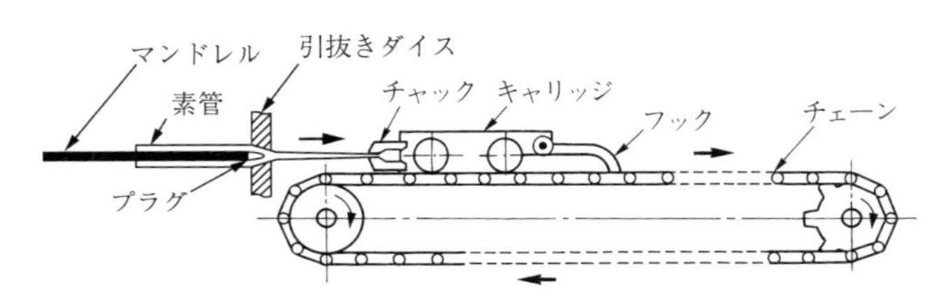

図 9.10　ドローベンチによる管の引抜き概念

〔3〕 ドローイングユニット型連続引抜き装置

連続引抜きを行う装置としては，ブルブロック装置のほかに，カム駆動方式のドローイングユニットやモータードライブ方式のベルト式ドローイングユニット，キャタピラー式ドローイングユニットなどがある．

カム駆動式のドローイングユニットは，開閉する金属製のキャレッジが（ドローイングユニット）が直列に複数配置され，直列に配列されたキャレッジ内のジョーが交互に開閉を繰り返しながら，管材をつかみ，引抜きを連続的に行う装置[3)]（**図 9.11** 参照）である．

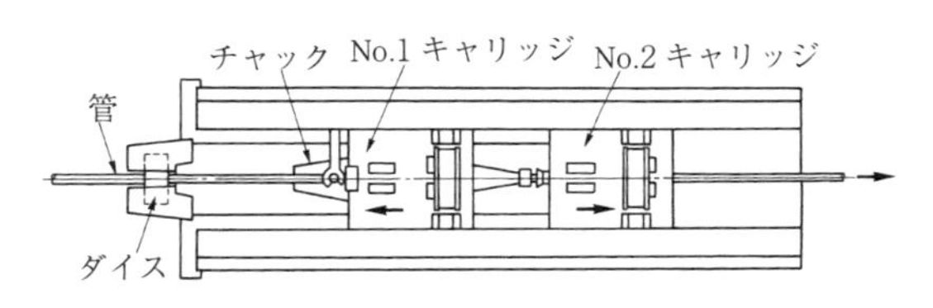

図 9.11　キャリッジ式ドローイングユニット

モータードライブ方式のベルト式ドローイングユニットは，管材をベルトなどで挟み込み，引き抜く方法であり，キャタピラー式に関しては，管外径に合わせたブロックが管を挟み込んで引き抜く方法で，特に，ϕ 30 mm 程度の中型管を 150 ～ 300 m/min 程度の高速で引き抜く装置である（**図 9.12** 参照）．

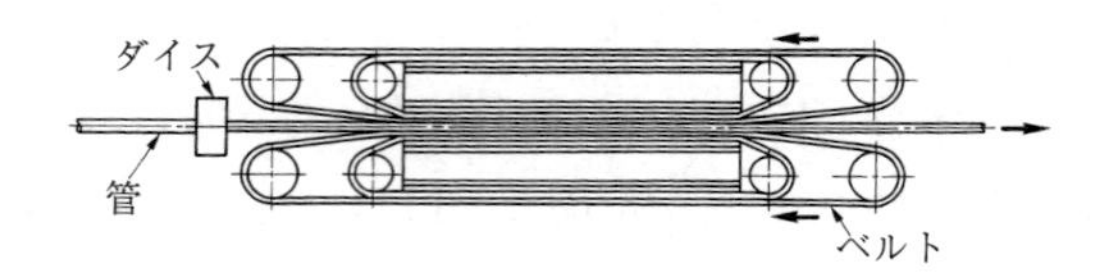

図 9.12　ベルト式ドローイングユニット

9.2.3　抽伸工具の種類と特徴

〔1〕 ダ　イ　ス

代表的なダイスの形状を**図 9.13** に示す[4]．直線ダイス（円錐ダイス）は，浮きプラグ引き，玉引き用ダイスとして必要な外径と肉厚を得るためプラグと組み合わせて使用する．

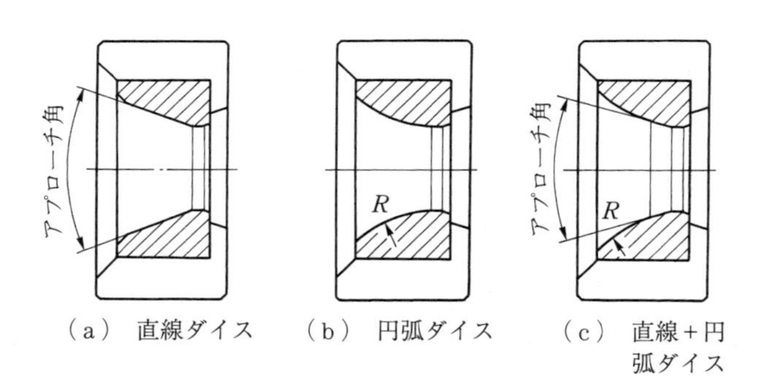

（a） 直線ダイス　（b） 円弧ダイス　（c） 直線＋円弧ダイス

図 9.13　代表的なダイスの形状

ダイスの円錐部分は超硬質合金で作られており，その代表成分構成はつぎのとおり．焼付きや寿命延長を目的としたさまざまな組成が開発されている．また，ダイヤモンドやセラミックスを使用したダイスを用いることで，製品寸法の安定化を図る場合もある．

W（タングステン）…… 88 ～ 92%

Co（コバルト）………… 3 ～ 6%

C（炭素）……………… 5 ～ 7%

ダイスの内部寸法は，経験的に決められ，アプローチ角は引抜き力が最小，断面減少率が最大の範囲で選択され，25 ～ 35°程度である．管材の引抜きにおけるダイス半角は，棒線用のダイス半角とは異なっていることに注意を要する．

円弧ダイスは，このダイスのみを用いて抽伸する空引き抽伸に使用する．加工率としては 10 ～ 15%が適当である．ダイス円弧部分の材種は円錐ダイスと同様である．

〔2〕 プ　ラ　グ

代表的なプラグの形状を**図 9.14** に示す[4]．ダイス内径とプラグのベアリング外径により，肉厚を定める．アプローチ角は，20 ～ 25°程度で，抽伸後の肉厚変化や，抽伸破断，内面粗さの観点より定める．材質は，ダイスと同一系統の超硬質合金で作られている．固定プラグは，ドローベンチで使用される場合が多い．

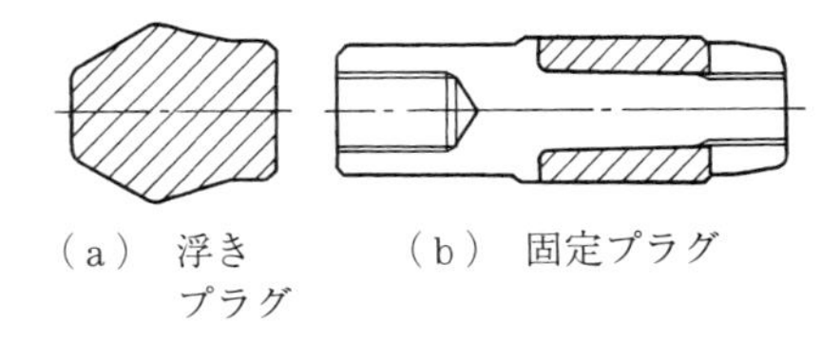
（a） 浮き プラグ　　（b） 固定プラグ

図 9.14　代表的なプラグの形状

9.2.4 潤　滑　剤

管の引抜き加工においては，つねに摩擦係数を下げればよいわけでなく，潤滑性のほかに冷却効果が良いこと，工具・材料および作業者に害を与えないこと，製品の後処理や製品使用時に管への残留物，付着物により不具合を起こさないこと，または除去が容易であること，などが前提条件となっている．

潤滑剤として，鉱油や合成油のような油性系のものとエマルションやソリュブル油のような水溶性系のものに代表される．銅および銅合金の引抜き加工に使用されている潤滑油は，合成油あるいは，鉱物油を基油として，潤滑性を向上させるための油性剤が添加されている．特に，内面潤滑油に関しては，近年，内面の清浄度を要求される場合が多くなり，後工程の焼なまし工程において，加熱により気化および熱分解しやすい潤滑油が使用されており，合成油が基油となっている．代表例を**表 9.2** に示す．

表 9.2　油性潤滑油の例

記　号		A	B	C	D
使用箇所		管内面	管内面	管外面	管外面
主要成分		高分子重合物 合成飽和炭化水素 脂肪酸エステル 高級アルコール	脂肪酸エステル 鉱物油	高分子重合物 鉱物油 動植物油 脂肪酸	高分子重合物 脂肪酸エステル 鉱物油
動粘度〔cSt〕	40℃	500	3 600	35	94
	100℃	40	140	7	14
残留炭素分〔wt%〕		0.01	0.01	0.21	0.01
引火点〔℃〕		160	182	141	214

〔注〕 動粘度，残留炭素分および引火点の測定方法は，それぞれ JIS K 2283，2272 および 2265 による．

潤滑油選定時の性状項目としては，動粘度，引火点，摩擦係数，焼付き圧力や残留炭素分を考慮する必要がある．

また，引き抜かれた管の品質管理項目としては，加工表面の微視的な凹凸にとどまらず，工具の焼付きにより生じる，むしれ状の欠陥や潤滑油内に含まれる銅微粉，異物などが押し込まれて発生するダイスマークやプラグマークの防止を図ることも重要なことであり，潤滑油を循環使用する場合には，フィルタリング装置などを付加する場合が多い．内面潤滑油に関しては，再生使用しないのが一般的である．

9.3 製　品　規　格

国内規格として，JIS H 3300（銅及び銅合金継目無管），JIS H 3320（銅及び銅合金溶接管）および JIS H 3510（電子管用無酸素銅の板，条，継目無管，棒及び線）がある．また，海外規格として，ASTM，BS，DIN などがある．

表 9.3 に JIS H 3300 に規定されている管の合金番号と主要化学成分を示す．

表 9.3 管の合金番号と主要化学成分（単位：%）

名　称	合金番号	組　成
無酸素銅	C 1020	Cu＝99.96 以上
タフピッチ銅	C 1100	Cu＝99.90 以上
リン脱酸銅	C 1201	Cu＝99.90 以上　P＝0.004～0.015 未満
	C 1220	Cu＝99.90 以上　P＝0.015～0.040
高強度銅	C 1565	Cu＝99.90 以上　P＝0.020～0.040　Co＝0.040～0.055
	C 1862	Cu＝99.40 以上　P＝0.046～0.062　Co＝0.16～0.21 Sn＝0.07～0.12　Zn＝0.02～0.10　Ni＝0.02～0.06
	C 5010	Cu＝99.20 以上　P＝0.015～0.040　Sn＝0.58～0.72
	C 5015	Cu＝99.00 以上　P＝0.004～0.015　Sn＝0.58～0.72 Zr＝0.04～0.08
丹銅	C 2200	Cu＝89.0～91.0　Pb＝0.05 以下　Fe＝0.05 以下　Zn＝残部
	C 2300	Cu＝84.0～86.0　Pb＝0.05 以下　Fe＝0.05 以下　Zn＝残部
黄銅	C 2600	Cu＝68.5～71.5　Pb＝0.05 以下　Fe＝0.05 以下　Zn＝残部
	C 2700	Cu＝63.0～67.0　Pb＝0.05 以下　Fe＝0.05 以下　Zn＝残部
	C 2800	Cu＝59.0～63.0　Pb＝0.10 以下　Fe＝0.07 以下　Zn＝残部
復水器用黄銅	C 4430	Cu＝70.0～73.0　Pb＝0.05 以下　Fe＝0.05 以下　Zn＝残部 Sn＝0.9～1.2　As＝0.02～0.06
	C 6870	Cu＝76.0～79.0　Pb＝0.05 以下　Fe＝0.05 以下　Zn＝残部 Al＝1.8～2.5　As＝0.02～0.06
	C 6871	Cu＝76.0～79.0　Pb＝0.05 以下　Fe＝0.05 以下　Zn＝残部 Al＝1.8～2.5　As＝0.02～0.06　Si＝0.20～0.50
	C 6872	Cu＝76.0～79.0　Pb＝0.05 以下　Fe＝0.05 以下　Zn＝残部 Al＝1.8～2.5　As＝0.02～0.06　Ni＝0.20～1.0
復水器用白銅	C 7060	Cu＋Fe＋Mn＋Ni＝99.5 以上　Pb＝0.05 以下　Fe＝1.0～1.8 Zn＝0.5 以下　Mn＝0.2～1.0　Ni＝9.0～11.0
	C 7100	Cu＋Fe＋Mn＋Ni＝99.5 以上　Pb＝0.05 以下　Fe＝0.5～1.0 Zn＝0.5 以下　Mn＝0.2～1.0　Ni＝19.0～23.0
	C 7150	Cu＋Fe＋Mn＋Ni＝99.5 以上　Pb＝0.05 以下　Fe＝0.4～1.0 Zn＝0.5 以下　Mn＝0.2～1.0　Ni＝29.0～33.0
	C 7164	Cu＋Fe＋Mn＋Ni＝99.5 以上　Pb＝0.05 以下　Fe＝1.7～2.3 Zn＝0.5 以下　Mn＝1.5～2.5　Ni＝29.0～32.0

9.4 管 の 特 性

無酸素銅，タフピッチ銅およびリン脱酸銅は，一般的に「銅管」と呼ばれる．純銅に近い組成であり，加工性，伝熱性に優れ，幅広い分野にて使用されている．近年，エアコンや冷凍機器などの冷凍空調分野においては，地球温暖化およびオゾン層破壊防止の観点から，CO_2 などの自然冷媒が使用されるようになってきた．このような冷媒の場合には，作動圧力が高くなるものもあり，銅管のような加工性を維持しながら破壊強度を向上させた高強度銅が開発され，2009 年以降，JIS 規格化された．

耐食性および用途によってさまざまな元素を添加した銅合金管も規格化されている．

9.5 製　品　例

銅および銅合金管のおもな用途は，伝熱管，配管，継手，電子機器部品などに使用されている．**表 9.4** に銅および銅合金管のおもな用途を示す．また，製品例として，**図 9.15** に，配管などに広く使用されている平滑管を，**図 9.16** に，給水・給湯配管に使用されている，外面に樹脂の保温材がコーティングされている被覆銅管を示す．

表 9.4　銅および銅合金管のおもな用途

合金番号	名　称	特徴，用途例
C 1020	無酸素銅	熱交換器用，電気機器用，電子部品用，化学工業用など
C 1100	タフピッチ銅	電気部品用など
C 1201，C 1220	リン脱酸銅	熱交換器用，化学工業用，ガス用など． C 1220 は，水道用および給湯用にも使用可能．
C 1565，C 1862，C 5010，C 5015	高強度銅	熱交換器用，配管用，諸機器部品用，圧力容器用，一般冷凍空調機器用，および高圧冷媒ヒートポンプ式給湯器など．
C 2200，C 2300	丹銅	給排水管用，継手用，化粧品ケース用など
C 2600，C 2700，C 2800	黄銅	熱交換器用，衛生管用，アンテナ，カーテンレールなど．C 2800 は．強度が高い．製糖用，船舶用など
C 4430，C 6870，C 6871，C 6872	復水器用黄銅	火力・原子力発電用復水器用，船舶用復水器用，給水加熱用，蒸留器用，油冷却器用，造水装置の熱交換器など
C 7060，C 7100，C 7150，C 7164	復水器用白銅	船舶用復水器用，給水加熱器用，化学工業用，造水装置用など

図 9.15　平滑管[5)]

図 9.16　被覆銅管[5)]

また，銅は，優れた伝熱特性，加工性，施工性，耐食性は，空調機器の伝熱管の使用に適しており，**図 9.17** には，エアコンなどの熱交換器に使用されている，内面溝付き管を，**図 9.18** に，大型冷凍機の伝熱管に使用されている加工管を示す．

図 9.17　内面溝付き管[5)]

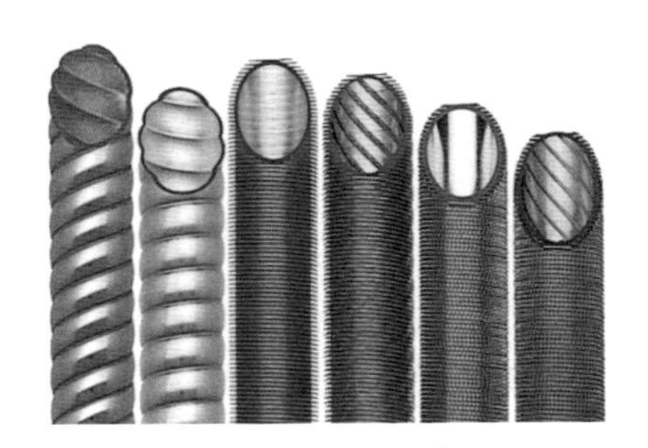

図 9.18　加工管[5)]

引用・参考文献

1)　日本伸銅協会編集委員会編：銅および銅合金の基礎と工場技術（改訂版），(1994)，176，日本伸銅協会．
2)　Peirson, J.G., et al.：Metall. u Tech., **35**-1 (1981), 1117.
3)　Wetzels, W.：Ziehen Draehten Stangen Rohren, (1981), 25.
4)　糀谷昭治：特殊鋼，**32**-12 (1983)，51.
5)　株式会社コベルコマテリアル銅管 Web ページ　http://www.kmct.jp

10　その他の金属線と管

10.1　アルミニウムとその合金線

アルミニウム線（業界の呼称はアルミ線）は主として送配電線材料として多量に使用される．各種アルミ電線の 1983 ～ 1987 年間の国内生産実績は毎年ほぼ 10 万 t 前後であったが，その後減少し，2005 ～ 2014 年では 2 万 5 千～ 3 万 t を推移している[1]．ここで，アルミ電線の重量には鋼心アルミより線の鋼心の重量が含まれている．使用アルミ荒引量は 60 ～ 70％と推定される．このうちには少量の Mg_2Si，Zr，Mg，Mischmetall などを含む合金線もある．長経間架空送電線，地線や耐熱送電線に応用されている．しかし大部分は普通アルミである．送電距離で異なるが最も多いのが ACSR 500 kV 用でそのほか 275，150，60 kV の高圧送電線に現在使用されている．1992 年より 1 000 kV 送電が実用化されている．

これらはすべてより線として用いられる．アルミ素線は強さと高い導電率（純銅の導電率を 100％としたときの率）を要求される．**表 10.1** は J1S C 3108 –1994 の硬アルミ線の規格を示す．最小導電率は各国とも 61％であるが，実際には 62％以上を日本の電力会社は要求しており，従来それに従ってきている．

表 10.1 硬アルミ線（HAL）の規格（JIS C 3180-1994）

径〔mm〕	径の許容差（±）〔mm〕	引張強さ〔MPa（kgf/mm²)〕		最小伸び〔%〕	最小導電率〔%〕
		最小	平均		
1.6	0.03	186（19.0）	197（20.1）以上	1.3 以上	61 以上
1.8	〃	183（18.7）	193（19.7）以上	1.4 以上	〃
2.0	〃	〃	〃	〃	〃
2.3	〃	176（17.9）	186（19.0）以上	1.5 以上	〃
2.6	〃	169（17.2）	179（18.3）以上	〃	〃
2.9	〃	165（16.8）	176（17.9）以上	1.6 以上	〃
3.2	0.04	162（16.5）	172（17.5）以上	1.7 以上	〃
3.5	〃	〃	〃	〃	〃
3.7	〃	〃	169（17.2）以上	1.8 以上	〃
3.8	〃	〃	〃	〃	〃
4.0	〃	159（16.2）	165（16.8）以上	1.9 以上	〃
4.2	〃	〃	〃	2.0 以上	〃
4.5	〃	〃	〃	〃	〃
4.8	〃	〃	〃	〃	〃
5.0	〃	〃	〃	〃	〃

10.1.1 素　　材

99.99%のアルミニウムの導電率は65%を超えるが，強さを必要とするので，導電率を多少犠牲にしても適当な添加元素によって調質が行われる．導電率に最も悪影響のあるのは Ti，V，Mn[2] で，一般に Ti + V は 0.002%以下が望ましい．また強さを与えるために導電率に影響の少ない Fe と Si を少量加える．Fe：Si = 1.3 付近で Fe ＜ 0.25 ～ 0.30，Si ＞ 0.08%ならば強さも導電率も満足できるとされている[3]．

アルミニウム地金中には Ti + V が含有されるが，1946 年頃アルコア社（アメリカ）は 0.001 ～ 0.1% B を溶湯中に添加して，これらをホウ化物として沈降除去する方法を開発した．現在アルミ地金は Al + B または $NaBF_4$ で処理され，Fe と Si を添加し電線素材が作られている．また Fe ＞ Si は鋳造割れを防ぐ点からも都合が良い．

10.1.2　加　　　工

1955年以前は世界的に4インチまたは6インチ（1インチ＝25.4 mm）角のアルミ棒を溝ロールで圧延してワイヤロッドを作った．しかしわが国では1965年頃から世界的に行われている連続鋳造圧延で荒引線の製作を行うようになった．このシステムにはProperzi（プロペルチ）方式，SECIM方式，SCR方式[4)]，SPIDEM方式[5)]などあるが，日本ではProperzi方式が主流のようである．これでEC（アルミ電線），aldrey（アルドライ），A5005などの添加成分の少ないアルミ合金荒引線（ワイヤロッド）を製造している．**図10.1**はProperzi方式によるロッド製造の模式図である．連続鋳造によって成型された鋳造棒は，三方ロール式圧延機群によって圧延され所定の径まで減径される．

線引機は以前はノンスリップ型が用いられた．アルミ線はスリップ型では表

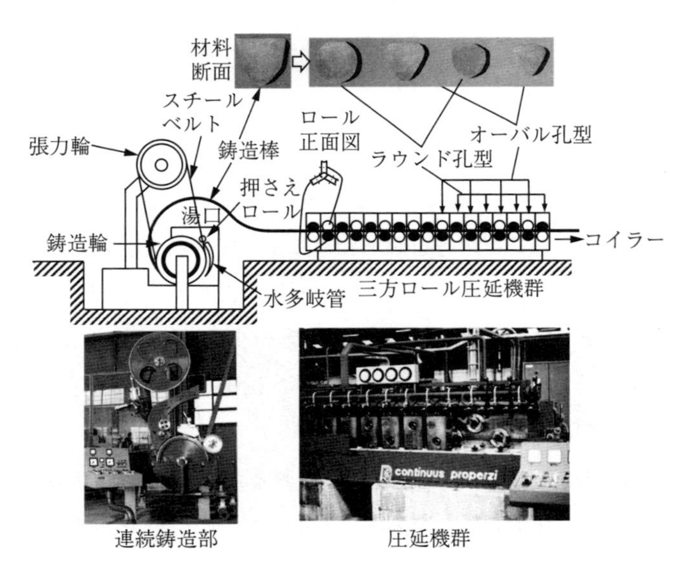

プロペルチ方式圧延機群によって，9.5～15 mm程度の径を有する線材に成形される．圧延機群入口，および，各圧延機内部での線材温度を制御し，熱間圧延と冷間圧延の比率を調整して，機械的性質と電気伝導率を造り分ける[5)]．

図10.1　プロペルチ方式連続鋳造圧延機の機構と材料断面（写真はCONTINUUS-PROPERZI社提供）

面にきずが付きやすく，摩擦熱で硬アルミ線の製造に適さなかった．しかしノンスリップでは生産速度が遅いため，現在では各国ともアルミ専用の高速スリップ型機が使用されている．硬引き線の性質を失わないように冷却を兼ねて潤滑剤を多量に供給し，1パスの断面減少率も少なくし，ダイス孔内の過剰な発熱を抑制するなどの工夫が行われる．最終仕上げ線径に応じて例えば7～20ダイス機が利用される．そのとき仕上げがϕ2.6 mm線ならば，そこの線引き速度は約2 000 m/minである．線引き後に線は巻取り機にかけられる．

線引き用潤滑には油性を高める脂肪酸などの添加剤を加えた鉱油が用いられる．液温を30～50℃に保ち，液中のアルミ粉，アルミせっけんの除去，液の粘度の調整などのため循環フィルター装置が用いられる．

10.1.3 線 の 特 性

要求される線の特性は表10.1に規定されている．**図10.2**[6]はECアルミの

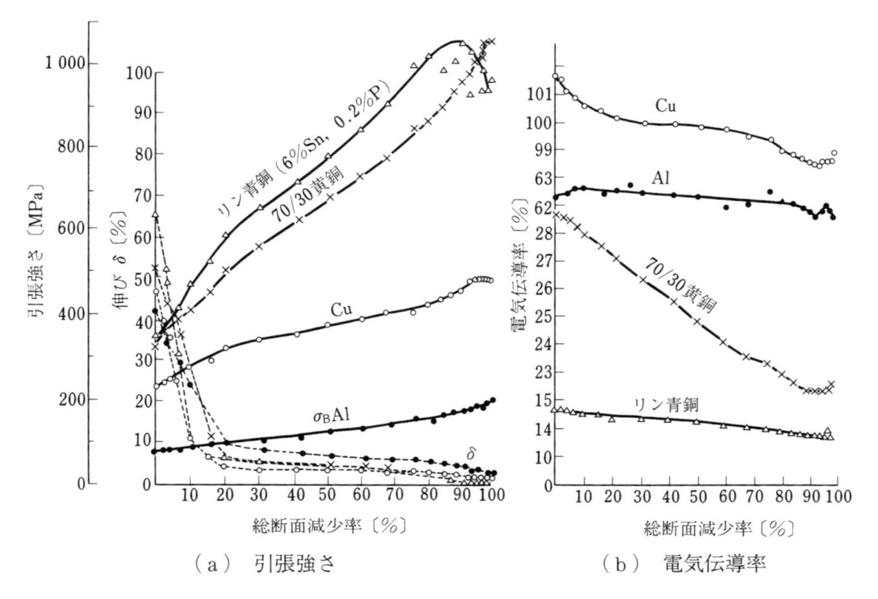

図10.2 タフピッチ銅，ECアルミ，70/30黄銅，リン青銅（6% Sn）各線の総断面減少率と諸性質の変化

線引きに伴う強さ，導電率などの変化を参考のため Cu，70/30 黄銅，リン青銅（6% Sn）各線と比較して示す．

10.1.4　製　　品　　例

ACSR（aluminum conductor steel reinforced，鋼心アルミより線），TACSR（thermal resistant ACSR，耐熱 ACSR）がおもな架空送電線で，配電線にはアルミより線が利用される．ACSR の断面写真と，部分的に解体した様子を**図 10.3** に示す．ACSR は高圧送電線として用いられるが，電気伝導性と引張強さを確保するために，外側をアルミニウムより線，中心部を鋼より線とする二重構造となっている．アルミニウムは銅に比べて，単位断面積で比較する電気伝導率では 60% 程度であるが，密度が 30% 程度であるために，重量と長さを等しくする電線を用いる場合，電気抵抗は銅の 50% 程度となる．さらに，アルミニウムは密度が低く大径化可能で，電力損失の原因となるコロナ放電を抑制することができる．これらの理由により，送電線素材には銅ではなくアルミニウムが用いられている．引張強さに関しては，アルミニウム単体では自重に抗する強度が不足するために，中心部に鋼より線を配置する構造となっている [7]．

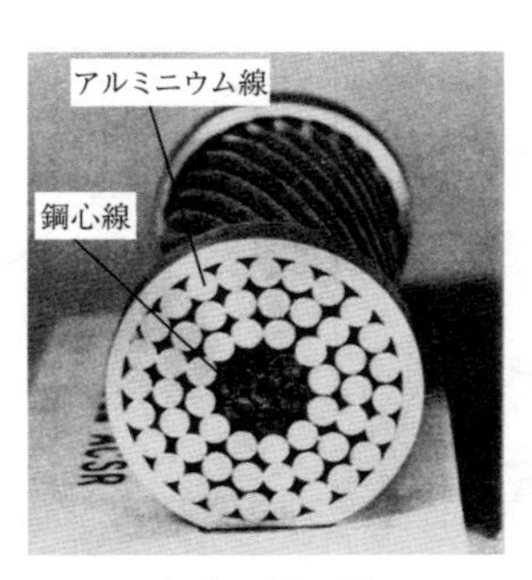

（a）　断　面

（b）　より線部を一部解体

図 10.3　高圧送電線用鋼心アルミニウムより線（ACSR，住友金属工業株式会社提供）

アルミニウム線は架空送電線だけでなく，自動車用ワイヤハーネスなどに用いられている銅線を置き換えつつある．**図 10.4** にワイヤハーネスの例を示す．電気信号を伝えるためのケーブルが系列ごとに束ねられ，神経回路のように自動車内部に張り巡らされている．銅線をアルミニウム線に置き換えることによって，自動車の軽量化などのメリットが得られる[7),10),11)]．上述のとおり重量と長さを等しくするアルミニウム線を用いる場合，電気抵抗は銅の 50％程度となるため軽量化可能となる．経済状況によっては価格が高騰することがある銅に比べてアルミニウムの価格は安定している．車体解体の際に，銅混入の割合を低減できるなどリサイクル性を向上できる．

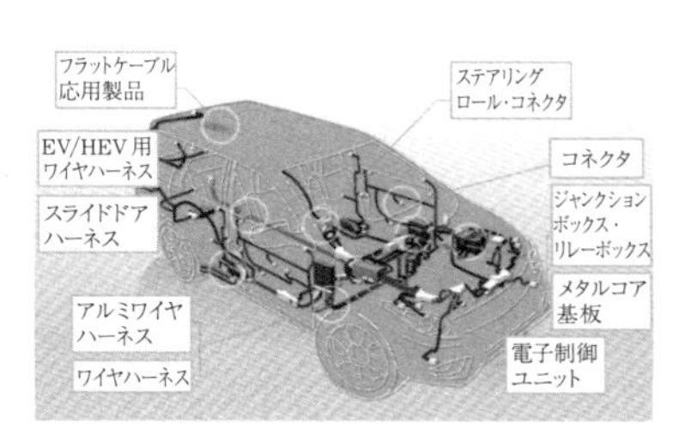

一般的な構造

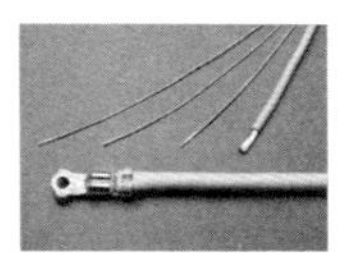
アルミワイヤハーネス

図 10.4　ワイヤハーネスの例（古河 AS 株式会社提供）[8),9)]

一方，アルミニウム線の置換えによる短所を補う必要があるが技術開発により克服されつつある．アルミニウム線は銅線に比べて強度が低いが，Fe，Mg，Cu などを微量に適正量添加することによって電気伝導率の低下を最小限に抑制しながら強度を確保する手法が提案されている．また，銅などの端子に使用されている他の金属との異種金属境界腐食を防止するため，樹脂などを用いた環境との絶縁技術も開発されている．環境負荷低減のための自動車の軽量化，ハイブリッドカーや電気自動車の普及の中で，ますますアルミハーネスの適用は拡大していくと考えられる．雑線にはリベット用の合金線が製造される．ワイヤバーから圧延，線引きする．合金には A 1100，A 3003，A 5005，A 5052，A 5056，A 6053 などがあり，ワイヤバーからスタートされる．熱処理合金では A 2017，A 2024，A 2117，A 7075，A 7178 などがある．

10.2 ステンレス鋼線

10.2.1 素　　　材

ステンレス鋼は Fe を主成分とし Cr を 10.5%以上含有する合金鋼で，Cr が大気中の酸素と反応することで不動態被膜を形成し，さびにくい材料として知られている．さらに，Ni，Mo，Cu などを添加することで耐食性や耐熱性，その他の特性を向上させたものがあり，非常に多くの種類がある．代表的な分類とその諸特性を**表 10.2** に示す．

表 10.2　代表的なステンレス鋼の分類と諸特性

	オーステナイト系	オーステナイト・フェライト系	フェライト系	マルテンサイト系	析出強化系
代表鋼種	SUS 304	SUS 329 J4L	SUS 430	SUS 410	SUS 631 J1
概略組成	18 Cr−8 Ni	25 Cr−6 Ni −3 Mo−0.2 N	18 Cr	13 Cr	17 Cr−8 Ni −1 Al
磁性（軟質）	なし	あり	あり	あり	少しあり
加工硬化	大 鋼種による	大	小	中	極大
溶接性	最も良好	良好	やや劣る	劣る	良好
熱膨張 *	約 1.5 倍	同等	同等	同等	約 1.5 倍
熱伝導 *	約 1/3	約 1/3	約 1/2	約 1/2	約 1/3

〔注〕 *：普通鋼との比較

10.2.2 線 の 特 性

代表的なステンレス鋼線の伸線加工での総断面減少率と機械的特性の関係を**図 10.5** に示す．図 10.5 から表 10.2 に示すとおり，オーステナイト系（SUS 304・SUS 316）の方がフェライト系（SUS 430）やマルテンサイト系（SUS 410）よりも加工硬化が大きいことがわかる．また，同じオーステナイト系であっても SUS 304 の方が SUS 316 よりも加工硬化が大きい．これは**図 10.6** に示すとおり，伸線加工中に生成する加工誘起マルテンサイト量の違いによるも

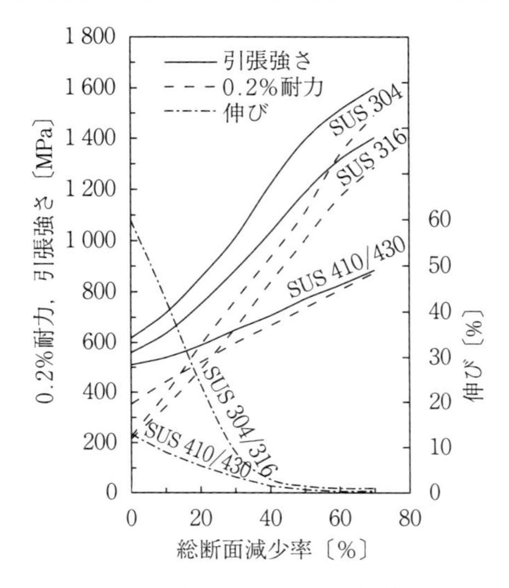

図 10.5　代表的なステンレス鋼線の総断面減少率と機械的特性の関係

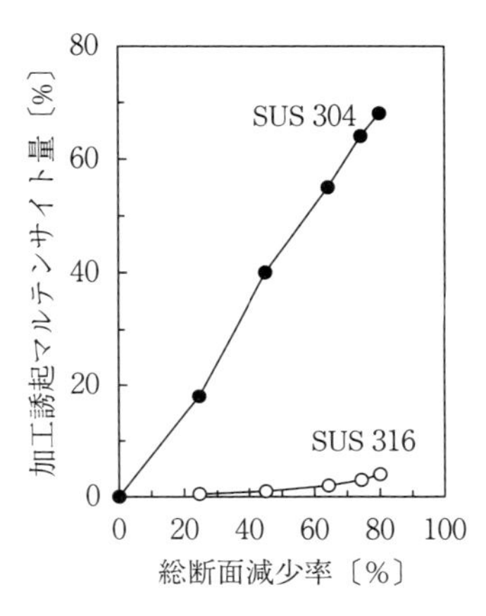

図 10.6　SUS 304 と SUS 316 の総断面減少率と加工誘起マルテンサイト量の関係

のである．また，オーステナイト系ステンレス鋼は，表 10.2 に示すとおり軟質（冷間加工前）では磁性はないが，冷間加工後はこの加工誘起マルテンサイトの生成により磁性を帯びる．

この加工誘起マルテンサイトは Ms 温度（マルテンサイト変態開始温度）以上 Md 温度（冷間加工によりマルテンサイトが生成する温度）以下で起こる加工誘起変態である．ところが，Md 温度を正確に求めることは非常に困難であるため，一般的に 30%の冷間加工により 50%のマルテンサイトが生成する温度（Md_{30}）が使用され，例えば Angel により次式のように与えられている．

$$Md_{30}\,〔℃〕=413-462(C+N)+9.2\,Si+8.1\,Mn+13.7\,Cr+9.5\,Ni+18.5\,Mo \quad \text{(合金量は重量\%による)} \qquad (10.1)$$

この Md_{30} は成分により変動するが，SUS 304 の場合は約 25℃，SUS 316 の場合は約 −40℃となるため，室温付近で伸線加工した場合には図 10.6 に示すとおり SUS 316 はほとんど加工誘起マルテンサイトが生成せず，SUS 304 は多くの加工誘起マルテンサイトが生成する．また，Md 温度が室温に近いことから，SUS 304 の伸線加工後の強度は外気温の影響を大きく受け，強度管理には注意を要する．

10.3　ニッケル線

電解ニッケルを高周波炉（高純度 Ni には真空炉）で溶解して角型インゴットを作る．ニッケルはもろい炭化物を作りやすいから，るつぼにはマグネシアかアルミナのライニングを必要とする．脱酸剤には Mn，Si，Mg などを用いるが，Mn は加工性を良くするので最も利用される．インゴットは全面を切削し，800 ～ 1 000℃（1 073 ～ 1 273 K）で空気ハンマーなどにより鍛練して組織を微細化する．その後チルロール製の溝ロールで熱間（800℃付近）または冷間圧延を行い，6 ～ 8 mm 径のロッドにする．これを酸洗い後冷間線引きをする．ほぼ 70％総断面減少率ごとに途中焼なましをする．それには 800℃くらいで水素中の光輝焼なましをする．材料が柔らかいから線引きはやさしい．

10.4　タングステン線

金属タングステン粉を角棒（6～25 × 200～600 mm）に圧縮成形した素材を 1 100℃で 30 min 予備焼結し，水素中数千アンペアの電流を流して焼結する．これを 900 ～ 1 500℃でスエージャーにより ϕ1.5 mm にする（比重約 18）．これをドローベンチか線引き機で熱間線引き（600 ～ 850℃）する．熱間線引きの様子を**図 10.7** に示す．潤滑にはアクアダッグなどを用いる．

モリブデン線も同じ方法で作る．また，焼結法でなくモリブデン粉を圧縮して消費電極を作り，これを真空またはアルゴン中で通電して生ずるアークにより溶解させてインゴットを作ることもある．

図 10.7　タングステン線の熱間線引き
（東邦金属株式会社提供）

10.5　チ　タ　ン　線

圧縮したスポンジチタンの消費電極から作ったインゴットを熱間圧延してロッドにする．チタンは885℃（1 058 K）でαからβに変態するが，βでは酸化が著しいから700℃で圧延する．線引きは比較的容易である．中間焼なましは700℃とするが，水素の吸収を抑制するため真空焼なましがよい．熱間ロールで表面に生ずるスケールは研削するかショットブラストをかける．600℃以下のスケールは硝フッ酸で除去する．

10.6　ニ　ク　ロ　ム　線

高周波炉で作った10～150 kgf（100～1 500 N）の角インゴットは，面削後900～1 300℃（1 123～1 573 K）で熱延され，ϕ 6 mm前後のロッドになる．表面の酸化物の除去法の一つは，ソーダ灰と食塩の混合溶融物中で920～950℃に加熱して水中冷却後，強塩酸で洗い酸化物を除く．線引きは15～40 %断面減少率ごとに焼なまし（水素中900～1 050℃）をする．仕上げ線も前記温度で水素焼なましされ，電気抵抗，寿命試験などを行って製品となる．

線引きには超硬ダイス，ダイヤモンドダイスのほかCOMPAX系（焼結ダイヤモンドダイス）も用いられる．またローラーダイスも必要に応じて使用されている．

10.7 マグネシウム合金線

マグネシウム合金は，六方最密構造を有するために，冷間では底面すべりと柱面すべりしか生じないため，冷間加工に適していない．そのため，従来，棒材や線材は熱間押出し加工を用いて生産されてきた．これに対し，加工条件の最適化によって冷間での伸線加工が加工であることが学術的に示され[12]，引抜き後の扱いについても伸線工程と巻取り工程の間に熱処理工程を挟むプロセスによって亀裂を抑制することが可能となり，産業界においても冷間伸線が適用されている[13]．さらに，ダイスの材質と形状の最適化によって，線径50 μmの極細ワイヤの製造技術が開発されている[14]．

10.8 アルミニウム管

短尺の管はドローベンチ，長尺はブルブロックで引き抜かれる．鋼管の製造（9.2節）と同様な工程で製造される．押出し素管が主として素材となり，その外径は53～100 mm，肉厚は外径の10%前後である．工場によってはその後，銅のようにチューブレジューサーで1パス60%以上断面を縮小させるところもあるが，一般的にはドローベンチ，その後ブルブロックで高速引抜きが行われる．長尺コイルなので浮きプラグが心金に使用される．

利用される材料は管ではA1xxx，A2xxx，A3xxx，A5xxx，A6xxxが多く，コイル製品はA1xxx，A3xxxが多い．引抜き後必要な熱処理を施す．潤滑には一般にシリンダー油に指肪を加えたものまたはソルュブル油などを管内外に循環させる．

引用・参考文献

1) 日本電線工業会 Web ページ
http://www.jcma2jp/toukei.html（2017 年 2 月現在）
2) Gaston, G.：J. Inst. Met., **65**（1936）, 129.
3) Domony, A. A.：Light Metals, **11**（1949）, 621.
4) 田中浩：塑性と加工，**14**–8（1973），607.
5) 山崎一芳：Al–Mg–Si 系合金の用途と製造技術―電線用線材，軽金属，**53**–11（2003），496–499.
6) 田中浩：非鉄金属の塑性加工，（1970），110，日刊工業新聞社.
7) 日本アルミニウム協会（編集）：アルミニウム（現場で生かす金属材料シリーズ），（2011）丸善出版，142–145.
8) 古河 AS 株式会社 Web ページ
http://www.furukawaas.co.jp/products/（2017 年 2 月現在）
9) 古河 AS 株式会社 Web ページ
http://www.furukawaas.co.jp/products/01.html（2017 年 2 月現在）
10) 山野能章・細川武広・平井宏樹・小野純一・大塚拓次・田端正明・大塚保之・西川太一郎・北村真一・吉本潤：アルミハーネスの開発，SEI テクニカルレビュー（179），81–88，2011–07.
11) 篠田辰規・市川雅照・瀬下裕也・和田政宗・望月淳：軽量化アルミニウム合金ワイヤハーネス，フジクラ技法（122），17–21，2012–07.
12) 吉田一也：マグネシウム合金線・管の冷間引抜き加工，日本機械学会年次大会講演資料集，（2007），325–326.
13) 近畿経済産業局 Web ページ
http://www.kansai.meti.go.jp/3-5sangyo/sapoin/jigyokashien/PRsheet/7.pdf（2017 年 2 月現在）
14) 熊本大学 Web ページ
http://www.kumamoto-u.ac.jp/daigakujouhou/kouhou/pressrelease/2015-file/release150820.pdf（2017 年 2 月現在）

11 新　素　材

11.1 光ファイバー

光ファイバーは，使用される材料によって，石英系ガラスファイバー，多成分系ガラスファイバー，プラスチックファイバーなどに分類されるが，以下では，長距離通信用伝送線路として，現在広範囲に用いられている石英系光ファイバーの線引き工程について，ファイバー外径の制御性を中心に概説する．

石英系光ファイバーの製造工程は，母材製造工程と線引き工程に大別される．線引き工程では，母材製造工程で作られた直径 30 ～ 60 mm 程度のガラス母材を，直径 100 ～ 200 μm の光ファイバーに引き伸ばし加工する．ガラス内部に形成されている導波路構造は，相対的な断面形状が不変に保たれたまま全体の大きさだけが縮小され，引き伸ばされる．

光ファイバーの伝送特性の大半は，ガラス内に形成された導波路構造の形状によって決まる．この導波路構造の寸法は，ファイバー外径とともに相似的に変化するので，長手方向に特性の安定な光ファイバーを製造するには，ファイバー外径を精度よく制御することが非常に重要である．

11.1.1 装　置　概　略

光ファイバーの線引き装置は，**図 11.1** に示すように，ガラス母材の送出し装置，加熱炉，線径測定装置，被覆装置，引取り装置，巻取り装置およびこれらの制御系から構成される．

送出し装置によって一定速度で加熱炉内に送り込まれた母材ガラスロッドは，その先端部分が炉内部で2 000～2 300℃に加熱されて溶融状態となり，高速で引き出されて細径のファイバーとなる．引き出されたファイバーは，60～150 μm厚のポリマー被覆を施した後，ボビンに巻き取られる．母材の熱流動および変形，あるいは加熱炉内のガス流動に関する研究・開発が行われ，線引き条件・装置の適正化が進められている[2]．現状では1 000 m/minを超える高速線引きにおいて，高品質な光ファイバーの製造が可能となっている[3]．

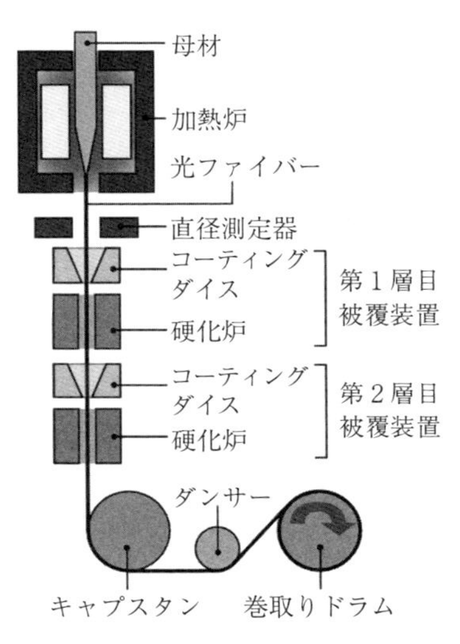

図 11.1 光ファイバー線引き装置の構成[1]

11.1.2 加　熱　炉

開発当初は，CO_2 レーザーを熱源とした炉や，酸水素火炎を使った炉などさまざまな加熱炉が研究されたが[4]，現在，産業用として実用に供されているのは，カーボンマッフル/ヒーターを用いた抵抗加熱炉およびジルコニアサセプターを使った高周波誘導型である．**図 11.2** にこれらの炉の構造例を示す．カーボン炉は設備費用が安く，取扱いが簡単である反面，炉内部を不活性雰囲気に保つ必要があるという点で不利である．一方，ジルコニア誘導炉は酸化性雰囲気での使用が可能だが，高周波発振器などを含むために設備費用が比較的高く，またジルコニアが熱衝撃に弱いので急激な昇降温ができないという欠点がある．

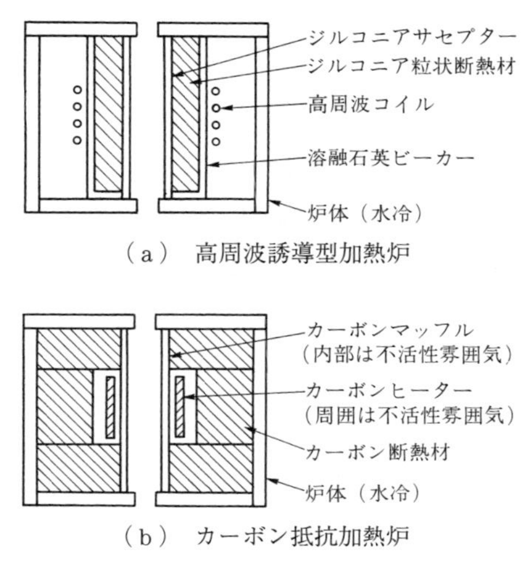

図 11.2　光ファイバー線引き用加熱炉の構造

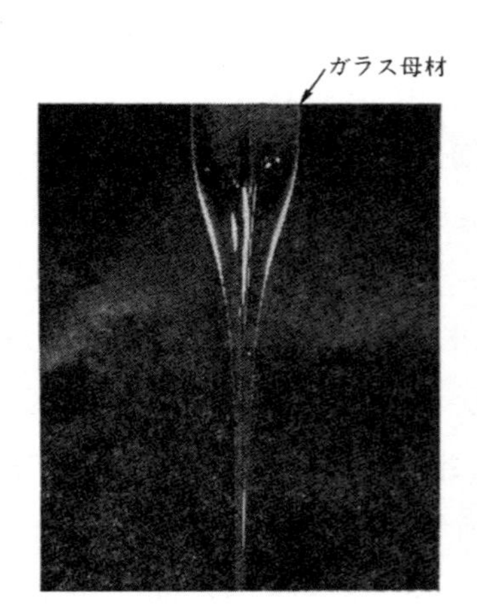

図 11.3　ネックダウン形状

11.1.3 線 径 制 御

溶融部分では，上部から比較的遅い速度で母材ガラスが送り込まれる一方で，下部からは高速でガラスが引き出されるので，その形状は，**図 11.3** に示すような紡錘型となる．この部分を「ネックダウン」部と呼んでいる．ネックダウン近傍の溶融ガラスの流れの解析は，線径制御にとって非常に重要であるので，これまでに多くの研究がなされている[5)〜7)]．

定常状態においては，溶融部分に送り込まれる母材のガラス量とファイバーとして引き出されるガラス量が等しいことから，引き出されるファイバーの外径 D_f，母材ガラスの外径 D_p，送出し速度 V_p，引取り速度 V_f の間にはつぎの関係が成り立つ．

$$D_p^2 V_p = D_f^2 V_f$$

上式の関係を利用してファイバー外径制御が行われる．通常は最も応答性の速い引取り速度が制御パラメーターとして用いられる．炉から引き出されたファイバーは，レーザー外径測定器により非接触で外径が測定され，目標径との差信号が引取り速度 V_f に補正として加えられ，ファイバー外径が目標径と一致するようにフィードバック制御が行われる．ファイバー外径制御系の構成を**図 11.4** に示す．この制御系によって光ファイバーの外径は，全長にわたり ±0.2〜0.5 µm 程度に制御される[3]．

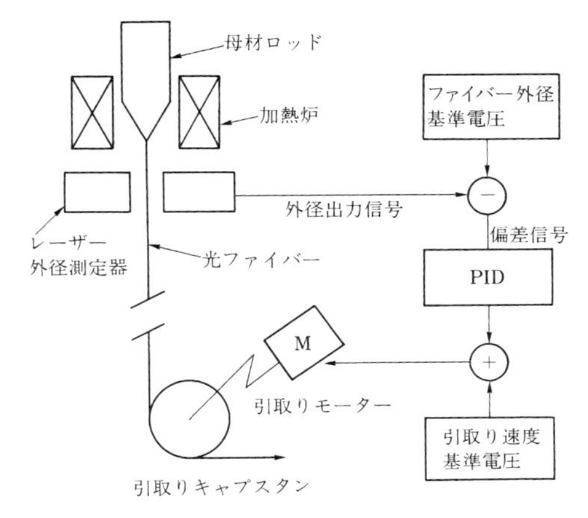

図 11.4 ファイバー外径制御系の構成

11.1.4 光ファイバーの被覆技術

石英系光ファイバーは，表面にきずなどのダメージを受けると，強度特性が大幅に低下するため，表面を樹脂によって被覆する必要がある．そこで，樹脂が満たされたコーティングダイスおよび硬化炉に線引き後の光ファイバーを通すことによって，光ファイバー表面を樹脂によって被覆する[3]．被覆外径は，光ファイバーの外径，樹脂の粘度およびコーティングダイスの出口径によりおおよそ決定される．コーティングダイスに関しては，線引き速度の向上や，樹脂内への気泡の混入防止を目的として，さまざまな構造の提案がなされている[8]．

図 11.5 に被覆を施した光ファイバーの被覆構造を示す．被覆は2層に分けて分離されており，一次被覆にはクッション層として柔らかい樹脂が，二次被覆には外傷を防ぐため硬い樹脂が用いられる．線引き速度は樹脂の硬化速度によって制限を受けるため，高速線引きの実現を目的として，被覆には硬化速度の早いアクリル系の紫外線硬化樹脂が用いられることが多い[3]．長期信頼性が要求される海底ケーブルに対しては，強度特性向上を目的として，光ファイバーにカーボン被覆を施した後に，紫外線硬化樹脂を用いて被覆する．また，耐熱性が要求される場合，ポリイミド樹脂，シリコン樹脂およびフッ素樹脂を

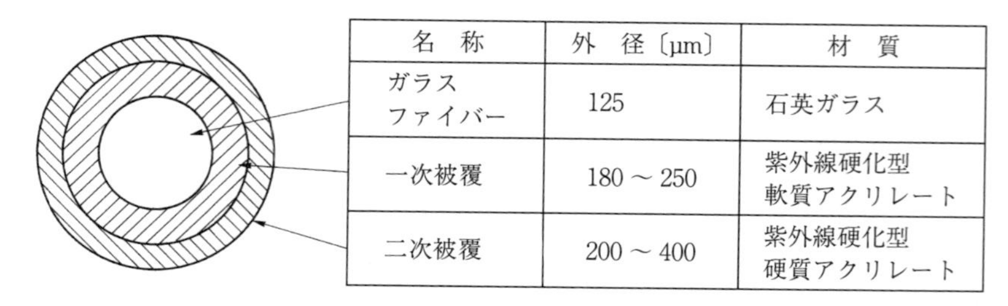

名　称	外　径〔μm〕	材　質
ガラスファイバー	125	石英ガラス
一次被覆	180 〜 250	紫外線硬化型軟質アクリレート
二次被覆	200 〜 400	紫外線硬化型硬質アクリレート

図 11.5　光ファイバーの被覆構造

用いた2層もしくは3層構造が採用される[8]．

11.1.5　光ファイバーの機械強度

ガラス材料は，表面のきずや内部の異物などの存在によって著しくその破壊強度が低下する．こうした低強度部を取り除くために，線引きされた光ファイバーには，全長にわたってスクリーニング試験が実施される．**図 11.6** にスクリーニング試験装置の基本構成を示す．繰り出された光ファイバーは，ベルトラッピングされた二つのプーリー A，B 間を通過する際，時間 t の間だけ，荷重 $W/2$ による引張応力を受けて伸び，連続的に引張試験が行われる．この引張応力に耐えられない低強度部分が荷重印加領域を通過すると，そこでファイバーは破断する．スクリーニング試験の程度は，通常，スクリーニング試験で

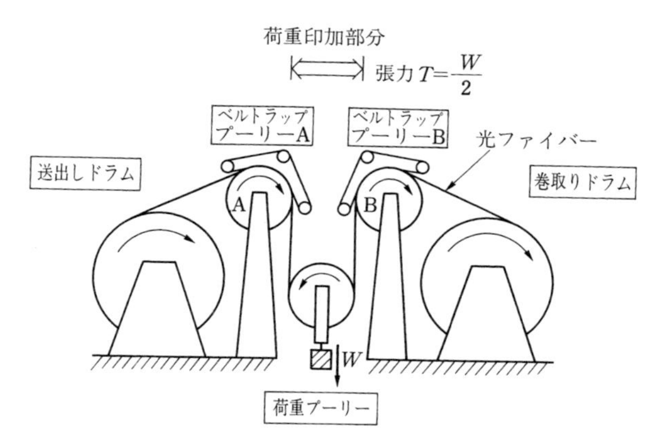

図 11.6　スクリーニング試験装置の基本構成

課した荷重に対応したファイバーのひずみ量によって表される．その大きさはファイバーの用途によってさまざまであるが，0.5～2％ひずみ程度が一般的である．**図 11.7** に典型的な光ファイバーの破断強度分布を示す．

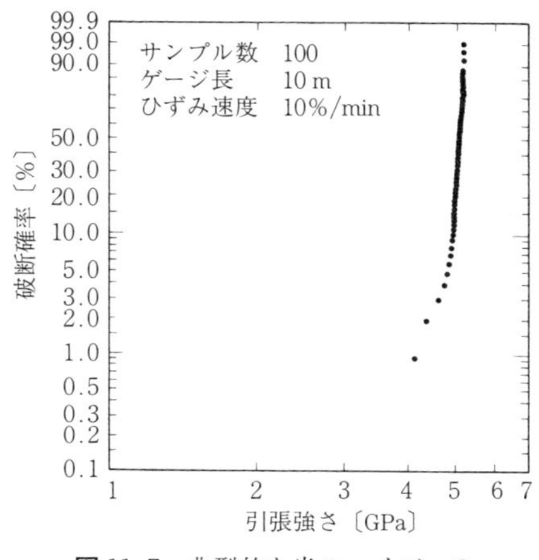

図 11.7　典型的な光ファイバーの破断強度分布

11.2 超 電 導 線 材

金属系の実用超電導線の場合，その断面構造は，無酸素銅（超電導状態を維持するための高導電性安定化材）をマトリックスとした極細多心線が採用されている．このような超電導線材も，引抜き加工により細線化され，超電導特有の加工技術が要求される．

11.2.1 超電導材料の種類と用途

超電導とは，材料固有の温度（臨界温度 T_c）以下で，その電気抵抗が急激にゼロになる現象である．**図 11.8** に，超電導材料の臨界温度の推移を示す．金属系は，90 年間に 35 K 程度の T_c 改善であるのに対し，酸化物系は，1988 年から 1993 年にかけて液化天然ガス沸点（111 K）を超える 135 K まで達した．さらに，高圧下において T_c は上昇する傾向にあり，超電導材料 $HgBa_2Ca_2Cu_3O_y$ は 15 GPa の高圧下において T_c は 153 K を示した．

超電導現象を支配する因子としては，T_c 以外に臨界磁界 H_c，臨界電流密度 J_c が存在し，実用超電導線材としては，所要磁界中で大電流を流せることが必

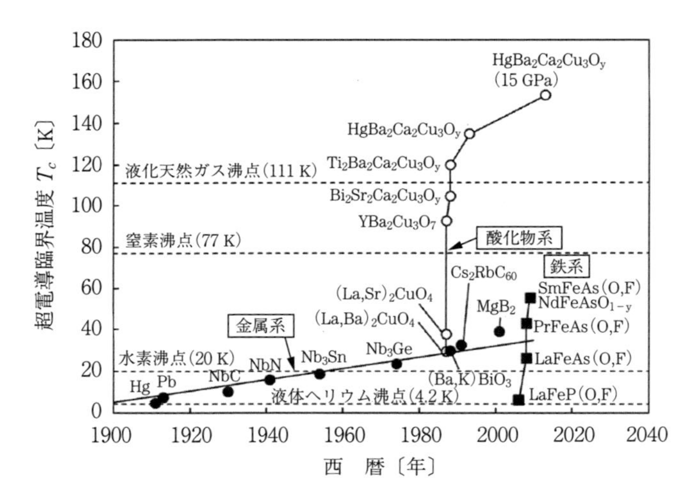

図 11.8　超電導材料の臨界温度の推移

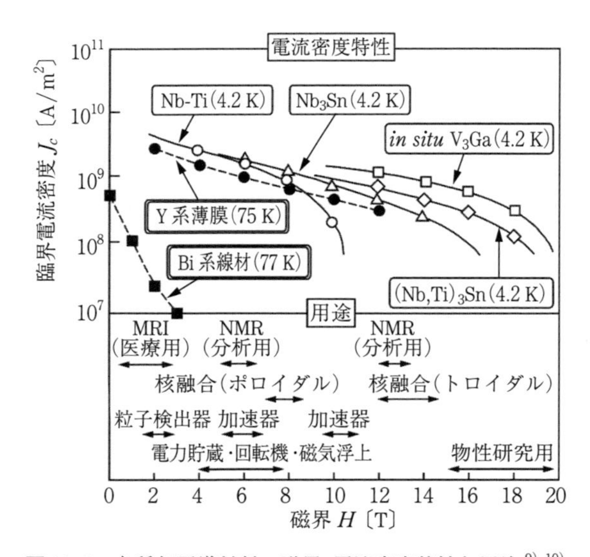

図 11.9　各種超電導材料の磁界−電流密度特性と用途[9),10)]

要条件となる．**図 11.9** には，各種超電導材料の磁界−電流密度特性と用途を示す．

実用超電導線材としては，その加工性，長尺・コイルとしての安定性の点から，金属系の Nb-Ti 合金，Nb_3Sn，$(Nb, Ti)_3Sn$ 化合物が多用されている．超電導の応用として実際に使用されているのは，常電導では損失が多く難しい1T以上での高磁界マグネットとしての活用である．核融合，回転機，電力貯蔵などに関して大規模な開発研究が進められており，また粒子加速器，NMR（核磁気共鳴），MRI（核磁気共鳴イメージング）装置，磁気浮上リニアモーターカー，物性研究用高磁界発生装置などは，すでに実用化されている．NMR については，2001年に，理化学研究所横浜研究所 NMR 施設棟1をはじめ，各地に施設が建設されている．MRI は医療検査機器として利用されている．磁気浮上リニアモーターカーは，中国では営業最高速度431 km/h にて実用化されている．国内においては営業最高速度505 km/h にて東京～大阪間を1時間で結ぶリニア中央新幹線が計画され，2016年1月に着工している．

酸化物系超電導材は，金属系超電導材と比べ，臨界温度 T_c が高いため，安価な液体窒素などといった冷媒によって，超電導現象を得ることが可能である．このため，エネルギー，輸送，産業，医療，科学，情報機器など，非常に幅広い分野での応用が期待されるものの，開発段階であり，本格的な実用化には至っていない．おもに Bi 系超電導材料（$Bi_2Sr_2Ca_2Cu_3O_y$：Bi2223），および Y 系超電導材料（$YBa_2Cu_3O_y$：Y123）の2種類に関して，送電ケーブル，変圧器，モーターおよび限流器などといった機器開発が進められている．線材開発が先行している Bi 系において機器開発が先行しているが，Y 系に関しても近年長尺線材の作製が可能となってきており，機器開発が開始されつつある．図11.9に示すように，Y 系は Bi 系に比べて強磁界中においても臨界電流密度が低下しないなど，超電導特性が優れているために適用範囲が広く，線材化技術の確立が期待されている[11)]．

各種金属系超電導導体の断面写真を**図 11.10** に示す[12)]．図（a）は銅安定化 Nb-Ti 導体素線の例で，1 000 ～ 10 000 本の Nb-Ti フィラメントを無酸素銅中に組み込んだ構造となっており，このまま線材として使用される場合と，さらに複合導体とする場合がある．図（b）はブロンズ法による銅安定化 Nb_3Sn モノリシック導体の例で，Nb と Cu-Sn の界面に Nb_3Sn が形成されて

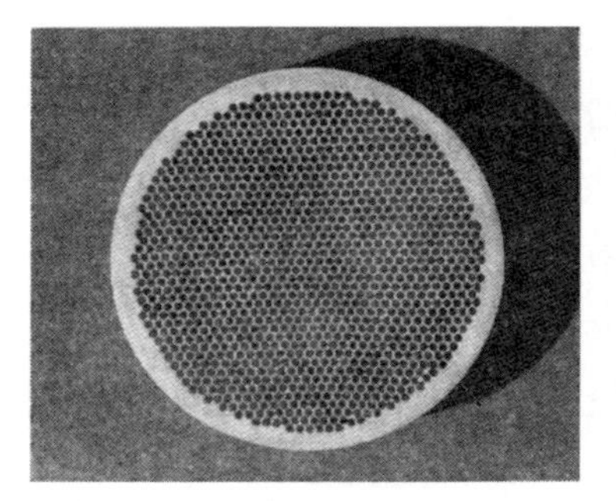

（a）　銅安定化 Nb−Ti 導体素線
（フィラメント数 1 100 本）

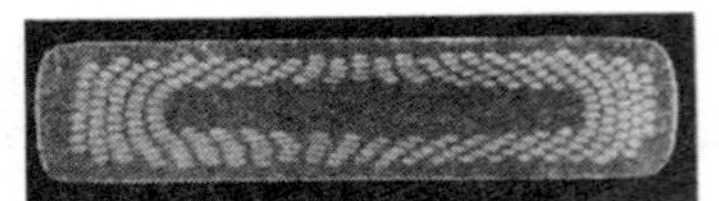

（1）　導体断面

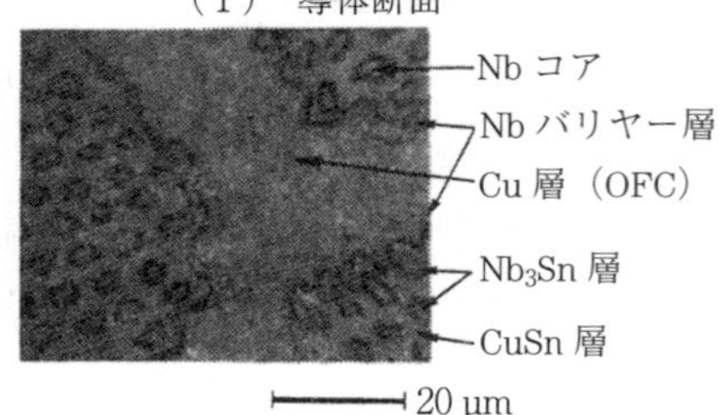

（2）　拡 大 図

（b）　銅安定化 Nb_3Sn モノリシック導体
（2.3×10，Nb_3Sn：ϕ 4 μm×331×260，
I_c>1 340 A at 12 T）

（d）　門型銅埋込み形大容量複合導体
Nb−Ti 導体
（12.6×26.8 mm²，Nb−Ti：
ϕ 50 μm×1 060×15 ストランド，
I_c>19 700 A at 8 T）

（c）　CDF 装置用高純度アルミニウム安定化
Nb−Ti 超伝導導体
（3.9×20 mm，Nb−Ti：ϕ 50 μm×1 400，
I_c>9 500 A at 2 T）

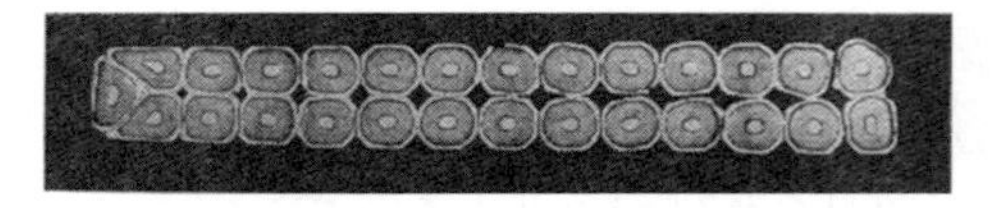

（e）　加速器用キーストン型成形より線
（1.35/1.19×9.09 mm²，Nb−Ti：
ϕ 7.5 μm×3 800×27 ストランド，
I_c>4 700 A at 7 T）

図 11.10　各種金属系超電導導体の断面写真[12]（静水圧押出し法で作製）

いる．図（c）～（e）は，Nb−Ti 導体素線を用い複合導体としたもので，図（c）はアルミニウム安定化超電導導体であり，銅安定化 Nb−Ti 導体の周囲に高純度アルミニウムを被覆した構造となっている．図（d）は，門型銅材に埋め込んだ構造，図（e）はストランドを束ねた構造となっている．超電導線材の場合，超電導特有の常電導への転移不安定現象の対策として，良導電体中への極細多心埋込み，および複合素線のねじり（ツイスト）加工した導体構造となっている．

11.2.2 金属系実用超電導線材の製造工程と引抜き加工

金属系実用超電導線材の製造工程例を**図11.11**に示す．Nb−Ti系およびNb_3Sn系（ブロンズ法）を例にとり示しているが，ともに塑性加工的な手法に

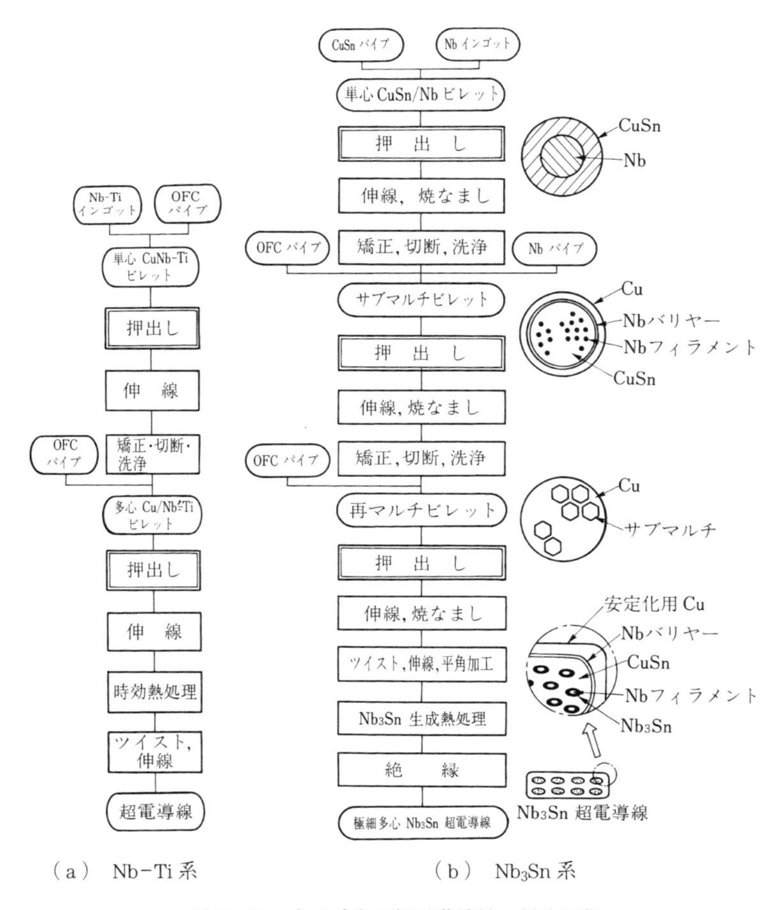

（a） Nb−Ti系　　（b） Nb_3Sn系

図11.11 金属系実用超電導線材の製造工程

よる工程となっている．複合シングル線をマルチビレットとして組み込み，押出し加工により線間を接合して一体化した複合線を得る．押出し後は引抜き加工により，任意サイズまで減面加工する．最終線材のフィラメントサイズは50～数μmで，サイズにより押出し伸線が繰り返される．

合金系超電導材の場合，インゴットのNb–Ti材自体が超電導特性を示し延性があるのに対し，化合物系の場合，加工はCu–Sn/Nbの複合線の状態で行い，最終熱処理で複合界面に超電導特性を示す金属間化合物Nb_3Snまたは$(Nb, Ti)_3Sn$を生成させ線材としており，熱処理後は延性がなく1%以下の許容ひずみ内でマグネットの成形がなされる．

図11.11の製造工程内で，伸線は工程的には長く，複合線を加工することに伴う技術的課題を発生する．**表11.1**には，超電導線を含めた複合線引抜き時の欠陥形態を示す．超電導線材の場合も一般の線材と同様に，加工条件によって断線，センターバーストによる内部割れを発生する場合がある．また複合線特有の被覆層の割れ，心材部の割れ，そしてさらには多心線の場合，マルチプルネッキングと称する不均一変形を生ずる場合がある．**図11.12**には，マルチプルネッキングを生じたNb–Ti系線材の断面写真およびフィラメント形状を正常材と比較して示す．

表11.1　複合線引抜き時の欠陥形態

一般欠陥	断線	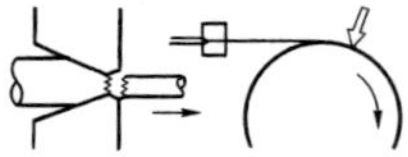
	内部割れ（センターバースト）	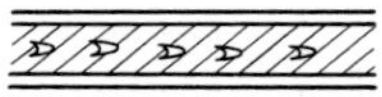
複合線特有の欠陥	被覆層の割れ	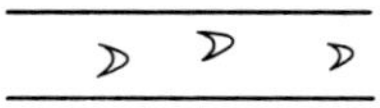
	心材の割れ	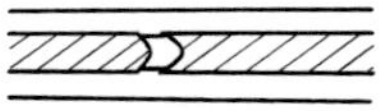
	マルチプルネッキング（マルチ線の場合）	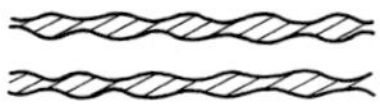

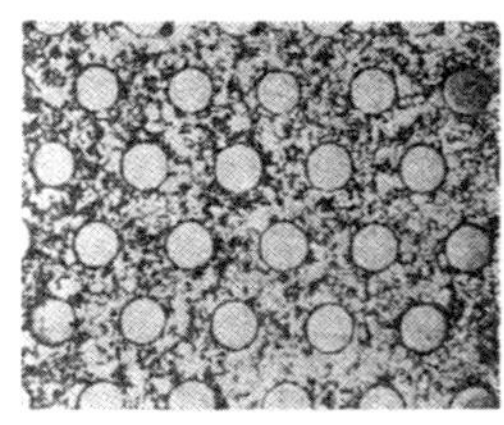

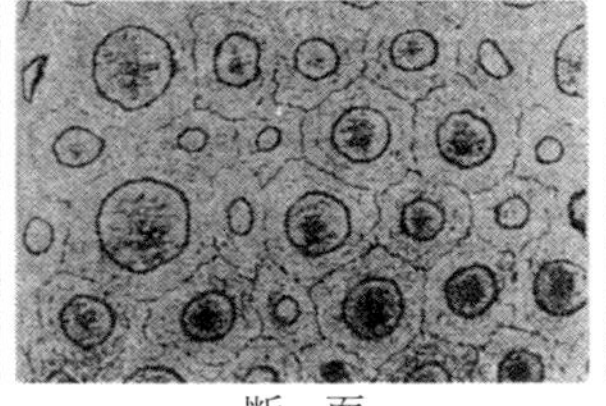

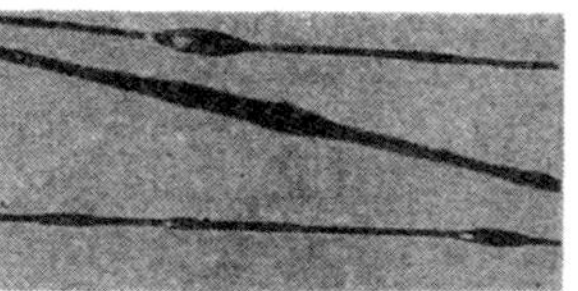

断　面　　　フィラメント外観

（a） 正常材の断面　　（b） マルチプルネッキング

図 11.12 正常および異常時の Nb−Ti 系線材の断面写真およびフィラメント外観[13)]

Nb−Ti 合金線材の場合，磁界中での臨界電流密度 J_c の向上には，α−Ti の析出物と転位網との両者が関係しており，製造工程上は伸線と時効熱処理を繰り返すことにより，J_c を向上している．材料特性上は，析出時効熱処理後に加工を施すために延性は低下し脆性的となり，センターバースト，マルチプルネッキング，断線といった欠陥が発生しやすく，超電導特性を向上するほど伸線加工性は悪くなる．超電導線材を含めた複合材伸線の管理要因を**表 11.2** に示す．超電導特性を向上した長尺線材を製作するには，延性が低下した分，他の阻害要因をよく管理することが大切である[13)]．

表 11.2　複合材伸線の管理要因

構成材	断面構成	配置	ダイス	ダイス形状	アプローチ角度
		体積比			ベアリング部形状
	変形抵抗比			ダイス材質	
				表面状態	
	材質	延性	伸線条件	各パスの加工度	
		欠陥の有無		総加工度	
		結晶粒度		潤滑条件	
	界面状態	清浄度		伸線速度	
		密着度		異物混入防止	
		合金層の特性			

11.2.3　酸化物系高温超電導線材の引抜き加工

Bi 系超電導材料は，一般的に銀被覆し，伸線および圧延といった塑性加工により線材化される[11)]．**図 11.13** に Bi 系銀被覆線材の製造工程を示す，Bi,

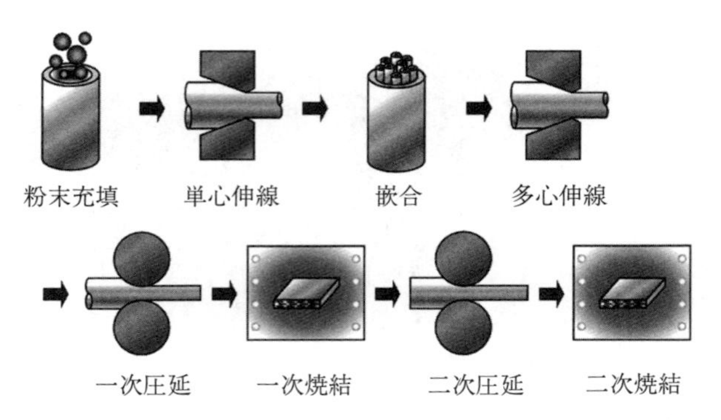

図 11.13　Bi 系銀被覆線材の製造工程

Sr，Ca，Cu，O から構成される酸化物粉末を充填した銀合金パイプを伸線した後に，それらを束ねて銀合金パイプにつめ，再び伸線することにより，**図 11.14** に示すような多心構造の線材が得られる．その後，結晶を配向させるため圧延し，一次焼結によって相変態させる．そして二次圧延によって緻密化および配向化を促進し，二次焼結によって，結晶間の結合を強化させる．最終的に**図 11.15** に示すような線材が得られる．

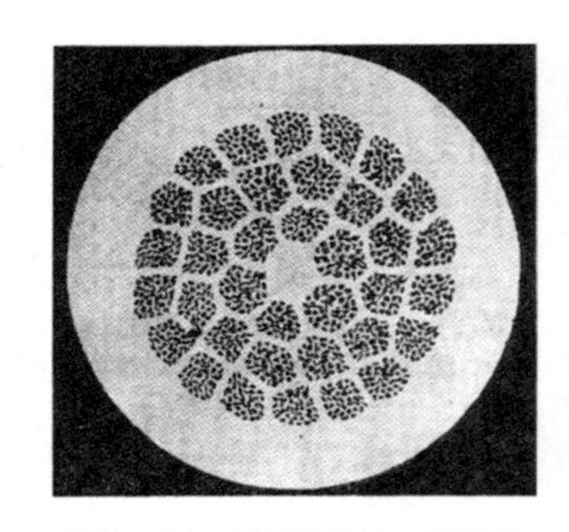

図 11.14　銀被覆線材の断面図（圧延前）

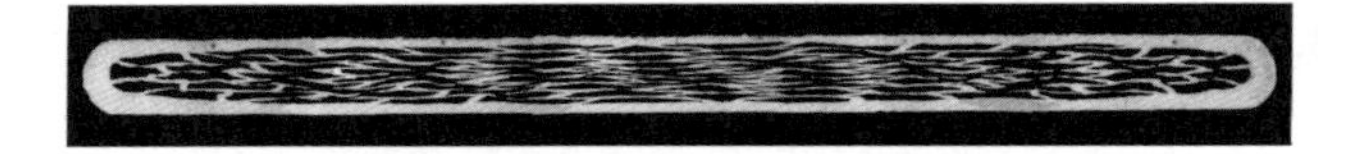

図 11.15　銀被覆線材の断面図（圧延後）[14]

高い超電導性を有する線材を得るためには，緻密かつ配向した組織を得ることが重要である[15]．**図 11.16** に線材断面の透過電子顕微鏡（TEM）による観察写真を示す．図 11.16（a）に示すように，超電導体結晶粒界に非超電導層が存在すると，線材の臨界電流密度 J_c は 5 000 A/cm^2 であるが，図 11.16（b）に示すように，超伝導体結晶どうしが直接結合しているような組織構造が得ら

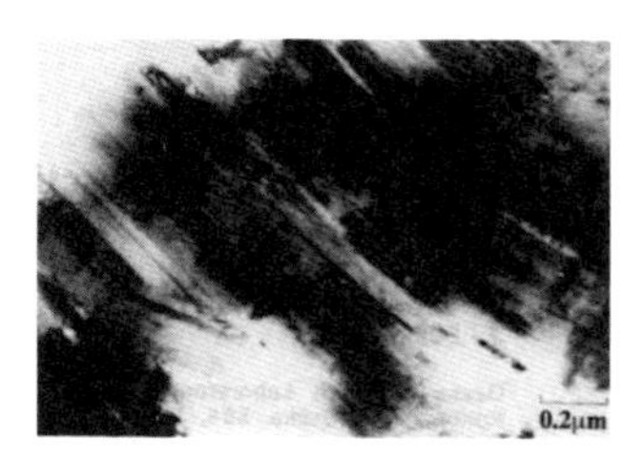

（a） 臨界電流密度
$J_c = 5\times10^{-7}$ A/m^2

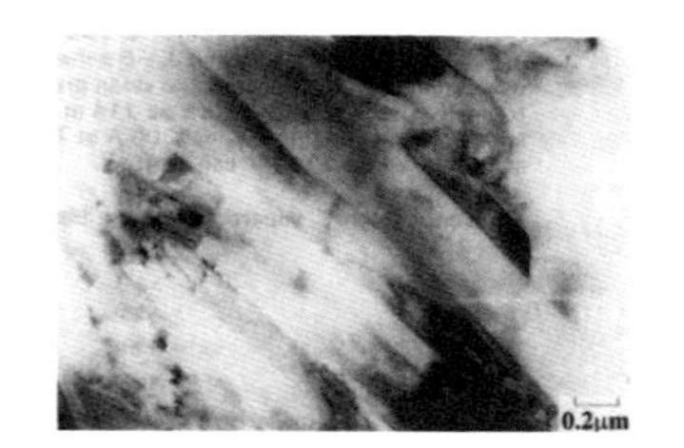

（b） 臨界電流密度
$J_c = 45\times10^{-7}$ A/m^2

図 11.16 透過電子顕微鏡による線材断面の観察写真（文献 15）の写真 1 より）

れると，線材の臨界電流密度 J_c は 9 倍の 45 000 A/cm^2 まで向上する．組織の緻密化および配向化のため，近年では，圧延と焼結を行う際に，温度圧力雰囲気を制御する加圧焼結法が開発されており，線材の臨界電流密度 J_c が飛躍的に向上している．このような技術開発によって，高い力学特性および超電導特性を持つ 1 km 長の線材の作製が可能になっている[15]．

Y 系超電導材料は，超伝導体結晶を三次元配向させる必要があるため，上記の手法により線材化することが難しい[11]．そこで，金属基盤上に中間層を形成し，その上に化学蒸着法や物理蒸着法などにより超電導層を形成，さらに安定化のため銀被膜を施す手法により線材化が行われている．高い超電導性を有する長尺線材の製造技術の確立に向けて，今後のさらなる発展が期待される．

11.3 複合材，その他

近年，異種金属，繊維およびプラスチックなどを複合することによって，使用用途に応じたさまざまな特性を持つ線材の開発が進んでいる．一方，古くから利用されてきた各種めっき線や，布やゴムに被覆され，あるいはよられた電線なども複合線といえるが，本節では最近用途の広がっているクラッド線および繊維強化プラスチックを中心に述べる．

11.3.1　クラッド線の製造方法

一般にクラッド線は異種金属を積層構造にしたものをいうが，その製造工程は二つに分けることができる．すなわち異種金属をクラッドする工程と最終形状に仕上げる工程である．前者は溶湯で接着させる方法，熱間や冷間での押出し，圧延や伸線による方法などがある．良好な接合状態を得ることが重要で，固相／液相あるいは固相どうしの拡散条件，界面の清浄度，塑性加工条件などの適正化に留意しなければならない[16),17)]．後者は多くの場合冷間伸線によるが，破断せず加工できる条件を見いだすことが必要で，適正条件がなければクラッド即製品として利用できる場合にしか実用化できない．

延性のある金属パイプを用いるなら基本的に冷間引抜きでクラッドは可能であるが，その後の伸線加工は許容された条件を満足しないと破断する．理論的に伸線可能な条件はAvitzurにより提案されている[18)]．**図 11.17** にはクラッドされた線がダイスにより引き抜かれる状況を示す．逆張力の負荷されない場合，破断せずに伸線できる条件を**図 11.18**および**図 11.19**に示す．図 11.18 は摩耗係数 $\mu=0.05$，断面減少率 $R=30\%$ とした場合の半径比 r_o/r_i，シース材と心材の変形応力比 σ_{os}/σ_{oc}，ダイス半角 α と割れ発生の有無を示し，図 11.19 は $\sigma_{os}/\sigma_{oc}=2$，$r_i/r_o=0.8$ とした場合の α，R および μ と割れ発生の有無を表している．α が小さいほど破断の起きない領域は広がるが，実用上は他の条件も勘案して $\alpha=3\sim10°$ のダイスが利用される．

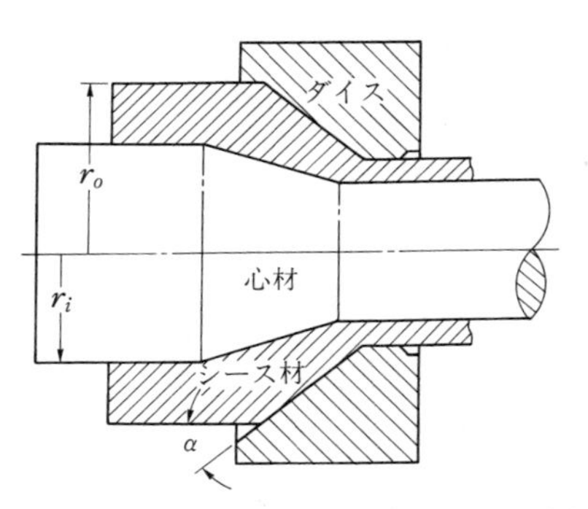

r_o：シース材径，r_i：心材径，α：ダイス半角

図 11.17　クラッド材引抜き時の心材とシース材[18)]

伸線加工によってクラッド線を製造するにあたって，前述の機械的定数（強度や構造など）のほかに，熱処理上の制約もある．すなわち界面にもろい金属間化合物が析出したり，両金属に共通の熱処理条件範囲がない場合には加工が

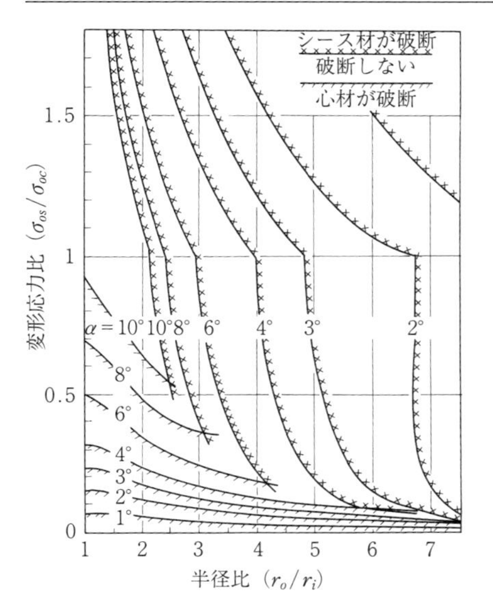

図 11.18 r_o/r_i，σ_{os}/σ_{oc} および α 条件とクラッド伸線可能な領域[18)]

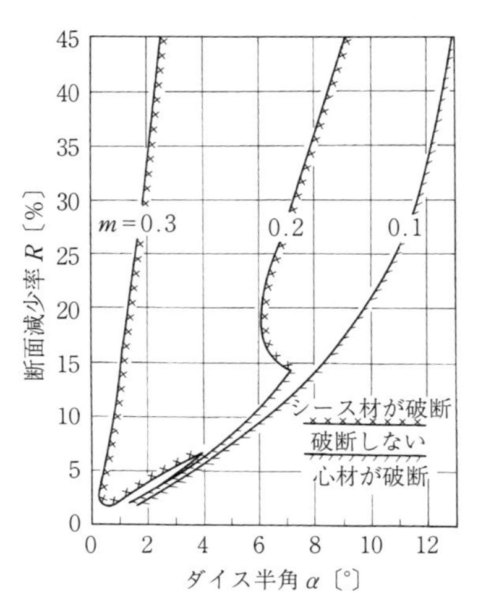

図 11.19 ダイス半角 α，断面減少率 R および摩擦係数 μ 条件とクラッド伸線可能な領域[18)]

困難となる．

クラッド線の物理的および機械的特性は，基本的には混合の法則に従う．例えば n 層から成るクラッド線の密度 D は次式で表される．

$$D=\frac{d_1S_1+d_2S_2+\cdots\cdots d_nS_n}{S_1+S_2+\cdots\cdots S_n} \tag{11.1}$$

ここで，d_1，d_2，……，d_n：各構成金属の密度，

S_1，S_2，……，S_n：各構成金属の断面積である．

表 11.3 銅クラッド Al 線の特性[19)]

	Cu	10 vol% Cu/Al	8 vol% Cu/Al
密度〔kg/m^3〕	8.94×10^3	3.35×10^3	3.18×10^3
電気抵抗率〔μΩm〕	1.72×10^{-2}	2.67×10^{-2}	2.68×10^{-2}
導電率〔% IACS〕	100	61 ～ 63	60 ～ 62
伸線加工材引張強さ〔MPa〕	46	21	20
焼なまし材引張強さ〔MPa〕	25	12	12

〔注〕 IACS：International Annealed Copper Standard（国際焼なまし銅線標準）
“標準焼なまし銅線” の導電率を 100%と規定

電気伝導率，引張強さ，弾性係数なども式（11.1）と同様に計算することができ，逆にこれらの要求特性が決まれば，計算により構造を設計することも可能である．**表11.3**には銅クラッドアルミニウム線の各特性[19]を，**図11.20**にはステンレス鋼クラッド銅線の引張強さと導電率[20]を示すが，混合の法則が成立しているのがわかる．

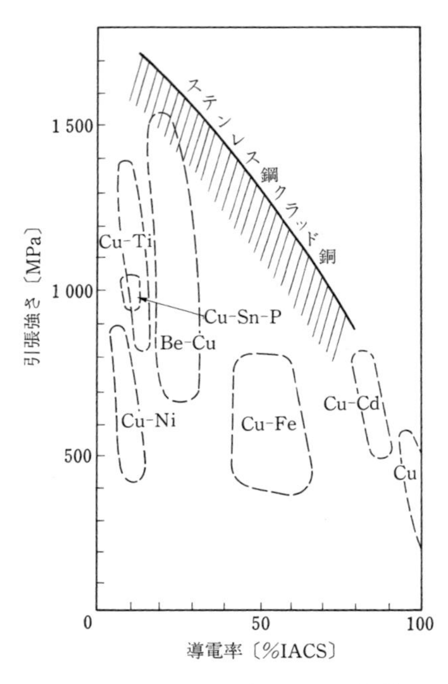

図11.20　ステンレス鋼クラッド銅線の引張強さと導電率[20]

11.3.2　繊維強化プラスチックの製造

繊維強化プラスチック（FRP，fiber reinforced plastic）は，ガラス繊維や炭素繊維などを補強材として，熱硬化性樹脂と混合した軽量かつ高強度な材料であり，日用品から航空宇宙分野に至るまで，幅広い産業分野において利用されている．樹脂として不飽和ポリエステル樹脂，エポキシ樹脂，およびビニルエステル樹脂などが用いられ，補強繊維としては，ガラス繊維，炭素繊維，アラミド繊維などが用いられる．FRPは，製品の形状および用途に応じてさまざまな手法によって製造されるが，管や棒形状の構造材などを製造する場合，引抜きによって成形される．

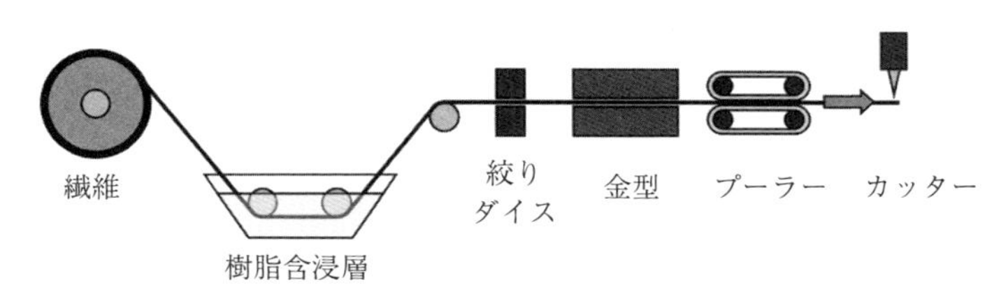

図11.21 引抜きによるFRPの成形法

図11.21に一般的な引抜きによるFRPの成形法を示す[21]．樹脂を含浸した繊維をプーラーにて金型から引き抜くことによって，任意の断面形状に成形できるようになっている．まず，樹脂含浸層にて繊維に熱硬化性樹脂を含浸した後に，余分な樹脂をダイスによって絞る．その後，繊維を金型に通すことによって，所定の断面形状に成形しながら樹脂を硬化させる．成形品はプーラーによって引き取られ，最終的に適当な長さにカットされる．引抜き成形において，樹脂，繊維，硬化剤の配合条件，金型温度，引抜き速度および繊維充填率など，さまざまな因子が引抜き成形性に影響を及ぼすことがわかっている．この成形手法を用いることによって，長手方向に高強度なFRPを連続的に製造できる．

表11.4にFRPの力学特性を金属材料と比較して示す．FRPは，いずれも

表11.4 FRPと金属材料における力学特性の比較[22]

項　目	CFRP		GFRP	AFRP	アルミニウム	チタン	高張力鋼
品　種	PAN系炭素繊維	ピッチ系炭素繊維	Eガラス繊維	アラミド繊維	2024-T4	Ti-6Al-4V	WEL-TEN
密度〔g/cm^3〕	1.5～1.6	1.7～1.8	2.0	1.4	2.8	4.5	7.8
引張強さ〔MPa〕	1 500～3 000	1 500～2 200	1 200	1 400	490	957	590～1 130
ヤング率〔GPa〕	130～350	370～560	55	77	74	100	210

〔注〕 各種FRPの値は V_f（繊維体積含有率）＝60％換算値

金属材料と比べて高い引張強さを示している．特に，炭素繊維強化プラスチック（CFRP，carbon fiber reinforced plastic）は，ガラス繊維強化プラスチック（GFRP，glass fiber reinforced plastic）やアラミド繊維強化プラスチック（AFRP，aramid fiber reinforced plastic）と比べても，高い強度および弾性率を示している．

11.3.3 複合線の実用例

グラッド線の実用例で最も多い組合せは，導電伝熱材料である銅と高強度の

表 11.5 2層クラッド線の実用例

分類	構成 シース材／心材	用途	特色
ガラス封入線	Cu/42% Ni–Fe Cu/47% Ni–Fe Cu/50% Ni–Fe	電球類（蛍光灯，クリスマス電球等），ダイオード（Si，Ge，整流子リード等）	Fe–Ni 合金の熱膨張係数の特異性と Cu の電気および熱伝導性，はんだ付け性を兼ね備えたガラス封着性線材料．特に Cu/42% Ni および Cu/47% Ni クラッド線は“ジュメット線”と呼ばれ最表面に CU_2O 膜を形成しガラス封着性を特に向上させている[23]．
	50% Ni/Cu	パワートランジスター	
	コバール /Cu	整流子チップ	
耐食・導電・高強度線	Ti/Cu	めっき用ブスバー	Ti およびステンレス鋼の耐食性，ステンレス鋼の強度と Cu の導電性．特にねじりや曲げ応力下で利用される場合，シース材に高強度のステンレス鋼を用いると有効[17,23]．
	ステンレス鋼 /Cu	スルーホールめっき用通電枠，液晶テレビやストロボの電池ばね	
	ステンレス鋼 /Al	軽量，耐食シャフト	ステンンレス鋼の耐食・耐摩耗性と Al の軽量
電線	Cu/Al	同軸ケーブル	Cu，Al の導電性と Al の軽量[19]
	Cu/鉄，鋼	電線，ばね，トロリー線	Cu の導電性と鉄および鋼の強度，耐摩耗性[24]
	Cu/ステンレス鋼	精密電線，トロリー線	Cu の導電性（特に高周波域）と対屈曲性，耐摩耗性
	Al/鋼	送電線，メッセンジャーワイヤ	Al の導電性および耐食性と鋼の強度
装飾用	Ni/Ti Ni 合金 /Ti Cu/Ti	眼鏡フレーム	Ni，Ni 合金および Cu のろう付け性，めっき性および伸線加工性と Ti および Ti 合金の軽量・高強度．美麗に伸線できない Ti をクラッド化することにより伸線を可能にしている．

鉄系材料である．**表 11.5** に2層クラッド線の実用例をまとめるが，Pt/Nb/Cu（アノード材料）や Cu/Fe/Cu 線などの3層構造のものも報告されている[19]．

一方，より複雑な断面構造を有し，新たな特性の付与された，いわばハイブリッドワイヤも開発されている．多心材伸線の超電導線はその端緒となったが，**表 11.6** にハイブリッドワイヤの事例を示す．

表 11.6 ハイブリッドワイヤの事例

ハイブリッドワイヤ	概　要
超電導線	11.2 節参照
酸化物超電導線	11.2 節参照
フラックス入りワイヤ	鋼やステンレス鋼線中にフラックスを内蔵した溶接線
形状記憶合金線	Ti および Ni 線を束伸線法で細かく分散させ拡散処理により形状記憶合金線とする．化学組成を容易にコントロールできるメリットがある[25]
ダイヤモンド粒被覆鋼線	鋼またはステンレス鋼線の表面にダイヤモンド粒を埋め込んだソーワイヤ．鋼塊表層にダイヤモンドを配置し，押出し・伸線で製造する方法とピアノ線にめっきしながらダイヤモンド粒を付着させる方法がある[26),27]
光ファイバー複合架空地線	アルミニウム被覆鋼異型線を用いることにより，従来の架空地線と同等の外径および強度を有しながら中心部に空間を設け，光ファイバーを配置させた複合より線[23]

FRP に関しては，軽量，高強度および高耐食などの特徴を持つため，スポーツ用品，建築物，自動車および航空宇宙分野などにおいて広く用いられている．特に，高い力学特性を持つ CFRP は，近年用途が拡大しており，航空機や自動車の軽量化に貢献している．**表 11.7** に CFRP のおもな実用例を示す．引抜き成形によって製造された FRP は，構造部材，ケーブル，配管などに用いられていることが多い．

今後も線材製造技術の進展と多様化するニーズに応えるため，線材断面に金属，セラミックス，プラスチックおよび繊維などが精度よくミクロに配置され，種々の機能を備えた複合線材の開発が進むものと期待される．

表 11.7　CFRP のおもな実用例[22)]

分野	用　途	具体例	炭素繊維の利用特性
航空宇宙	飛行機	一次構造材：主翼，尾翼，中央翼，胴体	軽量，高強度，高靭性，耐疲労性
		二次構造材：補助翼，方向蛇，昇降蛇，フェアリング	同上
		内装材：フロアー，フロアービーム，座席，ビーム	同上
	ヘリコプター	胴体，ローター，床材	同上
	ロケット	ノズルコーン，モーターケース，フェアリング	同上
	人工衛星	アンテナ，太陽電池パネル，トラスト構造体	同上，寸法安定性
スポーツ	釣り具	釣り竿	軽量，高剛性，高強度
	ゴルフ	シャフト，ヘッド	同上
	ラケット	テニス，バドミントン，スカッシュ	同上
	海洋	ヨット，クルーザー，競技用ボート，カヌー，巡視船	同上
	その他	スキー板，和弓，洋弓，ラジコンカー，卓球ラケット	同上
産業用途	機械部品	板ばね，ロボットアーム，ローラー，風車	軽量，高剛性，振動減衰性
	自動車	フード，ルーフ，プロペラシャフト，スポイラー，レーシングカー，トラック架装，フロアー	軽量，高強度，高剛性，耐疲労性
	自動二輪車	サイレンサー，レース用カウル	同上，耐熱性
	自転車	フレーム，ホイール，フォーク，ハンドル	軽量，高強度，高剛性，耐疲労性
	車両	車体，内装材	同上
	高速回転体	遠心分離器ローター，ウラン濃縮筒，フライホイール	高強度，耐疲労性
	電機部品	パラボラアンテナ，スピーカーコーン	軽量，高剛性，振動減衰性
	圧力容器	油圧シリンダー，CNG タンク，酸素ボンベ，水素ボンベ	軽量，高強度
	化学装置	撹拌機，タンク，パイプ	耐薬品性，高強度
	医療機器	X 線カセッテ，天板，X 線グリッド，車椅子	X 線透過性，軽量
	土木建築	ケーブル，補強板，屋根材，桁材，トラスト，ロッド	軽量，耐食性，高強度
	石油関連設備	採油プラットホーム，送油管，テザー，ライザー	同上
	生活用品ほか	傘骨，ヘルメット，面状発熱体	軽量，高剛性（導電性）

引用・参考文献

1) 川上彰二郎：光ファイバとファイバ形デバイス，(1996)，11-13，培風館.
2) 福谷和久：伝熱，**45**-193 (2006)，55-59.
3) 小倉邦男：NEW GLASS, **27**-105 (2012)，36-39.
4) Miller, S. T., et al.：Optical Telecommunications, (1979), 263, Academic Press.
5) Peak, U. C. & Runk, R. B.：J. Appl. Phys., **49**-8 (1978), 4417-4422.
6) Geyling, F. T.：Bell System Technical Journal, **55**-8 (1976), 1011.
7) Geyling, F. T.：Glass Technology, **21**-2 (1980)，95.
8) 常石克之：SEI テクニカルレビュー，No. 182 (2013)，56-64.
9) 立木昌・藤田敏三編：高温超電導の科学，(1999)，327，430.
10) 舟本孝雄・黒田邦茂：溶接学会誌，**60**-1 (1991)，11-16.
11) 和泉輝郎・塩原融：まてりあ，**46**-3 (2007)，137-140，裳華房.
12) 清藤雅宏・森合英純・石上裕治：塑性と加工，**26**-288 (1985)，6-13.
13) 清藤雅宏：塑性と加工，**31**-352 (1990)，595-603.
14) 住友電工　超電導 Web サイト
http://www.sei.co.jp/super/ (2017 年 1 月現在)
15) 佐藤謙一：SEI テクニカルレビュー，No. 172 (2008)，52-65.
16) 松下富春・野口昌孝・有村和男：材料，**37**-2 (1988)，107-113.
17) 中村雅勇・牧清二郎・真鍋孝・高橋延明・安富一嗣：第 38 回塑性加工連合講演会講演論文集，(1987)，185.
18) Avitzur, B.：Wire J., **3**-8 (1970), 42.
19) Campo, R. A.：Wire J., **16**-3 (1983), 68.
20) 山本進・佐藤和良：ばね論文集，**30** (1985)，20-24.
21) 戸田和昭：繊維機械学会誌，**44**-12 (1991)，559-567.
22) 井塚淑夫：繊維製品消費科学会誌，**47**-9 (2006)，530.
23) 山本進：第 113 回塑性加工シンポジウムテキスト，(1988)，57.
24) 富永晴夫・小椋善夫・高山輝之・宮内賢一・鈴木茂樹：日本金属学会会報，**27**-5 (1988)，376-378.
25) 松田潤ほか：ばね技術研究会秋予稿，(1989)，25.
26) 中山卓・吉川昌範・戸倉和・佐藤純一：精密工学会誌，**53**-7 (1987)，1045-1050.
27) 村井照幸・山本進・橋本義弘・水原誠・山北宇夫：住友電気，**132** (1988)，118.

索　　引

引抜き——棒線から管までのすべて——

Drawing —— Drawing Technologies for Bar, Wire and Tube

2017年5月26日 初版第1刷発行
2023年10月15日 初版第2刷発行

検印省略

編　者	一般社団法人 日本塑性加工学会
発行者	株式会社 コロナ社 代表者 牛来真也
印刷所	萩原印刷株式会社
製本所	有限会社 愛千製本所

112-0011 東京都文京区千石 4-46-10
発行所 株式会社 **コロナ社**
CORONA PUBLISHING CO., LTD.
Tokyo Japan
振替 00140-8-14844・電話(03)3941-3131(代)
ホームページ https://www.coronasha.co.jp

ISBN 978-4-339-04372-3 C3353 Printed in Japan (横尾)

機械系教科書シリーズ

（各巻A5判，欠番は品切です）

■編集委員長　木本恭司
■幹　　　事　平井三友
■編 集 委 員　青木　繁・阪部俊也・丸茂榮佑

配本順		書名	著者		頁	本体
1.	（12回）	機械工学概論	木本恭司	編著	236	2800円
2.	（1回）	機械系の電気工学	深野あづさ	著	188	2400円
3.	（20回）	機械工作法（増補）	平井三友 和田任弘 塚本晃久	共著	208	2500円
4.	（3回）	機械設計法	三田純義 朝比奈奎一 黒田孝春 山口健二	共著	264	3400円
5.	（4回）	システム工学	古川正志 荒井　誠 吉村　斎 浜　克己	共著	216	2700円
6.	（34回）	材料学（改訂版）	久保井徳洋 樫原恵藏	共著	216	2700円
7.	（6回）	問題解決のための Cプログラミング	佐藤次男 中村理一郎	共著	218	2600円
8.	（32回）	計測工学（改訂版） ―新SI対応―	前田良昭 木村一郎 押田至啓	共著	220	2700円
9.	（8回）	機械系の工業英語	牧野州秀 生水雅之	共著	210	2500円
10.	（10回）	機械系の電子回路	高橋晴雄 阪部俊也	共著	184	2300円
11.	（9回）	工業熱力学	丸茂榮佑 木本恭司	共著	254	3000円
12.	（11回）	数値計算法	藪　忠司 伊藤　惇	共著	170	2200円
13.	（13回）	熱エネルギー・環境保全の工学	井田民男 木本恭司 山﨑友紀	共著	240	2900円
15.	（15回）	流体の力学	坂田光雄 坂本雅彦	共著	208	2500円
16.	（16回）	精密加工学	田口紘一 明石剛二	共著	200	2400円
17.	（30回）	工業力学（改訂版）	吉村靖夫 米内山誠	共著	240	2800円
18.	（31回）	機械力学（増補）	青木　繁	著	204	2400円
19.	（29回）	材料力学（改訂版）	中島正貴	著	216	2700円
20.	（21回）	熱機関工学	越智敏明 老固潔一 吉本隆光	共著	206	2600円
21.	（22回）	自動制御	阪部俊也 飯田賢一	共著	176	2300円
22.	（23回）	ロボット工学	早川恭弘 櫟　弘明 矢野順彦	共著	208	2600円
23.	（24回）	機構学	重松洋一 大髙敏男	共著	202	2600円
24.	（25回）	流体機械工学	小池　勝	著	172	2300円
25.	（26回）	伝熱工学	丸茂榮佑 矢尾匡永 牧野州秀	共著	232	3000円
26.	（27回）	材料強度学	境田彰芳	編著	200	2600円
27.	（28回）	生産工学 ―ものづくりマネジメント工学―	本位田光重 皆川健多郎	共著	176	2300円
28.	（33回）	CAD／CAM	望月達也	著	224	2900円

定価は本体価格+税です。
定価は変更されることがありますのでご了承下さい。

||||||||||||||||||||||||||||||||||||||||||||| 図書目録進呈◆